"十二五"普通高等教育本科国家级规划教材

高等学校遥感科学与技术系列教材

国家精品课程教材

摄 影 测 量 学

（第三版）

潘励　段延松　刘亚文　陶鹏杰　张剑清　王树根　编著

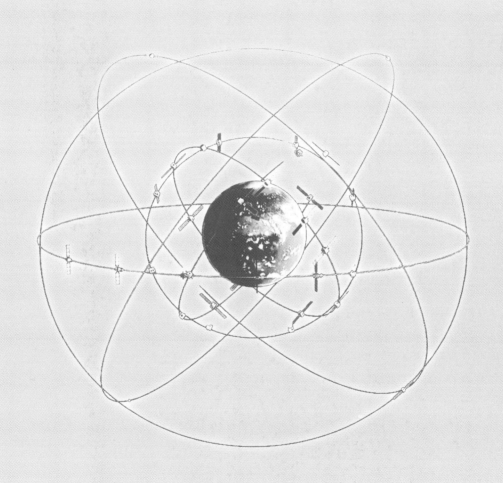

WUHAN UNIVERSITY PRESS

武汉大学出版社

图书在版编目（CIP）数据

摄影测量学/潘励等编著．—3 版．—武汉：武汉大学出版社，2023.3
（2025.1 重印）
"十二五"普通高等教育本科国家级规划教材　国家精品课程教材　高
等学校遥感科学与技术系列教材
ISBN 978-7-307-23548-9

Ⅰ.摄…　Ⅱ.潘…　Ⅲ. 摄影测量学—高等学校—教材　Ⅳ.P23

中国国家版本馆 CIP 数据核字（2023）第 019161 号

责任编辑：王　荣　　　责任校对：汪欣怡　　　版式设计：马　佳

出版发行：**武汉大学出版社**　（430072　武昌　珞珈山）
　　　　　（电子邮箱：cbs22@ whu.edu.cn 网址：www.wdp.com.cn）
印刷：武汉科源印刷设计有限公司
开本：787×1092　1/16　印张：24.5　字数：578 千字　插页：1
版次：2003 年 6 月第 1 版　　2009 年 5 月第 2 版
　　　2023 年 3 月第 3 版　　2025 年 1 月第 3 版第 3 次印刷
ISBN 978-7-307-23548-9　　定价：59.00 元

序

　　遥感科学与技术本科专业自 2002 年在武汉大学、长安大学首次开办以来，截至 2022 年底，全国已有 60 多所高校开设了该专业。2018 年，经国务院学位委员会审批，武汉大学自主设置"遥感科学与技术"一级交叉学科博士学位授权点。2022 年 9 月，国务院学位委员会和教育部联合印发《研究生教育学科专业目录(2022 年)》，遥感科学与技术正式成为新的一级学科(学科代码为 1404)，隶属交叉学科门类，可授予理学、工学学位。在 2016—2018 年，武汉大学历经两年多时间，经过多轮讨论修改，重新修订了遥感科学与技术类专业 2018 版本科人才培养方案，形成了包括 8 门平台课程(普通测量学、数据结构与算法、遥感物理基础、数字图像处理、空间数据误差处理、遥感原理与方法、地理信息系统基础、计算机视觉与模式识别)、8 门平台实践课程(计算机原理及编程基础、面向对象的程序设计、数据结构与算法课程实习、数字测图与 GNSS 测量综合实习、数字图像处理课程设计、遥感原理与方法课程设计、地理信息系统基础课程实习、摄影测量学课程实习)，以及 6 个专业模块(遥感信息、摄影测量、地理信息工程、遥感仪器、地理国情监测、空间信息与数字技术)的专业方向核心课程的完整的课程体系。

　　为了适应武汉大学遥感科学与技术类本科专业新的培养方案，根据《武汉大学关于加强和改进新形势下教材建设的实施办法》，以及武汉大学"双万计划"一流本科专业建设规划要求，武汉大学专门成立了"高等学校遥感科学与技术系列教材编审委员会"，该委员会负责制定遥感科学与技术系列教材的出版规划、对教材出版进行审查等，确保按计划出版一批高水平遥感科学与技术类系列教材，不断提升遥感科学与技术类专业的教学质量和影响力。"高等学校遥感科学与技术系列教材编审委员会"主要由武汉大学的教师组成，后期将逐步吸纳兄弟院校的专家学者加入，逐步邀请兄弟院校的专家学者主持或者参与相关教材的编写。

　　一流的专业建设需要一流的教材体系支撑，我们希望组织一批高水平的教材编写队伍和编审队伍，出版一批高水平的遥感科学与技术类系列教材，从而为培养遥感科学与技术类专业一流人才贡献力量。

2023 年 2 月

前　言

当前世界科技发展已进入大数据及人工智能新时代，地球空间信息领域也面临新的发展机遇与挑战，数据全球化、处理实时化、服务智能化是国际前沿和热点。摄影测量自身的理论和技术得到快速的发展，从模拟摄影测量、解析摄影测量和数字摄影测量，正向智能摄影测量的新阶段前进。《摄影测量学》(第三版)在第二版基础上，以党的二十大精神为导向，坚持为党育人、为国育才的基本原则，结合新时期摄影测量发展特点，重新梳理每一章节的知识点，剔除陈旧过时的内容，融进当代摄影测量的最新研究成果。为教师教学、学生自主学习提供完整的教学方案，最大限度地满足教学和科研的需要。

本书系统讲述了摄影测量的基本理论和方法，主要内容包括：摄影测量传感器及影像解析，双像解析摄影测量，解析空中三角测量，数字影像与特征提取，影像匹配基础理论与算法，数字高程模型的建立与应用，数字微分纠正，无人机摄影测量，数字摄影测量系统等。全书反映了摄影测量的新发展与动态，可作为遥感科学与技术、测绘工程、地理国情监测、导航工程、空间信息与数字技术以及地理空间信息等专业大学本科教材，也可供其他相关专业的师生、工程技术人员和研究人员学习参考。

本书共分10章。第1章、第5章、第7章和第8章由潘励编写和修订(其中第5章5.4节"影像分割及面特征提取"由崔卫红老师修订)，第2章、第3章和第4章由刘亚文编写和修订，第6章由陶鹏杰编写和修订，第9章、第10章由段延松编写和修订，全书由潘励、段延松统稿。张剑清和王树根作为第二版的编者，在本次修订过程中给予了指导。武汉大学测绘学院邓非教授担任教材主审，提出了非常好的建议和有益的修改意见，在此一并表示衷心的感谢！

由于水平所限，书中可能存在不足和不妥之处，敬请读者不吝指正。

潘　励　段延松
刘亚文　陶鹏杰
2022 年 9 月 26 日于武汉大学

目　　录

第1章 绪　论

摄影测量学有着较悠久的历史，19 世纪中叶，摄影技术一经问世，便应用于测量。21 世纪以来，摄影测量自身的理论和技术已取得令人鼓舞的进步，摄影测量的发展阶段也从模拟摄影测量、解析摄影测量和数字摄影测量，向智能摄影测量的新阶段前进。随着社会发展，对地观测逐渐向高空间分辨率、高光谱分辨率、高时间分辨率、多极化、多角度的精细化观测方向发展，形成了航天、航空、地面"空天地一体化"的局面。与此同时，伴随互联网、云计算、大数据、人工智能等技术的快速兴起，摄影测量数据获取平台、设备和手段日新月异，影像信息处理过程智能化水平越来越高。因此，当代摄影测量研究的重点应该是从空天地多源的数字影像中，采用人工智能和计算机科学等多学科融合交叉的智能技术手段，获取多种形态的地理空间信息，服务于社会经济建设。

1.1　摄影测量学的定义与任务

国际摄影测量与遥感协会(Intenational Society of Photogrammetry and Remote Sensing, ISPRS)1988 年给摄影测量与遥感的定义是：摄影测量与遥感是从非接触成像和其他传感器系统，通过记录、量测、分析与表达等处理，获取地球及其环境和其他物体可靠信息的工艺、科学与技术(Photogrammetry and Remote Sensing is the art, science and technology of obtaining reliable information from noncontact imaging and other sensor systems about the Earth and its environment, and other physical objects and processes through recording, measuring, analyzing and representation)。其中，摄影测量侧重于提取几何信息，遥感侧重于提取物理信息。也就是说，摄影测量是从非接触成像系统，通过记录、量测、分析与表达等处理，获取地球及其环境和其他物体的几何属性等可靠信息的工艺、科学与技术。

摄影测量的特点是对影像进行量测与解译等处理，无须接触物体本身，因而较少受到周围环境与条件的限制。被摄物体可以是固体、液体或气体；可以是静态或动态；可以是遥远的、巨大的(如宇宙天体与地球)，或极近的、微小的(如电子显微镜下的细胞)。按照成像距离的不同，摄影测量可分为航天(卫星)摄影测量、航空摄影测量、近景摄影测量和显微摄影测量等。近 20 年来，随着相关理论技术的进步及应用领域的泛化，其中的界限已不再像过去一样明显，例如航天摄影测量的地面分辨率已达到分米级，完全满足1∶5000比例尺成图的需求，而这是传统航空摄影测量的服务范畴。随着无人机技术的快速发展和消费级数码相机的进步，脱胎于航空摄影测量的低空摄影测量蓬勃发展，分辨率跃升到厘米级甚至毫米级，而近景摄影测量则由于传感器和平台的进步以及应用范围的扩大，拓展为地面摄影测量、贴近摄影测量、工程摄影测量、工业摄影测量、医学摄影测量等。

近年随着无人机技术飞速发展，航空摄影测量中以无人机为平台的低空摄影测量已占据重要地位。无人机摄影测量系统(Unmanned Aerial Vehicle Remote Sensing System，UAVRSS)是一种以 UAV(固定翼无人机、无人驾驶直升机、无人飞艇)为平台，以各种成像与非成像传感器为主要载荷，飞行高度一般在几百米以内(军用的可达 10km 以上)，能够获取遥感影像、视频等数据的无人航空摄影测量系统。它以固定翼、旋翼和垂直起降 UAV 等作为摄影平台获取多角度、高分辨率遥感影像数据。UAVRSS 具有结构简单、成本低、风险小、灵活机动、实时性强等优点，正逐步成为航天、航空和近景摄影测量的有效补充手段。各种智能、轻小型化的光电红外传感器、激光三维扫描仪和合成孔径雷达等的综合化、模块化使用，使 UAVRSS 具有了全天候的实时遥感观测能力。与传统的航天和航空影像相比，UAVRSS 具有采样周期短、分辨率高、像幅小、影像数量多、倾角过大和倾斜方向不规律等特点，为后期处理带来了一定的困难。同时，UAVRSS 因其独有的优势，在传统土地资源调查、智慧城市、三维实景、地理国情监测等领域中得到了广泛的应用。

近景摄影测量与计算机视觉、机器人科学联系密切，新兴的平台形式包括：手持、车载、机器人、固定位置(如监控镜头和工业相机)等。以车辆为载体的移动测量系统(Mobile Mapping System，MMS)高度集成了激光雷达(Light Detection and Ranging，LiDAR)、电荷耦合(Charge-Coupled Device，CCD)相机、惯性测量单元(Inertial Measuring Unit，IMU)、全球导航卫星系统(Global Navigation Satellites System，GNSS)接收机等传感器，在相应软硬件支持下，实现地理数据的快速采集、传输与存储。车载 MMS 能够获得具备高位置精度和高分辨率的街景影像，这些影像提供了丰富的立面信息，而这些信息可以用来加快复杂三维模型的生成。目前，以激光雷达作为测量单元的移动测量技术水平，已经得到显著的提升，当激光点云密度和精度达到一定程度，激光点云与 CCD 影像能够精确配准，MMS 将会产生一种高速度、低成本、高效率的城市地理信息更新的技术手段。

除了现有的航空、航天、无人机和车载平台，摄影测量也逐渐向深空、水下和地下平台发展，国内外已有利用机载激光测深系统与船载移动测量系统进行海岛礁周边、海岸带、航道及滨海等复杂地区地理信息数据采集与提取。单一的平台系统存在一定的局限性，如卫星摄影测量系统受限于天气和采样周期的约束，无法获取感兴趣区地理信息，航空摄影测量受制于长航时、恶劣气象条件等的影响，车载移动测量平台存在工作范围小、视野窄、工作量大等问题。各个平台系统通过优势互补，有机集成天空地(车载、地面、便捷式)一体化的采集系统，从而实现各种区域与复杂环境下的信息采集与提取。

随着新型摄影测量传感器和平台的不断创新，摄影测量的获取数据和处理信息的技术手段，在传统的摄影测量理论的基础上融合人工智能和计算机科学技术的最新成果，快速地向智能化方向集成和发展。

1.2 模拟摄影测量

早在 18 世纪，数学家兰勃特(J. H. Lambert)在他的著作中(*Frege Perspective*, Zurich, 1759)就论述了摄影测量的基础——透视几何理论。1839 年，法国 Nièpce 与 Daguerrein 发明了摄影术以后，摄影测量学开始了它的发展历程。19 世纪中叶，劳塞达(A. Laussedat, 被认为是"摄影测量之父")利用所谓"明箱"装置，测制了万森城堡图。当时采用了图解法进行逐点测绘。直到 20 世纪初，由维也纳军事地理研究所按奥雷尔(Orel)的思想制成了"自动立体测图仪"。后来由德国卡尔蔡司厂进一步发展，成功地制造了实用的"立体自动测图仪"(Stereoautograph)。经过半个多世纪的发展，到 20 世纪 60—70 年代，这种类型的仪器发展到了顶峰。由于这些仪器均采用光学投影器或机械投影器或光学-机械投影器"模拟"摄影过程，用它们交会被摄物体的空间位置(摄影光束的几何反转)，所以称其为"模拟摄影测量仪器"。著名摄影测量学者 U. V. Helava 于 1957 年在他的论文中谈到："能够用来解决摄影测量主要问题的现有全部摄影测量测图仪，实际上都是以同样的原理为基础的，这个原理可以称为模拟的原理。"这一发展时期也被称为"模拟摄影测量时代"。在这一时期，摄影测量工作者都在自豪地欣赏着 20 世纪 30 年代德国摄影测量大师 Gruber 的一句名言："摄影测量就是能够避免繁琐计算的一种技术。"有些仪器被冠以"自动"二字，其含意也仅在于此，即利用光学机械模拟装置，实现了复杂的摄影测量解算。但是，它并不意味着不需要人工的立体观测，而真正实现"自动测图"。

在模拟摄影测量的漫长发展阶段中，摄影测量科技的发展可以说基本上是围绕十分昂贵的模拟立体测图仪进行的。立体测图的基本原理是摄影过程的几何反转，模拟立体测图仪是利用光学机械模拟投影的光线，由"双像"上的"同名像点"进行"空间前方交会"，获得目标点的空间位置，建立立体模型，进行立体测图。用以模拟投影光线的光机部件，称为"光机导杆"。根据投影方式的不同，模拟立体测图仪可分为光学投影、光学-机械投影与机械投影三种类型。图 1-2-1 和图 1-2-2 分别代表早晚期不同类型的模拟立体测图仪。

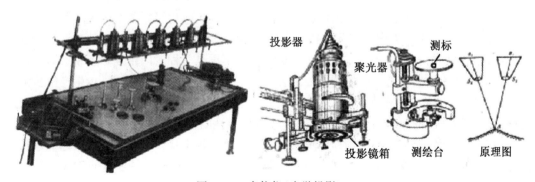

图 1-2-1　多倍仪(光学投影)

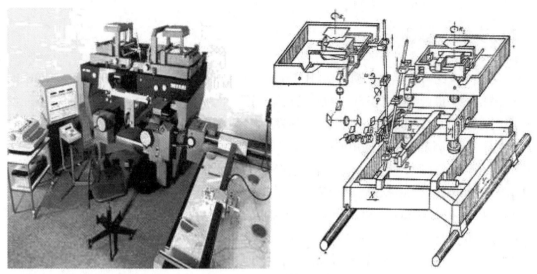

图 1-2-2 A10 立体测图仪

1.3 解析摄影测量

随着模数转换技术、电子计算机与自动控制技术的发展，Helava 于 1957 年提出摄影测量的一个新的概念："用数字投影代替物理投影"。所谓"物理投影"，就是上述"光学的、机械的，或光学-机械的"模拟投影。所谓"数字投影"，就是利用电子计算机实时地进行投影光线(共线方程)的解算，从而交会被摄物体的空间位置。当时由于电子计算机十分昂贵，且常常受到电子故障的影响，同时，摄影测量工作者通常没有受过有关计算机的训练，因而"数字投影"没有引起摄影测量界很大的兴趣。但是，意大利的 OMI 公司确信 Helava 的新概念是摄影测量仪器发展的方向，他们与美国的 Bendix 公司合作，于 1961 年制造出第一台解析测图仪 AP/1；后来又不断改进，生产了一批不同型号的解析测图仪 AP/2，AP/C 与 AS11 系列等。这个时期的解析测图仪多数为军用，AP/C 虽是民用，但也没有获得广泛应用。直到 1976 年在赫尔辛基召开的国际摄影测量协会的大会上，由 7 家厂商展出了 8 种型号的解析测图仪，解析测图仪才逐步成为摄影测量的主要测图仪。到 20 世纪 80 年代，由于大规模集成电路的发展，接口技术日趋成熟，加之微型计算机的发展，解析测图仪的发展更迅速。后来，解析测图仪不再是一种专门由国际上一些大的摄影测量仪器公司生产的仪器，有的图像处理公司(如 I^2S，Intergraph 公司等)也生产解析测图仪。摄影测量的这一发展时期有代表性的仪器设备就是"解析立体测图仪"。图 1-3-1 所示是解析立体测图仪的原理图，图 1-3-2 是比较有代表性的解析立体测图仪。

由于正射影像比传统的线划地图形象、直观，信息量丰富，受到广泛的欢迎。解析摄影测量时期的另一类仪器是生产正射影像的数控正射投影仪。图 1-3-3 是使用最广泛的数控正射投影仪之一。

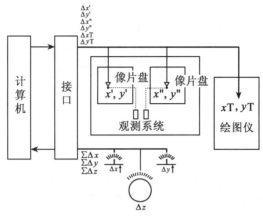

图 1-3-1　解析立体测图仪原理图

图 1-3-2　AP/C3 解析立体测图仪

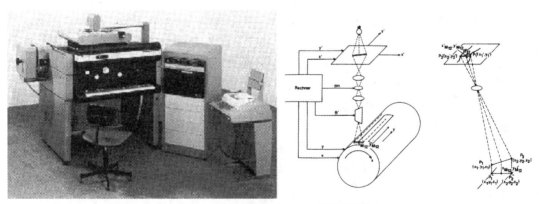

图 1-3-3　正射投影仪 OR1 及其原理图

在这时期受益最多、效果特别显著的还是以电子计算机为基础的解析空中三角测量，这是一项不小的改革。我们称摄影测量的这一发展时期为"解析摄影测量时代"。解析测图仪与模拟测图仪的主要区别在于：前者使用的是数字投影方式；后者使用的是模拟的物理投影方式。由此导致仪器设计和结构上的不同：前者是由计算机控制的坐标量测系统；后者使用纯光学、机械型的模拟测图装置。还有操作方式的不同：前者是计算机辅助的人工操作；后者是完全的手工操作。由于在解析测图仪中应用了电子计算机，因此，免除了定向的繁琐过程及测图过程中的许多手工作业方式。但它们都是使用摄影的正片（或负片）或像片，并都需要人用手去操纵（或指挥）仪器，同时用眼进行观测。其产品则主要是描绘在纸上的线划地图或印在相纸上的影像图，即模拟的产品。当然，在模拟测图仪上附加数字记录装置，或在解析测图仪上以数字形式记录多种信息，也可形成数字的产品。

1.4　数字摄影测量

数字摄影测量的发展起源于摄影测量自动化的实践，即利用影像匹配技术，实现真正的自动化测图。摄影测量自动化和智能化是摄影测量工作者多年来所追求的理想。

1.4.1　数字摄影测量发展历程

最早涉及摄影测量自动化的专利可追溯到 1930 年，但并未付诸实施。直到 1950 年，才由美国工程兵研究发展实验室与 Bausch and Lomb 光学仪器公司合作研制了第一台自动化摄影测量测图仪。当时是将像片上灰度的变化转换成电信号，利用电子技术实现自动化。这种努力经过了许多年的发展历程，先后在光学投影型、机械型或解析型仪器上实施，也有一些专门采用 CRT 扫描的自动摄影测量系统。与此同时，摄影测量工作者也试图将由影像灰度转换成的电信号再转变成数字信号（即数字影像），然后，由电子计算机来实现摄影测量的自动化过程。美国于 20 世纪 60 年代初研制成功的 DAMC 系统，就是属于这种全数字的自动化测图系统，它采用 Wild 厂生产的 STK-1 精密立体坐标仪进行影像数字化，然后用 1 台 IBM 7094 型电子计算机实现摄影测量自动化。

原武汉测绘科技大学王之卓教授于 1978 年提出了发展全数字自动化测图系统的设想与方案，并于 1985 年完成了全数字自动化测图系统 WUDAMS（后发展为全数字自动化测图系统 VirtuoZo）。武汉大学张祖勋院士团队 2007 年成功地推出了新一代数字摄影测量网格系统——DPGrid，它在采用最新的数字摄影测量处理理论和技术研究成果的同时，全面兼容单机多核及多机多核高性能集群并行计算能力，极大地提升了航天航空遥感影像的处理效率，同时应用了云计算技术为用户提供高质量的遥感影像数据在线应用能力。云计算的本质是基于服务的分布式计算技术，是解决海量遥感大数据高效处理问题的新途径。另外，也充分使用了摄影测量大数据，主要包括两个方面：其一，已有的基础地理空间信息产品，例如，数字正射影像（DOM）、数字高程模型（DEM）、数字线划地图（DLG）和数字表面模型（DSM）等；其二，公众地理信息数据，例如，谷歌地图（Google map）、美国航天飞机雷达地形数据 SRTM（Shuttle Radar Topography Mission）、日本全球数字地表模型数据 AW3D30（ALOS World 3D-30M）和激光测高数据 ICESat/GLAS 等。这些数据可以替代人工野外控制数据，在减少人员工作量的同时大大提高了工作效率。为此，张祖勋院士提出了"云控摄影测量"，它将改变摄影测量处理的模式。传统摄影测量处理是从影像数据到地理空间信息的单向过程，即生产的地理空间信息作为产品归档后不会返回至摄影测量处理过程；云控摄影测量处理则是一个"闭合"的回路，生产的地理空间信息产品将作为控制信息用于以后的摄影测量处理过程，从而实现地理空间信息"从摄影测量生产中来，又回到摄影测量生产中去"。随着全球化测图需求越来越常态化,从相机几何和辐射定标、空中三角测量、正射影像快速更新和立体测图等各个方面,都可以有效地使用摄影测量大数据,从而形成了体系更加完善的"大数据摄影测量",极大地提高了实际测绘产品的生产效率,节约了人力和资金,缩短了生产周期,提升了数据的现势性。

航空倾斜摄影技术不同于传统的从单一垂直角度进行拍摄的航空摄影模式,而是在一个飞行平台上同时搭载多个成角的感光器件,分别从垂直角度和倾斜布设的 CCD 传感器获取目标的多方向影像信息,配合机身携带的高精度导航卫星定位接收机和惯性测量单元,航摄仪所拍摄图像的绝对位置可以通过地理参考直接计算获得。通过结合倾斜与垂直航拍获取的相片,倾斜摄影技术能获得更全面的地理和环境信息,大大提高地表特征解译和三维模型生产效率,广泛应用于如实景三维建模、智慧城市等方面。同时随着社会的发展和技术的进步,各行各业对目标的精细化地理空间信息提出了越来越多的要求。特别在面对非常规地面(如滑坡、大坝、高边坡等)或者人工物体表面(如建筑物立面、高大古建筑、地标建筑等)目标时,采用倾斜摄影测量方式无法满足精度要求,为此 2019 年武汉大学张祖勋院士团队提出了贴近摄影测量。它充分利用无人机平台在数据获取方面的优势,具有贴合目标表面飞行、自动朝向目标表面拍摄的特点,其核心是"由粗到细""以目标为导向"的精细化影像数据自动采集策略。它可以实现非常规地面或者人工物体表面超高分辨率影像的高效自动化采集以及高精度空中三角测量处理,为这些目标的精细化重建奠定了基础。目前,贴近摄影测量在地质调查、灾害应急、水利工程、文物古建筑保护以及建筑物精细化三维重建等领域得到了广泛应用。

1.4.2 数字摄影测量的定义

对数字摄影测量的定义,目前有几种不同观点。

定义一:数字摄影测量是基于数字影像与摄影测量的基本原理,应用计算机技术、数字图像处理技术、影像匹配、模式识别等多学科的理论与方法,提取所摄对象用数字方式表达的几何与物理信息的摄影测量学的分支学科。

定义二:数字摄影测量是基于摄影测量的基本原理,应用计算机技术,从影像(包括硬拷贝、数字影像或数字化影像)提取所摄对象用数字方式表达的几何与物理信息的摄影测量学的分支学科。

这两种定义是张祖勋院士于 1996 年给出的。第一种定义强调了数字或软拷贝的特点,与国际上定义软拷贝摄影测量(Softcopy Photogrammetry)更接近,也更符合中国著名摄影测量学者王之卓院士曾给出的全数字摄影测量(Full Digital Photogrammetry)这一概念。这一定义认为,在数字摄影测量中,不仅其产品是数字的,而且其中间数据的记录及处理的原始资料均是数字的。第二种定义则只强调了数字摄影测量的中间数据记录和最终产品是数字形式的。

《中国军事百科全书(军事测绘学分册)》(2002)中也给出了另一种定义。

定义三:以数字影像为数据源,根据摄影测量原理,通过计算机软件处理获取被摄物体的形状、大小、位置及其性质的技术。

虽然上述定义的表达方式各异,但体现数字摄影测量本质特点的三个方面是不变的、一致的,即数字形式的数据源(数字影像)、基于摄影测量的数学模型或原理、利用计算机软件自动(或半自动)获取被摄对象的几何与物理信息。

2021 年武汉大学张永军教授等提出了广义摄影测量学的概念,也称为遥感影像信息学。

定义五:广义摄影测量是利用天空地一体化的多传感器综合观测技术,获取多视角、多模态、多时相、多尺度遥感影像数据,并结合数字摄影测量及计算机视觉等多学科前沿技术,在多源控制资料的辅助下自动化、智能化地研究和确定被摄物体的形状、位置、大小、性质及其时序变化关系的一门多学科交叉科学和技术。

随着人工智能和计算机技术不断发展,数字摄影测量的理论与方法与多个学科深度交叉融合,其任务和目标会远远超出的传统意义上的定义范畴。

1.5 当代摄影测量的发展

当前科技发展已进入大数据及人工智能新时代,地球空间信息领域也面临新的发展机遇与挑战,数据全球化、处理实时化、服务智能化是国际前沿和热点,这是与传统摄影测量存在显著不同的全新模式和发展趋势。在摄影测量的数据获取和处理方面,武汉大学张永军教授、张祖勋院士和龚健雅院士等总结了其特点,下面将从多源摄影测量数据获取的特点、多源摄影测量数据处理中存在的问题以及深度学习在摄影测量中的应用三个方面进一步探讨。

1.5.1 多源摄影测量数据获取的特点

1. 单视角向多视角成像、单传感器向多模态协同发展

传统航空摄影测量的主要成像方式为下视成像,即相机主光轴垂直对地,相邻影像间具有一定重叠,从而构成立体影像和区域网。为了进一步提升航空影像获取效率,满足智慧城市等应用对于建筑物侧面高清纹理的需求,国内外摄影测量仪器厂商研发了机载多面阵拼接大视场相机、多镜头倾斜摄影测量相机和全景相机等,在进一步集成化和小型化后,可搭载于低空无人机和地面移动平台。在观测机制方面,也由传统的单平台获取演进为天空地协同、多平台组网,甚至基于互联网的众包方式获取数据,从而构建多成像视角的天空地多平台综合立体观测模式。另一方面,随着成像传感器技术的发展,星载、机载、车载平台所能搭载的传感器越来越丰富,从全色相机到多光谱和高光谱相机,从可见光到红外、微波成像和激光测距,从面阵相机到多线阵拼接相机,从普通静态成像相机到连续动态视频相机,并在 GNSS/IMU 和星敏仪等导航定位技术的辅助下,实现对被摄物体的多传感器、多模态协同观测。目前,几乎所有天空地遥感平台均配备 GNSS/IMU 等多传感器集成定位定姿系统,且大部分平台同时搭载多种传感器进行数据获取,例如资源三号、高分七号等卫星既有三线阵或双线阵立体观测相机及多光谱相机,也安装了激光测高传感器以提供精确高度控制信息。航空飞行平台往往集成激光扫描系统和多视角倾斜摄影相机或全景相机,以便同时获取地表三维信息和高质量纹理色彩。而车载移动测量系统

和无人自动驾驶系统则集成立体视频相机/全景相机、激光雷达或毫米波雷达测距系统等多模态传感器，获取车辆周围的精确三维动态信息。

2. 单时相向多时相、单尺度向多尺度融合联动发展

随着天空地综合观测体系的建立以及各类成像传感器的极大丰富和发展，对地观测成像的时间分辨率越来越高，完全颠覆了以往需要数月甚至更久才能重复获取大范围数据的现状，遥感信息的处理应用也已从单一资料分析向多时相多数据源复合分析过渡，从静态分布研究向动态监测过渡，从对各种现象的表面描述向周期性规律挖掘和决策分析过渡。而在目标识别与动态监控跟踪、无人平台自主导航等高动态应用场景，则需要通过视频摄影机、全景摄影机或 3D-LiDAR 等方式获取实时序列观测数据，在多架构实时处理等技术的辅助下实现实时在线数据处理与分析，并为科学、可靠的决策提供支持。同时，遥感影像的空间分辨率越来越高，1999 年发射的 IKONOS 卫星地面分辨率为 1m，2014 年 WorldView-3 卫星更是将分辨率提高到前所未有的 0.31m，我国于 2016 年发射的高分一号也将国产商业遥感卫星的分辨率提升至 0.5m。目前，国际上已经形成各种高、中、低轨道相结合，大、中、小卫星相协同，高、中、低分辨率相弥补的全球对地观测体系。在航空和低空摄影测量领域，也建立了米级、分米级乃至厘米级地面分辨率的多尺度联动观测体系，为准实时联合观测提供了非常有效的技术支撑。

1.5.2 多源摄影测量数据处理中存在的问题

相对于非常强大的天空地多源遥感数据获取能力，当前的摄影测量数据处理理论和方法还存在种种制约，遥感信息产品的快速生产和服务能力显著滞后，海量数据堆积与有限信息孤岛并存的矛盾仍然突出。摄影测量的发展尚需交叉融合多个学科的最新研究成果，在多源数据智能处理的理论技术和应用领域才能取得更大突破。武汉大学张永军教授团队（2021）提出应该从下面六个主要方面考虑，解决多源摄影测量数据处理面临的问题。

1. 多源摄影测量自动匹配

影像匹配是摄影测量与遥感产品自动化生产中至关重要的环节，直接影响区域网平差、影像镶嵌拼接、三维重建等后续环节的精度。在天空地多视角/多模态影像获取过程中，由于平台飞行高度不同、传感器成像模式不同、成像视角显著差异等因素，导致影像间存在很大的透视几何变形和非线性辐射畸变等现象，基于灰度的传统特征点影像匹配方法已不再适用于多视角影像连接点自动匹配。因此，深入研究天空地多源遥感影像的稳健、可靠的自动匹配方法，对推动多源遥感影像高精度自动化空中三角测量，提高地形地物三维重建效率及贴近摄影测量变形监测等均有重要意义。以 SIFT 等为代表的经典特征匹配方法，已被广泛应用于影像匹配、目标检测识别等领域。但是，经典特征匹配方法对非线性辐射差异和透视几何形变较为敏感，对于多视角/多模态影像无法获得稳定可靠的同名特征，因此需要研究具有多重不变特性的多模态影像高可靠性特征匹配方法，构建尺度、旋转及非线性辐射差异不变的稳健特征描述符。此外，激光点云和天空地多视角影像间，由于数据特性差异太大，多重不变特征描述符也无法实现有效匹配，也需要挖掘更高层次的稳定特征，进行多种特征耦合的高精度自动匹配。

2. 多源摄影测量影像联合区域网平差

摄影测量领域的区域网平差，是以共线方程或有理函数等成像模型为基础，将测区内所有观测值纳入统一的平差系统，建立误差方程并采用最小二乘原则求解未知数，从而获得模型中各类未知参数的最佳估值，实现影像空间和物方空间的严密坐标转换，并进行精度评定。天空地多源遥感影像联合平差，涉及卫星、航空、低空、地面等不同观测视角，线阵、面阵等不同成像模式，光学、微波、激光等不同观测模态，数据种类繁多，观测机制复杂，需要研究建立各类影像的误差模型，解决不同原始观测资料间的相关性及方差分量估计问题，以及同名特征中粗差观测值的稳健探测剔除问题。传统航空和航天摄影测量的成像中心规则排列及法方程带宽优化方法不再适用，需要研究突破天空地多源立体观测超大规模方程组的压缩存储和快速解算方法，如超大规模病态法方程几何结构优化、超大规模方程组压缩存储、CPU/GPU 联合并行解算，甚至无须存储大规模法方程的共轭梯度快速解算方法等，获取各影像的全局最优精确对地定位参数。在保证全球地理信息资源建设等超大规模区域网平差成果绝对定位精度方面，则需要充分发挥各类已有地理信息的控制作用，实现全自动化的云控制联合区域网平差。

3. 多时相影像智能信息提取与变化监测

多时相遥感影像中地形地物信息的自动提取与动态变化监测，是摄影测量走向智能信息服务的必由之路和经典难题。通过智能数据处理手段，进行精确配准、无效像元检测消除、辐射校正及影像合成，生成时间有序、空间对齐、辐射一致的高质量多时相遥感影像序列，是地物信息自动提取、自然资源监测评估、土地利用动态监测、目标识别与动态监控等应用的前提。传统的遥感影像处理方法及近年来流行的深度学习在多时相遥感影像地物智能提取及变化监测方面尚面临巨大挑战，例如，深度学习得到的像素级分类结果与规则化矢量成果仍然有相当差距。而且国际上目前尚无遥感领域专用的深度神经网络，只能通过数据裁剪等手段使遥感影像适应已有的通用图像处理深度学习框架。因此，需要针对遥感影像数据的特殊性及实时智能处理需求，研究创建面向遥感数据智能目标识别与信息提取的自主产权深度学习框架。另外，地物目标提取结果，也可以反向融入多源影像几何处理过程，形成全新的几何语义一体化处理机制，进一步提高处理精度和稳定性。

4. 激光点云与多视影像联合精细建模

建筑物是智慧城市中最重要的核心元素，三维建筑物模型可为城市基础设施规划和新型智慧城市建设提供良好支撑，其准确几何结构及拓扑属性信息是促进智慧城市建设的决定性要素之一。三维重建技术主要有基于主动视觉的激光扫描法、结构光法、雷达技术、Kinect 技术，以及基于被动视觉的单目视觉、双目视觉、多目视觉、SLAM 技术等，其中激光扫描与多目立体视觉是获取地物三维空间几何信息与纹理信息的主要手段。点云与影像的有机结合可以显著提升建筑物等典型地物目标精细三维重建的效率和效果，二者的高精度配准是必须解决的首要问题。在精细建模过程中，可充分发挥两类数据的优势，通过多视影像密集匹配和深度学习等先进手段对 LiDAR 点云进行加密优化，提取显著线面特征，约束三维点云表面重建，利用纹理识别和深度学习进行建筑物立面遮挡修复，并解决高保真纹理映射优化、建筑物矢量模型提取以及 LOD(Levels of Detail)室内外一体化建模等核心问题。

5. 多传感器集成的无人系统自主导航

无人系统常指无人机、无人车、无人船、智能机器人等可移动无人驾驶系统，涉及多传感器集成、人工智能、高速通信、机器人、自动控制等关键技术，这里特指各类低空无人机和地面无人驾驶汽车。智能化是无人系统发展的重要方向，在智能数据采集、长距离货物运送、智能物流配送等众多领域具有广泛的应用前景。智能化无人系统的核心技术主要包括环境感知、信息交互、知识学习、规划决策、行为执行五个方面。环境感知的智能化，需要解决无人机/车在未知受限环境中的实时自主定位和目标识别等问题，是实现自主驾驶的前提条件。传统的无人机/车常采用 GNSS/IMU 组合导航定位系统进行定位，但是实时定位精度较低，误差较大，而且在复杂环境中往往存在噪声干扰和信号遮挡等问题。多传感器集成的环境智能感知和目标识别技术是解决上述问题的可行途径，包括 GNSS/IMU、激光雷达、立体相机、超声波测距、嵌入式处理器和智能识别系统等，多传感器数据的实时处理和深度融合可显著提高实时定位的精度和可靠性，并结合人工智能等技术确定周围环境中各类目标的距离、属性及其动态变化信息。智能无人机的自主能力体现在自主航线规划、自动避障、信息采集和飞行控制的智能程度，智能无人驾驶汽车的自主操控主要表现为自动驾驶等级提升，即由已知环境的部分自动驾驶进化到动态未知环境的全自动驾驶，二者都涉及多传感器动态感知、多架构实时计算、智能认知推理、规划决策执行等核心技术。

6. 多传感器集成的智能制造视觉检测

2013 年，德国政府首次提出"工业 4.0"战略，其目的是将传统制造业向智能化转型，并在以智能制造为主导的第四次工业革命中占领先机。我国也已制定相应的发展规划，力争通过新一代信息技术与制造业深度融合，从制造业大国向制造业强国转变。智能制造装备是具有感知、决策、控制、执行功能的各类制造装备的统称，包括新一代信息技术、高端数控机床、全自动化生产线、工业机器人、重大精密制造装备、3D 打印机等。当前高端智能制造装备属于复杂的光机电系统，应用环境特殊，而且对检测准确率、实时性、重复性等要求极高，实时在线检测、无人干预全自动检测、智能化分析是必备条件。精密工业摄影测量作为非接触技术手段，可采用实时立体视觉或多传感器融合视觉系统代替人眼和人手进行各种工业部件的在线检测分析、判断决策及质量控制，具有智能化程度高和环境适应性强等特点，是智能制造系统不可或缺的核心组成部分。多传感器集成的视觉检测系统，主要由光源、高速光学相机、激光扫描仪、图像处理器等构成，需要解决成像系统检校、高速数据获取、图像处理分析、缺陷部件智能识别与检测等核心问题，尤其针对常见的尺寸、划痕、腐蚀、褶皱、突起、凹陷、孔洞、色彩等不同制造缺陷，需要研究相应的智能化识别检测方法。随着人工智能浪潮的快速兴起，有望借助深度学习机制，实现强大学习能力和泛化能力，通过一定量的样本训练构建通用制造缺陷智能识别检测技术。

1.5.3 深度学习在摄影测量中的应用

20 世纪 70 年代，随着遥感卫星的发射，摄影测量被扩展为"摄影测量与遥感"，影像解译成为遥感研究的重点，虽然对这个问题的研究已有 30 余年，但至今尚没有方法能够全自动地完成高分辨率图像上语义信息的提取，也没有商业软件能够自动化提取出道路、建筑等"专题图"。数字高程模型(DEM)和数字正射影像(DOM)早已成为数字摄影测量的标准产品。作为 4D 产品之一的数字线划图(DLG)制作仍然离不开人工干预，随着摄影测量与人工智能和机器学习的交叉融合，特别是深度学习的广泛应用，遥感影像解译会出现飞跃式的发展，有望利用遥感影像能够快速生成高精度的语义专题图，数字线划图(DLG)的制作不再需要人的干预，这将标志摄影测量真正进入智能摄影测量时代。武汉大学季顺平教授(2018)认为智能摄影测量时代与前三个时代有本质的区分，主要体现在关注点不再局限在几何上，而是集中在"认知、语义、理解和所见即所得"上。下面简单介绍一下深度学习在图像检索、语义分割、目标识别、矢量提取和立体匹配中的应用，详细了解相关内容可以参考《智能摄影测量学导论》(2018)。

1. 图像检索

在计算机视觉和图像处理领域，深度学习在图像分类中得到最广泛的应用。2012 年，ImageNet 挑战赛使得深度学习在图像分类中脱颖而出。庞大的 ImageNet 数据库来自网络上传的大众所拍摄的图像，并不包括航摄图像和卫星遥感图像。若将这些数据库训练得到的模型直接进行遥感图像检索，显然不合适。借鉴卷积神经元网络在计算机视觉界的巨大成功，航空和航天图像的图像检索可仿造 CIFAR、ImageNet，构建一个庞大的标注数据库，涵盖丰富的地物类别，每个类别包括足够多的样本。如果说深度学习是智能时代的"引擎"，那么数据就是"燃料"。大规模遥感标签数据库将是摄影测量与遥感走向"自动化专题制图"的必经之路；然而，其实现难度要比 ImageNet 大。第一，由于远距成像的特性，图像受到更多电磁辐射传输的影响。经过大气传播的电磁辐射与地物间的相互作用机理更加复杂，同一标签的样本往往呈现明显的光谱和视觉差异。这种差异不但对样本的选取造成不便，而且对深度学习模型的可区分性提出更大的挑战。第二，众包模式并不能完全起作用。普通人可以很好地辨认出诸如猫与狗的区别，因此通过互联网众包能够快速构建一个巨大的标注数据库；但是，小麦和水稻在遥感图像上的差异，则需要专业人员的目视判读，若影像分辨率较低，甚至可能需要实地调查。第三，摄影测量与遥感界的科研模式尚需向开源发展。计算机视觉界是最重视开源的科研领域之一，可以轻松获取 ImageNet、CIFAR 等专业数据库和 OpenCV 等开源代码。目前，遥感学界已经逐渐走向开源模式，希望能由学界、公司或政府机构在短期内建立针对遥感图像检索的标签数据库，并实现完全开源，成为摄影测量与遥感工作者在语义检索研究上的燃料和基石。

2. 语义分割

相对于成熟的图像分类或图像检索，语义分割（Semantic Segmentation）目前正处于高速发展中。图像语义分割是指：在像素层面分割出一类或多类前景及背景，如把图像分割为水域、庄稼、人工建筑和其他，故语义分割的含义更接近于传统的遥感图像分类。深度学习倾向于从原始图像开始学习特征表达，因此像素级的语义分割正好是它的用武之地。以单目标分割为例，将目标像素集合的标签设置为 1 作为正样本，其他的图像区域设置为 0 作为负样本。这样深度学习的任务就是完成图像的二值分割。在具体实施上，如果直接采用诸如 VGG-Net 和 ResNet 等经典的深度卷积网络，则会遇到两个困难。第一，普通的 CNN 需要以像素中心为原点，开辟局部窗口作为正负样本去训练和测试。由于逐像素的操作方式，需要消耗大量的计算资源，并且会在边缘处产生难以避免的混淆像素，导致分割的边缘不平滑。第二，由于 CNN 采用从低到高的特征提取策略，用于语义分割的事实是最后层的高级的、抽象的特征，因此会损失许多细节信息，而导致分割结果可能并不理想。针对以上两个困难，最近两年发展了一类特殊的 CNN 架构，专门用于图像语义分割。其中，全卷积网络（Fully Convolutional Network，FCN）就是针对像素级语义分割问题而提出的一种主流架构。经典的 CNN 通常在卷积层之后再使用全连接层得到固定长度的特征向量，并用该特征进行分类。而 FCN 则用卷积层代替了全连接层，FCN 以及反卷积网络不再需要逐像素地分类操作，极大地节省了计算消耗，并一定程度上提升了语义分割的精度，然而，由逐层池化带来的细节损失问题依然存在。

3. 目标识别

目标识别与图像检索或语义分割有一定的联系，但区别也很明显。遥感图像检索是从一幅图像（或图像块）中以一定的概率发现某类物体，并不能识别物体的数量和精确位置。语义分割是像素级的操作，而不是在目标或对象层次。目标识别指识别并定位出"某类物体中的某个实例"，如建筑物类别中的某栋房屋。在深度学习中，目标识别通常归结为最优包容盒的检测。如待检索目标是飞机或建筑物，则轮廓的外接矩形框为其包容盒。包容盒检测也称为包容盒回归（Regression）。回归与标签分类相对。如以上所述的图像检索、语义分割，类别标签都是离散量，可归纳为一个分类（Classfication）问题。而包容盒回归所对应的标签是连续量，即四个坐标值。要得到这些连续量的最优估计，在数学中就是一个回归问题。在深度学习尚未提出之前，传统的图像目标识别方法一般是先设计特征，如 SIFT 和 HOG（第 6 章中有详细介绍）。然后采用滑动窗口的穷举策略，在给定的图像上进行遍历，确定候选区域，对这些区域进行特征提取，再使用训练好的分类器进行分类。传统方法的问题在于：首先，基于滑动窗口的区域选择策略没有针对性，高时间复杂度，高窗口冗余度；其次，手工设计的特征鲁棒性较差。针对滑动窗口的区域选择问题，基于候选区域的卷积神经元网络（Region-based CNN，R-CNN）提供了很好的解决方案，并成为目标识别方向的主流基础框架。基于候选区域的方法首先利用图像中的纹理、边缘、颜色或者多层卷积网络提取的特征，预先找出图像中目标可能出现的位置，以保证在较少的窗口中保持较高的召回率，大大降低了后续操作的时间复杂度。R-CNN 的精度相比于传统方法得到很大的提高，但在效率方面还有很大的提升空间。

4. 矢量提取

摄影测量的关键任务之一是为各行各业提供地形图或电子地图。而这些地图通常以矢量形式表示。因此，如何从遥感图像中一步到位地提取各类矢量地图，才是真正的终极目标。从图像中端到端（End-to-End）地提取矢量地图是如此艰难的挑战，因此几乎没有传统方法可供参考。深度学习的广泛应用和深入研究有望为达成这个终极任务提供契机。虽然目前还没有直接的应用实例，但某些相关的研究可以给我们一些参考。人体关键点识别就是其中之一。将人体看作一系列关键点的组合，关键点的连线就构成了矢量。而人体关键点识别中的主要技术就是基于 CNN 框架并采用回归算法。以摄影测量与遥感中经典的建筑物提取为例，我们需要得到建筑物的矢量图。考虑多边形建筑物，矢量图可由建筑物顶点的顺序连接得到。通过回归这些顶点，就可以得到矢量图，这与人体关键点检测有一定的相似之处。总之，从遥感图像到矢量图的提取，目前仍然需要进一步深入研究。

5. 立体匹配

立体匹配是摄影测量中的核心问题，深度学习的立体匹配方法发展迅猛，但目前大多数商业软件仍采用 SGM、MVM 等经典方法（第 6 章有详细介绍）。基于深度学习来获取深度图有两种模式。第一种是将深度学习用于计算核线立体像对间更恰当的匹配代价，以取代人工设计的代价函数；第二种是端到端地从原始立体像对中直接学习出深度图（视差图）。2016 年，Zbontar 和 LeCun 提出 MC-CNN（Matching Cost CNN），是深度学习在立体匹配的应用算法，利用卷积神经元网络来学习匹配代价。传统的匹配代价包括亮度绝对值差异、相关系数、欧氏距离、交叉熵等，这些代价往往不是最优的，会受到亮度突变、视差突变、无纹理或重复纹理、镜面反射等不利条件的影响。而深度学习方法试图通过多层非线性神经元网络学习出更加稳健的匹配代价，采用了一种简单的连体卷积网络（Siamese Network）。左右立体图像分别通过一系列卷积提取特征，在最后一层上做一次归一化操作，然后对两个单位特征向量进行点乘，得到匹配代价。这个点乘计算与摄影测量中常用的"灰度相关"完全一致。但是，由于不是在原始的图像亮度上计算，而是在高级的卷积特征中进行，其效果要好很多。此后，用深度学习进行立体匹配研究成了热门课题。许多学者纷纷提出各类匹配算法，如 SGMNet、DispNetC、Content-CNN 等。虽然基于深度学习的立体匹配方法在有限的自然图像测试集上表现优异，但是并不能说明它的普适性，用于航空、航天遥感及用于线阵、曲面等其他类型的传感器的效果如何，需要进一步检验。在短期内，深度学习方法能否取代构造性的经典密集匹配方法将是受关注的焦点之一。

以上应用取决于摄影测量学自身以及智能科学的进一步发展。当前以深度学习为主流的智能方法仍存在缺陷：深度学习需要大量的精确样本，以弥补其泛化和外推能力的缺陷，而遥感成像的远距离辐射传播机制使得获得高质量样本的获取成本更高、挑战更大。小样本学习是人类的本能，借助知识的推理和联想更是人类的优势所在。虽然深度学习方法在一次学习中获得了一些进步，但无论是现在的深度学习，还是未来更先进的智能方法，都需要进一步发展，做到真正的"智慧"。

◎ **习题与思考题**

1. 摄影测量学的定义与任务是什么？
2. 什么是数字摄影测量？它与传统摄影测量的区别是什么？
3. 你所理解的智能摄影测量与数字摄影测量的根本区别是什么？
4. 当代摄影测量数据获取和处理具有哪些特点？
5. 列举你所知道的深度学习在摄影测量中应用的实例。
6. 当代摄影测量遇到了哪些新问题？解决这些问题的关键技术有哪些？

第2章 摄影测量传感器与影像解析基础

在摄影测量学中，为了从所获得的影像确定被研究物体的位置、形状和大小及其相互关系等信息，需要了解和掌握航空影像是如何获取的，影像中的重要点、线和面的透视关系以及物方和像方之间的解析关系，这对于摄影测量的解析数据处理是十分重要的。本章的主要内容包括摄影测量传感器、空中摄影的基本知识、中心投影与透视变换、共线方程、航摄像片的像点位移及单像空间后方交会等。

2.1 摄影测量传感器

随着科学技术的发展，摄影测量传感器也得到快速的发展。这些传感器不仅能获得数字影像，而且能获得影像的位置与姿态，甚至直接获得数字表面模型(Digital Surface Model，DSM)。这些传感器主要有摄影测量影像传感器、定位定向系统(Position Orientation System，POS)、激光扫描系统(LiDAR)与合成孔径雷达等。

2.1.1 影像传感器

最常见的影像传感器是相机，包括胶片相机和数码相机。在航空摄影测量领域，各种类型的数码相机已经取代胶片相机，成为光学影像数据的主要获取手段。在航天摄影测量领域，星载线阵相机正朝着高空间分辨率、高时间分辨率和高光谱分辨率的方向发展；成像方式也向多样化的方向发展，从单线阵推扫式成像逐渐发展为多线阵推扫式成像。根据成像方式的不同，摄影测量影像传感器可以分为两大类：面阵相机(Area Array Cameras)和线阵相机(Pushbroom Linear Array Cameras)。

1. 面阵相机

面阵相机又称为框幅式相机，它是以面为单位进行影像采集的成像工具，可以一次性获取一幅被摄物体的影像，具有测量影像直观的优势，主要包含单面阵相机和多面阵相机。

1)单面阵相机

单面阵相机是指全色影像(或 Bayer 彩色影像)仅由单个面阵 CCD 成像得到，但并不代表相机内仅集成有 1 块 CCD 芯片。如 Z/I Imaging 公司的第二代数码航摄仪，相机内部包含 5 块 CCD，其中仅有 1 块大像幅全色 CCD，其他 4 块 CCD 分别在红、绿、蓝和红外波段成像，为全色影像提供颜色信息。单面阵相机通常具有相对简单的机械结构，不需要进行多影像的拼接，单张影像内部的几何误差分布较为均匀。

受 CCD 制造工艺的限制，航空摄影测量中采用的单面阵相机大多数为中小像幅尺寸，例如无人机和近景摄影测量所使用的各种数码相机。近年来，专业相机厂商研制出了大像幅的单面阵相机，已发布的型号包括 RMK DX、DMC Ⅱ、DMC Ⅲ 系列，其中 DMC Ⅲ 像幅最大，影像分辨率可达 14592×25728 像素(3.75 亿像素)。

一般单面阵相机像幅小、视场角窄，飞行效率低，影像数量巨大，有效信息少，后续数据处理和生产效率低下。特别是其较小的视场角，直接限制了摄影测量的基高比，导致测图高程精度不高。为解决单面阵传感器视场角小的问题，一般将多个小面阵拼接形成组合面阵数字相机。

2)多面阵拼接相机

多面阵拼接相机采用多块 CCD 以一定重叠对目标区域分别成像，然后将多个子影像拼接成为较大像幅的虚拟影像。目前国际主流大幅面航空相机的设计理念是利用数字图像处理的方法将多个互有重叠的子相机同步获取的影像进行拼接，得到一幅像幅更大、视场角较宽的中心投影影像。根据 CCD 面阵数量和排列方式的不同，可以大致将该类相机分为四个子类。

第一类：以 Z/I Imaging 公司的第一代 DMC 航摄相机为代表，采用四块同样大小的 CCD 芯片组成 2×2 的阵列，分别成像并进一步组成虚拟影像，如图 2-1-1 所示。

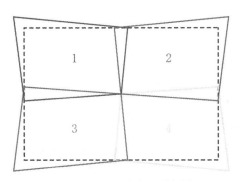

图 2-1-1   DMC 虚拟影像拼接

第二类：以 Vexcel 公司 UltraCam 系列相机为代表，如图 2-1-2 所示。该类相机的特点是采用了顺序曝光的机制，使多个子相机尽量在同一位置曝光，而不是多相机同时成像。Vexcel 公司生产的大像幅相机，如 UltraCam-D、UltraCam-X 和 UltraCam Eagle 等型号，采用 9 块全色 CCD 芯片，分别在 4 个时间点曝光；中像幅相机的型号有 UltraCam-L 和 UltraCam-Lp，仅包含两块全色 CCD，并分两次曝光。

第三类：以 Visual Intelligence 公司的 Iris 系列相机为代表，如图 2-1-3 所示。该类型相机由一组按一定角度分布的小像幅相机固联构成，相机排列方向垂直于飞行方向，最终拼接出一条宽像幅的虚拟影像。

第四类：以 VisionMap 公司的扫描全景相机 A3 为代表，如图 2-1-4 所示。它由两台焦距为 300mm 相机组成，每台相机视场角非常小，仅为 6.9°×4.6°，不可能用传统方法进行交会。该相机采用扫描(旋转)摄影(如图 2-1-4(a))增大视场角，最大扫描视场角可达 104°(如图 2-1-4(b))，图 2-1-4(c)所示为多条航带摄影的"幅宽"，它主要由旁向重叠构成"立体"，与传统摄影测量主要由航向重叠构成"立体"相比，其具有鲜明的特点。

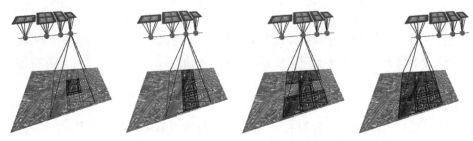

图 2-1-2　UltraCam-D 相机的顺序曝光机制

图 2-1-3　Iris One 50 相机

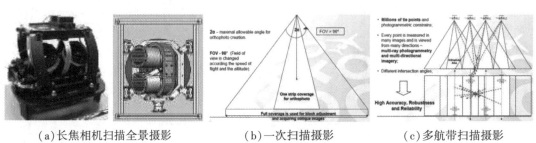

（a）长焦相机扫描全景摄影　　　　（b）一次扫描摄影　　　　（c）多航带扫描摄影

图 2-1-4　VisionMap 扫描全景相机 A3

　　近年来，倾斜相机逐渐成为研究热点。倾斜相机系统由一台垂直安置和多台倾斜安置的相机联合组成，由于其获取影像时具有较大的倾斜角，倾斜影像兼具传统垂直摄影和地面摄影的特性，即能够同时获得地物顶面和侧面的信息，主要用于城市三维建模中建筑物侧面纹理的获取。由于倾斜摄影系统搭载多个方向的相机，从而可以对同一地物在多个视角成像。多视影像能够提供更多的信息，遮挡更少，且具备相互验证的能力。因而近年来，倾斜影像在世界范围内广泛地被应用。

　　如今众多的厂商，如 Track' Air、Vexcel、IGI 等都推出了倾斜摄影系统，表 2-1-1 列出了现有的主要国内外厂商研制的倾斜摄影测量系统。

表 2-1-1   **国内外倾斜摄影测量系统**

公司	系统名称	特　点	倾斜相机实物图
Vexcel	UltraCam Opesys	• 4 个垂直相机+6 个倾斜相机 • 垂直相机可获得 1 幅 9000 万像素的全色影像、1 幅真彩色 RGB 影像和 1 幅近红外影像 • 6 个倾斜相机：2 个前视，2 个后视，另外左右各一个，倾斜角度均为 45° • 垂直与左右的倾斜相机成像区域存在重叠，视场角达到 115°	
IGI	Quattro DigiCAM Oblique	• 4 个倾斜相机的系统 • 相机幅面 8176×6132 • 像元大小 6μm • 相机倾角 45°	
Leica	RCD30 Oblique	• 1 个垂直相机+4 个倾斜相机 • 6000 万像素，可升级至 8000 万像素 • 像元大小 6μm • 倾斜角度 35° • 4 个倾斜相机与垂直相机的成像范围都有重叠	
Trimble	AOS	• 1 个垂直相机+2 个倾斜相机，整个镜头在曝光一次后自动旋转 90°，通过这种方式获得前、后、左、右四个方向的倾斜和下视影像 • 倾斜影像与下视影像有部分重叠，呈现蝶形影像 • 相机幅面 7228×5428 • 倾角可调节（29°~49°）	
Track' Air	Midas	• 1 个垂直相机+4 个倾斜相机 • 相机采用 5 Canon EOS 1Ds Mk Ⅱ，2100 万像素 • 倾斜角度可调节（30°~60°）	

续表

公司	系统名称	特　点	倾斜相机实物图
四维远见	SWDC-5	• 1 个垂直相机+4 个倾斜相机 • 相机幅面 8176×6132 • 像元大小 6μm • 相机焦距 100/80mm • 相机倾角 45°	
中测新图	TOPDC-5	• 1 个垂直相机+4 个倾斜相机 • 相机幅面：垂直 9288×6000，倾斜 7360×5562 • 像元大小 6μm • 相机焦距：垂直 47mm，倾斜 80mm • 相机倾角 45°	
上海航遥信息技术有限公司	AMC580	• 1 个垂直相机+4 个倾斜相机 • 相机幅面：10320×7752 • 像元大小 5.2μm • 相机倾角 42°	

2. 线阵相机

线阵相机是利用安置在相机焦面上的一条或多条 CCD 线阵，通过推扫方式获得二维影像。线阵相机在每一个成像时刻只获取一行影像，对应地面上的一个狭长条，随着相机平台沿飞行轨迹前进，线阵 CCD 连续推扫形成二维影像。线阵相机主要分航空线阵相机和航天线阵相机两类。

1）航空三线阵/多线阵相机

航空三线阵/多线阵传感器包括单镜头和三镜头两种。单镜头三线阵/多线阵传感器的代表有三线阵的 ADS40/80/100、StarImager 以及五线阵的 JAS 150 等。这种相机构成三线阵/多线阵的原理就是在焦平面上不同位置有多行 CCD 线阵列，包括红、绿、蓝、红外、全色等多光谱 CCD 探测器件。其中有三行/多行全色波段 CCD 探测器，分别在前视、下视、后视成像，传感器向前推扫时，这三个线阵/多个线阵 CCD 同时扫描成像，获取全色影像，一个航带扫描结束后，最终会获取前、下、后三视/多视的三个/多个具有大重叠度的长条带影像。另外，还采用分色镜对自然光进行分光处理，由位于焦平面上的多光谱探测器来记录对应的多光谱信息。

以 ADS40 为例，它是由徕卡公司于 2000 年推出的第一款真正投入使用的商业化数字航空摄影测量系统。2008 年和 2013 年徕卡公司分别推出第二代和第三代数字航空摄影测量系统 ADS80 及 ADS100。ADS40 有 3 组全色 CCD 阵列，每组两个 CCD 并排放置，CCD 之间存在半个像素（约 3.25μm）的错位，这种设计可以提高几何分辨率，每个 CCD 有 12000 个像素。4 个多光谱 CCD（红、绿、蓝和近红外），每个也是 12000 个像素，同一种光谱的 CCD 还可以有多个投影方向。实际上单色波段的三组 CCD 不一定排列成相同的投影方向，其他的投影方向上也可以设置单色波段的 CCD，CCD 上每个像素大小是 6.5μm× 6.5μm。ADS40 的焦距标定为 62.5mm。每个 CCD 在旁向方向上的视场角为 64°，感光范围分别是：全色波段是 465～680nm，单色光谱中蓝色波段是 430～490nm，绿色波段是 535～585nm，红色波段是 610～660nm，红外波段是 835～885nm。

　　ADS40 利用三线阵中心投影，能够为每一条航带连续地获取不同投影方向（一般分为前视、后视和下视）和不同波段（包括全色波段，红、绿、蓝和近红外波段）的影像，其中任何两幅不同投影方向的影像（不论属于哪个波段）都可以构成立体像对（前视—后视，前视—下视，后视—下视）。ADS40 三个全色波段的成像如图 2-1-5 所示。

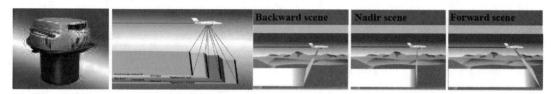

图 2-1-5　ADS40 数码航空摄影示意图

　　三镜头传感器主要代表是 3-DAS-1，如图 2-1-6 所示，该传感器设置有三个镜头，每个镜头的焦平面上都包含有红、绿、蓝等多光谱成像 CCD 阵列。线阵推扫时，三个倾角不同的镜头分别对前、下、后视进行成像，获取前下后视的彩色影像。

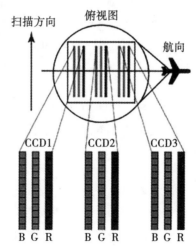

图 2-1-6　3-DAS-1 内部 CCD 阵列结构图

不管是单镜头三线阵/多线阵传感器，还是三镜头三线阵传感器，目的都是获取三线阵/多线阵影像，进行立体测图。前者只能获取全色影像（黑白影像），通过与多光谱影像进行融合才能得到彩色影像；后者通过三个镜头直接获取前、下、后三视三个条带的彩色影像。

2）航天线阵相机

航天线阵相机根据所带的镜头数可以分为单线阵推扫式传感器以及多线阵推扫式传感器，这两种传感器的主要区别在于同时生成的影像数目不同，单镜头只能生成一个条带影像，而多镜头可同时生成多个条带影像。前者主要用于一般的地图测图、城市规划、环境监测、土地调查以及情报信息搜集等；后者除了上述应用外，还专门用于立体测图、生成地面三维模型等。

（1）单镜头对地观测卫星。

为了得到高分辨率影像，对地观测卫星相机一般采用长焦距设计，按不同地面分辨率可以分为以下五种类别：

①超高分辨率：地面分辨率在 1m 以下的卫星称为超高分辨率卫星，知名的超高分辨率卫星有 GeoEye 公司的 IKONOS、GeoEye-1、QuickBird-2，DigitalGlobe 公司的 WorldView-1、WorldView-2、WorldView-3、WorldView-4，以色列的 EROS-B，韩国的 KOMPSAT-2，印度的 CartoSat-2，俄罗斯的 Resurs DK-1（非近极地轨道）等，中国的高景一号（SuperView-1）、高分二号、高分七号、高分十四号等。

②高分辨率：地面分辨率在 1~4m 之间的卫星称为高分辨率卫星，主要包括：中国的北京一号、北京二号、CBERS-02B、ZY1-02C、ZY3、GF-1，英国的 TopSat，印度的 CartoSat-1，泰国的 THEOS，以色列的 EROS-A，德国的 RapidEye 星座，尼日利亚的 NigeriaSat-2，阿尔及利亚的 Alsat-2A、Alsat-2B，以及马来西亚的 RazakSAT（非近极地轨道）等。

③中高分辨率：地面分辨率在 4~8m 之间的卫星称为中高分辨率卫星，主要包括：印度的 IRS-1C、IRS-1D、IRS-P6，俄罗斯的 Monitor-E-1 及印度尼西亚的 LAPAN-Tubsat 等。

④中等分辨率：地面分辨率在 8~20m 之间的卫星称为中等分辨率卫星，主要包括：法国的 SPOT-2、SPOT-4，日本的 Terra/ASTER，中国的 CBERS-02，欧空局的 PROBA/CHRIS，美国宇航局的 EO-1/Hyperion，埃及的 Egyptsat-1，沙特阿拉伯的 Saudisat-3，新加坡的 X-Sat 以及土耳其的 RASAT 等。

⑤低分辨率：地面分辨率在 20~40m 之间的卫星称为低分辨率卫星，主要包括：英国的 UK-DMC、UK-DMC-2，阿尔及利亚的 Alsat-1，尼日利亚的 NigeriaSat-1，土耳其的 Bilsat 以及西班牙的 Deimos-1 等。

（2）立体测图卫星。

为了进行立体观测，需要卫星在不同位置获取同一地区的卫星影像，而且基高比要尽量大，立体像对的获取时间不能相差较远，才能获得良好的立体观测效果。因此，一些卫星上搭载了双镜头或者三镜头传感器，这些传感器通过倾斜不同角度的镜头，获取双线阵或者三线阵同轨立体像对。搭载这类传感器的卫星主要有：法国的 SPOT-5，日本的 ALOS/PRISM、Terra/ASTER，印度的 CartoSat-1，以及中国的天绘一号卫星（TH-1）、资源三号卫星(ZY-3)、高分七号卫星(GF-7)和高分十四号卫星(GF-14)等。图 2-1-7(a)所示为天绘一号卫星有效载荷及成像原理。天绘一号卫星采用了 CAST2000 小卫星平台,一体化集成了三线阵、高分辨率和多光谱等 3 类 5 个相机载荷。目前,天绘一号已成功发射01 星、02 星、03 星、04 星,四颗卫星在轨组网运行稳定,已具备规模化数据保障能力。

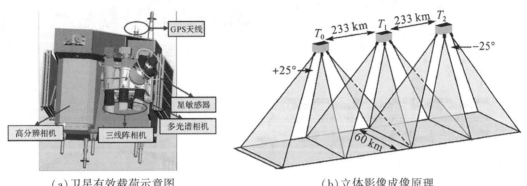

(a)卫星有效载荷示意图　　　　　　　　　(b)立体影像成像原理

图 2-1-7　天绘一号卫星有效载荷及成像原理

(3)卫星相机的拼接技术。

为了扩大影像的幅宽,常用的办法是采用多个 CCD 阵列并列同时成像,然后将这些CCD 获取的影像进行拼接得到宽幅线阵影像,形成多线阵拼接相机。多线阵拼接相机主要有两种方式:单镜头多线阵拼接相机和多镜头多线阵拼接相机。

①单镜头多线阵拼接:在一个相机的焦平面上摆放多个子线阵 CCD。大多数卫星相机采用该种方式,如美国 WorldView 系列卫星相机、IKONOS 卫星相机、QuickBird 卫星相机、印度 IRS-1C 卫星全色相机、日本 ALOS 卫星 PRISM 传感器的三线阵相机、法国Pleiades 卫星 HR 相机等,中国的 CBERS-02B 卫星 HR 相机、天绘一号卫星 HR 相机和资源三号卫星三线阵相机等,它们的拼接原理如图 2-1-8 所示。

②多镜头多线阵拼接:采用多个镜头进行拼接,每个镜头内部存在一条或多条 CCD线阵,采用该拼接方式的卫星有中国的资源一号 02C 卫星 HR 相机、高分一号宽覆盖相机(WFV)。其中资源一号 02C 卫星具有两台 HR 相机,每台 HR 相机焦面上排列有 3 个子CCD 线阵;高分一号宽覆盖相机则由四台多光谱相机构成,每台多光谱相机具有一个CCD 线阵,幅宽为 200km,拼接后的宽覆盖影像的幅宽为 800km。

2.1.2　定位定向系统

1. 航空测量定位定姿

定位定向系统(POS)是专为传感器直接对地定位而设计的设备。其核心部件为全球导航卫星系统 GNSS 和惯性测量单元 IMU,POS 能使地理空间数据的获取变得更高效、迅速和经济。知名的 POS 厂商包括加拿大的 Applanix POS AV 系列与德国的 IGI AERO Control系列。

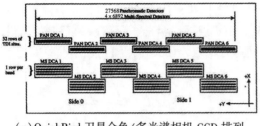

（a）QuickBird 卫星全色/多光谱相机 CCD 排列

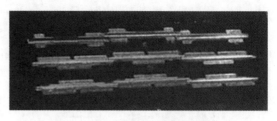

（b）IKONOS 卫星全色/多光谱相机 CCD 排列

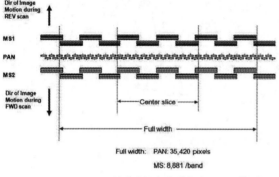

（c）WorldView-2 卫星全色/多光谱相机 CCD 排列

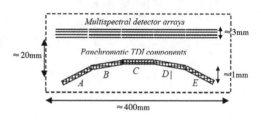

（d）Pleiades 卫星 HR 相机 CCD 排列

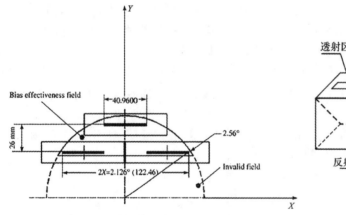

（e）CBERS-02B 卫星 HR 相机 CCD 排列

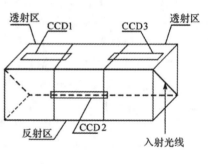

（f）资源三号卫星正视相机 CCD 排列

图 2-1-8　单镜头多线阵拼接相机 CCD 排列

1）POS AV

Applanix POS AV 设备的组件包括以下四项。

GPS 接收器：接收全球导航卫星系统 GNSS 的信号，确定设备的空间位置。

IMU：IMU 全称是惯性测量单元（Interial Measurement Unit），其根据惯性原理记录设备的姿态变化值。

信息处理系统：根据接收的 GNSS 数据和 IMU 数据，实时解算设备的位置和姿态，并及时输出给外部设备。

数据处理软件 POSPac：根据 POS 原始记录的数据，结合 GNSS 数据、精密星历以及用户定义的坐标基准等解算设备的精密位置和姿态。

POS AV 系统共有 310、410、510 和 610 四个系列,其中 510 和 610 可用来进行航空摄影辅助测量,其后处理分为差分 GNSS 和 PPP 两种定位模式,组合以后的标称精度如表 2-1-2 所示。

表 2-1-2   **POS AV 510 和 610 后处理定位定姿精度**

POS AV	差分 GNSS		PPP	
	510	610	510	610
平面位置(m)	<0.05	<0.05	<0.1	<0.1
高程(m)	<0.1	<0.1	<0.2	<0.2
速度(m/s)	0.005	0.005	0.005	0.005
水平角(°)	0.005	0.0025	0.005	0.0025
航向角(°)	0.008	0.005	0.008	0.005

POS AV 的实际精度还受测区的几何构型、大气变化状况和环境条件等因素影响。值得一提的是,POS 系统的定位精度主要取决于 GNSS 的定位精度,而定姿精度主要取决于 IMU 的性能,衡量 IMU 性能的主要指标是陀螺零偏,此处的 POS AV 510 所用的陀螺零偏为 0.1°/h,而 POS AV 610 所用的陀螺零偏小于 0.01°/h。

2)IGI AERO Control

IGI AERO Control 与 POS AV 类似,其核心部件由光纤陀螺惯性测量单元(IMU-IID)、计算机、GPS 接收机组成。

AERO Control 设备的标称定位精度优于 0.1m(RMS),定姿精度 Heading 为 0.01°,Roll 和 Pitch 可达到 0.004°。AERO Control 的相关精度如表 2-1-3 所示。

表 2-1-3   **AERO Control 的相关精度**

性能	AERO Control Ⅰ	AERO Control Ⅱ	AERO Control Ⅲ
位置(m)	0.05	0.05	0.05
速度(m/s)	0.005	0.005	0.005
Roll/Pitch(°)	0.008	0.004	0.003
真航向(°)	0.015	0.01	0.007
可用数据频率	128Hz,256Hz	128Hz,256Hz	400Hz

2. 航天测量定轨定姿

1)低轨卫星 GNSS 定轨

卫星定轨是根据带有随机误差的观测数据和轨道动力学模型，依照一定的准则，对卫星轨道状态参数、动力学模型参数、观测模型参数等进行最优估计的过程。目前，国内外低轨卫星的定轨方法可主要归结为以下三种。

(1)几何学定轨方法：几何学定轨的原理来自 GNSS 单点定位，要求接收机至少观测到 4 颗 GNSS 卫星，分别用伪距、载波相位和多普勒频移观测数据直接计算接收机天线相位中心的位置和速度。几何学定轨的优点是原理简单、计算量小。但是其缺点非常明显，定轨精度受观测数据质量限制；观测卫星数少于 4 颗时，就无法进行几何学定轨；解算的速度精度低，无法进行轨道预报等。

(2)动力学定轨方法：根据卫星的动力学模型，通过对其运动方程的数值积分将后续观测时刻的卫星状态参数归算到初始位置，用一个轨道弧段的不同时刻观测数据来估计确定初始时刻的卫星状态。动力学定轨法受到卫星动力模型误差的限制，如地球引力模型误差，大气阻力模型误差等。因此在动力学定轨中，通过增加摄动力模型参数和经验力模型参数，并频繁调节模型参数来吸收摄动力模型误差，以提高动力学定轨的轨道精度。

(3)简化动力学定轨方法：充分利用卫星的动力学模型与几何观测信息，通过估计经验力的随机过程噪声(一般为一阶 Gauss-Markov 过程模型)，对动力学模型信息与几何观测信息做加权处理，利用过程噪声参数来吸收卫星动力学模型误差。也就是说，在定轨数据处理中，通过增加动力学模型过程噪声的方差，降低动力学模型在解中的作用，定轨结果偏向于几何学定轨。如果增加观测数据的噪声，观测数据在定轨中作用降低，该定轨方法转化为动力定轨方法。因此，通过合理调节动力学模型和观测噪声的随机模型，使定轨结果趋向于最优结果。

根据卫星任务对卫星轨道参数需求的时间延迟，可以分为实时自主定轨和事后精密定轨两种。实时自主定轨通常采用简化动力学定轨方法，将定轨算法和软件进行优化和简化，移植到星载 GNSS 接收机内部。当接收机观测得到新的观测数据后，立即进行数据处理并更新和预报低轨卫星轨道参数，满足卫星对轨道参数的实时需求。事后精密定轨是指观测数据下行到地面，使用高精度的 GNSS 精密星历和精密钟差，采用精确的轨道动力学模型和严密的观测数据建模，通过定轨数据处理获得低轨卫星的精确轨道参数，满足低轨卫星科学应用对高精度轨道参数的需求。

2)恒星敏感器定姿

恒星敏感器(简称星敏仪)是以恒星作为姿态测量的参考源，可输出恒星在星敏感器坐标下的矢量方向，为航天器的姿态控制和天文导航系统提供高精度测量数据。图 2-1-9 为恒星敏感器的工作原理示意图，恒星敏感器通常包含全天球识别工作模式和星跟踪工作模式。在全天球识别工作模式下，恒星敏感器通过光学镜头在视场范围内拍摄得到星图，经过星点质心定位、星图识别和姿态计算等步骤之后，直接输出姿态信息。在星跟踪模式下，恒星敏感器利用先验姿态信息，进入星跟踪算法模块，通过局部的星点质心定位和识别最终解算出当前姿态信息。

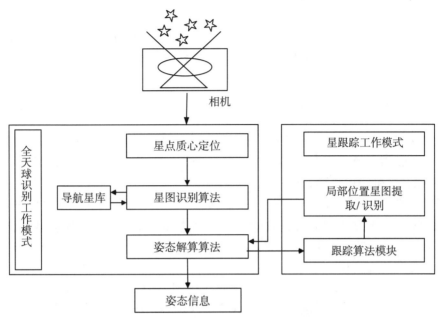

图 2-1-9 星敏感器工作原理示意图

对地观测卫星对卫星定姿精度的要求很高,一般需要搭载多个恒星敏感器和高精度陀螺仪进行组合定姿。每个恒星敏感器通过星图识别和姿态解算,得到星敏测量坐标系相对于惯性坐标系的姿态矩阵,通常用姿态四元数来表示,在不同时刻的惯性坐标系与星敏测量坐标系之间建立联系。在遥感卫星的对地摄影测量中,需要摄影相机相对于地球固定坐标系的姿态矩阵,因此,还需要进行多次坐标系转换来实现。如图 2-1-10 所示,J2000 惯性坐标系与地球固定坐标系间的转换需要经过岁差矩阵、章动矩阵、恒星时角旋转矩阵、极移矩阵的连续旋转得到,星敏测量坐标系与卫星本体或摄影相机坐标系之间的转换由实验室标定的安置矩阵实现。

图 2-1-10 不同坐标系的卫星姿态的转换关系

由此可知,卫星定姿就是如何从带有粗差、系统误差和随机误差的星敏与陀螺仪等观测数据,通过一定的数学准则,最优估计星敏测量坐标系相对于 J2000 惯性系的姿态矩阵,然后通过坐标转换,确定卫星本体或摄影相机坐标系相对于地球固定坐标系的姿态矩阵。

2.1.3 激光扫描系统

LiDAR 是激光探测及测距系统(Light Detection and Ranging)的简称,也称 Laser Radar

或 LADAR(Laser Detection and Ranging)，是以发射激光束探测目标的位置、速度等特征量的雷达系统。其工作原理为向目标发射探测信号(激光束)，然后接收从目标反射回来的信号(目标回波)，并与发射信号进行适当处理，就可获得目标的有关信息，如目标距离、方位、高度、速度、姿态，甚至形状等参数。系统由激光发射机、接收机、转台和信息处理单元等组成。目前 LiDAR 主要包括机载和星载两类。

1. 机载激光扫描仪

机载 LiDAR 能够快速获取高分辨率 DSM 以及地面物体的三维坐标，在国土资源调查及测绘等相关领域具有广阔的应用前景。知名的机载 LiDAR 系统有 Leica ALS、Optech ALTM、Reigl VQ 和 LMS 系列。

徕卡机载激光扫描仪(Leica ALS)主要包括三种型号 ALS80-CM、ALS80-HP、ALS80-HA。徕卡 ALS80-CM 是为低空测量城市或者狭长地图应用而设计；ALS80-HP 是为大部分飞行测量应用而设计的，它能通过不同的飞行高度适应不同的地形；而 ALS80-HA 则是一款适用于高海拔飞行的型号。

加拿大 Optech ALTM 系列包括 ALTM Gemini 和 ALTM PegasusHD500 等。ALTM Gemini 可应用在高海拔大区域的全自动测图，而 ALTM PegasusHD500 可提供高密度的数据采样。

奥地利 Reigl 机载 LiDAR 包括 VQ 系列和 LMS 系列。Reigl VQ 系列有 Reigl VQ-380i、Reigl VQ-480i、Reigl VQ-580、Reigl VQ-880-G 及 Reigl VQ-1560i 等，主要应用于超大区域/高海拔地区测量。Reigl LMS 系列包括 Reigl LMS-Q680i、Reigl LMS-Q780、Reigl LMS-Q1560 等，其特点是具有很好的测量覆盖能力。

2. 星载激光扫描仪

星载 LiDAR 系统主要应用于全球范围内的测绘、大气探测以及深空探测等。目前一些空间大国都开展了相关研究，如美国、欧洲某些国家、中国、日本等都研制了一些星载 LiDAR 系统。美国的主要星载雷达系统有 GLAS(第一个专门用于地球测量的激光雷达系统)、LOLA(月球轨道高度计)、ATLAS(先进地形激光测高系统)等。日本于 2007 年发射的 SELENE 卫星上搭载的 LALT 星载 LiDAR 系统，可以测绘出月球地形。2007 年 10 月，我国首颗探月卫星嫦娥一号 CE-1(ChangE-1)发射成功，其搭载的激光高度计 LAM(Laser Altimeter)是我国第一个星载激光传感器，核心部件均为我国自主生产，实物如图 2-1-11 所示。2010 年 10 月发射的嫦娥二号搭载的改进激光传感器，将探测频度提高了 5 倍以上。

我国 2016 年 5 月 30 日发射的资源三号 02 星搭载的激光测距仪，如图 2-1-12 所示，是我国首台对地观测激光测距仪，在 500km 轨道上可实现 1m 的测量精度。其获取的激光点可作为高程控制点，辅助资源三号 02 星主载荷进行立体测绘，对于提高我国对全球三维地形的测量精度具有重要的意义。

我国 2019 年 11 月 3 日发射的高分七号立体测绘卫星也搭载激光测距仪，用于获取高精度激光点辅助光学立体影像的区域网平差，以提高立体影像无控定位精度，实现 1:10000 比例尺测图。

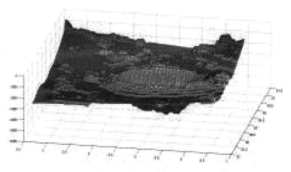

（a）嫦娥二号激光高度计　　　　（b）LAM 制作的月球陨石坑三维模型

图 2-1-11　激光高度计 LAM

图 2-1-12　资源三号 02 星激光测距仪

2.1.4　合成孔径雷达

　　合成孔径雷达（Synthetic Aperture Radar，SAR）是一种工作在微波波段的主动式传感器，即主动发射电磁波照射到地面，经过地面反射，由传感器接收其回波信息。SAR 作为一种有源微波侦察探测成像系统，采用侧视成像，具有高分辨率、宽测绘带、远距离、强穿透等独特的优势，不受云雾、雨雪等天气影响，可全天时、全天候对地观测。

　　SAR 诞生于 20 世纪 50 年代，经过 60 多年的蓬勃发展，其发射带宽从几十兆赫到现在的几吉赫，微波光子雷达带宽甚至达到 10GHz。对应的平面分辨率从最初的几十米到现在的厘米级。分辨率提高后，能看清目标细节结构特征信息，成像质量已经达到光学卫星图像的水准。合成孔径雷达目前已广泛应用于战场侦察、地形测绘、海洋监视监测和应急防灾减灾等军用和民用领域。国际上美国、德国、加拿大、俄罗斯等国家均研制出了机载和星载 SAR 系统。最近几十年，我国的 SAR 技术也得到了飞速发展，多种高分辨率雷达系统已装载在侦察机和战斗机上，多颗雷达卫星已在轨运行，服务于海洋、农业、交通、减灾等多个应用领域，取得了很好的应用效果。

　　星载 SAR 由于运行轨道高、运行稳定、无运动误差以及全天时、全天候和全球观测等优势已成为目前重要的遥感探测手段。新型星载雷达卫星的地面分辨率也越来越高，最高可达 0.3m（如美国的 Lacrosse-5 和 Discoverer Ⅱ）。典型 SAR 卫星有美国的 Seasat-A、SIR-A、SIR-B 及 Lacrosse 卫星，加拿大的 Radarsat-1 和 Radarsat-2 卫星，德国的 TerraSAR-X 卫星，意大利的 Cosmo-Skymed 卫星，日本的 ALOS 和 ALOS-2 卫星等。

目前机载 SAR 系统向着高分辨率、多极化、多波段、极化干涉测量的方向发展，分辨率已经达到 0.1m。比较著名的机载 SAR 系统有美国 Sandia 实验室的 MiniSAR 系统、德国 DLR 研制的 F-SAR 系统、德国 FGAN 研制的 PAMIR 系统、法国宇航局的 RAMSES 系统等。MiniSAR 是一种微型 SAR 系统，不但具有质量轻、体积小、成本低、便于装载侦察机的优势，还具备条带、聚束等多模式成像体制，可实现地面动态目标的检测与识别。F-SAR系统分辨率为 0.2m，拥有全极化成像的性能。PAMIR 雷达使用 X 波段成像，具备多通道、成像幅宽大、分辨率高等特点，而且还可具有动态目标检测和定位等功能，分辨率可达 0.05m。RAMSES-NG 带宽覆盖 VHF 波段到 X 波段，共有 P、L、X、X-UHR 四个波段，具体参数如表 2-1-4 所示。

表 2-1-4　　　　　　　　　　　　　　**RAMSES-NG 的系统参数**

波段	VHF-UHF	L	X	X-UHR
发射载频	340MHz	1.3GHz	9.5GHz	10GHz
极化	Full polar	Full polar	Full polar	Dual Polar
带宽	240MHz	200MHz	1500MHz	4GHz
发射功率	500W	200W	200W	8000W
天线	Dipole	Patches network	Cornets	Parabol

图 2-1-13 为利用 X-UHR 波段对某机场进行超高分辨成像，试验场地平躺了一个工作人员，工作人员在躯干和四肢的衣服里放了强散射金属条，成像图中可明显看到一个"X"形状。

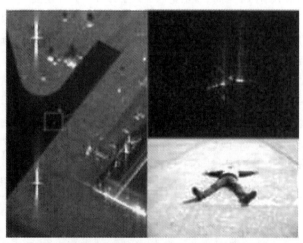

图 2-1-13　RAMSES-NG 系统 4GHz 成像结果

SAR 利用接收的地物反射回波信息进行成像，其构像几何属于斜距投影，几何特点不同于中心投影或扫描类成像。高分辨率雷达影像主要存在斑点噪声、斜距影像的近距离压缩、透视收缩、叠掩、阴影及地形起伏引起的像点位移等几何方面的问题，使得 SAR 影像不能直接使用摄影测量的双像立体解析原理进行立体测绘，必须按其成像原理构建解析方法。

2.2 空中摄影的基本知识

摄影测量是在影像上进行量测与判译，需要先对被研究物体进行摄影，为此，需要了解空中摄影的基本知识及摄影测量对空中摄影的基本要求。

2.2.1 空中摄影

为了测绘地形图与获取地面信息，空中摄影先要制订航摄计划，确保航摄像片质量。在整个摄区，飞机要按规定的航高和设计的方向呈直线飞行，并保持各航线的相互平行，如图 2-2-1 所示。

航空摄影向地面摄影时，摄影机物镜主光轴在曝光时偏离铅垂线 SN 的夹角 α，称为航摄像片倾角(图 2-2-2)。空中摄影采用竖直向下方式，即摄影瞬间摄影机物镜主光轴近似与地面垂直。主光轴在曝光时会有微小的倾斜，按规定要求像片倾角应小于 $2° \sim 3°$，这种摄影方式称为竖直摄影。

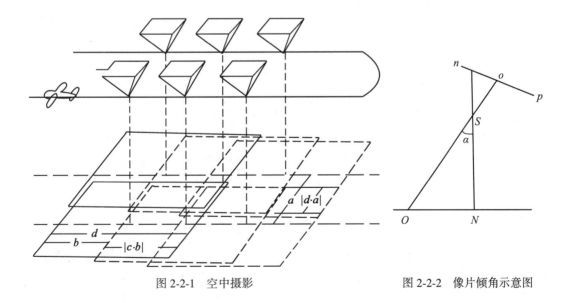

图 2-2-1　空中摄影　　　　　　　　　　图 2-2-2　像片倾角示意图

当采用摄影测量方式进行城市三维重建时，航空摄影还可以采用倾斜摄影，以获取城市建筑物更丰富的信息，如建筑物侧面影像等，满足城市建筑物精细模型重建。

2.2.2　摄影测量对空中摄影的基本要求

1. 地面分辨率

对于航空数字影像而言，影像的地面分辨率是指影像上一个像素所代表的地面的大小，也可以叫作地面采样间隔（Ground Sample Distance，GSD），单位为米/像素。若已知影像的地面分辨率，相对航高可以按照式（2-2-1）计算得到：

$$H = \frac{f \times \text{GSD}}{a} \qquad\qquad (2\text{-}2\text{-}1)$$

式中，H 为相对航高；f 为摄影镜头的焦距；GSD 为影像的地面分辨率；a 为像元大小。根据所取基准面不同，航高可分为相对航高和绝对航高。相对航高是指摄影机物镜相对于某一基准面的高度，常称为摄影航高，它是相对于被摄区域地面平均高程基准面的航高，是确定航摄飞机飞行的基本数据之一。当已知摄影比例尺 $m = l/L$，l 为像片上的线段，L 为地面上相应线段的水平距，也可按 $H = m \cdot f$ 计算得到。绝对航高是相对于平均海平面的航高，是指摄影物镜在摄影瞬间的真实海拔，可通过相对航高 H 与摄影地区地面平均高 $H_{地}$ 计算得到：

$$H_{绝} = H + H_{地} \qquad\qquad (2\text{-}2\text{-}2)$$

摄影比例尺越大，像片地面分辨率越高，越有利于影像的解译及提高成图精度。航空摄影中航摄比例尺、地面分辨率与成图比例尺之间的关系可参照表 2-2-1 确定。

表 2-2-1　　　　　　　　航空摄影与地面分辨率、成图比例尺的关系

比例尺类别	地面分辨率（m）	航摄比例尺	成图比例尺
大比例尺	优于 0.1	1∶2000～1∶3000	1∶500
	优于 0.1	1∶4000～1∶6000	1∶1000
	优于 0.2	1∶8000～1∶12000	1∶2000
中比例尺	优于 0.5	1∶15000～1∶20000（像幅 23cm×23cm）	1∶5000
	优于 1.0	1∶10000～1∶25000 1∶25000～1∶35000（像幅 23cm×23cm）	1∶10000
小比例尺	优于 2.5	1∶20000～1∶30000	1∶25000
	优于 5.0	1∶35000～1∶55000	1∶50000

当选定了摄影机和地面分辨率或摄影比例尺后，航空摄影时需要按计算的航高 H 飞行，以获得要求的摄影像片。但由于空中气流或其他因素的影响，会使摄影时的飞机产生升或降。飞行中很难精确按计划航高飞行，但差异一般不得大于 5%。同一航带内最大航高与最小航高之差不得大于 30m，摄影区域内实际航高与设计航高之差不得大于 50m。

2. 像片重叠度

为了便于立体测图及航线间的接边，除航摄像片要覆盖整个测区外，还要求像片间有一定的重叠。同一条航线内相邻像片之间的影像重叠称为航向重叠，重叠部分与整个像幅长的百分比称为航向重叠度，一般要求在 60% 以上。两相邻航带像片之间也需要有一定的影像重叠，这种重叠影像部分称为旁向重叠度，旁向重叠度要求 30% 左右。即

$$航向重叠度 \quad P_x = \frac{p_x}{l_x} \times 100\%$$
$$旁向重叠度 \quad P_y = \frac{p_y}{l_y} \times 100\%$$

(2-2-3)

式中，l_x，l_y 表示像幅的边长；p_x，p_y 表示航向和旁向重叠影像部分的边长。

像片的重叠部分是立体观察和像片连接所必需的条件。在航向方向必须三张相邻像片有公共重叠影像，这一公共重叠部分称为三度重叠部分(图 2-2-3)，这是摄影测量选定控制点的要求。因此，三度重叠中的 I，III 像片的重叠部分不能太小。因为像片最边缘部分的影像的清晰度很差，若重叠部分太小会影响量测的精度。

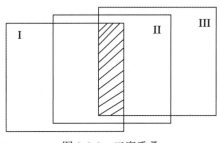

图 2-2-3 三度重叠

3. 航带弯曲

航带弯曲度是指航带两端像片主点之间的直线距离 L 与偏离该直线最远的像主点到该直线垂距 δ 比的倒数(图 2-2-4)，一般采用百分数表示，即

$$R\% = \frac{\delta}{L} \times 100\%$$

(2-2-4)

航带的弯曲会影响到航向重叠、旁向重叠的一致性，如果弯曲太大，则可能会产生航摄漏洞，甚至影响摄影测量的作业，因此，航带弯曲度一般规定不得超过 3%。

4. 像片旋角

相邻两像片的主点连线与像幅沿航带飞行方向的两框标连线之间的夹角称为像片的旋偏角，如图 2-2-5 所示，习惯用 κ 表示。它是由于摄影时航摄机定向不准确而产生的。旋偏角不但会影响像片的重叠度，而且还给航测内业作业增加了困难。因此，对像片的旋偏

角，一般要求小于 6°，个别最大不应大于 8°，而且不能连续三片有超过 6°的情况。

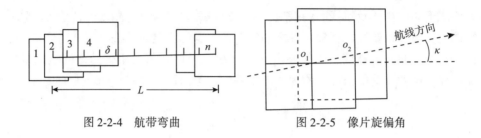

図 2-2-4　航带弯曲　　　　　　　図 2-2-5　像片旋偏角

2.3　中心投影与透视变换

在摄影测量学中，为了从所获得的影像确定被研究物体的位置、形状和大小及其相互关系等信息，需要了解和掌握物方和像方之间的解析关系，这对于摄影测量的解析数据处理是十分重要的。

2.3.1　中心投影和正射投影

用一组假想的直线将物体向几何面投射称为投影，其投射线称为投影射线。投影的几何面通常取平面，称为投影平面，在投影平面上得到的图形称为该物体在投影平面上的投影。投影有中心投影与平行投影两种，而平行投影中又有斜投影与正射投影之分。当投影射线会聚于一点时，称为中心投影。如图 2-3-1（a）、（b）、（c）三种情况均属中心摄影，投影射线的会聚点 S 称为投影中心，航摄像片是地面的中心投影。

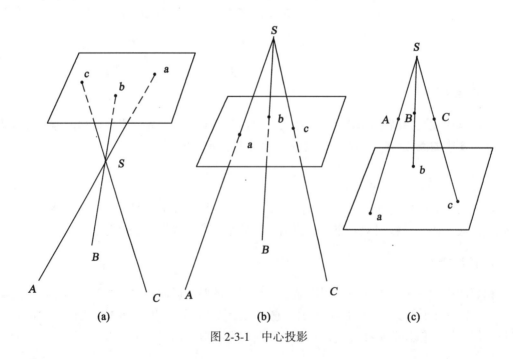

图 2-3-1　中心投影

　　当诸投影射线都平行于某一固定方向时，这种投影称为平行投影。平行投影中，投影射线与投影平面成斜交的称为斜投影；投影射线与投影平面成正交的称为正射投影。图2-3-2中(a)和(b)两种情况均属平行投影。其中(a)为斜投影，(b)为正射投影。测量中，地面与地形图的投影关系属正射投影。

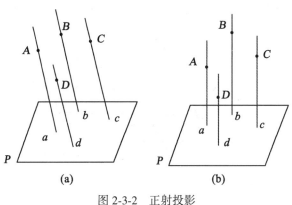

图 2-3-2　正射投影

2.3.2　透视变换中的重要点、线、面及其特性

1. 透视变换中的一些重要点、线、面

　　物点平面与像点平面这两个平面之间的中心投影变换关系又称透视变换关系。设像片平面 P 和水平地面(或图面) E 是以摄影物镜 S 作为投影中心的两个透视平面，如图2-3-3所示。两透视平面的交线称为透视轴或迹线，以 TT 表示。由投影中心作像片平面的垂线，交像面于 o，称为像主点；距离 So 称为摄影机主距或像片主距，以 f 表示。像主点在地面上的对应点以 O 表示，称为地主点。SO 表示为摄影方向，即摄影瞬间摄影机主光轴的空间方位。由摄影中心作铅垂线交像片平面于点 n，称为像底点；此铅垂线交地面于点 N，称为地底点。距离 SN 是投影中心 S 相对于过点 N 的地平面的航高。地平面到投影中心的向上方向为航高的正值。像底点 n 和地底点 N 是一对透视对应点。过铅垂线 SnN 和摄影方向 SoO 的铅垂面称为主垂面，以 W 表示。主垂面既垂直于像平面 P，又垂直于地平面 E，也必然垂直于两平面的交线透视轴 TT，这是主垂面的一个重要特性。主垂面 W 与像平面的交线称为主纵线 vv，像主点 o 和像底点 n 都在主纵线上。主垂面 W 与地平面的交线称为摄影方向线，以 VV 表示。显然像面上的主纵线与地面上的摄影方向线是一对透视对应线，都垂直于透视轴。主垂面内 SoO 与 SnN 所组成的夹角是摄影方向相对于铅垂线的倾角，等于像片平面相对于水平地面的倾角 $\angle OSN$，以字母 α 表示。作 $\angle OSN$ 的角平分线，该线与像平面交主纵线上于点 c，和与地面交摄影方向线上于点 C，点 c 和 C 是一对透视对应点，点 c 称像片上的等角点，C 称为地面上的等角点。过投影点中心作物面上一直线的平行线和像平面的交点称为合点。显然，物面上一组平行线有共同的合点(灭点)，即合点是物面上平行线组无穷远点的中心投影。过投影中心 S 作一水平面平行于地

面，称为真水平面或合面 E_s。真水平面与像平面的交线称为真水平线 $h_i h_i$。地面 E 上任何平行线组的合点都落在真水平线上，所以真水平线又称为合线。合线 $h_i h_i$ 与主纵线 vv 的交点 i 称为主合点。主合点是地面上一组平行于摄影方向线 VV 直线的无穷远点的构像。过像片内任何像点作平行于合线的平行线 hh，都称为像水平线。过像片上等角点 c 的像水平线 $h_c h_c$ 称为等比线。像平面内所有像水平线均平行于透视轴，而与主纵线相垂直。过投影中心 S 在主垂面内作像平面的平行线，与地平面 E 的交点称为主遁点 J。

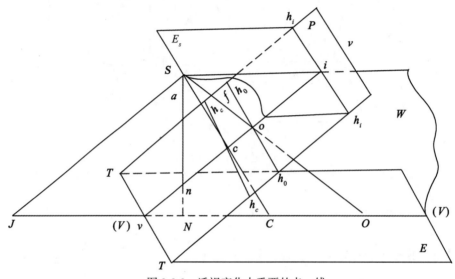

图 2-3-3　透视变化中重要的点、线

2. 重要点、线的数学关系

参照图 2-3-3 可求得像底点 n、等角点 c 和主合点 i 到像主点的距离为

$$on = f\tan\alpha$$

$$oc = f\tan\frac{\alpha}{2} \tag{2-3-1}$$

$$oi = f\cot\alpha$$

因为 $\angle iSc = \angle Sci = 90° - \dfrac{\alpha}{2}$，所以 ΔSic 是等腰三角形，则有

$$Si = ci = \frac{f}{\sin\alpha} \tag{2-3-2}$$

同样在物面上有

$$ON = H\tan\alpha$$

$$CN = H\tan\frac{\alpha}{2} \tag{2-3-3}$$

$$SJ = iV = \frac{H}{\sin\alpha} \tag{2-3-4}$$

3. 重要点、线的特性

底点的特性：设空间有一铅垂线组 AA_0，BB_0，…，由投影中心 S 作铅垂线交像片平面得像底点，交地平面或图面 E 得地底点 N，根据合点的定义，把像片作为投影平面时像底点应为空间铅垂线组的合点。诸铅垂线在像面上的构像 aa_0，bb_0，…应位于以点 n 为辐射中心的相应辐射线上，如图 2-3-4 所示。

等角点的特性：在图 2-3-5 上，设 CK 是地平面 E 上过等角点 C 的任意直线，与摄影方向线 VV 组成 $\angle A$，从投影中心 S 引地面直线 CK 的平行线，交像平面真水平线于合点 i_k，点 i_k 是直线 CK 无穷远点在像片上的影像。因为 $Si \parallel VV$ 和 $Si_k \parallel CK$，所以 $\angle iSi_k = \angle VCK = \angle A$。

在过 S 点平行于 E 平面的平面 E_s 内的 $Rt\triangle Sii_k$ 和像平面 P 内的 $Rt\triangle cii_k$ 中，有 $\angle Sii_k = \angle Cii_k$，$Si = ci = \dfrac{f}{\sin\alpha}$ 和 ii_k 为公共边，则两三角形全等。$\triangle Sii_k = \triangle cii_k$，得

$$\angle ici_k = \angle iSi_k = \angle VCK = \angle A$$

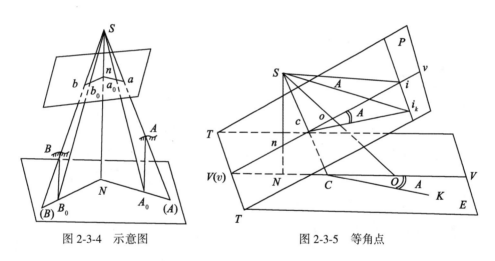

图 2-3-4　示意图　　　　　　　　　图 2-3-5　等角点

这就是说，当地面为水平时，取等角点 c 和 C 为辐射中心，在像平面和地面上向任意一对透视对应点所引绘的方向，与相应的对应起始线之间的夹角是相等的。在倾斜的航摄像片上和水平地面上，由等角点 c 和 C 所引出的一对透视对应线无方向偏差。保持着方向角相等的特性。根据等角点的这个特性，就可以在倾斜航摄像片上以等角点 c 为角顶量出某一角度，来代替在地面以点 C 为测站实地量测的水平角。

等比线的特性：由于等比线是一条像水平线，过 $h_c h_c$ 可作一水平面 P^0 与地面平行，水平面 P^0 与底点射线 Sn 相交得点 o^0，见图 2-3-6。那么在 $Rt\triangle coS$ 和 $Rt\triangle co^0 S$ 中，Sc 为公用边和 $\angle cSo^0 = \angle cSo = \dfrac{\alpha}{2}$，则两三角形全等。又因 $So^0 = So = f$。这表示过航摄像片上等比线 $h_c h_c$ 的水平面 P^0，相当于是在原摄站 S 和用原摄影仪所摄得的一张理想的水平像片。等比线既在航摄像片 P 上，又在理想的水平像片 P^0 上，所以等比线的构像比例尺等于水

平像片的摄影比例尺 f/H，不受像片倾斜的影响。此即为等比线的特征和命名的由来。

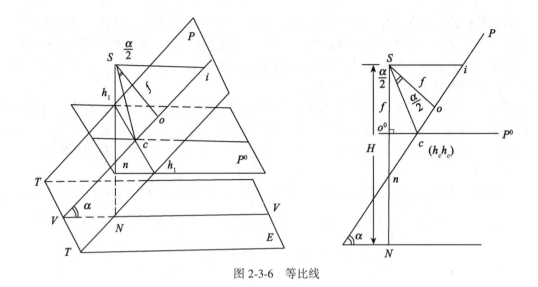

图 2-3-6　等比线

2.4　共线方程

为了从影像提取所研究物体的几何信息，必须建立影像中像元素与物体表面对应点之间的数学关系。普通面阵相机成像方式为中心投影，满足像点、投影中心、物点三点共线几何条件；线阵相机通常是以推扫方式获得影像，常用有理函数模型直接建立像点和空间坐标之间的关系。本节介绍的内容包括共线方程、有理函数模型、鱼眼相机和全景相机构像模型。

2.4.1　摄影测量常用的坐标系

1. 像平面坐标系 *o-xy*

像平面坐标系是影像平面内的直角坐标系，用以表示像点在像平面上的位置，通常采用右手坐标系，x、y 轴的选择按需要而定。对于航空影像，两对边机械框标的连线为 x 和 y 轴的坐标系称为框标坐标系，其与航线方向一致的连线为 x 轴，航线方向为正向（图 2-4-1（a））。若以像主点 o 为坐标系原点，x、y 轴分别平行于框标坐标系的 x、y 轴，称为像平面直角坐标系（图 2-4-1（b））。在摄影测量解析计算中，像点的坐标应采用以像主点为原点的像平面坐标系中的坐标。

2. 像空间坐标系 *S-xyz*

像空间坐标系是一种过渡坐标系，用来表示像点在像方空间的位置。该坐标系以摄站点（或投影中心）S 为坐标原点，摄影机的主光轴 So 为坐标系的 z 轴，像空间坐标系的 x、

y 轴分别与像平面坐标系的 x、y 轴平行,正方向如图 2-4-2 所示。该坐标系可以很方便地与像平面坐标系联系起来。在这个坐标系中,每一个像点的 z 坐标都等于 $-f$,而 x,y 的坐标就是像点的像平面坐标 x,y。像空间坐标系是随着像片的空间位置而定的,所以每幅像片的像空间坐标系是各自独立的。

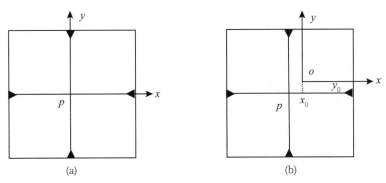

图 2-4-1 像平面坐标系

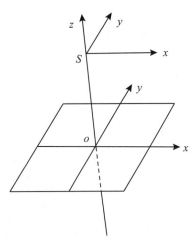

图 2-4-2 像空间坐标系

3. 像空间辅助坐标系 $S\text{-}XYZ$

像空间辅助坐标系是一种过渡坐标系,它以摄站点(或投影中心)S 为坐标原点。在航空摄影测量中通常以铅垂方向(或设定的某一竖直方向)为 Z 轴,并取航线方向为 X 轴(图 2-4-3)。

4. 摄影测量坐标系 $O_1\text{-}X_pY_pZ_p$

摄影测量坐标系是一种过渡坐标系,用来描述解析摄影测量过程中模型点的坐标。将像空间辅助坐标系 $S\text{-}XYZ$ 沿着 Z 轴反方向平移至地面点,得到的坐标系 $O_1\text{-}XYZ$ 称摄影测量坐标系(图 2-4-4)。由于它与像空间辅助坐标系平行,因此很容易由像点的像空间辅助坐标求得相应地面点的摄影测量坐标。

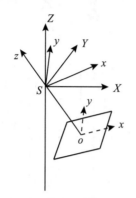
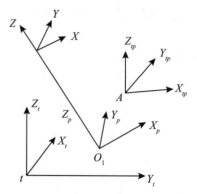

图 2-4-3 像空间辅助坐标系　　　　图 2-4-4 摄影测量常用坐标系

5. 地面测量坐标系 $t\text{-}X_tY_tZ_t$

地面测量坐标系(图 2-4-4)是指测量成果所在的物方空间直角坐标系。在我国,地面测量坐标系通常采用高斯-克吕格平面坐标系,它的 X_t 轴指向正北方向,高程则以我国黄海高程系统为标准。地面测量坐标系为左手坐标系,航测外业联测以大地测量成果为依据,测定的控制点坐标属于地面测量坐标系。

6. 地面摄影测量坐标系 $A\text{-}X_{tp}Y_{tp}Z_{tp}$

摄影测量中,习惯用右手空间直角坐标系,而野外控制测量提供的控制点坐标是属于左手系的地面测量坐标。为此,需要选定摄影测量坐标与地面测量坐标互相转换的过渡性坐标系,该坐标系称为地面摄影测量坐标系。地面摄影测量坐标系(图 2-4-4)是右手系,原点通常选在地面某一控制点 A,Z_{tp} 轴为过该点的铅垂线,向上为正,和地面测量坐标系的 Z_t 轴平行,X_{tp} 轴与航线方向一致。

2.4.2 影像的内、外方位元素

1. 内方位元素

确定摄影机的镜头中心(严格地说,应该是镜头的像方节点)相对于影像位置关系的参数,称为影像的内方位元素。内方位元素包括以下 3 个参数:像主点(主光轴在影像面上的垂足)相对于影像中心的位置 x_0、y_0 以及镜头中心到影像面的垂距 f(也称主距),如图 2-4-5 所示。对于航空影像,x_0、y_0 即像主点在框标坐标系中的坐标。内方位元素值一般由摄影机检校确定。

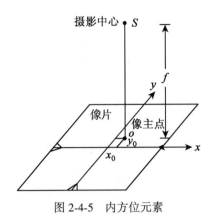

图 2-4-5 内方位元素

2. 外方位元素

确定影像或摄影光束在摄影瞬间的空间位置和姿态的参数，称为影像的外方位元素。一幅影像的外方位元素包括 6 个参数，其中 3 个是直线元素，用于描述摄影中心空间位置的坐标值；另外 3 个是角元素，用于描述影像面在摄影瞬间的空中姿态。

1）线元素

三个线元素是反映摄影瞬间摄影中心 S 在地面选定的空间直角坐标系中的坐标值 X_S，Y_S，Z_S，这里的地面空间直角坐标系通常用地面摄影测量坐标系。如图 2-4-6 所示。

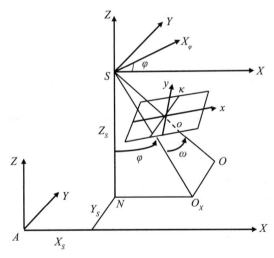

图 2-4-6 外方位元素

2）角元素

角元素是描述像片在摄影瞬间空间姿态的要素。其中两个角元素用以确定摄影机主光轴 So 在空间的方向，另一个角元素则确定像片在像片面内的方位。可以认为像片摄影时的姿态是由理想姿态（像片水平且像片坐标系 x、y 轴分别平行于所选的地面坐标系 X、Y

轴)绕空间三个轴向依次旋转三个角度值后所得到的。进行第一次旋转的轴称为主轴；进行第二次旋转的轴称为副轴，即绕主轴进行第一次旋转后的某一坐标轴方向；进行第三次旋转的轴称为第三旋转轴，即实际摄影时的摄影方向 So。角元素有三种不同的表达形式：

(1)以 Y 轴为主轴的 φ-ω-κ 系统：以 Y 为主轴旋转 φ 角，然后绕 X 轴旋转 ω 角，最后绕 Z 轴旋转 κ 角。如图 2-4-6 所示，该系统中的三个外方位角元素定义如下：

航向倾角 φ：它是主光轴 SO 在 XZ 平面上的投影 SO_X 与 Z 坐标轴的夹角。这相当于以 Y 轴为第一旋转轴，把沿铅垂方向的摄影机轴从起始位置 SN 旋转到 SO_X 处的转角。φ 角符号规定沿 Y 轴正方向朝向坐标原点方向观察，顺时针为正。

旁向倾角 ω：摄影方向 SO 与其在 XZ 平面上的投影 SO_X 的夹角。相当于以旋转 φ 角后的横轴 $X\varphi$ 为第二旋转轴，把 SO_X 转到 SO 位置的转角。ω 角的符号规定沿 X 轴正方向向坐标原点方向观察，逆时针为正。

像片旋角 κ：Y 坐标轴与 SO_XO 组成的平面与像片面的交线和像片面直角坐标系 y 轴的夹角。相当于以 SO 为第三旋转轴，使像片在像片面内转到实际摄影时方位的转角。κ 角符号规定由 Z 轴正方向向坐标原点方向观察，从 y 轴正方向上由交线起算，逆时针转到 y 轴为正角。

(2)以 X 轴为主轴的 ω'-φ'-κ' 系统：以 X 为主轴旋转 ω' 角，然后绕 Y 轴旋转 φ' 角，最后绕 Z 轴旋转 κ' 角。如图 2-4-7 所示，该系统中的三个外方位角元素定义如下：

旁向倾角 ω'：它是主光轴 SO 在 YZ 平面上的投影 SO_Y 与 Z 轴的夹角。相当于以 X 轴为第一旋转轴，把铅垂方向的摄影机轴从起始位置 SN 旋转到 SO_Y 的角。ω' 角的符号规定逆时针方向为正。

航向倾角 φ'：它是摄影方向 SO 与其在 YZ 坐标面上的投影 SO_Y 的夹角。相当于以旋转 ω' 角后的纵轴 Y'_ω 为第二旋转轴，将 SO_Y 转到 SO 位置的转角。φ' 角的符号规定顺时针方向为正。

像片旋角 κ'：X 坐标轴与 SO_YO 组成的平面与像片平面的交线和像平面直角坐标系 x 轴之间的夹角。从 x 轴正方向上由交线起算，逆时针转到 x 轴为正角。

(3)以 Z 轴为主轴的 A-α-κ_v 系统：以 Z 为主轴旋转 A 角，然后绕 Y 轴旋转 α 角，最后绕 Z 轴旋转 κ_v 角。如图 2-4-8 所示，该系统中的三个外方位角元素定义如下：

方位角 A：主垂面与地面的交线和物方坐标系纵轴的夹角。以主垂面与纵轴、竖轴坐标面重合时为起始位置，以竖轴 Z 为第一旋转轴，旋转到摄影时主垂面应有位置的转角，从纵轴正方向起算顺时针旋转为正角。

像片倾角 α：主垂面内摄影方向 SO 与铅垂方向 Z 轴的夹角。相当于以绕主轴 Z 旋转 A 角后的横轴 X_A 为第二旋转轴，在主垂面内将摄影机轴 SO 自铅垂方向逆时针旋至应有位置的旋角。角 α 恒为正值。

像片旋角 κ_v：主垂面与像平面的交线与像平面直角坐标系 y 轴的夹角。从主纵线的正方向起算逆时针旋至 y 轴正方向为正角。

特别要注意的是，国际上最通用转角系是分别以 X、Y、Z 轴为第一、第二、第三旋转轴的 ω'-φ'-κ'，且遵循右手螺旋为正方向(即逆时针方向为正方向)，与我国采用的转角定义差异在于 φ' 角方向差 180°，也即取负数。因此，在参考外文资料的转角系时需要特

别注意 φ' 角方向。

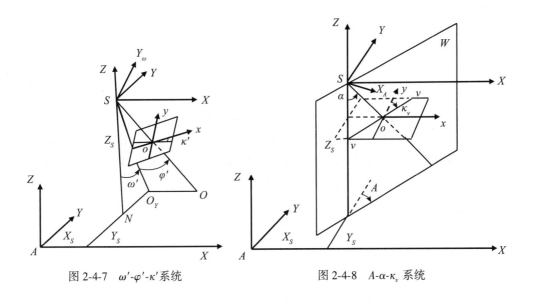

图 2-4-7 ω'-φ'-κ' 系统　　　　图 2-4-8 A-α-κ_v 系统

2.4.3 空间直角坐标系的旋转变换

　　像点空间直角坐标的旋转变换是指像空间坐标与像空间辅助坐标之间的变换。由高等数学知识可知,空间直角坐标的变换是正交变换,一个坐标系按某种顺序依次地旋转三个角度即可变换为另一个同原点的坐标系。

　　在取得像点的像平面坐标后,加上 $z=-f$ 即可得到像点的像空间直角坐标。像点的空间直角坐标变换,通常是将像点的像空间直角坐标 $(x,y,-f)$ 变换为像空间辅助坐标 (X,Y,Z)。这是一个像点在原点相同的两个空间直角坐标系中的坐标变换。由数学知识可知,其表达式为

$$\begin{pmatrix} X \\ Y \\ Z \end{pmatrix} = R \begin{pmatrix} x \\ y \\ -f \end{pmatrix} = \begin{pmatrix} a_1 & a_2 & a_3 \\ b_1 & b_2 & b_3 \\ c_1 & c_2 & c_3 \end{pmatrix} \begin{pmatrix} x \\ y \\ -f \end{pmatrix} \tag{2-4-1}$$

或

$$\begin{pmatrix} x \\ y \\ -f \end{pmatrix} = R^{\mathrm{T}} \begin{pmatrix} X \\ Y \\ Z \end{pmatrix} = \begin{pmatrix} a_1 & b_1 & c_1 \\ a_2 & b_2 & c_2 \\ a_3 & b_3 & c_3 \end{pmatrix} \begin{pmatrix} X \\ Y \\ Z \end{pmatrix} \tag{2-4-1a}$$

其中,
$$R^{\mathrm{T}} = \begin{pmatrix} a_1 & b_1 & c_1 \\ a_2 & b_2 & c_2 \\ a_3 & b_3 & c_3 \end{pmatrix}$$

为空间轴系旋转变换的旋转矩阵。

　　矩阵元素 a_i,b_i,$c_i (i=1,2,3)$ 称为方向余弦。a_1,a_2,a_3 是 X 轴与 x,y,z 轴间夹

角的余弦；b_1，b_2，b_3 是 Y 轴与 x，y，z 轴间夹角的余弦；c_1，c_2，c_3 是 Z 轴与 x，y，z 轴间夹角的余弦。

由于 R 是正交矩阵，所以九个方向余弦中只含有三个独立参数，这三个独立参数可以是一个空间直角坐标系(如 $S\text{-}XYZ$)按三个空间轴向顺次旋转至另一空间直角坐标系(如 $S\text{-}xyz$)的三个旋转角。

因为从一个空间直角坐标系旋转至另一个空间直角坐标系时，可以分别采用不同的主轴系统，因而九个方向余弦值亦可表达为不同转角系统角元素的函数。以影像外方位角元素 φ，ω，κ 系统为例，对于上述两种坐标系之间的转换关系可以这样理解，即像空间坐标系是像空间辅助坐标系(相当于摄影光束的起始位置)依次绕相应的坐标轴旋转 φ，ω，κ 三个角度以后的位置。此时式(2-4-1)中的旋转矩阵 R 可表示为

$$R = R_\varphi R_\omega R_\kappa = \begin{pmatrix} \cos\varphi & 0 & -\sin\varphi \\ 0 & 1 & 0 \\ \sin\varphi & 0 & \cos\varphi \end{pmatrix} \begin{pmatrix} 1 & 0 & 0 \\ 0 & \cos\omega & -\sin\omega \\ 0 & \sin\omega & \cos\omega \end{pmatrix} \begin{pmatrix} \cos\kappa & -\sin\kappa & 0 \\ \sin\kappa & \cos\kappa & 0 \\ 0 & 0 & 1 \end{pmatrix}$$

$$= \begin{pmatrix} a_1 & a_2 & a_3 \\ b_1 & b_2 & b_3 \\ c_1 & c_2 & c_3 \end{pmatrix} \tag{2-4-2}$$

把矩阵相乘后得到

$$a_1 = \cos\varphi\cos\kappa - \sin\varphi\sin\omega\sin\kappa$$

$$a_2 = -\cos\varphi\sin\kappa - \sin\varphi\sin\omega\cos\kappa$$

$$a_3 = -\sin\varphi\cos\omega$$

$$b_1 = \cos\omega\sin\kappa$$

$$b_2 = \cos\omega\cos\kappa \tag{2-4-3}$$

$$b_3 = -\sin\omega$$

$$c_1 = \sin\varphi\cos\kappa + \cos\varphi\sin\omega\sin\kappa$$

$$c_2 = -\sin\varphi\sin\kappa + \cos\varphi\sin\omega\cos\kappa$$

$$c_3 = \cos\varphi\cos\omega$$

同理，用 $\omega'\varphi'\kappa'$ 系统可表示旋转矩阵 R 为

$$R = R'_\omega R'_\varphi R'_\kappa = \begin{pmatrix} 1 & 0 & 0 \\ 0 & \cos\omega' & -\sin\omega' \\ 0 & \sin\omega' & \cos\omega' \end{pmatrix} \begin{pmatrix} \cos\varphi' & 0 & -\sin\varphi' \\ 0 & 1 & 0 \\ \sin\varphi' & 0 & \cos\varphi' \end{pmatrix} \begin{pmatrix} \cos\kappa' & -\sin\kappa' & 0 \\ \sin\kappa' & \cos\kappa' & 0 \\ 0 & 0 & 1 \end{pmatrix}$$

$$= \begin{pmatrix} a_1 & a_2 & a_3 \\ b_1 & b_2 & b_3 \\ c_1 & c_2 & c_3 \end{pmatrix} \tag{2-4-4}$$

其中，

$$a_1 = \cos\varphi'\cos\kappa'$$

$$a_2 = -\cos\varphi'\sin\kappa'$$

$$a_3 = -\sin\varphi'$$

$$b_1 = \cos\omega'\sin\kappa' - \sin\omega'\sin\varphi'\cos\kappa'$$

$$b_2 = \cos\omega'\cos\kappa' + \sin\omega'\sin\varphi'\sin\kappa' \qquad (2\text{-}4\text{-}5)$$

$$b_3 = -\sin\omega'\cos\varphi'$$

$$c_1 = \sin\omega'\sin\kappa' + \cos\omega'\sin\varphi'\cos\kappa'$$

$$c_2 = \sin\omega'\cos\kappa' - \cos\omega'\sin\varphi'\sin\kappa'$$

$$c_3 = \cos\omega'\cos\varphi'$$

用 $A\alpha\kappa_v$ 系统可表示旋转矩阵 R 为

$$R = R_A R_\alpha R_{\kappa_v} = \begin{pmatrix} \cos A & \sin A & 0 \\ -\sin A & \cos A & 0 \\ 0 & 0 & 1 \end{pmatrix} \begin{pmatrix} 1 & 0 & 0 \\ 0 & \cos\alpha & -\sin\alpha \\ 0 & \sin\alpha & \cos\alpha \end{pmatrix} \begin{pmatrix} \cos\kappa_v & -\sin\kappa_v & 0 \\ \sin\kappa_v & \cos\kappa_v & 0 \\ 0 & 0 & 1 \end{pmatrix}$$

$$= \begin{pmatrix} a_1 & a_2 & a_3 \\ b_1 & b_2 & b_3 \\ c_1 & c_2 & c_3 \end{pmatrix} \qquad (2\text{-}4\text{-}6)$$

其中,

$$a_1 = \cos A\cos\kappa_v + \sin A\cos\alpha\sin\kappa_v$$

$$a_2 = -\cos A\sin\kappa_v + \sin A\cos\alpha\cos\kappa_v$$

$$a_3 = -\sin A\sin\alpha$$

$$b_1 = -\sin A\cos\kappa_v + \cos A\cos\alpha\sin\kappa_v$$

$$b_2 = \sin A\sin\kappa_v + \cos A\cos\alpha\cos\kappa_v \qquad (2\text{-}4\text{-}7)$$

$$b_3 = -\cos A\sin\alpha$$

$$c_1 = \sin\alpha\sin\kappa_v$$

$$c_2 = \sin\alpha\cos\kappa_v$$

$$c_3 = \cos\alpha$$

由上述论述可知,完成两个空间直角坐标系的转换,关键是确定正交矩阵 R 中的九个方向余弦值。R 中的方向余弦可以用不同转角系统中三个角元素作为独立参数来表示,也可以任取三个独立参数来表示。

(1)用三个独立的方向余弦值为参数构成旋转矩阵。

通常选用 a_2,a_3,b_3 作为独立参数,利用正交矩阵 $RR^T = I$ 的特点,可导出旋转矩阵中九个方向余弦之间的关系,可将其余六个方向余弦表示为所选三个方向余弦的函数。

旋转矩阵 R 中的元素满足:①同一行(列)的各元素平方和为 1;②任意两行(列)的对应元素乘积之和为 0;③行列式 $|R| = 1$;④每个元素的值等于其代数余子式。由 a_2,a_3,b_3 构成的旋转矩阵如式(2-4-8)所示。

$$R = \begin{pmatrix} \sqrt{1 - a_2^2 - a_3^2} & a_2 & a_3 \\ \dfrac{-a_1 a_3 b_3 - a_2 c_3}{1 - a_3^2} & \sqrt{1 - b_1^2 - b_3^2} & b_3 \\ a_2 b_3 - a_3 b_2 & a_3 b_1 - a_1 b_3 & \sqrt{1 - a_3^2 - b_3^2} \end{pmatrix} \tag{2-4-8}$$

（2）用反对称矩阵元素为参数构成旋转矩阵。

在一个方阵内，当与主对角线对称的各个元素数值相等而符号相反时，该矩阵称为反对称矩阵。例如：

$$S = \begin{pmatrix} 0 & -\dfrac{c}{2} & -\dfrac{b}{2} \\ \dfrac{c}{2} & 0 & -\dfrac{a}{2} \\ \dfrac{b}{2} & \dfrac{a}{2} & 0 \end{pmatrix} \tag{2-4-9}$$

其特点是 $S^{\mathrm{T}} = -S$。用单位阵 I 加反对称矩阵 S 与单位阵减反对称矩阵的逆矩阵相乘 $(I+S)(I-S)^{-1}$ 也是一个正交矩阵。设 $R = (I+S)(I-S)^{-1}$，如式（2-4-10）所示。

$$R = \frac{1}{\Delta} \begin{pmatrix} 1 + \dfrac{1}{4}(a^2 - b^2 - c^2) & -c - \dfrac{ab}{2} & -b + \dfrac{ac}{2} \\ c - \dfrac{ab}{2} & 1 + \dfrac{1}{4}(-a^2 + b^2 - c^2) & -a - \dfrac{bc}{2} \\ b + \dfrac{ac}{2} & a - \dfrac{bc}{2} & 1 + \dfrac{1}{4}(-a^2 - b^2 + c^2) \end{pmatrix} \tag{2-4-10}$$

其中，

$$\Delta = \begin{vmatrix} 1 & \dfrac{c}{2} & \dfrac{b}{2} \\ -\dfrac{c}{2} & 1 & \dfrac{a}{2} \\ -\dfrac{b}{2} & -\dfrac{a}{2} & 1 \end{vmatrix} = 1 + \frac{1}{4}(a^2 + b^2 + c^2)$$

该形式的旋转矩阵称罗德里格斯矩阵（Rodrigues' Formula），其中的 a，b，c 并不是方向余弦。

（3）用四元数元素为参数构成旋转矩阵。

四元数是数学家 Hamilton 于 1843 年创造的，可以认为是一个包含 4 个元素的列向量，其表示方法为

$$q = w + xi + yj + zk \tag{2-4-11}$$

其中，w 为标量，(x, y, z) 为一向量。当 $w^2 + x^2 + y^2 + z^2 = 1$ 时，q 称为单位四元数。$q* = w - xi - yj - zk$ 为 q 的共轭四元数。

假设有一向量 $P(X, Y, Z)$ 绕着一单位四元数 q 做旋转，将 P 视为无标量的四元数，

则向量 P 的旋转表示为

$$\mathrm{Rot}(P) = qPq* \tag{2-4-12}$$

根据四元数运算规则，

$$\mathrm{Rot}(P) = \begin{pmatrix} w & -x & -y & -z \\ x & w & -z & y \\ y & z & w & -x \\ z & -y & x & w \end{pmatrix} \begin{pmatrix} w & x & y & z \\ -x & w & -z & y \\ -y & z & w & -x \\ -z & -y & x & w \end{pmatrix} P$$

$$= \begin{pmatrix} x^2+y^2+z^2+w^2 & 0 & 0 & 0 \\ 0 & w^2+x^2-y^2-z^2 & 2xy-2wz & 2xz+2wy \\ 0 & 2xy+2wz & w^2-x^2+y^2-z^2 & 2yz-2wx \\ 0 & 2xz-2wy & 2yz+2wx & w^2-x^2-y^2+z^2 \end{pmatrix} P \tag{2-4-13}$$

式中，4×4 矩阵的右下角 3×3 矩阵即为三维空间的旋转矩阵 R。

由上可以看出，旋转矩阵 R 可以由多种方式表示。相对而言，用不同转角系统的三个角元素表示 R 的方法直观，几何意义清晰，容易理解。其他几种方法如四元数表示方法虽然不够直观，但使用方便，在一些摄影测量平差模型解算中不需要提供初值，可以直接进行迭代运算。

2.4.4 中心投影的构像方程

航摄像片是地面景物的中心投影构像，为了研究像点与地面点相应点的数学关系，必须建立中心投影的构像方程。如图 2-4-9 所示，S 为摄影中心，在某一规定的物方空间坐标系中其坐标为 $(X_S，Y_S，Z_S)$，A 为任一物方空间点，它的物方空间坐标为 $(X_A，Y_A，Z_A)$。a 为 A 在影像上的构像，相应的像空间坐标和像空辅助坐标分别为 $(x，y，-f)$ 和 $(X，Y，Z)$。摄影时 S、A、a 三点位于一条直线上，那么像点的像空间辅助坐标与物方点物方空间坐标之间有以下关系：

$$\frac{X}{X_A-X_S} = \frac{Y}{Y_A-Y_S} = \frac{Z}{Z_A-Z_S} = \frac{1}{\lambda}$$

则

$$X = \frac{1}{\lambda}(X_A-X_S)，\ Y = \frac{1}{\lambda}(Y_A-Y_S)，\ Z = \frac{1}{\lambda}(Z_A-Z_S) \tag{2-4-14}$$

由式(2-4-1a)可知，像空间坐标与像空间辅助坐标有下列关系：

$$\begin{pmatrix} x \\ y \\ -f \end{pmatrix} = \begin{pmatrix} a_1 & b_1 & c_1 \\ a_2 & b_2 & c_2 \\ a_3 & b_3 & c_3 \end{pmatrix} \begin{pmatrix} X \\ Y \\ Z \end{pmatrix}$$

将上式展开为

$$\frac{x}{-f} = \frac{a_1X+b_1Y+c_1Z}{a_3X+b_3Y+c_3Z}$$

$$\frac{y}{-f} = \frac{a_2X+b_2Y+c_2Z}{a_3X+b_3Y+c_3Z} \tag{2-4-15}$$

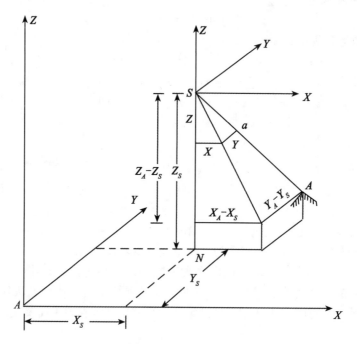

图 2-4-9　共线方程

再将式(2-4-14)代入式(2-4-15)中，并考虑到像主点的坐标 x_0，y_0，得

$$x - x_0 = -f\frac{a_1(X_A - X_S) + b_1(Y_A - Y_S) + c_1(Z_A - Z_S)}{a_3(X_A - X_S) + b_3(Y_A - Y_S) + c_3(Z_A - Z_S)}$$

$$y - y_0 = -f\frac{a_2(X_A - X_S) + b_2(Y_A - Y_S) + c_2(Z_A - Z_S)}{a_3(X_A - X_S) + b_3(Y_A - Y_S) + c_3(Z_A - Z_S)}$$

(2-4-16)

式(2-4-16)就是常见的共线条件方程式(简称共线方程)。式中，x，y 为像点的像平面坐标；x_0，y_0，f 为影像的内方位元素；X_S，Y_S，Z_S 为摄站点的物方空间坐标；X_A，Y_A，Z_A 为物方点的物方空间坐标；a_i，b_i，$c_i(i=1, 2, 3)$ 为影像的三个外方位角元素组成的九个方向余弦。

由式(2-4-14)和式(2-4-1)还可以推出共线方程的另一种形式(反演公式)：

$$\begin{pmatrix} X_A - X_S \\ Y_A - Y_S \\ Z_A - Z_S \end{pmatrix} = \lambda \begin{pmatrix} X \\ Y \\ Z \end{pmatrix} = \lambda R \begin{pmatrix} x \\ y \\ -f \end{pmatrix}$$

于是有

$$\begin{pmatrix} X_A \\ Y_A \\ Z_A \end{pmatrix} = \lambda \begin{pmatrix} a_1 & a_2 & a_3 \\ b_1 & b_2 & b_3 \\ c_1 & c_2 & c_3 \end{pmatrix} \begin{pmatrix} x \\ y \\ -f \end{pmatrix} + \begin{pmatrix} X_S \\ Y_S \\ Z_S \end{pmatrix}$$

(2-4-17)

共线条件方程的应用主要有：

（1）单像空间后方交会和多像空间前方交会；

（2）解析空中三角测量光束法平差中的基本数学模型；

（3）构成数字投影的基础；

（4）计算模拟影像数据（已知影像内外方位元素和物点坐标求像点坐标）；

（5）利用数字高程模型（DEM）与共线方程制作正射影像；

（6）利用 DEM 与共线方程进行单幅影像测图等。

推扫式成像（如 ADS40）的影像和框幅式影像存在很大的不同：框幅式相机属面中心投影成像；而线阵扫描传感器则是推扫式的线中心投影（图 2-4-10），设飞行方向为 x 轴，缝隙保持水平并且垂直飞行方向沿航线方向推扫，每条线阵影像的外方位元素都不同。

对于框幅式影像，物方点 A、像点 a 和投影中心 S 满足共线方程（式（2-4-16））。推扫式成像的影像，则为每条线阵影像满足共线方程（式（2-4-18）），即物点 A、像点 $a(0，y)$ 和投影中心 S 共线，外方位元素为该条线阵列影像在空间摄影瞬间的位置和姿态。

$$0 = -f\frac{a_1(X - X_S) + b_1(Y - Y_S) + c_1(Z - Z_S)}{a_3(X - X_S) + b_3(Y - Y_S) + c_3(Z - Z_S)}$$

$$y = -f\frac{a_2(X - X_S) + b_2(Y - Y_S) + c_2(Z - Z_S)}{a_3(X - X_S) + b_3(Y - Y_S) + c_3(Z - Z_S)}$$

$$(2\text{-}4\text{-}18)$$

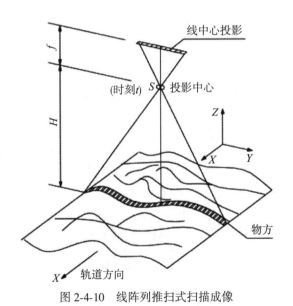

图 2-4-10 线阵列推扫式扫描成像

2.4.5 有理函数模型

有理函数模型（RFM）可以直接建立起像点和空间坐标之间的关系，不需要内外方位元素，回避成像的几何过程，可以广泛应用于线阵影像的处理中。有理函数模型是将像点坐标$(r，c)$表示为以相应地面点空间坐标$(P，L，H)$为自变量的多项式的比值，其中 P

为经度，L 为纬度，H 为离椭球面距离。为了增强参数求解的稳定性，将地面坐标和像点坐标正则化到 -1 和 1 之间。

$$r_n = \frac{\mathrm{Num}L(P_n,\ L_n,\ H_n)}{\mathrm{Den}L(P_n,\ L_n,\ H_n)}$$

$$c_n = \frac{\mathrm{Num}S(P_n,\ L_n,\ H_n)}{\mathrm{Den}S(P_n,\ L_n,\ H_n)}$$

$$(2\text{-}4\text{-}19)$$

式中，

$$
\begin{aligned}
\mathrm{Num}L(P_n,\ L_n,\ H_n) =\ & a_0 + a_1 L_n + a_2 P_n + a_3 H_n + a_4 L_n P_n + a_5 L_n H_n + a_6 P_n H_n + \\
& a_7 L_n^2 + a_8 P_n^2 + a_9 H_n^2 + a_{10} P_n L_n H_n + a_{11} L_n^3 + a_{12} L_n P_n^2 + \\
& a_{13} L_n H_n^2 + a_{14} L_n^2 P_n + a_{15} P_n^3 + a_{16} P_n H_n^2 + a_{17} L_n^2 H_n + \\
& a_{18} P_n^2 H_n + a_{19} H_n^3
\end{aligned}
$$

$$
\begin{aligned}
\mathrm{Den}L(P_n,\ L_n,\ H_n) =\ & b_0 + b_1 L_n + b_2 P_n + b_3 H_n + b_4 L_n P_n + b_5 L_n H_n + b_6 P_n H_n + \\
& b_7 L_n^2 + a_8 P_n^2 + b_9 H_n^2 + b_{10} P_n L_n H_n + b_{11} L_n^3 + b_{12} L_n P_n^2 + \\
& b_{13} L_n H_n^2 + b_{14} L_n^2 P_n + b_{15} P_n^3 + b_{16} P_n H_n^2 + b_{17} L_n^2 H_n + \\
& b_{18} P_n^2 H_n + b_{19} H_n^3
\end{aligned}
$$

$$
\begin{aligned}
\mathrm{Num}S(P_n,\ L_n,\ H_n) =\ & c_0 + c_1 L_n + c_2 P_n + c_3 H_n + c_4 L_n P_n + c_5 L_n H_n + c_6 P_n H_n + \\
& c_7 L_n^2 + c_8 P_n^2 + c_9 H_n^2 + c_{10} P_n L_n H_n + c_{11} L_n^3 + c_{12} L_n P_n^2 + \\
& c_{13} L_n H_n^2 + c_{14} L_n^2 P_n + c_{15} P_n^3 + c_{16} P_n H_n^2 + c_{17} L_n^2 H_n + \\
& c_{18} P_n^2 H_n + c_{19} H_n^3
\end{aligned}
$$

$$
\begin{aligned}
\mathrm{Den}S(P_n,\ L_n,\ H_n) =\ & d_0 + d_1 L_n + d_2 P_n + d_3 H_n + d_4 L_n P_n + d_5 L_n H_n + d_6 P_n H_n + \\
& d_7 L_n^2 + d_8 P_n^2 + d_9 H_n^2 + d_{10} P_n L_n H_n + d_{11} L_n^3 + d_{12} L_n P_n^2 + \\
& d_{13} L_n H_n^2 + d_{14} L_n^2 P_n + d_{15} P_n^3 + d_{16} P_n H_n^2 + d_{17} L_n^2 H_n + \\
& d_{18} P_n^2 H_n + d_{19} H_n^3
\end{aligned}
$$

其中，$(P_n,\ L_n,\ H_n)$ 为正则化的地面坐标，$(r_n,\ c_n)$ 为正则化的影像坐标。

$$L_n = \frac{L - \mathrm{LAT\_OFF}}{\mathrm{LAT\_SCALE}}$$

$$P_n = \frac{P - \mathrm{LONG\_OFF}}{\mathrm{LONG\_SCALE}}$$

$$H_n = \frac{H - \mathrm{HEIGHT\_OFF}}{\mathrm{HEIGHT\_SCALE}}$$

$$(2\text{-}4\text{-}20)$$

$$r_n = \frac{r - \mathrm{LINE\_OFF}}{\mathrm{LINE\_SCALE}}$$

$$c_n = \frac{c - \mathrm{SAMP\_OFF}}{\mathrm{SAMP\_SCALE}}$$

这里 LAT_OFF，LAT_SCALE，LONG_OFF，LONG_SCALE，HEIGHT_OFF 和 HEIGHT_CALE 为地面坐标的正则化参数，LINE_OFF，SAMP_OFF，SAMP_SCALE 为影像坐标的正则化参数。

a_i，b_i，c_i，d_i 称为有理多项式系数（Rational Polynomial Coefficient，RPC），是 RFM 的重要数据文件。例如，Space Imaging 公司发布的 IKONOS 卫星图像 RPC 参数共有 90 个，其中 80 个为有理多项式系数，10 个为规则化参数。它们一起构成了 IKONOS 卫星图像的有理函数模型。

在 RFM 中由光学投影引起的畸变表示为一阶多项式，而像地球曲率、大气折射及镜头畸变等改正由二阶多项式逼近，高阶部分的其他未知畸变用三阶多项式模拟。

有理函数模型具有许多优势，如：

（1）因为 RFM 中每一等式右边都是有理函数，所以 RFM 能得到比多项式模型更高的精度。另一方面，多项式模型次数过高时会产生振荡，而 RFM 不会振荡。

（2）众所周知，在像点坐标中加入附加改正参数能提高传感器模型的精度。在 RFM 中则无须另行加入这一附加改正参数，因为多项式系数本身就包含了这一改正参数。

（3）RFM 独立于摄影平台和传感器，这是 RFM 最诱人的特性。这就意味着在用 RFM 纠正影像时，无须了解摄影平台和传感器的几何特性，也无须知道任何摄影时的有关参数。这一点确保 RFM 不仅可用于现有的任何传感器模型，而且可应用于一种全新的传感器模型。

当然，有理函数模型也有缺点：

（1）该定位方法无法为影像的局部变形建立模型；

（2）模型中很多参数没有物理意义，无法对这些参数的作用和影响做出定性分析；

（3）解算过程中可能会出现分母过小或者零分母，影响该模型的稳定性；

（4）有理多项式系数之间也有可能存在相关性，会降低模型的稳定性；

（5）如果影像的范围过大或者有高频的影像变形，则定位精度无法保证。

2.4.6 鱼眼相机和全景相机构像模型

鱼眼相机广泛用于监控、街景拍摄、机器人导航等。鱼眼镜头一般由十几个不同的透镜组合而成，在成像的过程中，入射光线经过不同程度的折射，投影到尺寸有限的成像平面上，使得鱼眼镜头与普通镜头相比，拥有了更大的视野范围。鱼眼相机的成像过程可分解成两步：第一步，三维空间点线性地投影到一个球面上，它是一个虚拟的单位球面，它的球心与相机坐标系的原点重合；第二步，单位球面上的点投影到图像平面上。图 2-4-11 示意了鱼眼相机的成像过程。

为了将尽可能大的场景投影到有限的图像平面内，鱼眼相机会按照一定的投影函数来设计。根据投影函数的不同，鱼眼相机的设计模型大致被分为四种：等距投影模型、等积投影模型、正交投影模型和球面立体投影模型。

1）等距投影

$$r = f\theta \tag{2-4-21}$$

式中，$r = \sqrt{(x^2 + y^2)}$，表示鱼眼图像中的点到中心的距离，(x, y) 为像点坐标；f 是鱼眼相机的焦距；θ 是入射光线与鱼眼相机光轴之间的夹角，即入射角。等距投影的特点是入射角与半径呈线性关系。

2）等积投影

$$r = 2f\sin 0.5\theta \tag{2-4-22}$$

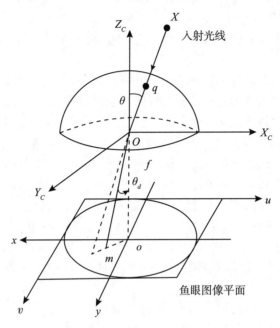

图 2-4-11　鱼眼相机的成像过程

入射角与其在影像上的投影面积之比为常数，与入射角的方位无关。

3）正交投影

$$r = f\sin\theta \tag{2-4-23}$$

入射角的正弦与半径成比例，反映了从球面到投影面的投影是正交的。

4）球面立体投影

$$r = 2f\tan0.5\theta \tag{2-4-24}$$

这种投影具有保角特性，即共形，但距离变化较大。

在这些模型中，等距投影和等积投影应用最广泛。选择了某个投影模型，就可以进一步推导鱼眼相机物、像间的成像几何模型。以等距投影为例，设物点的世界坐标为 X_w，物体到相机的旋转矩阵和平移矢量分别为 R、T，则其在相机坐标系中的坐标 $X = [X,\ Y,\ Z] = \lambda[R\mid T]X_w$，代入式（2-4-21），可得

$$\sqrt{x^2 + y^2} = f\theta = f\arctan\left(\frac{\sqrt{X^2 + Y^2}}{Z}\right) \tag{2-4-25}$$

注意到入射光、折射光在像平面上的投影共线，投影角相等（或相差 180°），即 $\dfrac{Y}{X} = \dfrac{y}{x}$。

继续展开

$$x - x_0 = fX\ \frac{\arctan\left(\dfrac{\sqrt{X^2 + Y^2}}{Z}\right)}{\sqrt{X^2 + Y^2}}$$

$$y - y_0 = fY \frac{\arctan\left(\dfrac{\sqrt{X^2 + Y^2}}{Z}\right)}{\sqrt{X^2 + Y^2}} \tag{2-4-26}$$

式(2-4-26)就是等距投影下的鱼眼相机成像几何方程。

全景相机常用于采集街景图像,全景图能够覆盖全方位 360°或者水平方向 360°的图像。根据成像方式不同,全景相机大致分为三大类:多镜头组合系统、旋转式扫描系统和折反射式系统。多镜头组合式全景相机由一系列独立、固定的鱼眼镜头组成,多个镜头独立成像,再拼接为全景图。旋转式全景相机是给定线阵列 CCD,绕着竖直固定旋转轴做圆周运动并成像,进而获得 360°水平柱面图像。折反射式全景相机包括两个组合镜子和透镜。镜子首先折射周围的光至透镜,透镜再实现成像。目前,多镜头组合式全景相机应用最广泛。

这里以理想的全景相机为例,推导相机物、像间的成像几何模型。理想的全景相机的成像面可以看作数学上完美的球面(或柱面),其投影中心在球心。图 2-4-12 示意了全景相机的理想球面成像模型,展示球心 S、球面像点 u 及对应物方点 P 三点共线的几何关系。

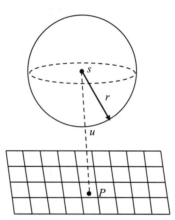

图 2-4-12　理想全景相机的模型

式(2-4-27)描述了像点 u、物点 P 及球心 S 三点共线。

$$x' = \lambda [R \mid T] X_W \tag{2-4-27}$$

式中,x' 为像点 u 传感器坐标;X_W 为物点 P 的世界坐标;R 和 T 分别为旋转矩阵和偏移矢量。

x' 可以通过式(2-4-28)得到

$$\begin{aligned}
x' &= r\cos\left(\frac{\pi(H-2y)}{2H}\right)\sin\left(\frac{\pi(2x-W)}{W}\right) \\
y' &= r\cos\left(\frac{\pi(H-2y)}{2H}\right)\cos\left(\frac{\pi(2x-W)}{W}\right) \\
z' &= r\sin\left(\frac{\pi(H-2y)}{2H}\right)
\end{aligned} \tag{2-4-28}$$

式中,W 和 H 分别为图像的宽和高;(x, y) 为像点在图像上的坐标。

2.5　航摄像片的像点位移

　　航摄像片是地面景物的中心投影，地图则是地面景物的正射投影，只有当地面水平且航摄像片也水平时，中心投影才与正射投影等效。然而，实际航空摄影时，不可能做到航摄机竖轴严格铅垂，地面也总是有起伏的，在此情况下获取的中心投影的航摄影像就不再具有地形图的数学特征。其原因是在中心投影的情况下，当航摄像片有倾斜、地面有起伏时，导致地面点在航摄影像上构像相对于理想情况下的构像产生了位置上的差异，这一差异称为像点位移。由像点位移又导致了由影像上任一点引画的方向线相对于地面上相应的水平方向线产生方向上的偏差。因此，一般摄影影像不能简单地作为地图使用。为了便于理解，下面分两种特殊情况进行讨论。

2.5.1　像片倾斜引起的像点位移

　　假定地面水平，在同一摄影中心 S 对地面摄取两张像片，一张为倾斜像片 P，另一张为水平像片 P^0，如图 2-5-1 所示。地面一点 A 在倾斜像片 P 上的构像为 a，在水平像片 P^0 上的构像为 a^0，将倾斜像片绕等比线 $h_c h_c$ 旋转到与水平像片重合，此时，出现像点 a 和 a^0 不重合，点位差值 $\delta_a = a' a^0$ 即为像点 a 的像片倾斜位移之值。由等角点的特性可知，位移的方向应在以等角点为辐射中心的方向线上。综上所述，某地面点在航摄像片上的构像位置，相当于同摄站同摄影机摄取的水平像片上构像位置的差异称为因像片倾斜引起的像点位移。

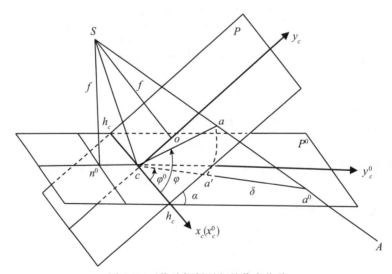

图 2-5-1　像片倾斜引起的像点位移

　　像点 a 在航摄像片 P 上 $c\text{-}xy$ 坐标系中的坐标为 (x_c, y_c)，则 $ca = \sqrt{x_c^2 + y_c^2}$。$a^0$ 点在水平像片 P^0 上 $c\text{-}x^0 y^0$ 坐标系中的坐标为 (x_c^0, y_c^0)，则 $ca^0 = \sqrt{(x_c^0)^2 + (y_c^0)^2}$。由像片倾

斜像点位移的定义得

$$\delta_a = ca - ca^0$$
$$= \sqrt{x_c^2 + y_c^2} - \sqrt{(x_c^0)^2 + (y_c^0)^2} \tag{2-5-1}$$

当地面水平时，式(2-4-17)中的 $Z_A - Z_S = -H$ 为一常数。如果 $H=f$，则可以把水平地面看作水平像面，这时 $X_A - X_S$，$Y_A - Y_S$ 则为水平像片上的像点坐标 x^0，y^0，可得到水平像片与倾斜像片间坐标变换的一般关系式。

$$x^0 = -f\frac{a_1 x + a_2 y - a_3 f}{c_1 x + c_2 y - c_3 f}$$
$$y^0 = -f\frac{b_1 x + b_2 y - b_3 f}{c_1 x + c_2 y - c_3 f} \tag{2-5-2}$$

当式(2-5-2)中各方向余弦 a_i，b_i，c_i 采用 A-α-κ_v 角元素表示时，可得到式(2-5-3)。x，y 为倾斜像片上像点在以像主点 o 为坐标原点、主纵线为 y 轴、主横线为 x 轴的像片坐标系中的坐标值。x^0，y^0 为水平像片上相应像点在以 n^0 为坐标原点、主纵线在水平像片上的投影为 y 轴的坐标系中的坐标值。

$$x^0 = \frac{fx}{f\cos\alpha - y\sin\alpha}$$
$$y^0 = \frac{f(y\cos\alpha + f\sin\alpha)}{f\cos\alpha - y\sin\alpha} \tag{2-5-3}$$

由图 2-5-1 可知，

$$x_o = x_c$$
$$y_o = y_c - co = y_c - f\tan\frac{\alpha}{2}$$
$$x_{n0}^0 = x_c^0$$
$$y_{n0}^0 = y_c^0 + n^0 c = y_c^0 + f\tan\frac{\alpha}{2} \tag{2-5-4}$$

将式(2-5-4)代入式(2-5-3)中，得到以等角点 c 为坐标原点的坐标关系式：

$$x_c^0 = \frac{fx_c}{f - y_c\sin\alpha}$$
$$y_c^0 = \frac{fy_c}{f - y_c\sin\alpha} \tag{2-5-5}$$

将式(2-5-5)代入式(2-5-1)右端第二项，考虑到竖直摄影的航摄像片其倾角一般很小，经整理得到近似解：

$$\delta_a \approx -\frac{r_c^2}{f}\sin\varphi\sin\alpha \tag{2-5-6}$$

式中，r_c 为以等角点 c 为辐射中心的辐射距；φ 为某像点辐射距与等比线 $h_c h_c$ 的夹角；α 为像片倾角；f 为像片主距。

从式(2-5-6)可知：

（1）倾斜像片上像点位移 δ_a 出现在以等角点为中心的辐射线上。

（2）当 $\varphi = 0°$ 或 $180°$ 时，即位于等比线 $h_c h_c$ 上的点，δ_a 为零，无像点位移。

（3）当 φ 角在 $0° \sim 180°$ 之间，δ_a 为负值，即朝向等角点位移；当 φ 角在 $180° \sim 360°$ 之间，δ_a 为正值，即背向等角点位移。

（4）当 $\varphi = 90°$ 或 $270°$ 时，$\sin\varphi = \pm 1$，即 r_c 相同的情况下，主纵线上 $|\delta_a|$ 为最大值。

设水平地面上任意两点 A，B 在水平像片上的构像为 a^0，b^0，在航摄像片上由像片倾斜引起位移而构像为 a，b，则 ab 连线方向相对于 $a^0 b^0$ 连线方向偏离的角值 ε_a，即为像片倾斜引起的方向偏差。如图 2-5-2 所示。

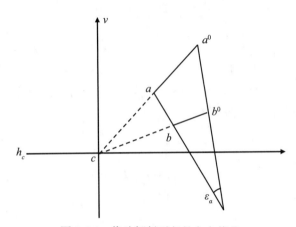

图 2-5-2　像片倾斜引起的方向偏差

（1）不产生倾斜位移的点之间的连线不存在 ε_a，如等比线上任意两点的连线。

（2）以等角点为顶点的辐射线或过等角点的直线上的任意两点的连线，无像片倾斜引起的方向偏差。

（3）当两点位于某一条像水平线上时，其连线不存在像片倾斜引起的方向偏差。

2.5.2　地形起伏引起的像点位移

设地面点 A 距基准面有高差 h，它在像片上的构像为 a；地面点 A 在基准面上的投影为 A_0，A_0 在像片上的构像为 a_0。$a_0 a$ 即为因地形起伏引起的像点位移，用 δ_h 表示，常称为像片上投影差。将具有位移的像点 a 投影在基准面上为 A'，则 $A_0 A'$ 称为地面上投影差，用 Δh 表示，如图 2-5-3 所示。

根据相似三角形原理，可得

$$\frac{\Delta h}{R} = \frac{h}{H - h} \tag{2-5-7}$$

$$\frac{R}{H - h} = \frac{r}{f} \tag{2-5-8}$$

根据式（2-5-7）可得到地面上投影差的计算公式：

$$\Delta h = \frac{Rh}{H-h} \tag{2-5-9}$$

由于
$$\delta_h = \frac{\Delta h}{m} = \frac{f}{H}\Delta h \tag{2-5-10}$$

利用式(2-5-8)、式(2-5-9)、式(2-5-10)可得

$$\delta_h = \frac{rh}{H} \tag{2-5-11}$$

式(2-5-11)就是像片上因地形起伏引起的像点位移的计算公式。式中，r 为 a 点以像底点 n 为中心的像距；H 为摄影航高；R 为地面点到地底点的水平距离。

由式(2-5-11)可知，地形起伏引起的像点位移是地面点相对于所取基准面的高差引起的，所取基准面的高程不同，δ_h 数值也随之不等；地形起伏引起的像点位移 δ_h 在以像底点为中心的辐射线上；当 h 为正时，δ_h 为正，即离开像底点方向位移，当 h 为负时，δ_h 为负，即朝向像底点方向位移，当 $r=0$ 时，$\delta_h=0$，这说明位于像底点处的像点不存在地形起伏引起的像点位移。

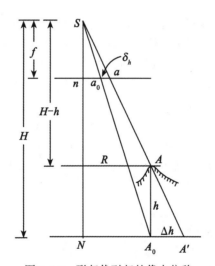

图 2-5-3 形起伏引起的像点位移

对基准面具有高差的任意两地面点的像点，其连线方向相对于两地面点在基准面上正射投影点的像点的连线方向的偏差，称为因地形起伏引起的方向偏差。如图 2-5-4 所示，地面点 A 低于基准面、B 高于基准面，其在航摄像片上的构像为 a，b，而在所选基准面正射投影的对应点为 a_0，b_0，则连线 ab 与 $a_0 b_0$ 间的夹角 ε_h 称为地形起伏引起的方向偏差之值。

以像底点为中心的辐射线上或过像底点的直线上，任意两点的连线，不存在地形起伏引起的方向偏差，但仍有像片倾斜引起的方向偏差。

从以上像点位移和方向偏差的讨论可知，由于摄影时像片既有倾斜，地面又有起伏，因此，航摄像片上不存在既无倾斜位移又无投影差的像点。在航摄像片上随意两点的连线

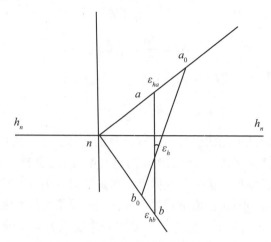

图 2-5-4　地形起伏引起的方向偏差

也都存在方向偏差，因而摄影像片要经过摄影测量测图后，才能成为地形图。

上面讨论了引起像点位移的两种几何因素，即像片倾斜和地形起伏，除了这两种几何因素外，一些物理因素也会引起像点位移。我们知道，摄影中心、地面点及相应的像点应处在一条直线上。然而，航摄像片在摄影过程和摄影处理过程中，由于摄影机物镜的畸变差、大气折光、地球曲率以及 CCD 像元尺寸变形等因素的影响，使地面点在像片上的像点位置发生位移，偏离了三点共线的条件。上述因素引起的位移称为物理因素引起的像点位移，它们在每张像片上的影响都有相同的规律，属于一种系统误差，可以用数学模型来描述。在像对的立体测图时，它们对成图的精度影响不大，然而在处理大范围的空中三角测量加密点以及高精度的解析和数字摄影测量时必须加以考虑。像点的系统误差改正详见 4.2 节。

2.6　单像空间后方交会

如果我们知道一幅影像的 6 个外方位元素，就能确定被摄物体与航摄影像的关系。因此，如何获取影像的外方位元素，一直是摄影测量工作者所探讨的问题。可采取的方法有：利用雷达、全球导航卫星系统（GNSS）、惯性导航系统（INS）以及星相摄影机来获取影像的外方位元素；也可利用影像覆盖范围内一定数量的控制点的空间坐标与影像坐标，根据共线条件方程，反求该影像的外方位元素，这种方法称为单幅影像的空间后方交会，简称单像空间后方交会。

2.6.1　空间后方交会的基本方程

空间后方交会的数学模型是共线方程，即中心投影的构像方程式（2-4-16），为书写方便，省去式（2-4-16）中地面点的角标，表示为

$$x - x_0 = -f \frac{a_1(X - X_S) + b_1(Y - Y_S) + c_1(Z - Z_S)}{a_3(X - X_S) + b_3(Y - Y_S) + c_3(Z - Z_S)}$$

$$y - y_0 = -f \frac{a_2(X - X_S) + b_2(Y - Y_S) + c_2(Z - Z_S)}{a_3(X - X_S) + b_3(Y - Y_S) + c_3(Z - Z_S)}$$

式中，x，y 为地面点的像点坐标，通过坐标点量测获取；X，Y，Z 为地面点的坐标，可以通过普通测量方法或从控制点库中得到；x_0，y_0，f 为摄影主距，可从摄影机鉴定表中查取。为此，共线方程中的未知数，就只有 6 个外方位元素。由于一个已知点可列出两个方程式，如有 3 个不在一条直线上的已知点，就可列出 6 个独立的方程式，解求 6 个外方位元素。因此，进行空间后方交会，至少应有 3 个已知三维坐标的地面控制点。但共线条件方程中观测值与未知数之间是非线性函数关系。为了便于计算，需把非线性函数表达式用泰勒公式展开成线性形式，我们把这一数学处理过程称为"线性化"。通常的做法是将非线性函数按泰勒级数展开取至一次项。当采用 φ，ω，κ 系统时，线性化方程为

$$x = (x) + \frac{\partial x}{\partial X_S}\Delta X_S + \frac{\partial x}{\partial Y_S}\Delta Y_S + \frac{\partial x}{\partial Z_S}\Delta Z_S + \frac{\partial x}{\partial \varphi}\Delta\varphi + \frac{\partial x}{\partial \omega}\Delta\omega + \frac{\partial x}{\partial \kappa}\Delta\kappa$$

$$y = (y) + \frac{\partial y}{\partial X_S}\Delta X_S + \frac{\partial y}{\partial Y_S}\Delta Y_S + \frac{\partial y}{\partial Z_S}\Delta Z_S + \frac{\partial y}{\partial \varphi}\Delta\varphi + \frac{\partial y}{\partial \omega}\Delta\omega + \frac{\partial y}{\partial \kappa}\Delta\kappa$$

(2-6-1)

式中，(x)，(y) 为函数的近似值；ΔX_S，ΔY_S，ΔZ_S，$\Delta\varphi$，$\Delta\omega$，$\Delta\kappa$ 为外方位元素的改正数。为了求出式(2-6-1)中各偏导数，将共线方程改写为下面的形式：

$$x = -f \frac{\overline{X}}{\overline{Z}}$$

$$y = -f \frac{\overline{Y}}{\overline{Z}}$$

(2-6-2)

式中，

$$\overline{X} = a_1(X - X_S) + b_1(Y - Y_S) + c_1(Z - Z_S)$$

$$\overline{Y} = a_2(X - X_S) + b_2(Y - Y_S) + c_2(Z - Z_S)$$

$$\overline{Z} = a_3(X - X_S) + b_3(Y - Y_S) + c_3(Z - Z_S)$$

(2-6-3)

于是式(2-6-1)中的各个系数为

$$a_{11} = \frac{\partial x}{\partial X_S} = \frac{1}{\overline{Z}}[a_1 f + a_3(x - x_0)]$$

$$a_{12} = \frac{\partial x}{\partial Y_S} = \frac{1}{\overline{Z}}[b_1 f + b_3(x - x_0)]$$

$$a_{13} = \frac{\partial x}{\partial Z_S} = \frac{1}{\overline{Z}}[c_1 f + c_3(x - x_0)]$$

$$a_{21} = \frac{\partial y}{\partial X_S} = \frac{1}{\overline{Z}}[a_2 f + a_3(y - y_0)]$$

$$a_{22} = \frac{\partial y}{\partial Y_S} = \frac{1}{\overline{Z}} [b_2 f + b_3 (y - y_0)]$$

$$a_{23} = \frac{\partial y}{\partial Z_S} = \frac{1}{\overline{Z}} [c_2 f + c_3 (y - y_0)]$$

$$a_{14} = \frac{\partial x}{\partial \varphi} = (y - y_0) \sin\omega - \left\{ \frac{x - x_0}{f} [(x - x_0) \cos\kappa - (y - y_0) \sin\kappa] + f\cos\kappa \right\} \cos\omega$$

$$a_{15} = \frac{\partial x}{\partial \omega} = -f \sin\kappa - \frac{x - x_0}{f} [(x - x_0) \sin\kappa + (y - y_0) \cos\kappa]$$

$$a_{16} = \frac{\partial x}{\partial \kappa} = y - y_0$$

$$a_{24} = \frac{\partial y}{\partial \varphi} = - (x - x_0) \sin\omega - \left\{ \frac{y - y_0}{f} [(x - x_0) \cos\kappa - (y - y_0) \sin\kappa] - f\sin\kappa \right\} \cos\omega$$

$$a_{25} = \frac{\partial y}{\partial \omega} = -f \cos\kappa - \frac{y - y_0}{f} [(x - x_0) \sin\kappa + (y - y_0) \cos\kappa]$$

$$a_{26} = \frac{\partial y}{\partial \kappa} = - (x - x_0) \tag{2-6-4}$$

其中，前六个系数与外方位线元素有关，后六个系数与外方位角元素有关。下面以 a_{14} 为例说明其推演过程。

因为

$$\begin{pmatrix} \overline{X} \\ \overline{Y} \\ \overline{Z} \end{pmatrix} = R^{-1} \begin{pmatrix} X - X_S \\ Y - Y_S \\ Z - Z_S \end{pmatrix} = R_\kappa^{-1} R_\omega^{-1} R_\varphi^{-1} \begin{pmatrix} X - X_S \\ Y - Y_S \\ Z - Z_S \end{pmatrix} \tag{2-6-5}$$

所以，

$$\frac{\partial \begin{pmatrix} \overline{X} \\ \overline{Y} \\ \overline{Z} \end{pmatrix}}{\partial \varphi} = R_\kappa^{-1} R_\omega^{-1} \frac{\partial R_\varphi^{-1}}{\partial \varphi} \begin{pmatrix} X - X_S \\ Y - Y_S \\ Z - Z_S \end{pmatrix} = R^{-1} R_\varphi \frac{\partial R_\varphi^{-1}}{\partial \varphi} \begin{pmatrix} X - X_S \\ Y - Y_S \\ Z - Z_S \end{pmatrix} \tag{2-6-6}$$

而

$$R_\varphi^{-1} = \begin{pmatrix} \cos\varphi & 0 & \sin\varphi \\ 0 & 1 & 0 \\ -\sin\varphi & 0 & \cos\varphi \end{pmatrix} \tag{2-6-7}$$

则

$$R_\varphi \frac{\partial R_\varphi^{-1}}{\partial \varphi} = \begin{pmatrix} \cos\varphi & 0 & -\sin\varphi \\ 0 & 1 & 0 \\ \sin\varphi & 0 & \cos\varphi \end{pmatrix} \begin{pmatrix} -\sin\varphi & 0 & \cos\varphi \\ 0 & 0 & 0 \\ -\cos\varphi & 0 & -\sin\varphi \end{pmatrix} = \begin{pmatrix} 0 & 0 & 1 \\ 0 & 0 & 0 \\ -1 & 0 & 0 \end{pmatrix} \tag{2-6-8}$$

代入式(2-6-6)，得：

$$\frac{\partial \begin{pmatrix} \overline{X} \\ \overline{Y} \\ \overline{Z} \end{pmatrix}}{\partial \varphi} = \begin{pmatrix} a_1 & b_1 & c_1 \\ a_2 & b_2 & c_2 \\ a_3 & b_3 & c_3 \end{pmatrix} \begin{pmatrix} 0 & 0 & 1 \\ 0 & 0 & 0 \\ -1 & 0 & 0 \end{pmatrix} \begin{pmatrix} X - X_S \\ Y - Y_S \\ Z - Z_S \end{pmatrix} = \begin{pmatrix} -c_1(X - X_S) + a_1(Z - Z_S) \\ -c_2(X - X_S) + a_2(Z - Z_S) \\ -c_3(X - X_S) + a_3(Z - Z_S) \end{pmatrix} \quad (2\text{-}6\text{-}9)$$

$$a_{14} = \frac{\partial x}{\partial \varphi} = \frac{-f}{\overline{Z}^2} \left(\frac{\partial \overline{X}}{\partial \varphi} \overline{Z} - \frac{\partial \overline{Z}}{\partial \varphi} \overline{X} \right)$$

$$= \frac{-f}{\overline{Z}} \left\{ -c_1(X - X_S) + a_1(Z - Z_S) - \frac{\overline{X}}{\overline{Z}} [-c_3(X - X_S) + a_3(Z - Z_S)] \right\}$$

再结合式(2-6-3)，经进一步改写可得

$$a_{14} = \frac{\partial x}{\partial \varphi} = -f \left[b_2 - b_3 \frac{\overline{Y}}{\overline{X}} + b_2 \left(\frac{\overline{Y}}{\overline{X}} \right)^2 - b_1 \frac{\overline{X}}{\overline{Z}} \frac{\overline{Y}}{\overline{Z}} \right]$$

$$= -f \left[\cos\omega\cos\kappa + \sin\omega \frac{\overline{Y}}{\overline{Z}} + \cos\omega\cos\kappa \left(\frac{\overline{Y}}{\overline{X}} \right)^2 - \cos\omega\sin\kappa \frac{\overline{X}}{\overline{Z}} \frac{\overline{Y}}{\overline{Z}} \right]$$

$$= (y - y_0)\sin\omega - \left\{ \frac{x - x_0}{f} [(x - x_0)\cos\kappa - (y - y_0)\sin\kappa] + f\cos\kappa \right\} \cos\omega$$

$$(2\text{-}6\text{-}10)$$

其他系数均可用类似方法导出。

在竖直摄影情况下，当外方位角元素为小角时，可以近似地用 $\varphi = \omega = \kappa = 0$ 及 $Z - Z_S = -H$ 代入式(2-6-4)中，得各系数值为

$$\begin{cases} a_{11} = -\dfrac{f}{H}, & a_{12} = 0, & a_{13} = -\dfrac{x}{H} \\[2mm] a_{21} = 0, & a_{22} = -\dfrac{f}{H}, & a_{23} = -\dfrac{y}{H} \\[2mm] a_{14} = -f\left(1 + \dfrac{x^2}{f^2}\right), & a_{15} = -\dfrac{xy}{f}, & a_{16} = y \\[2mm] a_{24} = -\dfrac{xy}{f}, & a_{25} = -f\left(1 + \dfrac{y^2}{f^2}\right), & a_{26} = -x \end{cases} \quad (2\text{-}6\text{-}11)$$

其中，H 为平均摄影距离(航空摄影的相对航高)。

2.6.2 空间后方交会的误差方程和法方程

由前述已知，解求 6 个外方位元素有 3 个控制点即可，但在实际作业中，为了提高精度，并提供检查条件，通常要有 4 个以上的控制点，此时列出方程式的个数多于未知数，这就需要采用最小二乘原理计算改正数。

当把控制点坐标作为真值，像点坐标作为观测值时，则由式(2-6-1)列出误差方程式为

$$\left.\begin{aligned} v_x &= a_{11}\Delta X_S + a_{12}\Delta Y_S + a_{13}\Delta Z_S + a_{14}\Delta\varphi + a_{15}\Delta\omega + a_{16}\Delta\kappa - l_x \\ v_y &= a_{21}\Delta X_S + a_{22}\Delta Y_S + a_{23}\Delta Z_S + a_{24}\Delta\varphi + a_{25}\Delta\omega + a_{26}\Delta\kappa - l_y \end{aligned}\right\}$$
(2-6-12)

其中，

$$l_x = x - (x) = x + f\frac{a_1(X - X_S) + b_1(Y - Y_S) + c_1(Z - Z_S)}{a_3(X - X_S) + b_3(Y - Y_S) + c_3(Z - Z_S)}$$

$$l_y = y - (y) = y + f\frac{a_2(X - X_S) + b_2(Y - Y_S) + c_2(Z - Z_S)}{a_3(X - X_S) + b_3(Y - Y_S) + c_3(Z - Z_S)}$$
(2-6-13)

式中，x，y 为像点坐标观测值；(x)，(y) 为用控制点的物方坐标及外方位元素的近似值代入式(2-4-16)计算得到的像点坐标近似值。

可将式(2-6-12)写成矩阵形式

$$V = AX - L$$
(2-6-14)

式中，

$$V = (v_x \quad v_y)^T$$

$$A = \begin{pmatrix} a_{11} & a_{12} & a_{13} & a_{14} & a_{15} & a_{16} \\ a_{21} & a_{22} & a_{23} & a_{24} & a_{25} & a_{26} \end{pmatrix}$$

$$X = (\Delta X_S \quad \Delta Y_S \quad \Delta Z_S \quad \Delta\varphi \quad \Delta\omega \quad \Delta\kappa)^T$$

$$L = (l_x \quad l_y) = (x - (x) \quad y - (y))^T$$

根据最小二乘间接平差原理，其法方程如下：

$$A^T PAX = A^T PL$$
(2-6-15)

式中，P 为观测值的权矩阵，它反映了观测值的量测精度。对所有像点坐标的观测值，一般认为是等精度量测，则 P 为单位矩阵，由此得到法方程解的表达式：

$$X = (A^T A)^{-1}A^T L$$
(2-6-16)

从而可求出外方位元素近似值的改正数 ΔX_S，ΔY_S，ΔZ_S，$\Delta\varphi$，$\Delta\omega$，$\Delta\kappa$。

由于共线方程在线性化过程中各系数取自泰勒级数展开式的一次项，且未知数的初值一般都是比较粗略的，因此计算需要迭代进行。每次迭代时用未知数近似值与上次迭代计算的改正数之和作为新的近似值，重复计算过程，求出新的改正数，这样反复趋近，直到改正数小于某一限值为止，最后得出 6 个外方位元素的解：

$$\begin{aligned} X_S &= X_S^0 + \Delta X_S^1 + \Delta X_S^2 + \cdots \\ Y_S &= Y_S^0 + \Delta Y_S^1 + \Delta Y_S^2 + \cdots \\ Z_S &= Z_S^0 + \Delta Z_S^1 + \Delta Z_S^2 + \cdots \\ \varphi &= \varphi^0 + \Delta\varphi^1 + \Delta\varphi^2 + \cdots \\ \omega &= \omega^0 + \Delta\omega^1 + \Delta\omega^2 + \cdots \\ \kappa &= \kappa^0 + \Delta\kappa^1 + \Delta\kappa^2 + \cdots \end{aligned}$$
(2-6-17)

2.6.3 空间后方交会的计算过程及精度

空间后方交会的求解过程如下：

(1)获取已知数据。从摄影资料中查取影像比例尺 $1/m$，平均摄影距离(航空摄影的航高)、内方位元素 x_0，y_0，f；获取控制点的空间坐标 X_t，Y_t，Z_t。

(2)量测控制点的像点坐标并进行必要的影像坐标系统误差改正，得到像点坐标。

(3)确定未知数的初始值。单像空间后方交会必须给出待定参数的初始值，对于竖直航空摄影影像的单像空间后方交会，且在地面控制点大体对称分布的情况下，可按如下方法确定初始值：

$$Z_S^0 = H = m \cdot f$$

$$X_S^0 = \frac{1}{n} \sum_{i=1}^{n} X_{ti}$$

$$Y_S^0 = \frac{1}{n} \sum_{i=1}^{n} Y_{ti} \tag{2-6-18}$$

$$\varphi^0 = \omega^0 = 0$$

式中，m 为摄影比例尺分母；n 为控制点个数。κ^0 可在航迹图上找出，或根据控制点坐标通过坐标正反变换求出。

(4)计算旋转矩阵 R。利用角元素近似值按式(2-4-3)计算方向余弦值，组成 R 矩阵。

(5)逐点计算像点坐标的近似值。利用未知数的近似值按共线条件(式(2-4-16))计算控制点像点坐标的近似值 (x)，(y)。

(6)逐点计算误差方程式的系数和常数项，组成误差方程式。

(7)计算法方程的系数矩阵 A^TA 与常数项 A^TL，组成法方程式。

(8)解求外方位元素。根据法方程，按式(2-6-16)解求外方位元素改正数，并与相应的近似值求和，得到外方位元素新的近似值。

(9)检查计算是否收敛。将所求得的外方位元素的改正数与规定的限差比较，通常对 φ，ω，κ 的改正数 $\Delta\varphi$，$\Delta\omega$，$\Delta\kappa$ 给予限差，这个限差通常为 $0.1'$，当三个改正数均小于 $0.1'$ 时，迭代结束。否则，用新的近似值重复(4)~(8)步骤的计算，直到满足要求为止。利用共线方程进行单像空间后方交会的计算机程序如图 2-6-1 所示。

按上述方法所求得的影像外方位元素的精度可以通过法方程式中未知数的系数矩阵的逆矩阵 $(A^TA)^{-1}$ 来求解，此时视像点坐标为等精度不相关观测值。因为 $(A^TA)^{-1}$ 中第 i 个主对角线上元素 Q_{ii} 就是法方程式中第 i 个未知数的权倒数，若单位权中误差为 m_0，则第 i 个未知数的中误差为

$$m_i = \sqrt{Q_{ii}} m_0 \tag{2-6-19}$$

当参加空间后方交会的控制点有 n 个时，则单位权中误差可按下式计算：

$$m_0 = \pm \sqrt{\frac{[vv]}{2n-6}} \tag{2-6-19a}$$

空间后方交会使用的控制点应当避免位于一个圆柱面上，否则，会出现解不唯一的情况。

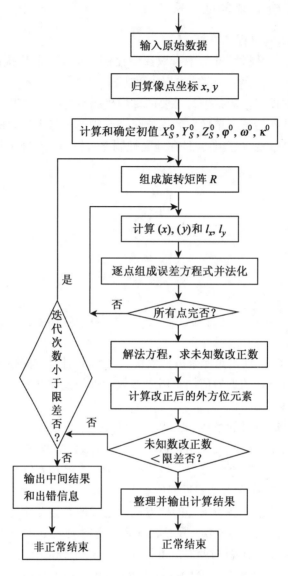

图 2-6-1　空间后方交会的计算机程序框图

2.6.4　空间后方交会的其他解法

空间后方交会的另一种解法是将 9 个方向余弦值(a_1，a_2，a_3，b_1，b_2，b_3，c_1，c_2，c_3)作为待求参数，代替 3 个旋转角未知数(φ，ω，κ)，和其他未知数一起解算。直接确定旋转矩阵的方法避免了三角函数的计算，且使用更方便、简单。由于旋转矩阵 R 中只有 3 个独立元素，其余 6 个参数可以根据 6 个正交条件推算得到，因此必须利用 R 的正交矩阵性质，根据 6 个正交条件建立 6 个条件方程，在误差方程中引入 6 个条件方程，以限定 9 个方向余弦之间的关系，按附有条件的间接平差直接解算未知参数。

共线方程线性化后的误差方程一般式为

$$v_x = \frac{\partial x}{\partial X_S}\mathrm{d}X_S + \frac{\partial x}{\partial Y_S}\mathrm{d}Y_S + \frac{\partial x}{\partial Z_S}\mathrm{d}Z_S + \frac{\partial x}{\partial a_1}\mathrm{d}a_1 + \frac{\partial x}{\partial a_2}\mathrm{d}a_2 + \frac{\partial x}{\partial a_3}\mathrm{d}a_3 + \frac{\partial x}{\partial b_1}\mathrm{d}b_1 + \frac{\partial x}{\partial b_2}\mathrm{d}b_2 +$$

$$\frac{\partial x}{\partial b_3}\mathrm{d}b_3 + \frac{\partial x}{\partial c_1}\mathrm{d}c_1 + \frac{\partial x}{\partial c_2}\mathrm{d}c_2 + \frac{\partial x}{\partial c_3}\mathrm{d}c_3 - l_x$$

$$v_y = \frac{\partial y}{\partial X_S}\mathrm{d}X_S + \frac{\partial y}{\partial Y_S}\mathrm{d}Y_S + \frac{\partial y}{\partial Z_S}\mathrm{d}Z_S + \frac{\partial y}{\partial a_1}\mathrm{d}a_1 + \frac{\partial y}{\partial a_2}\mathrm{d}a_2 + \frac{\partial y}{\partial a_3}\mathrm{d}a_3 + \frac{\partial y}{\partial b_1}\mathrm{d}b_1 + \frac{\partial y}{\partial b_2}\mathrm{d}b_2 +$$

$$\frac{\partial y}{\partial b_3}\mathrm{d}b_3 + \frac{\partial y}{\partial c_1}\mathrm{d}c_1 + \frac{\partial y}{\partial c_2}\mathrm{d}c_2 + \frac{\partial y}{\partial c_3}\mathrm{d}c_3 - l_y \qquad (2\text{-}6\text{-}20)$$

常数项为

$$l_x = (x - x_0) + f\frac{\overline{X}}{\overline{Z}}$$

$$l_y = (y - y_0) + f\frac{\overline{Y}}{\overline{Z}}$$

式(2-6-20)可以写为矩阵形式(式(2-6-21)):

$$V = BX - L \qquad (2\text{-}6\text{-}21)$$

式中,

$$V = \begin{pmatrix} v_x \\ v_y \end{pmatrix}$$

$$B = \begin{pmatrix} \frac{\partial x}{\partial X_S} & \frac{\partial x}{\partial Y_S} & \frac{\partial x}{\partial Z_S} & \frac{\partial x}{\partial a_1} & \frac{\partial x}{\partial a_2} & \frac{\partial x}{\partial a_3} & \frac{\partial x}{\partial b_1} & \frac{\partial x}{\partial b_2} & \frac{\partial x}{\partial b_3} & \frac{\partial x}{\partial c_1} & \frac{\partial x}{\partial c_2} & \frac{\partial x}{\partial c_3} \\ \frac{\partial y}{\partial X_S} & \frac{\partial y}{\partial Y_S} & \frac{\partial y}{\partial Z_S} & \frac{\partial y}{\partial a_1} & \frac{\partial y}{\partial a_2} & \frac{\partial y}{\partial a_3} & \frac{\partial y}{\partial b_1} & \frac{\partial y}{\partial b_2} & \frac{\partial y}{\partial b_3} & \frac{\partial y}{\partial c_1} & \frac{\partial y}{\partial c_2} & \frac{\partial y}{\partial c_3} \end{pmatrix}$$

$$X = (\mathrm{d}X_S \quad \mathrm{d}Y_S \quad \mathrm{d}Z_S \quad \mathrm{d}a_1 \quad \mathrm{d}a_2 \quad \mathrm{d}a_3 \quad \mathrm{d}b_1 \quad \mathrm{d}b_2 \quad \mathrm{d}b_3 \quad \mathrm{d}c_1 \quad \mathrm{d}c_2 \quad \mathrm{d}c_3)^\mathrm{T}$$

$$L = \begin{pmatrix} l_x \\ l_y \end{pmatrix} = \begin{pmatrix} x - (x) \\ y - (y) \end{pmatrix}$$

由正交条件可以得到下列条件方程:

$$CX + W_x = 0 \qquad (2\text{-}6\text{-}22)$$

式中,C 为条件方程系数阵;W_x 为条件方程常数项矩阵。

C、W_x 的具体表达式请读者参考式(2-6-21)中的 B、L,利用构像方程分别对 a_1,a_2,a_3,b_1,b_2,b_3,c_1,c_2,c_3 求偏导得到。

$$X = (\mathrm{d}a_1 \quad \mathrm{d}a_2 \quad \mathrm{d}a_3 \quad \mathrm{d}b_1 \quad \mathrm{d}b_2 \quad \mathrm{d}b_3 \quad \mathrm{d}c_1 \quad \mathrm{d}c_2 \quad \mathrm{d}c_3)^\mathrm{T}$$

将式(2-6-22)的未知数写成与式(2-6-21)中的一致,组成附有限制条件的间接平差模型。

该方法的优点在于:未知参数的初始值可以任意设置,收敛速度快,误差方程式的推导和表示非常简洁,便于程序的实现。这种描述旋转矩阵方法可以在相对定向、前方交会、后方交会、三维坐标转换、相机检校等解算中应用。

空间后方交会也可以用四元数作为待求参数，代替 3 个旋转角未知数$(\varphi,\ \omega,\ \kappa)$，和其他未知数一起解算。

共线方程中的旋转矩阵用四元素（$q = q_0 + iq_1 + jq_2 + kq_3$）表示如下：

$$R = \begin{pmatrix} q_0^2 + q_1^2 - q_2^2 - q_3^2 & 2(q_1q_2 - q_0q_3) & 2(q_1q_3 + q_0q_2) \\ 2(q_1q_2 + q_0q_3) & q_0^2 - q_1^2 + q_2^2 - q_3^2 & 2(q_2q_3 - q_0q_1) \\ 2(q_1q_3 - q_0q_2) & 2(q_2q_3 + q_0q_1) & q_0^2 - q_1^2 - q_2^2 + q_3^2 \end{pmatrix}$$

共线方程线性化后的误差方程一般式为

$$v_x = \frac{\partial x}{\partial X_S}dX_S + \frac{\partial x}{\partial Y_S}dY_S + \frac{\partial x}{\partial Z_S}dZ_S + \frac{\partial x}{\partial q_0}dq_0 + \frac{\partial x}{\partial q_1}dq_1 + \frac{\partial x}{\partial q_2}dq_2 + \frac{\partial x}{\partial q_3}dq_3 - l_x$$

$$v_y = \frac{\partial y}{\partial X_S}dX_S + \frac{\partial y}{\partial Y_S}dY_S + \frac{\partial y}{\partial Z_S}dZ_S + \frac{\partial y}{\partial q_0}dq_0 + \frac{\partial y}{\partial q_1}dq_1 + \frac{\partial y}{\partial q_2}dq_2 + \frac{\partial y}{\partial q_3}dq_3 - l_y$$

$$(2\text{-}6\text{-}23)$$

常数项为

$$l_x = (x - x_0) + f\frac{\overline{X}}{\overline{Z}}$$

$$l_y = (y - y_0) + f\frac{\overline{Y}}{\overline{Z}}$$

式（2-6-23）可以写为矩阵形式（式（2-6-24））：

$$V = BX - L \qquad (2\text{-}6\text{-}24)$$

式中，

$$V = (v_x \quad v_y)^T$$

$$B = \begin{pmatrix} \frac{\partial x}{\partial X_S} & \frac{\partial x}{\partial Y_S} & \frac{\partial x}{\partial Z_S} & \frac{\partial x}{\partial q_1} & \frac{\partial x}{\partial q_2} & \frac{\partial x}{\partial q_3} & \frac{\partial x}{\partial q_4} \\ \frac{\partial y}{\partial X_S} & \frac{\partial y}{\partial Y_S} & \frac{\partial y}{\partial Z_S} & \frac{\partial y}{\partial q_1} & \frac{\partial y}{\partial q_2} & \frac{\partial y}{\partial q_3} & \frac{\partial y}{\partial q_4} \end{pmatrix}$$

$$X = (dX_S \quad dY_S \quad dZ_S \quad dq_0 \quad dq_1 \quad dq_2 \quad dq_3)^T$$

$$L = \begin{pmatrix} l_x \\ l_y \end{pmatrix} = \begin{pmatrix} x - (x) \\ y - (y) \end{pmatrix}$$

由于单位四元数存在一个约束条件：$q_0^2 + q_1^2 + q_2^2 + q_3^2 = 1$，因此必须引入限制条件方程：

$$2q_0dq_0 + 2q_1dq_1 + 2q_2dq_2 + 2q_3dq_3 + w = 0$$
$$w = -(q_0^2 + q_1^2 + q_2^2 + q_3^2 - 1) \qquad (2\text{-}6\text{-}25)$$

按附有限制条件的间接平差法解算式（2-6-24）和式（2-6-25），就可以得到 X。

该方法与$(\varphi,\ \omega,\ \kappa)$方法相比，在平差时避免了频繁的三角函数运算，收敛速度较快。

方向余弦和单位四元数都可以代入共线方程中，在相同的实验数据、相同的初始值和相同收敛条件的情况下，方向余弦方法的收敛情况明显好于单位四元数；在两种方法都能正确收敛的情况下，它们的收敛次数相当，但方向余弦方法的计算结果更接近经典的欧拉角方法。

◎ 习题与思考题

1. 摄影测量影像传感器主要包括哪几种类型？它们获取的影像有什么特点？

2. POS、LiDAR 与 SAR 获取的数据有何不同？

3. 摄影测量对航空摄影有哪些基本要求？

4. 摄影测量中常用的坐标系有哪些？

5. 作图表示透视变换中的一些重要的点、线、面。

6. 摄影测量中常用的坐标系有哪些？各坐标系的坐标原点和坐标轴是如何选择的？各有什么用途？

7. 试解释像平面坐标系、像空间坐标系、像空间辅助坐标系、摄影测量坐标系和物空间坐标系的含义。如何进行上述各坐标系之间的转换？

8. 何谓像片的内方位元素和外方位元素？

9. 在摄影测量中有哪几种转角系统？它们各是如何定义的？旋转矩阵 R 中有几个独立元素？

10. 什么是共线条件方程式？试导出其数学表达式，并说明它在摄影测量中有哪些主要应用。

11. 何谓像片倾斜像点位移和方向偏差？它们各有什么特性？

12. 何谓地形起伏像点位移和方向偏差？它们各有什么特性？

13. 试从不同角度分析比较航摄像片与地形图的差异。

14. 什么是有理函数模型？它有哪些特点？

15. 鱼眼相机和全景相机构像模型是什么？它们在摄影测量中有哪些主要应用？

16. 什么叫单像空间后方交会？其观测值和未知数各是什么？至少需要已知多少控制点？为什么？如何估计单像空间后方交会的解算精度？

17. 在利用共线方程进行空间后方交会时，为什么要对共线方程进行线性化？如何导出线性化误差方程表达式？

18. 试导出空间后方交会中误差方程式系数 a_{14}。

19. 在平坦地区能否用单像空间后方交会同时解求影像内、外方位元素未知数？为什么？

20. 已知四对点的影像坐标和地面坐标，比例尺为 1∶5 万：

	影像坐标		地面坐标		
	x(mm)	y(mm)	X(m)	Y(m)	Z(m)
1	−86.15	−68.99	36589.41	25273.32	2195.17
2	−53.40	82.21	37631.08	31324.51	728.69
3	−14.78	−76.63	39100.97	24934.98	2386.50
4	10.46	64.43	40426.54	30319.81	757.31

试计算近似垂直摄影情况下空间后方交会的解。假设内方位元素已知：$f_K = 153.24$mm，$x_0 = y_0 = 0$。

提示：解为

$$X_S = 39795.45\text{m}$$
$$Y_S = 27476.46\text{m}$$
$$Z_S = 7572.69\text{m}$$

$$R = \begin{pmatrix} 0.99771 & 0.06753 & 0.00399 \\ -0.06753 & 0.99772 & -0.00211 \\ -0.00412 & 0.00184 & 0.9999 \end{pmatrix}$$

第3章　双像解析摄影测量

在摄影测量中，一般情况下利用单幅影像是不能确定物体上点的空间位置的，只能确定物点所在的空间方向。要获得物点的空间位置，一般需利用两幅相互重叠的影像构成立体模型来确定被摄物体的空间位置。按照立体像对与被摄物体的几何关系，以数学计算方式，解求被摄物体的三维空间坐标，称之为双像解析摄影测量。本章主要介绍人眼的立体视觉和立体观测、立体像对的共面条件方程和解析法相对定向、核面与核线的概念与理论、立体前方交会、立体模型的绝对定向原理等相关内容。

3.1　立体观察与量测

3.1.1　人眼的立体视觉

人眼是一个天然的光学系统，结构复杂，图 3-1-1 表示人眼结构的示意图。人眼好像一架完善的自动调焦的摄影机。晶状体如同摄影机物镜，它能自动改变焦距，使观察不同远近物体时，视网膜上都能得到清晰的物像。瞳孔好像光圈，网膜好像底片，能接受物体的影像信息。

单眼观察景物时，使人感觉到的仅是景物的中心构像，好像一张相片一样，得不到景物的立体构像，不能正确判断景物的远近。只有用双眼观察景物，才能判断景物的远近，得到景物的立体效应。这种现象称为人眼的立体视觉。摄影测量中，正是根据这一原理，对同一地区要在两个不同摄站点上拍摄两张像片，构成一个立体像对，进行立体观察与量测。

人的双眼为什么能观察景物的远近呢？从图 3-1-2 看出，当双眼凝视于某物点 A 时，两眼的视轴本能地交会于该点，此时的交会角为 γ。同时观察 A 点附近的 B 点时，交会角为 $\gamma + \mathrm{d}\gamma$。由于 B 点的交会角大于 A 点的交会角，则点 A 较点 B 远。为什么人眼能观察出这两个交会角的差异呢？现在来研究两点在眼中的构像的不同之处。A 点在两眼中，通过晶状体中心 O_1 与 O_2 构像在两眼的网膜中央，得到构像 a 与 a'。B 点在两眼中同样构像为 b 和 b'。如果在各自网膜中各设一平面坐标系，则 A 点的左右坐标差为 $p_A = X_a - X'_a$。B 点的左右坐标差为 $p_B = X_b - X'_b$。p_A 与 p_B 均称为点的左右视差。两点的左右视差之差 $\Delta p = p - p_B = X_a - X'_a - X_b + X'_b = ab - a'b'$。$\Delta p$ 称为左右视差较，而 $ab - a'b' = \sigma$，σ 称为生理视差，两者是同一含义。由于两点在眼中构像存在生理视差 σ，此种由交会角不同而引起的生理视差，通过人的大脑就能作出物体远近的判断。因此，生理视差是人双眼分辨远近的根源。这种生理视差正是物体远近交会角不同的反映。

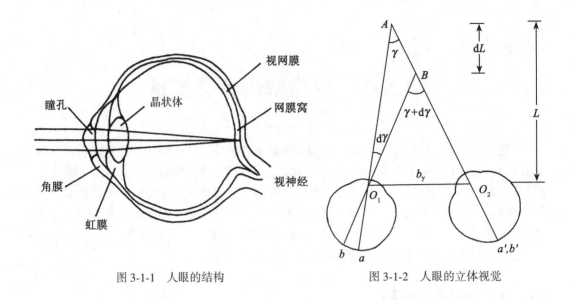

图 3-1-1 人眼的结构　　　　　　　图 3-1-2 人眼的立体视觉

3.1.2 人造立体视觉

1. 人造立体视觉的产生

　　自然界中, 当用两眼同时观察空间远近不同的 A 与 B 两个物点时, 如图 3-1-3 所示。由于远近不同而形成的交会角的差异, 便在人的两眼中产生了生理视差, 得到一个立体视觉, 能分辨出物体远近。此时, 如果在眼睛的前面各放置一块毛玻璃片, 如图 3-1-3 中的 P_1 与 P_2, 把所看到的影像分别记在玻璃片上, 如 a_1, b_1 和 a_2, b_2。然后移开实物 A, B, 此时观察玻璃片上的 a_1, b_1 与 a_2, b_2 的影像, 同样会交会出与实物一样的空间 A 点与 B 点。同时, 两影像也在两眼中产生与实物相同的生理视差, 能分辨出物体的远近。根据这一原理, 在 P_1 与 P_2 两个位置上, 用摄影机摄得同一景物的两张像片, 这两张像片称为立体像对。当左、右眼各看一张相应像片时(即左眼看左片, 右眼看右片), 就可感觉到与

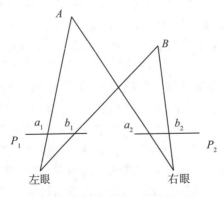

图 3-1-3 人造立体视觉

实物一样的地面景物存在，在眼中同样产生生理视差，能分辨出物体的远近。这种观察立体像对得到地面景物立体影像的立体感觉称为人造立体视觉。

按照立体视觉原理，我们只要在一基线的两端用摄影机获取同一地物的一个立体像对，观察中就能重现物体的空间景观，测绘物体的三维坐标。这是摄影测量进行三维坐标测量的理论基础。根据这一原理，我们规定航空摄影中，像片的航向重叠度要求在 60% 以上，就是为了构造立体像对进行立体量测。双眼观察立体像对所构成的立体模型，是一个不接触的虚像，称为视模型。

2. 观察人造立体的条件

在摄影测量中，人造立体的观察被广泛应用。但观察中必须满足形成人造立体视觉的条件，这些条件归纳起来有如下四点：

(1) 由两个不同摄站点摄取同一景物的一个立体像对。

(2) 一只眼睛只能观察像对中的一张像片，即双眼观察像对时必须保持两眼分别只能对一张像片进行观察，这一条件称为分像条件。

(3) 两眼各自观察同一景物的左、右影像点的连线应与眼基线近似平行。

(4) 像片间的距离应与双眼的交会角相适应。

以上四个条件中，第一个在摄影中应得到满足，第三、四个是人眼观察中生理方面的要求。若不满足第三个，则左、右影像会上下错开，错开太大则形成不了立体。不满足第四个，则形成不了交会角，这些条件在进行立体观察时可通过放置好像片的位置来满足要求。而第二个是在观察时要强迫两眼分别只看一张像片，得到立体视觉，这是与人们日常观察自然景观时眼的交会本能习惯不相适应的。其次，人造立体观察的是像片面，凝视条件要求不变，而交会时要求随模型点的远近而异，这也破坏了人眼观察时调焦和交会相统一的凝视本能习惯。因此，直接进行肉眼立体观察要有一个训练的过程。为了便于观察，人们常采用某种设备来帮助完成人造立体应具备的条件，以改善眼的视觉能力。

3. 立体效应的转换

人造立体观察不仅可以提高立体量测的精度，而且可以测求物体的空间位置，所以在摄影测量中广泛应用。而在满足上述观察条件的基础上，两张像片有三种不同的放置方式，因而可产生三种立体效应，分别称为正立体、反立体和零立体效应。这些立体效应的转换在观察中可根据情况分别选用。

1) 正立体效应

如图 3-1-4(a) 所示，我们把左摄影站摄得的像片 P_1 放在左方，用左眼观察；右摄影站摄得的像片 P_2 放在右方，用右眼进行观察，就可看到一个与实物相似的立体效果，称此立体效应为正立体。此时，由于人眼观察像片所得到的生理视差与人眼看实物的生理视差符号相同，故所看到的立体模型的远近与实物的远近是相同的。

2) 反立体效应

如图 3-1-4(b)、(c) 所示，我们把左方摄站摄得的像片 P_1 放在右边，用右眼进行观察；右方摄站摄得的像片 P_2 放在左边，用左眼进行观察，如图 3-1-4(b) 所示。由于人眼观察像片的生理视差改变了符号，使观察到的立体影像的立体远近恰好与实物相反，这种立体效应称为反立体。或在组成正立体效应后，通过将左右像片各旋转 180° 得到反立体效应，如图 3-1-4(c)。在量测中，通过正反两种立体效应交替进行立体观察，可以检查和提高立体量测的精度。

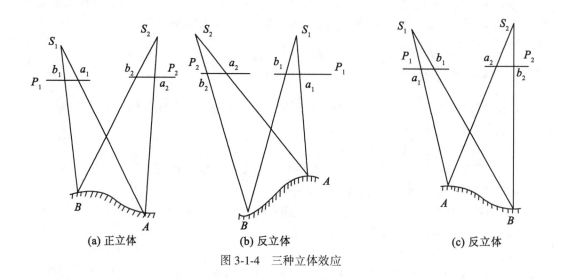

(a) 正立体　　　　(b) 反立体　　　　(c) 反立体

图 3-1-4　三种立体效应

3) 零立体效应

将正立体情况下的两张像片，在各自的平面内按同一方向分别旋转 90°，使像片上纵横坐标互换方向。像片上原来的纵坐标 y 轴旋转到与基线平行，此时生理视差变为像片的 y 轴方向的视差，因而失去了立体感觉成为一个平面图像。这种立体视觉，称为零立体效应。生理视差是左右视差较，纵方向的视差为上下视差。由于人眼观测左右视差较的精度高于上下视差，所以在量测上下视差时，为了提高量测的精度，可采用零立体效应进行 y 轴方向的坐标量测。

3.1.3　像对的立体观察

建立人造立体观察时，除满足上面"2. 观察人造立体的条件"中(1)、(3)、(4)条件外，还要求观察立体像对的双眼分别只观察其中的一张像片，俗称为分像。为了达到分像目的，通常要借助立体镜或其他工具来实现。分像的方法主要有两种，一种是直接观察两张像片构成立体视觉，它是借用立体镜来进行分像的。另一种则是通过光学投影的方法将两张像片的影像重叠投影到一起，此时需通过其他的措施使两眼分别只能看到重叠影像中的一个，以达到分像的目的。这种立体观察方法不是直接观察像片本身，而是观察两张像片投影到同一平面的重叠影像。为了加以区别，我们称后一种为分像法的立体观察。以下分别介绍这两种立体观察的方式。

1. 用立体镜观察立体

立体镜的主要作用是使一只眼睛只能清晰地看到一张像片的影像，它克服了肉眼进行立体观察时强制调焦与交会之间的矛盾所引起的人眼疲劳，因而在实践中得到了广泛应用。

最简单的立体镜是桥式立体镜，它是在一个桥架上安装一对低倍率的简单透镜，透镜的光轴平行，其间距约为人眼的眼基线距离，桥架的高度等于透镜焦距，如图 3-1-5 所示。观察时，像片对放在透镜的焦平面上，此时，像片上物点的光线通过透镜后为一组平行光，使观察者感觉到物体在较远的距离处，可达到人眼调焦与交会本能的基本统一。

航摄像片的像幅较大，为了便于航摄像片对的立体观察而专门设计了一种立体观察工具，称为反光立体镜，如图 3-1-6 所示。这种立体镜在左、右光路中各加入了一对反光镜，可起到扩大像片间距的作用，便于置放大像幅的航摄像片。

用立体镜观察立体时，看到的立体模型与实物不一样，主要是在竖直方向产生了变形，即地面的起伏被夸大了，这种变形是有利于高程量测的。

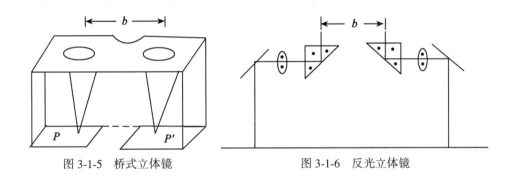

图 3-1-5　桥式立体镜　　　　　图 3-1-6　反光立体镜

产生上述现象的原因，是由航摄像片的主距与观察时像片所在位置距观察者眼睛的距离不相等造成的。两者之比称为高程夸大系数 Δ。

$$\Delta = \frac{f_c}{f} \tag{3-1-1}$$

式中，f_c 为立体观察时像片距人眼的距离；f 为航摄像片的主距。

在立体镜设计时，f_c 的取值等于人眼的明视距离，即 $f_c = 250\text{mm}$，这样，对于不同航摄主距的像片，则有不同的高程夸大系数。

这种高程夸大有利于对高程差的判识，而对量测结果毫无影响，因为量测的是像点坐标，用它来计算高差，观察中虽然高差夸大，但所量测的像点坐标没有变化，所以对计算的高差没有影响。

2. 重叠影式观察立体

当一个立体像对的两张像片恢复了摄影时的相对位置后，用灯光照射到像片上，其光线通过像片投射至承影面上，两张像片的影像会出现相互重叠的现象。为了使一只眼睛只能看到一张像片的投影影像，需要通过"分像"的方法来实现。常用的"分像"方法有互补色法、光闸法、偏振光法以及液晶闪闭法，其中前三种方法被广泛应用于模拟的立体测图仪器中。液晶闪闭法是一种新型的立体观察方法，被广泛应用于现代的数字摄影测量系统中。下面分别叙述这四种方法的分像原理。

1）互补色法

光谱中两种色光混合在一起成为白色光,这两种色光称为互补色光。常用的互补色是品红色与蓝绿色(习惯简称为红色与绿色)。在暗室中,如图 3-1-7 所示,在左方投影器中插入红色滤光片,投影在承影面上的影像为红色影像。在右方投影器中插入绿色滤光片,在承影面上得到影像是绿色的。如果观察者戴上左红右绿的眼镜进行观察时,由于红色镜片只透过红色光,而绿色光被吸收,所以通过红色镜片只能看到左边的红色影像,看不到右边的绿色影像。同理,绿色镜片只能透过绿色光,也只能看到右边的绿色影像,而看不到左边的红色影像。从而达到一只眼睛只看到一张影像的"分像"目的,进而可观察到地面的立体模型。图 3-1-7 中,两投影器的投影光线交点 A 为几何模型点,而两眼视线观察交点 A' 为视模型点,它会随人眼观察位置的不同而变化。若承影面上有一可升降的测绘台,当测绘台升到 E_0 面上,此时观察到的 A' 点即为几何模型上的位置,从而达到视模型点与几何模型点两者的统一。所以在量测时,通过测绘台的升降使观察到的视模型点与几何模型的相应点重合,以保持模型点的量测不受影响。

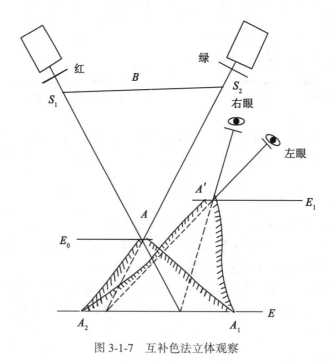

图 3-1-7　互补色法立体观察

2）光闸法

光闸法立体观察是在投影的光线中安装光闸实现的。两个光闸相互错开,即一个打开,另一个关闭。人眼观察时,要戴上与投影器中光闸同步的光闸眼镜,这样就只能一只眼睛看到一张影像。由于影像在人眼中的构像能保持 0.15s 的视觉暂留,这样光闸启闭的频率只要每秒大于 10 次,人眼中的影像就会连续,构成立体视觉。光闸法的优点是投影光线的亮度很少损失，缺点是振动与噪声不利于工作。

3）偏振光法

光线通过偏振器分解出的偏振光，只在偏振平面上进行。利用这一特性，在两张影像的投影光路中，放置两个偏振平面相互垂直的偏振器，在承影面上就能得到光波波动方向相互垂直的两组偏振光影像。观察者戴上一副检偏眼镜(图 3-1-8 左图)，两眼检偏镜片的偏振平面也相互垂直，左、右分别与投影的左右偏振平面平行。这样，就保证每只眼睛只看到一个投影器的投射影像，从而达到"分像"观察立体的效果。偏振光可用于彩色影像的立体观察，获得彩色的立体模型。

4）液晶闪闭法

图 3-1-8 右图为美国 StereoGraphics 公司生产的液晶眼镜，它主要由液晶眼镜和红外发生器组成。使用时，红外发生器的一端与通用的图形显示卡相连，图像显示软件按照一定的频率交替地显示左右图像，红外发生器则同步地发射红外线，控制液晶眼镜的左右镜片交替地闪闭，从而达到左右眼睛各看一张像片的目的。

图 3-1-8　偏振光与液晶立体观测设备

3.1.4　像对的立体量测

摄影测量不仅要在室内能观察到构成的地面立体模型，而且要在模型上进行量测，以确定地面点的三维坐标。这就要求在立体像对上进行量测。

如图 3-1-9 所示，为一已满足人造立体观察的一个像对。在两张像片上放置两个相同的标志作为测标，如 T 字形。测标在像片上可做 x 轴或 y 轴方向的共同移动和相对移动，借助这种移动可与地物立体相切进行量测。当我们移动左边测标，用眼睛观察看到与左像片某一点 a 对准后，再借助右测标单独移动(即相对地做 x，y 轴方向移动)，在立体观察中使右方测标也对准右像片上同一地物点 a' 时，则在立体观察时，就会观察到 T 字形测标的下端与立体模型上的 A 点相切。此时，记下左右像点的坐标(x_1, y_1)与(x_2, y_2)，可得到像点坐标量测值。如果右测标在 x 轴方向对右像片做移动离开同名像点 a' 的左、右时，则可看到空间测标相对于立体模型的表面做升降运动，使测标浮于地面点 A 之上，或沉于 A 点之下。因此，立体坐标量测就是使左、右测标同时对准左、右同名像点，测标切准模型点的表面。

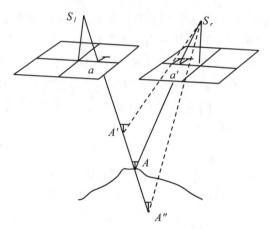

图 3-1-9　立体坐标量测

3.2　立体像对空间前方交会

在利用单像空间后方交会求得影像的外方位元素后，欲由单幅影像上的像点坐标反求相应地面点的空间坐标仍然是不可能的。因为，根据单个像点及其相应影像的外方位元素只能确定地面点所在的空间方向。要确定被摄物体点的空间位置，必须利用具有一定重叠的两张像片构成立体模型来确定被摄物体的空间位置。

3.2.1　立体像对的几何关系

一对具有一定重叠度的像片对，是由两个不同摄站对同一摄区摄影获得，在摄影瞬间有如图 3-2-1 所示的几何关系。S_1 和 S_2 称为摄站点，S_1O_1 和 S_2O_2 分别表示两摄影光束的主光轴。地面点 A 向不同摄站的投射光线 AS_1 和 AS_2 称为同名光线，同名光线分别与两像平面的交点 a_1 和 a_2，称为同名像点。相邻两摄站的连线 B 称为摄影基线，由摄影基线与地面任意一点组成的平面称为该地面点的核面。过像主点的核面称为主核面，过左片主点的称为左主核面，过右片主点的称为右主核面。核面与像片面的交线称为核线，摄影基线的延长线与像面的交点称为核点，像面上的所有核线都交于该像片的核点上。

使用立体像对上的同名像点，就能得到两条同名射线在空间的方向，这两条射线在空间一定相交，其相交处必然是该地面点的空间位置。从共线方程(2-4-16)也可说明这个问题，对于任一地面未知点$(X，Y，Z)$，使用立体像对上两同名像点的坐标 $x_1，y_1，x_2，y_2$，可列出 4 个方程式，从而求出 3 个未知数。

由立体像对左右两影像的内、外方位元素和同名像点的影像坐标量测值来确定该点的物方空间坐标，称为立体像对的空间前方交会。下面给出两种空间前方交会法的数学模型。

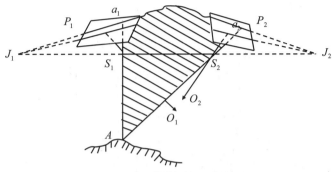

图 3-2-1　立体像对的几何关系

3.2.2　利用点投影系数的空间前方交会方法

假定在空中 S_1 和 S_2 两个摄站对同一地面进行摄影，获得一个立体像对，如图 3-2-2 所示。任一地面点 A 在该像对内左片上的构像为 a_1，在右片上的构像为 a_2。过左、右摄站点 S_1 和 S_2 分别各作一像空间辅助坐标系 S_1-$X_1Y_1Z_1$ 和 S_2-$X_2Y_2Z_2$，使坐标系的轴向分别保持与地面空间直角坐标系的轴向平行，此时三个坐标轴向彼此平行，只是坐标系的原点不同。左摄站 S_1 在 t-XYZ 坐标系中的坐标为 X_{S1}，Y_{S1}，Z_{S1}，右摄站 S_2 在 t-XYZ 坐标系中的坐标为 X_{S2}，Y_{S2}，Z_{S2}。两摄站点的坐标差就是摄影基线 B 在该坐标系中的基线分量，即 $B_X = X_{S2} - X_{S1}$，$B_Y = Y_{S2} - Y_{S1}$，$B_Z = Z_{S2} - Z_{S1}$。

地面点 A 在 t-XYZ 坐标系中的坐标 X_A，Y_A，Z_A，其对应像点 a_1 和 a_2 在像空间坐标系 S_1-$x_1y_1z_1$ 和 S_2-$x_2y_2z_2$ 中的坐标分别为 x_1，y_1，$-f$ 和 x_2，y_2，$-f$。而像点 a_1 和 a_2 分别在像空间辅助坐标系 S_1-$X_1Y_1Z_1$ 和 S_2-$X_2Y_2Z_2$ 中的坐标为 X_1，Y_1，Z_1 和 X_2，Y_2，Z_2。只要已知各像片的姿态角，可根据像空间坐标和像空间辅助坐标系之间的变换关系式进行变换，即

$$\begin{pmatrix} X_1 \\ Y_1 \\ Z_1 \end{pmatrix} = R_1 \begin{pmatrix} x_1 \\ y_1 \\ -f \end{pmatrix} \qquad \begin{pmatrix} X_2 \\ Y_2 \\ Z_2 \end{pmatrix} = R_2 \begin{pmatrix} x_2 \\ y_2 \\ -f \end{pmatrix} \tag{3-2-1}$$

式中，R_1 和 R_2 分别为左右像片的旋转矩阵。

从图 3-2-2 中相似三角形的关系可得两投影射线关系：

$$\frac{S_1A}{S_1a} = \frac{X_A - X_{S1}}{X_1} = \frac{Y_A - Y_{S1}}{Y_1} = \frac{Z_A - Z_{S1}}{Z_1} = N_1$$

$$\frac{S_2A}{S_2a} = \frac{X_A - X_{S2}}{X_2} = \frac{Y_A - Y_{S2}}{Y_2} = \frac{Z_A - Z_{S2}}{Z_2} = N_2 \tag{3-2-2}$$

式中，N_1 和 N_2 称为点投影系数。N_1 是像点 a_1 在左像空间辅助坐标系中的点投影系数，N_2 是像点 a_2 在右像空间辅助坐标系中的点投影系数。一般情况下，不同点有不同的点投影系数，同一点在左、右片上的点投影系数也是不同的。

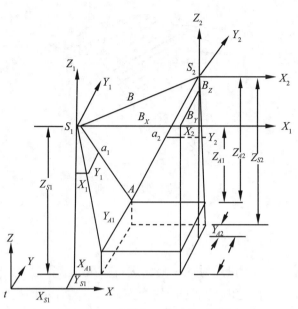

图 3-2-2　立体像对空间前方交会

根据式(3-2-2)，可得前方交会公式：

$$\begin{pmatrix} X_A \\ Y_A \\ Z_A \end{pmatrix} = \begin{pmatrix} X_{S1} \\ Y_{S1} \\ Z_{S1} \end{pmatrix} + \begin{pmatrix} N_1 X_1 \\ N_1 Y_1 \\ N_1 Z_1 \end{pmatrix} = \begin{pmatrix} X_{S2} \\ Y_{S2} \\ Z_{S2} \end{pmatrix} + \begin{pmatrix} N_2 X_2 \\ N_2 Y_2 \\ N_2 Z_2 \end{pmatrix} = \begin{pmatrix} X_{S1} \\ Y_{S1} \\ Z_{S1} \end{pmatrix} + \begin{pmatrix} B_X \\ B_Y \\ B_Z \end{pmatrix} + \begin{pmatrix} N_2 X_2 \\ N_2 Y_2 \\ N_2 Z_2 \end{pmatrix} \quad (3\text{-}2\text{-}3)$$

由式(3-2-3)，可得下式：

$$B_X = N_1 X_1 - N_2 X_2$$
$$B_Y = N_1 Y_1 - N_2 Y_2 \quad (3\text{-}2\text{-}4)$$
$$B_Z = N_1 Z_1 - N_2 Z_2$$

由式(3-2-4)中的一、三式联立求解，得

$$N_1 = \frac{B_X Z_2 - B_Z X_2}{X_1 Z_2 - Z_1 X_2}$$

$$(3\text{-}2\text{-}5)$$

$$N_2 = \frac{B_X Z_1 - B_Z X_1}{X_1 Z_2 - Z_1 X_2}$$

或

$$N_1 = \frac{B_X Y_2 - B_Y X_2}{X_1 Y_2 - X_2 Y_1}$$

$$N_2 = \frac{B_X Y_1 - B_Y X_1}{X_1 Y_2 - X_2 Y_1}$$

任一点的地面坐标(地面摄测坐标)可由下式求得

$$X = X_{S1} + N_1 X_1 = X_{S1} + B_X + N_2 X_2$$

$$Y = Y_{S1} + N_1 Y_1 = Y_{S1} + B_Y + N_2 Y_2 = Y_{S1} + \frac{1}{2}(N_1 Y_1 + N_2 Y_2 + B_Y) \qquad (3\text{-}2\text{-}6)$$

$$Z = Z_{S1} + N_1 Z_1 = Z_{S1} + B_Z + N_2 Z_2$$

3.2.3 利用共线方程的严格解法

共线方程决定了摄影中心点、像点和物点间严格的关系。由共线方程(2-4-16)线性化可得

$$\left.\begin{array}{l} x = (x) - a_{11}\Delta X - a_{12}\Delta Y - a_{13}\Delta Z \\ y = (y) - a_{21}\Delta X - a_{22}\Delta Y - a_{23}\Delta Z \end{array}\right\} \qquad (3\text{-}2\text{-}7)$$

其中，a_{11}，a_{12}，a_{13} 和 a_{21}，a_{22}，a_{23} 见式(2-6-4)，ΔX，ΔY 和 ΔZ 为像点(x, y)对应物方点(X, Y, Z)的改正数。

对左、右影像上的一对同名点，可列出 4 个上述的线性方程式，而未知数个数为 3，故可以用最小二乘法求解。若 n 幅影像中含有同一个空间点，则可由总共 $2n$ 个线性方程式求解 X, Y, Z 三个未知数。这是一种严格的空间前方交会物方坐标解算方法，但需要空间坐标的初值。

3.3 相对定向与核线几何

利用立体像对中摄影时存在的同名光线对应相交的几何关系，通过量测的像点坐标，以解析计算的方法(此时不需要野外控制点)，解求两像片的相对方位元素值的过程，称为解析相对定向。相对定向的目的是建立一个与被摄物体相似的几何模型，以确定模型点的三维坐标。核面与核线是摄影测量中基本的概念，利用核线所特有的几何关系可以将二维影像匹配化成一维匹配问题。

3.3.1 相对定向元素与共面条件方程

1. 相对定向元素

确定相邻两像片的相对位置和姿态的要素，称为相对定向元素。相对定向元素由于选取像空间辅助坐标系的不同，其相对定向元素也有所不同。

当像空间辅助坐标系的原点取在左摄站点上，其坐标轴系保持与立体像对中左片的像空间坐标系的轴系分别重合，则左片对像空间辅助坐标系的外方位元素的角元素为零，两像片外方位元素的相对差为：$B_X = X_{S2} - X_{S1}$，$B_Y = Y_{S2} - Y_{S1}$，$B_Z = Z_{S2} - Z_{S1}$，$\Delta\varphi = \varphi_2 - \varphi_1 = \varphi_2$，$\Delta\omega = \omega_2 - \omega_1 = \omega_2$，$\Delta\kappa = \kappa_2 - \kappa_1 = \kappa_2$。其中，$B_Y$，$B_Z$，$\varphi_2$，$\omega_2$，$\kappa_2$ 就是五个相对定向元素；而 B_X 只决定立体模型的大小，不影响相对方位。采用这组相对定向元素的相对定向方法，称为连续法像对的相对定向。它在完成相对定向建立立体模型的过程中，像片对中的左片的方位始终保持不变，而右片只相对于左片做五个相对运动。

当像空间辅助坐标系的原点取在左摄站点上，坐标系的 X 轴向保持与摄影基线 B 的方向重合，并使坐标系的 Z 轴落在像片对中左片的主核面内。这样选定像空间辅助坐标系是使两像片的外方位元素保持 $Y_{S2} = Y_{S1}$，$Z_{S2} = Z_{S1}$，$\omega_1 = 0$ 的相对关系。这时左、右像片做相对变化的元素为 φ_1，κ_1，φ_2，ω_2，κ_2。同样地，B 只决定模型比例尺，不改变相对方位。这五个元素 φ_1，κ_1，φ_2，ω_2，κ_2 称为单独法相对定向的相对定向元素。

2. 共面条件方程式

图 3-3-1 表示一个立体模型实现正确相对定向后的示意图，图中 m_1，m_2 表示模型点 M 在左、右两幅影像上的构像。$S_1 m_1$，$S_2 m_2$ 表示一对同名光线，它们与空间基线 $S_1 S_2$ 共面，这个平面可以用三个矢量 $\boldsymbol{R}_1$，$\boldsymbol{R}_2$ 和 $\boldsymbol{B}$ 的混合积表示，即

$$\boldsymbol{B} \cdot (\boldsymbol{R}_1 \times \boldsymbol{R}_2) = 0 \tag{3-3-1}$$

式(3-3-1)改用坐标的形式表示时，即为一个三阶行列式等于零。

$$F = \begin{vmatrix} B_X & B_Y & B_Z \\ X_1 & Y_1 & Z_1 \\ X_2 & Y_2 & Z_2 \end{vmatrix} = 0 \tag{3-3-2}$$

式(3-3-2)便是解析相对定向的共面条件方程式。其中，

$$\begin{pmatrix} X_1 \\ Y_1 \\ Z_1 \end{pmatrix} = R_{左} \begin{pmatrix} x_1 \\ y_1 \\ -f \end{pmatrix}, \quad \begin{pmatrix} X_2 \\ Y_2 \\ Z_2 \end{pmatrix} = R_{右} \begin{pmatrix} x_2 \\ y_2 \\ -f \end{pmatrix}$$

为像点的像空间辅助坐标。

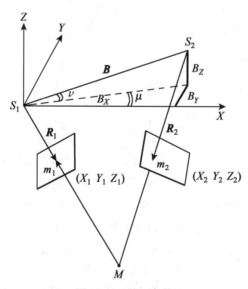

图 3-3-1　共面条件

3.3.2 连续像对相对定向

1. 解算公式

连续像对相对定向通常假定左方影像是水平的或其方位元素是已知的，即可把式 (3-3-2) 中的 X_1，Y_1，Z_1 视为已知值，且 $B_Y \approx B_X \cdot \mu$，$B_Z \approx B_X \cdot \nu$，此时连续像对的相对定向元素为右影像的三个角元素 φ，ω，κ 和与基线分量有关的两个角元素 μ，ν。式 (3-3-2) 可以表示为

$$F = \begin{vmatrix} B_X & B_X\mu & B_X\nu \\ X_1 & Y_1 & Z_1 \\ X_2 & Y_2 & Z_2 \end{vmatrix} = B_X \begin{vmatrix} 1 & \mu & \nu \\ X_1 & Y_1 & Z_1 \\ X_2 & Y_2 & Z_2 \end{vmatrix} = 0 \tag{3-3-3}$$

因为式 (3-3-3) 是一个非线性函数，可按多元函数泰勒公式展开的办法将式 (3-3-3) 展开至小值一次项，得

$$F = F_0 + \frac{\partial F}{\partial \varphi}\mathrm{d}\varphi + \frac{\partial F}{\partial \omega}\mathrm{d}\omega + \frac{\partial F}{\partial \kappa}\mathrm{d}\kappa + \frac{\partial F}{\partial \mu}\mathrm{d}\mu + \frac{\partial F}{\partial \nu}\mathrm{d}\nu = 0 \tag{3-3-4}$$

式中，F_0 是用相对定向元素的近似值求得的 F 值；$\mathrm{d}\varphi$，$\mathrm{d}\omega$，$\mathrm{d}\kappa$，$\mathrm{d}\mu$，$\mathrm{d}\nu$ 为相对定向待定参数的改正数。

按行列式对式 (3-3-3) 取偏微分，可得到式 (3-3-4) 中的各项偏导数。

$$\frac{\partial F}{\partial \mu} = B_X \begin{vmatrix} 0 & 1 & 0 \\ X_1 & Y_1 & Z_1 \\ X_2 & Y_2 & Z_2 \end{vmatrix} = B_X(Z_1 X_2 - Z_2 X_1)$$

$$\frac{\partial F}{\partial \nu} = B_X \begin{vmatrix} 0 & 0 & 1 \\ X_1 & Y_1 & Z_1 \\ X_2 & Y_2 & Z_2 \end{vmatrix} = B_X(X_1 Y_2 - X_2 Y_1)$$

$$\frac{\partial F}{\partial \varphi} = B_X \begin{vmatrix} 1 & \mu & \nu \\ X_1 & Y_1 & Z_1 \\ \dfrac{\partial X_2}{\partial \varphi} & \dfrac{\partial Y_2}{\partial \varphi} & \dfrac{\partial Z_2}{\partial \varphi} \end{vmatrix} \tag{3-3-5}$$

$$\frac{\partial F}{\partial \omega} = B_X \begin{vmatrix} 1 & \mu & \nu \\ X_1 & Y_1 & Z_1 \\ \dfrac{\partial X_2}{\partial \omega} & \dfrac{\partial Y_2}{\partial \omega} & \dfrac{\partial Z_2}{\partial \omega} \end{vmatrix}$$

$$\frac{\partial F}{\partial \kappa} = B_X \begin{vmatrix} 1 & \mu & \nu \\ X_1 & Y_1 & Z_1 \\ \dfrac{\partial X_2}{\partial \kappa} & \dfrac{\partial Y_2}{\partial \kappa} & \dfrac{\partial Z_2}{\partial \kappa} \end{vmatrix}$$

由于 $\begin{pmatrix} X_2 \\ Y_2 \\ Z_2 \end{pmatrix} = R_\varphi R_\omega R_\kappa \begin{pmatrix} x_2 \\ y_2 \\ -f \end{pmatrix}$，则

$$\frac{\partial \begin{pmatrix} X_2 \\ Y_2 \\ Z_2 \end{pmatrix}}{\partial \varphi} = \frac{\partial R_\varphi}{\partial \varphi} R_\varphi^{-1} R_\varphi R_\omega R_\kappa \begin{pmatrix} x_2 \\ y_2 \\ -f \end{pmatrix} = \begin{pmatrix} -\sin\varphi & 0 & -\cos\varphi \\ 0 & 0 & 0 \\ \cos\varphi & 0 & -\sin\varphi \end{pmatrix} \begin{pmatrix} \cos\varphi & 0 & \sin\varphi \\ 0 & 1 & 0 \\ -\sin\varphi & 0 & \cos\varphi \end{pmatrix} R \begin{pmatrix} x_2 \\ y_2 \\ -f \end{pmatrix}$$

$$= \begin{pmatrix} 0 & 0 & -1 \\ 0 & 0 & 0 \\ 1 & 0 & 0 \end{pmatrix} \begin{pmatrix} X_2 \\ Y_2 \\ Z_2 \end{pmatrix}$$

所以，

$$\frac{\partial X_2}{\partial \varphi} = -Z_2$$

$$\frac{\partial Y_2}{\partial \varphi} = 0$$

$$\frac{\partial Z_2}{\partial \varphi} = X_2$$

故

$$\frac{\partial F}{\partial \varphi} = \frac{\partial X_2}{\partial \varphi} \cdot B_X \begin{vmatrix} \mu & \nu \\ Y_1 & Z_1 \end{vmatrix} - \frac{\partial Y_2}{\partial \varphi} \cdot B_X \begin{vmatrix} 1 & \nu \\ X_1 & Z_1 \end{vmatrix} + \frac{\partial Z_2}{\partial \varphi} \cdot B_X \begin{vmatrix} 1 & \mu \\ X_1 & Y_1 \end{vmatrix}$$

$$= (-Z_2) \cdot B_X(\mu Z_1 - \nu Y_1) + X_2 \cdot B_X(Y_1 - \mu X_1)$$

$$= B_X Y_1 X_2 - B_X X_1 X_2 \mu - B_X Z_1 Z_2 \mu + B_X Z_2 Y_1 \nu$$

同理，做类似的运算：

$$\frac{\partial \begin{pmatrix} X_2 \\ Y_2 \\ Z_2 \end{pmatrix}}{\partial \omega} = \begin{pmatrix} 0 & -\sin\phi & 0 \\ \sin\phi & 0 & -\cos\phi \\ 0 & \cos\phi & 0 \end{pmatrix} \begin{pmatrix} X_2 \\ Y_2 \\ Z_2 \end{pmatrix}$$

所以，

$$\frac{\partial X_2}{\partial \omega} = -Y_2 \sin\varphi$$

$$\frac{\partial Y_2}{\partial \omega} = X_2 \sin\varphi - Z_2 \cos\varphi$$

$$\frac{\partial Z_2}{\partial \omega} = Y_2 \cos\varphi$$

故

$$\frac{\partial F}{\partial \omega} = \frac{\partial X_2}{\partial \omega} \cdot B_X \begin{vmatrix} \mu & \nu \\ Y_1 & Z_1 \end{vmatrix} - \frac{\partial Y_2}{\partial \omega} \cdot B_X \begin{vmatrix} 1 & \nu \\ X_1 & Z_1 \end{vmatrix} + \frac{\partial Z_2}{\partial \omega} \cdot B_X \begin{vmatrix} 1 & \mu \\ X_1 & Y_1 \end{vmatrix}$$

$$\approx B_X Y_1 Y_2 - B_X X_1 Y_2 \mu + B_X Z_1 Z_2 - B_X X_1 Z_2 \nu$$

类似地，

$$\frac{\partial \begin{pmatrix} X_2 \\ Y_2 \\ Z_2 \end{pmatrix}}{\partial \kappa} = \begin{pmatrix} 0 & -\cos\phi\cos\omega & -\sin\omega \\ \cos\phi\cos\omega & 0 & \sin\phi\cos\omega \\ \sin\omega & -\sin\phi\cos\omega & 0 \end{pmatrix} \begin{pmatrix} X_2 \\ Y_2 \\ Z_2 \end{pmatrix}$$

$$\frac{\partial X_2}{\partial \kappa} = -Y_2 \cos\varphi \cos\omega - Z_2 \sin\omega$$

$$\frac{\partial Y_2}{\partial \kappa} = X_2 \cos\varphi \cos\omega - Z_2 \sin\varphi \cos\omega$$

$$\frac{\partial Z_2}{\partial \kappa} = X_2 \sin\omega - Y_2 \sin\varphi \cos\omega$$

故

$$\frac{\partial F}{\partial \kappa} = \frac{\partial X_2}{\partial \kappa} \cdot B_X \begin{vmatrix} \mu & \nu \\ Y_1 & Z_1 \end{vmatrix} - \frac{\partial Y_2}{\partial \kappa} \cdot B_X \begin{vmatrix} 1 & \nu \\ X_1 & Z_1 \end{vmatrix} + \frac{\partial Z_2}{\partial \kappa} \cdot B_X \begin{vmatrix} 1 & \mu \\ X_1 & Y_1 \end{vmatrix}$$

$$\approx -B_X X_2 Z_1 - B_X Z_1 Y_2 \mu + B_X X_1 X_2 \nu + B_X Y_1 Y_2 \nu$$

将各偏分代入式(3-3-4)中，等式两边分别除以 B_X，并略去二次以上小项，经整理后可得

$$(Z_1 X_2 - X_1 Z_2)\mathrm{d}\mu + (X_1 Y_2 - X_2 Y_1)\mathrm{d}\nu + Y_1 X_2 \mathrm{d}\varphi + (Y_1 Y_2 + Z_1 Z_2)\mathrm{d}\omega - X_2 Z_1 \mathrm{d}\kappa + \frac{F_0}{B_X} = 0$$

$$(3\text{-}3\text{-}6)$$

结合式(3-2-5)可得

$$Z_1 X_2 - Z_2 X_1 = -\frac{B_X Z_1 - B_X X_1}{N_2} = \frac{-B_X}{N_2}\left(Z_1 - \frac{B_Z}{B_X}X_1\right) \approx -\frac{B_X}{N_2} Z_1$$

$$X_1 Y_2 - X_2 Y_1 = \frac{B_X Y_1 - B_X X_1}{N_2} = \frac{B_X}{N_2}\left(Y_1 - \frac{B_Y}{B_X}X_1\right) \approx \frac{B_X}{N_2} Y_1$$

将上述值代入式(3-3-6)中，各项同乘 $-\dfrac{N_2}{Z_2}$，近似取 $Y_1 = Y_2$，$Z_1 = Z_2$，可进一步简化得

$$B_X \mathrm{d}\mu - \frac{Y_2}{Z_2} B_X \mathrm{d}\nu - \frac{X_2 Y_2}{Z_2} N_2 \mathrm{d}\varphi - \left(Z_2 + \frac{Y_2^2}{Z_2}\right) N_2 \mathrm{d}\omega + X_2 N_2 \mathrm{d}\kappa - \frac{F_0 N_2}{B_X Z_2} \qquad (3\text{-}3\text{-}7)$$

令

$$Q = \frac{F_0 N_2}{BX Z_2}$$

所以，

$$Q = B_x \mathrm{d}\mu - \frac{Y_2}{Z_2} B_x \mathrm{d}\nu - \frac{X_2 Y_2}{Z_2} N_2 \mathrm{d}\varphi - \left(Z_2 + \frac{Y_2^2}{Z_2} \right) N_2 \mathrm{d}\omega + X_2 N_2 \mathrm{d}\kappa \qquad (3\text{-}3\text{-}8)$$

式(3-3-8)即为连续法相对定向的解析计算公式。式中，

$$Q = \frac{F_0 N_2}{B_X Z_2} = \frac{F_0}{X_1 Z_2 - X_2 Z_1} = \frac{\begin{vmatrix} B_X & B_Y & B_Z \\ X_1 & Y_1 & Z_1 \\ X_2 & Y_2 & Z_2 \end{vmatrix}}{\begin{vmatrix} X_1 & Z_1 \\ X_2 & Z_2 \end{vmatrix}}$$

$$= \frac{B_X Z_2 - B_Z X_2}{X_1 Z_2 - Z_1 X_2} Y_1 - \frac{B_X Z_1 - B_Z X_1}{X_1 Z_2 - Z_1 X_2} Y_2 - B_Y$$

$$= N_1 Y_1 - N_2 Y_2 - B_Y \qquad (3\text{-}3\text{-}9)$$

式中，$N_1 Y_1$ 代表左片像点以左投影中心为坐标原点的模型坐标，同样 $N_2 Y_2$ 代表右片同名像点以右投影中心为坐标原点的模型坐标，两投影中心在 Y 轴方向的差为 B_Y，所以式(3-3-9)表示为在模型点上的上下视差。

2. 相对定向元素解算过程

由于在式(3-3-8)中有 5 个未知数 $\mathrm{d}\varphi$，$\mathrm{d}\omega$，$\mathrm{d}\kappa$，$\mathrm{d}\mu$，$\mathrm{d}\nu$，因此，解析相对定向至少需要量测 5 对同名像点的像点坐标。当有多余观测值时，将 Q 视为观测值，由式(3-3-8)得到误差方程式：

$$V_Q = B_x \mathrm{d}\mu - \frac{Y_2}{Z_2} B_x \mathrm{d}\nu - \frac{X_2 Y_2}{Z_2} N_2 \mathrm{d}\varphi - \left(Z_2 + \frac{Y_2^2}{Z_2} \right) N_2 \mathrm{d}\omega + X_2 N_2 \mathrm{d}\kappa - Q \qquad (3\text{-}3\text{-}10)$$

当观测了 6 对以上同名像点时，就可按最小二乘的原理求解。设观测了 n 对同名像点，可列出 n 个误差方程，其矩阵形式为

$$V = AX - L, \ P = I$$

相应的法方程为

$$A^{\mathrm{T}} PAX = A^{\mathrm{T}} PL$$

法方程式的解为

$$X = (A^{\mathrm{T}} PA)^{-1} A^{\mathrm{T}} PL \qquad (3\text{-}3\text{-}11)$$

因为误差方程式(3-3-10)是由共面条件方程严密式(3-3-3)经线性化后的结果，所以相对定向元素的求解是一个逐步趋近的迭代过程，通常认为当所有改正数小于限值，如 0.3×10^{-4} rad 时，迭代计算结束。

连续像对相对定向的计算机程序框图如图 3-3-2 所示。至于相对定向结果的精度评定，其方法类似于单像空间后方交会的做法，这里不再重复。

3.3.3　单独像对相对定向

单独像对相对定向的原理和连续像对相对定向的原理相同，不同的是此时选用摄影基线为空间辅助坐标系的 X 轴，其正方向与航线方向一致，相对定向的角元素仍选用 φ，

ω，κ 系统。相对定向元素左影像为 φ_1，κ_1，右影像为 φ_2，ω_2，κ_2。共面条件方程简化为

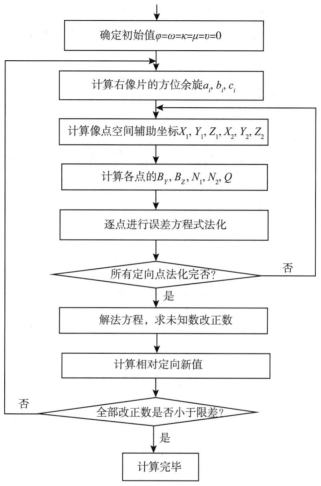

图 3-3-2 连续法相对定向计算过程

$$F = \begin{vmatrix} B & 0 & 0 \\ X_1 & Y_1 & Z_1 \\ X_2 & Y_2 & Z_2 \end{vmatrix} = B \begin{vmatrix} Y_1 & Z_1 \\ Y_2 & Z_2 \end{vmatrix} = 0 \tag{3-3-12}$$

按泰勒公式展开，保留到小值一次项，经整理后得到

$$F = F_0 + B\left[-X_1 Y_2 \mathrm{d}\varphi_1 + X_1 Z_2 \mathrm{d}\kappa_1 - X_2 Y_1 \mathrm{d}\varphi_2 + (Z_1 Z_2 + Y_1 Y_2)\mathrm{d}\omega_2 - X_2 Z_1 \mathrm{d}\kappa_2 \right] = 0$$

将上式乘常数 $\dfrac{f}{BZ_1 Z_2}$，视 $Z_1 = Z_2 = -f$，则有

$$q = \frac{X_1 Y_2}{Z_1}\mathrm{d}\varphi_1 - X_1 \mathrm{d}\kappa_1 - \frac{X_2 Y_1}{Z_1}\mathrm{d}\varphi_2 - \left(Z_1 + \frac{Y_1 Y_2}{Z_1} \right)\mathrm{d}\omega_2 + X_2 \mathrm{d}\kappa_2 \tag{3-3-13}$$

上式中，

$$q = -\frac{fF_0}{BZ_1Z_2} = -\frac{f(Y_1Z_2 - Y_2Z_1)}{Z_1Z_2} = -f\frac{Y_1}{Z_1} + f\frac{Y_2}{Z_2} = y_{t1} - y_{t2} \qquad (3\text{-}3\text{-}14)$$

式(3-3-14)中，y_{t1}，y_{t2}相当于是空间辅助坐标系中一对理想像片上同名像点的坐标。显然，在完成相对定向后$(y_{t1}-y_{t2})$应为 0，所以在这里同样可以把 $q=0$ 作为检验单独像对相对定向是否完成的标准。

在用式(3-3-13)求解相对定向元素的过程中，如有多余观测，则需要按最小二乘原理平差，把 q 视为观测值，将式(3-3-13)写成误差方程的形式：

$$V_q = \frac{X_1Y_2}{Z_1}d\varphi_1 - X_1d\kappa_1 - \frac{X_2Y_1}{Z_1}d\varphi_2 - \left(Z_1 + \frac{Y_1Y_2}{Z_1}\right)d\omega_2 + X_2d\kappa_2 - q \qquad (3\text{-}3\text{-}15)$$

单独像对 5 个相对定向元素 φ_1，κ_1，φ_2，ω_2，κ_2 的求解仍然是个逐渐趋近的过程，具体算法与连续像对相对定向元素的求解过程类似。定向元素的精度，也可按空间后方交会精度的方法解求。

基础矩阵在计算机视觉中用来表达两幅影像之间的内部几何关系，与摄影测量中相对定向有紧密的联系，基础矩阵元素和相对定向元素可以相互转换。在计算机图形学中常常用到齐次坐标，齐次坐标是用 $n+1$ 个数表示 n 维坐标的一种方法，比如像点 (x, y) 的齐次坐标为 $(x, y, 1)$，物方点 (X, Y, Z) 的齐次坐标为 $(X, Y, Z, 1)$。齐次坐标能够非常方便地用矩阵运算表示平移、旋转和缩放这 3 个最常见的仿射变换。以平移变换为例，齐次坐标表示的平移变换为

$$\begin{pmatrix} x' \\ y' \\ 1 \end{pmatrix} = \begin{pmatrix} 1 & 0 & t_x \\ 0 & 1 & t_y \\ 0 & 0 & 1 \end{pmatrix} \begin{pmatrix} x \\ y \\ 1 \end{pmatrix}$$

其中，$(x', y', 1)$ 为平移变换后的像点齐次坐标，t_x，t_y 为平移量。在计算机视觉中，物体的成像模型用齐次坐标表示，如图 3-3-3 所示，空间任一点 M 和在图像上的成像 m 的中心投影关系可用下式表示：

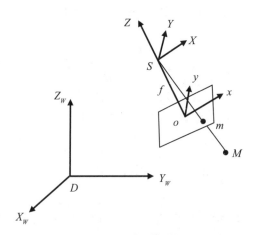

图 3-3-3　中心投影

$$Z \begin{pmatrix} x \\ y \\ 1 \end{pmatrix} = \begin{pmatrix} f & 0 & 0 & 0 \\ 0 & f & 0 & 0 \\ 0 & 0 & 1 & 0 \end{pmatrix} \begin{pmatrix} X \\ Y \\ Z \\ 1 \end{pmatrix} \tag{3-3-16}$$

式中, (X, Y, Z) 为空间点 M 在 $S\text{-}XYZ$ 坐标系中的坐标; (x, y) 为像点 m 在 $o\text{-}xy$ 中的坐标。空间点 M 在 $S\text{-}XYZ$ 坐标系和 $D\text{-}X_WY_WZ_W$ 系下的齐次坐标 $(X, Y, Z, 1)$ 与 $(X_W, Y_W, Z_W, 1)$ 存在如下关系:

$$\begin{pmatrix} X \\ Y \\ Z \\ 1 \end{pmatrix} = \begin{pmatrix} R & t \\ 0^T & 1 \end{pmatrix} \begin{pmatrix} X_W \\ Y_W \\ Z_W \\ 1 \end{pmatrix} \tag{3-3-17}$$

式中, R 为 3×3 单位正交矩阵; t 为三维平移向量, $0 = (0 \quad 0 \quad 0)^T$ 。

将式(3-3-17)代入式(3-3-16)中, 得

$$Z \begin{pmatrix} x \\ y \\ 1 \end{pmatrix} = \begin{pmatrix} f & 0 & 0 & 0 \\ 0 & f & 0 & 0 \\ 0 & 0 & 1 & 0 \end{pmatrix} \begin{pmatrix} R & t \\ 0^T & 1 \end{pmatrix} \begin{pmatrix} X_w \\ Y_w \\ Z_W \\ 1 \end{pmatrix} = PM \tag{3-3-18}$$

式中, P 为 3×4 矩阵, 称为投影矩阵; M 表示 M 点在物方坐标系下的齐次坐标。

设两个相机的投影矩阵分别为 P_1 和 P_2 , 则两个相机的投影方程如下:

$$Z_1 m = P_1 M = (P_{11} \quad p_1) M$$
$$Z_2 m' = P_2 M = (P_{21} \quad p_2) M \tag{3-3-19}$$

其中, m 、 m' 分别为像点在像平面坐标系下的齐次坐标。将 P_1 与 P_2 矩阵左面的 3×3 部分记为 $P_{i1}(i=1, 2)$, 右边的 3×1 部分记为 $p_i(i=1, 2)$ 。

将式(3-3-19)中的 M 消去, 得

$$Z_2 m' - Z_1 P_{21} P_{11}^{-1} m = p_2 - P_{21} P_{11}^{-1} p_1 \tag{3-3-20}$$

令

$$p = p_2 - P_{21} P_{11}^{-1} p_1$$

用 p 定义的反对称矩阵 $[p]$ 左乘式(3-3-20), 得

$$[p]_x Z_2 m' - Z_1 P_{21} P_{11}^{-1} m = 0 \tag{3-3-21}$$

将上式两边除以 Z_2 , 并记 $Z = Z_1/Z_2$, 得

$$[p]_x Z P_{21} P_{11}^{-1} m = [p]_x m' \tag{3-3-22}$$

将 m'^T 左乘上式两边, 然后两边除以 Z 得

$$m'^T [p]_x P_{21} P_{11}^{-1} m = 0 \tag{3-3-23}$$

令 $F = [p]_x P_{21} P_{11}^{-1}$, 则式(3-3-23)可写成

$$m'^T F m = 0 \tag{3-3-24}$$

式中, F 矩阵称为基础矩阵(或基本矩阵)。

如果将图 3-3-3 的物方坐标系 $S\text{-}XYZ$ 设定为相对定向中左像片的像空间坐标系, 基础

矩阵 F 的表达式为

$$F = \begin{pmatrix} f_{11} & f_{12} & f_{13} \\ f_{21} & f_{22} & f_{23} \\ f_{31} & f_{32} & f_{33} \end{pmatrix} = \begin{pmatrix} 1 & 0 & -x_0 \\ 0 & 1 & -y_0 \\ 0 & 0 & -f \end{pmatrix}^{\mathrm{T}} \begin{pmatrix} 0 & -bz & by \\ bz & 0 & -bx \\ -by & bx & 0 \end{pmatrix} \begin{pmatrix} r'_{11} & r'_{12} & r'_{13} \\ r'_{21} & r'_{22} & r'_{23} \\ r'_{31} & r'_{32} & r'_{33} \end{pmatrix} \begin{pmatrix} 1 & 0 & -x'_0 \\ 0 & 1 & -y'_0 \\ 0 & 0 & -f' \end{pmatrix}$$

$$(3\text{-}3\text{-}25)$$

式中，(x_0, y_0, f) 和 (x'_0, y'_0, f') 分别为左影像和右影像的内方位元素；$(r'_{11}, r'_{12}, r'_{13}, r'_{21}, r'_{22}, r'_{23}, r'_{31}, r'_{32}, r'_{33})$ 由右影像的角元素 $(\varphi, \omega, \kappa)$ 确定；考虑到 bx 为比例因子参量，$(by, bz, \varphi, \omega, \kappa)$ 为影像对的相对定向元素。

3.3.4　模型点坐标的计算

在相对定向元素正确求得之后，立体模型就得以建立起来。由于在求解相对定向元素过程中，模型基线 B 是任意选取的，因此，建立起的模型比例尺也是任意的，此时坐标系的原点在立体像对中左摄站点上。计算单个模型中各模型点坐标可按照立体像对前方交会方法进行，即按

$$\begin{pmatrix} X_1 \\ Y_1 \\ Z_1 \end{pmatrix} = R_1 \begin{pmatrix} x_1 \\ y_1 \\ -f \end{pmatrix} \qquad \begin{pmatrix} X_2 \\ Y_2 \\ Z_2 \end{pmatrix} = R_2 \begin{pmatrix} x_2 \\ y_2 \\ -f \end{pmatrix}$$

$$N_1 = \frac{B_X Z_2 - B_Z X_2}{X_1 Z_2 - Z_1 X_2}, \quad N_2 = \frac{B_X Z_1 - B_Z X_1}{X_1 Z_2 - Z_1 X_2}$$

式中，R_1，R_2 为立体像对中左、右像片的角元素组成各自的旋转矩阵。对于以单独法像对的相对定向建立起单个模型而言，$B_Y = B_Z = 0$，因此，其点投影系数分别为

$$N_1 = \frac{B_X Z_2}{X_1 Z_2 - Z_1 X_2}, \quad N_2 = \frac{B_X Z_1}{X_1 Z_2 - Z_1 X_2} \tag{3-3-26}$$

于是模型内各模型点坐标如下：

左摄站点坐标：

$$\begin{aligned} X_{S1} &= 0 \\ Y_{S1} &= 0 \\ Z_{S1} &= 0 \end{aligned} \tag{3-3-27}$$

右摄站点坐标：

$$\begin{aligned} X_{S2} &= X_{S1} + B_X \\ Y_{S2} &= Y_{S1} + B_Y \\ Z_{S2} &= Z_{S1} + B_Z \end{aligned} \tag{3-3-28}$$

一般模型点坐标：

$$\begin{aligned} X_m &= X_{S1} + N_1 X_1 \\ Y_m &= \frac{1}{2} \left[Y_{S1} + N_1 Y_1 + Y_{S2} + N_2 Y_2 \right] = Y_{S1} + \frac{1}{2} (N_1 Y_1 + N_2 Y_2 + B_X) \\ Z_m &= Z_{S1} + N_1 Z_1 \end{aligned} \tag{3-3-29}$$

为了建立以地面坐标为原点的模型坐标 X_P，Y_P，Z_P，需将像空间辅助坐标系原点平移至该坐标系 Z 轴与模型表面的交点 A 上，此时模型中左摄站点的坐标为 $X_{SP1} = Y_{SP1} = 0$，而 $Z_{SP1} = mf$，这里 m 为摄影比例尺分母。各模型点做平移以后的坐标如下：

右摄站点坐标：

$$X_{SP2} = X_{SP1} + mB_X = mB_X$$
$$Y_{SP2} = Y_{SP1} + mB_Y = mB_Y \qquad (3\text{-}3\text{-}30)$$
$$Z_{SP2} = Z_{SP1} + mB_Z = mf + mB_Z$$

一般模型点坐标：

$$X_{mP} = X_{SP1} + mN_1X_1 = mN_1X_1$$
$$Y_{mP} = Y_{SP1} + \frac{1}{2}(mN_1Y_1 + mN_2Y_2 + mB_X) \qquad (3\text{-}3\text{-}31)$$
$$= \frac{1}{2}(N_1Y_1 + N_2Y_2 + B_X) \cdot m$$
$$Z_{mP} = Z_{SP1} + mN_1Z_1 = mf + mN_1Z_1$$

3.3.5 核面与核线

核面与影像面的交线称为核线，如图 3-3-4 中 l_1 和 l_2 是通过同名像点 a_1 和 a_2 的一对同名核线。在一条核线上的任一点，在另一幅影像上的同名像点必定位在同名核线上。

由核线的几何定义可知：重叠影像上的同名像点必然位于同名核线上。例如图 3-3-5 就表示了一对实际航摄影像上的某条同名核线的灰度曲线，曲线上的"×"表示同名像点，其同名点的点号同时列在表 3-3-1 中。表中，NL、NR 分别表示在左、右核线上同名点之点号。从这一实例中，我们可以直观地体会到在同名核线上自动搜索同名像点的可能性。

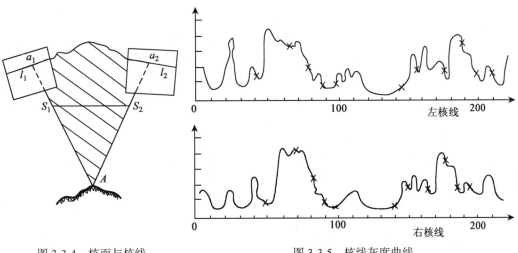

图 3-3-4 核面与核线　　　　　　图 3-3-5 核线灰度曲线

表 3-3-1 核线上的同名点号

NL	42	65	79	88	99	143	154	174	187	198	207
NR	51	71	83	92	101	141	151	167	178	187	198

确定同名核线的方法很多，但基本上可以分为两类：一是基于数字影像几何纠正的核线解析关系；二是基于共面条件的同名核线几何关系。

1. 基于影像几何纠正的核线解析关系

我们知道，核线在航空摄影影像上是相互不平行的，它们交于一个点——核点。但是，如果将影像上的核线投影(或称为纠正)到一对"相对水平"——平行于摄影基线的影像对上后，则核线相互平行。

如图 3-3-6 所示，以左影像 P 为例，P_0 为平行于摄影基线 B 的"水平"影像。l 为倾斜影像上的核线，l_0 为核线 l 在"水平"影像上的投影。设倾斜影像上的坐标系为 x，y；"水平"影像上的坐标系为 u，v，则

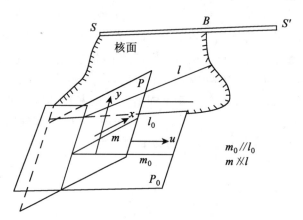

图 3-3-6　倾斜影像与"水平"影像

$$x = -f \cdot \frac{a_1 u + b_1 v - c_1 f}{a_3 u + b_3 v - c_3 f}$$

$$y = -f \cdot \frac{a_2 u + b_2 v - c_2 f}{a_3 u + b_3 v - c_3 f}$$

(3-3-32)

显然在"水平"影像上，v 等于某常数，即表示某一核线。将 $v=c$ 代入式(3-3-32)，经整理得

$$x = \frac{d_1 u + d_2}{d_3 u + 1}$$

$$y = \frac{e_1 u + e_2}{e_3 u + 1}$$

(3-3-33)

若以等间隔取一系列的 u 值 $k\Delta$，$(k + 1)\Delta$，$(k + 2)\Delta$，…，即求解得一系列的像点坐标 (x_0, y_0)，(x_1, y_1)，…。这些像点就位于倾斜影像的核线上，若将这些像点经重采样后的灰度 $g(x_0, y_0)$，$g(x_1, y_1)$，…直接赋给"水平"影像上相应的像点，即

$$g_0(k\Delta, c) = g(x_0, y_0)$$
$$g_0((k + 1)\Delta, c) = g(x_1, y_1)$$

就能获得"水平"影像上之核线。

由于在"水平"影像对上，同名核线的 v 坐标值相等，因此将同样的 $v' = c$ 代入右影像共线方程：

$$x' = -f \cdot \frac{a_1'u' + b_1'v' - c_1'f}{a_3'u' + b_3'v' - c_3'f}$$

$$y' = -f \cdot \frac{a_2'u' + b_2'v' - c_2'f}{a_3'u' + b_3'v' - c_3'f}$$

(3-3-34)

即能获得右影像上的同名核线。

由以上分析可知，此方法的实质是一个数字纠正，将倾斜影像上的核线投影（纠正）到"水平"影像对上，求得"水平"影像对上的同名核线。

2. 基于共面条件的同名核线几何关系

这一方法是直接从核线的定义出发，不通过"水平"影像作媒介，直接在倾斜影像上获取同名核线，其原理如图 3-3-7 所示。现在的问题是：若已知左影像上任意一个像点 p (x_p, y_p)，怎样确定左影像上通过该点之核线 l 以及它在右影像上的同名核线 l'。

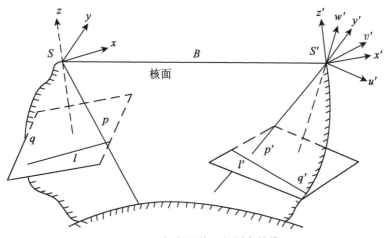

图 3-3-7 倾斜影像上的同名核线

由于核线在影像上是直线，因此上述问题可以转化为确定左核线上的另外一个点，如图 3-3-7 中 $q(x, y)$，与右同名核线上的两个点，如图中 p'，q'。注意，这里并不要求 p 与 p' 或 q 与 q' 是同名点。

由于同一核线上的点均位于同一核面上，即满足共面条件：

$$B \cdot (Sp \times Sq) = 0 \tag{3-3-35}$$

或

$$\begin{vmatrix} B_X & B_Y & B_Z \\ x_p & y_p & -f \\ x & y & -f \end{vmatrix} = 0 \tag{3-3-36}$$

由此可求得左影像上通过 p 的核线上任意一个点的 y 坐标

$$y = \frac{A}{B}x + \frac{C}{B}f \tag{3-3-37}$$

其中，
$$\begin{aligned} A &= f \cdot B_Y + y_p \cdot B_Z \\ B &= f \cdot B_X + x_p \cdot B_Z \\ C &= y_p \cdot B_X - x_p \cdot B_Y \end{aligned}$$

为了获得右影像上同名核线上任一个像点，如图 3-3-7 中 p'，可将整个坐标系统绕右摄站中心 S' 旋转至 $u'v'w'$ 坐标系统中，因此可用与式(3-3-37)相似的公式求得右核线上的点 (u', v')：

$$\begin{vmatrix} -u'_s & -v'_s & -w'_s \\ u'_p & v'_p & -w'_p \\ u' & v' & -f \end{vmatrix} = 0$$

得

$$v' = \frac{A'}{B'}u' + \frac{C'}{B'}f \tag{3-3-38}$$

其中，

$$\begin{aligned} A' &= v'_p w'_s - w'_p v'_s \\ B' &= u'_p w'_s - w'_p u'_s \\ C' &= v'_p w'_s - u'_p v'_s \\ (u'_p \quad v'_p \quad w'_p) &= (x_p \quad y_p \quad -f)M_{21} \\ (u'_s \quad v'_s \quad w'_s) &= (B_X \quad B_Y \quad B_Z)M_{21} \end{aligned}$$

M_{21} 是旋转矩阵。

式(3-3-37)、式(3-3-38)就是美国陆军工程兵测绘研究所数字立体摄影测量系统的核线几何解析式。

若采用独立像对相对方位元素系统，也可得相类似的结果。由于在此系统中 $B_Y = B_Z = 0$，所以共面方程为

$$\begin{vmatrix} v_p & w_p \\ v & w \end{vmatrix} = 0 \tag{3-3-39}$$

其中，v，w 为像点的空间坐标：

$$\begin{aligned} v &= b_1 x + b_2 y - b_3 f \\ w &= c_1 x + c_2 y - c_3 f \end{aligned}$$

代入上式可得

$$y = \frac{v_p(c_1 x - c_3 f) - w_p(b_1 x - b_3 f)}{b_2 w_p - c_2 v_p}$$

或

$$y = \frac{A}{B}x + \frac{C}{B}f \qquad (3\text{-}3\text{-}40)$$

式中，
$$A = v_p c_1 - w_p b_1$$
$$B = w_p b_2 - v_p c_2$$
$$C = w_p b_3 - v_p c_3$$

同理可得右影像上同名核线的两个像点的坐标。

3.4 单元模型的绝对定向

相对定向建立起的立体模型，是相对于选取的某个坐标系，这个坐标系在地面坐标系中的方位是未知的，比例尺也是任意的。要确定立体模型在地面坐标系中的方位和大小，则需要把模型坐标变换为地面坐标。这种坐标系的变换，称为绝对定向。其目的是将建立的模型坐标纳入地面坐标系，并归化为规定的比例尺。为计算方便，通常要求地面坐标系的轴系方向与模型的摄影测量坐标系的轴系方向大致相同。一般情况下，模型坐标是属右手空间直角的摄影测量坐标系，而地面坐标为左手空间直角坐标系。因此，在进行模型的绝对定向之前，需要做空间直角坐标系的转换，即将地面测量坐标系转换为地面摄影测量坐标系。

3.4.1 大地坐标与摄影测量坐标的变换

地球上任一点的大地坐标是用大地经度、纬度来表示。为了测制地形图和在平面上表示的方便，通常运用一定的数学法则（投影方式）将大地坐标系变换到平面上的平面直角坐标，常见的投影方式为高斯-克里格投影（Gauss-Kruger）和通用横轴墨卡托投影（Universal Transverse Mercator，UTM）。我国自 1952 年起正式采用高斯-克吕格平面直角坐标系，大地测量提供给摄影测量人员的平面控制点坐标(X_i, Y_i)是高斯-克吕格投影坐标，而高程 h 是沿铅垂方向到大地水准面的高度。我国北京 1954、西安 1980 和 CGCS2000 坐标系采用高斯-克吕格投影，WGS-84 坐标系则采用通用横轴墨卡托投影（UTM）。

摄影测量平差往往是在对摄影测量平差处理自身有利的某个空间右手系直角坐标系中进行。其中，XY 平面为地球表面某地面点的切面，X 轴方向与航线飞行方向大体一致，Z 轴方向垂直于该切面。因此对于摄影测量平差而言，必须在平差前将控制点坐标转换到摄影测量坐标系，而在平差后，又必须将所有加密点的平差坐标变换到控制点坐标系中。这里主要介绍大地坐标(B, L)与投影平面坐标变换及投影坐标系与摄影测量坐标系间的近似变换方法。

1. 大地坐标(B, L)与投影平面坐标变换

高斯-克吕格投影与横轴墨卡托投影（Transverse Mercator，TM）都属于等角横切椭圆柱投影，是将地球椭球面转换到平面的一种正形投影。其基本定义是选择某一个经线作为中央子午线，将球体展开形成一个平面。对于正圆形球体，高斯-克吕格投影与横轴墨卡托投影是完全一样的投影，而对于椭球体，它们的定义和处理方式是不一样的。但可以证明当经度小于3°时，它们的差异是毫米级，为此在国际上横轴墨卡托投影与高斯-克吕格投

影采用了完全相同的算法。通用横轴墨卡托投影(UTM)是在横轴墨卡托投影基础上,将中央经线的长度变为原先的 0.9996 倍的横轴墨卡托投影,因此可以将通用横轴墨卡托投影(UTM)理解为投影系数为 0.9996 的高斯-克吕格投影。

我国通常采用高斯-克吕格投影 6°带和 3°带两种分带方法。测图比例尺小于 1∶10000 时,一般采用 6°分带;测图比例尺大于等于 1∶10000 时则采用 3°分带。通用横轴墨卡托投影(UTM)只有 6°带一种分带方式。在每个分带上都进行投影坐标转换,形成独立的平面直角坐标系。

高斯平面直角坐标系是以中央子午线和赤道投影后的交点 O 作为坐标原点,以中央子午线的投影为纵坐标 x 轴,规定 x 轴向北为正;以赤道的投影为横坐标 y 轴,规定 y 轴向东为正。大地经纬坐标 (B,L) 可以采用式(3-4-1)转换为高斯平面坐标 (x,y):

$$x = X + \frac{N}{2}t(\cos B)^2 L^2 + \frac{N}{24}t(5 - t^2 + 9\eta^2 + 4\eta^4)(\cos B)^4 L^4 + \frac{N}{720}t(61 - 58t^2 + t^4)(\cos B)^6 L^6$$

$$y = N\cos B L + \frac{N}{6}(1 - t^2 + \eta^2)(\cos B)^3 L^3 + \frac{N}{120}(5 - 18t^2 + t^4 + 14\eta^2 - 58\eta^2 t^2)(\cos B)^5 L^5$$

$$(3\text{-}4\text{-}1)$$

式中, $N = \dfrac{a}{\sqrt{1 - e^2(\sin B)^2}}$, a 为椭球长半轴, b 为椭球短半轴, $e = \dfrac{\sqrt{a^2 - b^2}}{a}$ 为椭球体第一偏心率。 $t = \tan B$, $\eta^2 = e'^2(\cos B)^2$, $e' = \dfrac{\sqrt{a^2 - b^2}}{b}$ 为椭球体第二偏心率, X 为自赤道量起的子午线弧长。

$$X = a_0 B - \frac{a_2}{2}\sin 2B + \frac{a_4}{4}\sin 4B - \frac{a_6}{6}\sin 6B + \frac{a_8}{8}\sin 8B$$

式中,

$$a_0 = m_0 + \frac{m_2}{2} + \frac{3}{8}m_4 + \frac{5}{16}m_6 + \frac{35}{128}m_8 + \cdots$$

$$a_2 = \frac{m_2}{2} + \frac{m_4}{2} + \frac{15}{32}m_6 + \frac{7}{16}m_8$$

$$a_4 = \frac{m_4}{8} + \frac{3}{16}m_6 + \frac{7}{32}m_8$$

$$a_6 = \frac{m_6}{32} + \frac{3}{16}m_8$$

$$a_8 = \frac{m_8}{128}$$

$$m_0 = a(1 - e^2), \quad m_2 = \frac{3}{2}e^2 m_0, \quad m_4 = \frac{5}{4}e^2 m_2, \quad m_6 = -\frac{7}{6}e^2 m_4, \quad m_8 = \frac{9}{8}e^2 m_6$$

2. 高斯-克吕格坐标与摄影测量坐标变换

只要已知两个控制点的高斯-克吕格坐标 (X,Y) 和摄影测量坐标 (X_P,Y_P) 即可进行坐标变换。一般应取在平差范围内距离最远的两个点。

首先各自将坐标系变换到以一个控制点为原点的情况，则平面相似变换中的平移项为零，如图 3-4-1 所示。

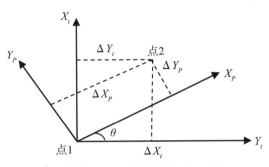

图 3-4-1　坐标正变换

可以写出：

$$\begin{pmatrix} \Delta X_P \\ \Delta Y_P \end{pmatrix} = \lambda \begin{pmatrix} \sin\theta & \cos\theta \\ \cos\theta & -\sin\theta \end{pmatrix} \begin{pmatrix} \Delta X_t \\ \Delta Y_t \end{pmatrix} = \begin{pmatrix} b & a \\ a & -b \end{pmatrix} \begin{pmatrix} \Delta X_t \\ \Delta Y_t \end{pmatrix} \tag{3-4-2}$$

由上式可以求出：

$$\begin{pmatrix} a \\ b \end{pmatrix} = \frac{1}{\Delta X_t^2 + \Delta Y_t^2} \begin{pmatrix} \Delta Y_t & \Delta X_t \\ \Delta X_t & -\Delta Y_t \end{pmatrix} \begin{pmatrix} \Delta X_P \\ \Delta Y_P \end{pmatrix} \tag{3-4-3}$$

即

$$a = \frac{\Delta X_P \Delta Y_t + \Delta Y_P \Delta X_t}{\Delta X_t^2 + \Delta Y_t^2}$$
$$b = \frac{\Delta X_P \Delta X_t - \Delta Y_P \Delta Y_t}{\Delta X_t^2 + \Delta Y_t^2} \tag{3-4-4}$$

回到式(3-4-2)，可进而求出：

$$\lambda = \sqrt{a^2 + b^2} = \sqrt{\frac{\Delta X_P^2 + \Delta Y_P^2}{\Delta X_t^2 + \Delta Y_t^2}} \tag{3-4-5}$$

利用求出的系数 a，b，按式(3-4-2)可将所有控制点坐标变换为摄影测量坐标。注意此时应将控制点的高程乘比例尺系数，归化到摄影测量坐标系中：

$$Z_P = \lambda Z_t \tag{3-4-6}$$

3. 摄影测量坐标与高斯-克吕格坐标变换

对式(3-4-2)两边左乘 $\begin{pmatrix} b & a \\ a & -b \end{pmatrix}^{-1}$，并结合式(3-4-6)，可得到反变换公式为

$$\begin{pmatrix} X_t \\ Y_t \end{pmatrix} = \begin{pmatrix} b & a \\ a & -b \end{pmatrix}^{-1} \begin{pmatrix} X_P \\ Y_P \end{pmatrix} = \frac{1}{a^2 + b^2} \begin{pmatrix} b & a \\ a & -b \end{pmatrix} \begin{pmatrix} X_P \\ Y_P \end{pmatrix} \tag{3-4-7}$$

$$Z_t = \frac{1}{\lambda} Z_P$$

利用式(3-4-7)，可将全部摄影测量平差后所得到的加密点的地面坐标变换到测图所要求的高斯-克吕格坐标系中。

4. 对摄测高程引入地球曲率改正

在图 3-4-2 中，摄测坐标系的 XY 平面与地球表面相切，所以摄测坐标系的高程起始面与地球表面之间存在因地球曲率引起的高程差。在距离原点为 D 的点 A 上，其高程差值 $\Delta Z_R = AA'$。

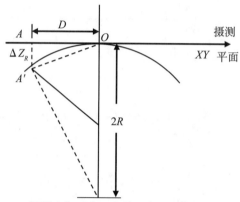

图 3-4-2　摄测坐标系高程起始面与地球表面关系示意图

在假设地球为圆球的前提下，从图 3-4-2 中可以列出下列简单的几何关系：

$$\frac{\Delta Z_R}{A'O} = \frac{A'O}{2R} \tag{3-4-8}$$

式中，R 为地球平均半径。

$$(A'O)^2 = D^2 + \Delta Z_R^2 \tag{3-4-9}$$

但由于 ΔZ_R 远远小于 D，可近似取 $A'O \approx D$，故有：$D = \sqrt{X_P^2 + Y_P^2}$，进而，

$$\Delta Z_R = \frac{D^2}{2R} \tag{3-4-10}$$

3.4.2　解析绝对定向元素的基本公式

一个立体像片对有 12 个外方位元素，通过相对定向求得了 5 个定向元素，要恢复像片对的绝对位置和方位，还要解求 7 个绝对定向元素，包括旋转、平移和缩放。也就是立体模型需要进行空间相似变换。这种坐标变换，数学上为一不同原点的三维空间相似变换，其公式为

$$\begin{pmatrix} X_{tp} \\ Y_{tp} \\ Z_{tp} \end{pmatrix} = \lambda \begin{pmatrix} a_1 & a_2 & a_3 \\ b_1 & b_2 & b_3 \\ c_1 & c_2 & c_3 \end{pmatrix} \begin{pmatrix} X_P \\ Y_P \\ Z_P \end{pmatrix} + \begin{pmatrix} \Delta X \\ \Delta Y \\ \Delta Z \end{pmatrix} \tag{3-4-11}$$

式中，X_{tp}，Y_{tp}，Z_{tp} 为地面控制点的地面摄影测量坐标；X_P，Y_P，Z_P 为模型点的摄影测量坐标；λ 为比例因子；a_i，b_i，c_i 为由角元素 Φ，Ω，K 的函数组成的方向余弦；ΔX，ΔY，ΔZ 为坐标原点的平移量。

求解绝对定向的 7 个参数(即绝对定向元素)，通常是提供一定数量的地面控制点来进行运算，即公式(3-4-11)中，X_{tp}，Y_{tp}，Z_{tp} 和 X_P，Y_P，Z_P 为已知，求解 7 个未知量 λ，Φ，Ω，K 和 ΔX，ΔY，ΔZ。空间相似变换公式(3-4-11)是一个多元的非线性函数，为了便于最小二乘法求解，对式(3-4-11)采用多元函数的泰勒公式展开，并保留到小值一次项，则有

$$F = F_0 + \frac{\partial F}{\partial \lambda}d\lambda + \frac{\partial F}{\partial \Phi}d\Phi + \frac{\partial F}{\partial \Omega}d\Omega + \frac{\partial F}{\partial K}dK + \frac{\partial F}{\partial \Delta X}d\Delta X + \frac{\partial F}{\partial \Delta Y}d\Delta Y + \frac{\partial F}{\partial \Delta Z}d\Delta Z$$

$$(3\text{-}4\text{-}12)$$

将上式列成误差方程式：

$$v_X = \frac{\partial X}{\partial \Delta X}d\Delta X + \frac{\partial X}{\partial \Phi}d\Phi + \frac{\partial X}{\partial \Omega}d\Omega + \frac{\partial X}{\partial K}dK + \frac{\partial X}{\partial \lambda}d\lambda - l_X$$

$$v_Y = \frac{\partial Y}{\partial \Delta Y}d\Delta Y + \frac{\partial Y}{\partial \Phi}d\Phi + \frac{\partial Y}{\partial \Omega}d\Omega + \frac{\partial Y}{\partial K}dK + \frac{\partial Y}{\partial \lambda}d\lambda - l_Y \qquad (3\text{-}4\text{-}13)$$

$$v_Z = \frac{\partial Z}{\partial \Delta Z}d\Delta Z + \frac{\partial Z}{\partial \Phi}d\Phi + \frac{\partial Z}{\partial \Omega}d\Omega + \frac{\partial Z}{\partial K}dK + \frac{\partial Z}{\partial \lambda}d\lambda - l_Z$$

$$\begin{aligned} l_X &= X_{tp} - \Delta X - \lambda X' \\ l_Y &= Y_{tp} - \Delta Y - \lambda Y' \\ l_Z &= Z_{tp} - \Delta Z - \lambda Z' \end{aligned} \qquad \begin{pmatrix} X' \\ Y' \\ Z' \end{pmatrix} = \begin{pmatrix} a_1 & a_2 & a_3 \\ b_1 & b_2 & b_3 \\ c_1 & c_2 & c_3 \end{pmatrix} \begin{pmatrix} X_P \\ Y_P \\ Z_P \end{pmatrix} \qquad (3\text{-}4\text{-}13a)$$

设 Φ，Ω，K 的近似值为零，λ 的近似值为 1(即变换前已经做过近似比例尺的归化)，则式(3-4-13)中的各项偏导数值如下：

$$\begin{cases} \dfrac{\partial X}{\partial \Delta X} = 1, \quad \dfrac{\partial Y}{\partial \Delta Y} = 1, \quad \dfrac{\partial Z}{\partial \Delta Z} = 1 \\[2mm] \dfrac{\partial X}{\partial \lambda} = X', \quad \dfrac{\partial Y}{\partial \lambda} = Y', \quad \dfrac{\partial Z}{\partial \lambda} = Z' \\[2mm] \dfrac{\partial X}{\partial \Phi} = -\lambda Z', \quad \dfrac{\partial X}{\partial \Omega} = -\lambda Y'\sin\Phi \\[2mm] \dfrac{\partial Y}{\partial \Phi} = 0, \quad \dfrac{\partial Y}{\partial \Omega} = \lambda X'\sin\Phi - \lambda Z'\cos\Phi \\[2mm] \dfrac{\partial Z}{\partial \Phi} = \lambda X', \quad \dfrac{\partial Z}{\partial \Omega} = \lambda Y'\cos\Phi \\[2mm] \dfrac{\partial X}{\partial K} = -\lambda Y'\cos\Phi\cos\Omega - \lambda Z'\sin\Omega \\[2mm] \dfrac{\partial Y}{\partial K} = \lambda X'\cos\Phi\cos\Omega + \lambda Z'\sin\Phi\cos\Omega \\[2mm] \dfrac{\partial Z}{\partial K} = \lambda X'\sin\Omega - \lambda Y'\sin\Phi\cos\Omega \end{cases} \qquad (3\text{-}4\text{-}14)$$

在空间相似变换(或绝对定向)的 7 个待定参数都是小值的情况下，上式中 Φ，Ω，K

均用零作为近似值代入，而 λ 用 1 代入，可得误差方程式的矩阵形式为

$$
\begin{pmatrix} v_X \\ v_Y \\ v_Z \end{pmatrix} = \begin{pmatrix} 1 & 0 & 0 & X' & -Z' & 0 & -Y' \\ 0 & 1 & 0 & Y' & 0 & -Z' & X' \\ 0 & 0 & 1 & Z' & X' & Y' & 0 \end{pmatrix} \begin{pmatrix} \mathrm{d}\Delta X \\ \mathrm{d}\Delta Y \\ \mathrm{d}\Delta Z \\ \mathrm{d}\lambda \\ \mathrm{d}\Phi \\ \mathrm{d}\Omega \\ \mathrm{d}K \end{pmatrix} - \begin{pmatrix} l_X \\ l_Y \\ l_Z \end{pmatrix} \tag{3-4-15}
$$

上式便是单元模型的空间相似变换（或绝对定向）的误差方程式。式中，X'，Y'，Z' 表示模型点经式（3-4-13a）变换后的坐标；v_X，v_Y，v_Z 表示视 X_P，Y_P，Z_P 为观测值的改正数；$\mathrm{d}\Delta X$，$\mathrm{d}\Delta Y$，$\mathrm{d}\Delta Z$，$\mathrm{d}\lambda$，$\mathrm{d}\Phi$，$\mathrm{d}\Omega$，$\mathrm{d}K$ 表示 7 个待定参数近似值的改正数；l_X，l_Y，l_Z 为误差方程式的常数项，由式（3-4-13a）求得。

3.4.3　坐标的重心化

坐标的重心化是区域网平差中经常采用的一种数据预处理方法，目的有两个：一是减少模型点坐标在计算过程中的有效位数，以保证计算的精度；二是采用了重心化坐标以后，可使法方程式的系数简化，个别项的数值变成零，部分未知数可以分开求解，从而提高了计算速度。

我们取单元模型中全部控制点（或已知点）的摄影测量坐标系和地面摄影测量坐标，计算其重心的坐标：

$$
X_{tpg} = \frac{\sum X_{tp}}{n}, \quad Y_{tpg} = \frac{\sum Y_{tp}}{n}, \quad Z_{tpg} = \frac{\sum Z_{tp}}{n},
$$
$$
X_g = \frac{\sum X_P}{n}, \quad Y_g = \frac{\sum Y_P}{n}, \quad Z_g = \frac{\sum Z_P}{n} \tag{3-4-16}
$$

式中，X_{tpg}，Y_{tpg}，Z_{tpg} 为地面摄影测量坐标系重心的坐标；X_g，Y_g，Z_g 为摄影测量坐标系重心的坐标；n 为参与计算重心坐标的控制点点数。

在求重心坐标时必须注意一点，就是两个坐标系中采用的点数要相等，同时点名要一致。重心化的地面摄影测量坐标由下式计算：

$$
\overline{X}_{tp} = X_{tp} - X_{tpg}
$$
$$
\overline{Y}_{tp} = Y_{tp} - Y_{tpg} \tag{3-4-17}
$$
$$
\overline{Z}_{tp} = Z_{tp} - Z_{tpg}
$$

重心化的摄影测量坐标由下式计算：

$$
\overline{X} = X_P - X_g
$$
$$
\overline{Y} = Y_P - Y_g \tag{3-4-18}
$$
$$
\overline{Z} = Z_P - Z_g
$$

对于误差方程式(3-4-15),若直接用重心化坐标表示,则化为以下形式:

$$\begin{pmatrix} v_X \\ v_Y \\ v_Z \end{pmatrix} = \begin{pmatrix} 1 & 0 & 0 & \overline{X} & -\overline{Z} & 0 & -\overline{Y} \\ 0 & 1 & 0 & \overline{Y} & 0 & -\overline{Z} & \overline{X} \\ 0 & 0 & 1 & \overline{Z} & \overline{X} & \overline{Y} & 0 \end{pmatrix} \begin{pmatrix} \mathrm{d}\Delta X \\ \mathrm{d}\Delta Y \\ \mathrm{d}\Delta Z \\ \mathrm{d}\lambda \\ \mathrm{d}\Phi \\ \mathrm{d}\Omega \\ \mathrm{d}K \end{pmatrix} - \begin{pmatrix} l_X \\ l_Y \\ l_Z \end{pmatrix} \tag{3-4-19}$$

$$\begin{pmatrix} l_X \\ l_Y \\ l_Z \end{pmatrix} = \begin{pmatrix} \overline{X}_{tp} \\ \overline{Y}_{tp} \\ \overline{Z}_{tp} \end{pmatrix} - \lambda R \begin{pmatrix} \overline{X} \\ \overline{Y} \\ \overline{Z} \end{pmatrix} - \begin{pmatrix} \Delta X \\ \Delta Y \\ \Delta Z \end{pmatrix} \tag{3-4-20}$$

坐标重心化的好处可以从下面求解过程中看出。

3.4.4 绝对定向元素的解算

绝对定向元素的解算实际上就是要确定空间相似变换的 7 个待定参数,至少需要列出 7 个误差方程式。在航空摄影测量中,这需要利用最少两个平面高程控制点和一个高程控制点。若有多余的控制点,便可按最小二乘法原理来解算。

根据一个平面高程控制点可以列出一组误差方程式(3-4-19),而一个高程控制点可以列出式(3-4-19)中的第三个误差方程式。设有多余的控制点,则按式(3-4-19)可列出一般误差方程式的矩阵形式:

$$V = AX - L, \quad P = I$$

相应的法方程式解为

$$X = (A^{\mathrm{T}}A)^{-1}A^{\mathrm{T}}L$$

式中,

$$X = (\mathrm{d}\Delta X, \ \mathrm{d}\Delta Y, \ \mathrm{d}\Delta Z, \ \mathrm{d}\lambda, \ \mathrm{d}\Phi, \ \mathrm{d}\Omega, \ \mathrm{d}K)^{\mathrm{T}}$$

在坐标重心化情况下:

$$A^{\mathrm{T}}A = \begin{pmatrix} n_X & 0 & 0 & \sum \overline{X} & \sum \overline{Z} & 0 & \sum \overline{Y} \\ 0 & n_Y & 0 & \sum \overline{Y} & 0 & \sum \overline{Z} & -\sum \overline{X} \\ 0 & 0 & n_Z & \sum \overline{Z} & -\sum \overline{X} & -\sum \overline{Y} & 0 \\ \sum \overline{X} & \sum \overline{Y} & \sum \overline{Z} & \sum (\overline{X}^2 + \overline{Y}^2 + \overline{Z}^2) & 0 & 0 & 0 \\ \sum \overline{Z} & 0 & -\sum \overline{X} & 0 & \sum (\overline{X}^2 + \overline{Z}^2) & \sum \overline{XY} & \sum \overline{Z}\,\overline{Y} \\ 0 & \sum \overline{Z} & -\sum \overline{Y} & 0 & \sum \overline{XY} & \sum (\overline{Y}^2 + \overline{Z}^2) & -\sum \overline{X}\,\overline{Z} \\ \sum \overline{Y} & -\sum \overline{X} & 0 & 0 & \sum \overline{ZY} & -\sum \overline{X}\,\overline{Z} & \sum (\overline{X}^2 + \overline{Y}^2) \end{pmatrix}$$

$$\tag{3-4-21}$$

$$A^\mathrm{T}L = \begin{pmatrix} \sum l_X \\ \sum l_Y \\ \sum l_Z \\ \sum(\overline{X}l_X + \overline{Y}l_Y + \overline{Z}l_Z) \\ \sum(\overline{X}l_Z - \overline{Z}l_Y) \\ \sum(\overline{Y}l_Z - \overline{Z}l_X) \\ \sum(\overline{X}l_Y - \overline{Y}l_X) \end{pmatrix} \qquad (3\text{-}4\text{-}22)$$

由于采用了重心化坐标，式(3-4-21)中的 $\sum \overline{X} = \sum \overline{Y} = \sum \overline{Z} = 0$，于是该式变为

$$\begin{pmatrix} n_X & 0 & 0 & 0 & 0 & 0 & 0 \\ 0 & n_Y & 0 & 0 & 0 & 0 & 0 \\ 0 & 0 & n_Z & 0 & 0 & 0 & 0 \\ 0 & 0 & 0 & \sum(\overline{X}^2 + \overline{Y}^2 + \overline{Z}^2) & 0 & 0 & 0 \\ 0 & 0 & 0 & 0 & \sum(\overline{X}^2 + \overline{Z}^2) & \sum \overline{X}\,\overline{Y} & \sum \overline{Z}\,\overline{Y} \\ 0 & 0 & 0 & 0 & \sum \overline{X}\,\overline{Y} & \sum(\overline{Y}^2 + \overline{Z}^2) & -\sum \overline{X}\,\overline{Z} \\ 0 & 0 & 0 & 0 & \sum \overline{Z}\,\overline{Y} & -\sum \overline{X}\,\overline{Z} & \sum(\overline{X}^2 + \overline{Y}^2) \end{pmatrix}$$

$$(3\text{-}4\text{-}23)$$

又由式(3-4-22)中的 $\sum l_X$，$\sum l_Y$，$\sum l_Z$ 可按式(3-4-20)表达成：

$$\begin{pmatrix} \sum l_X \\ \sum l_Y \\ \sum l_Z \end{pmatrix} = \sum \begin{pmatrix} X_{tp} - \Delta X \\ Y_{tp} - \Delta Y \\ Z_{tp} - \Delta Z \end{pmatrix} - \lambda R \sum \begin{pmatrix} \overline{X} \\ \overline{Y} \\ \overline{Z} \end{pmatrix} = \sum \begin{pmatrix} \overline{X}_{tp} \\ \overline{Y}_{tp} \\ \overline{Z}_{tp} \end{pmatrix} - \lambda R \sum \begin{pmatrix} \overline{X} \\ \overline{Y} \\ \overline{Z} \end{pmatrix} = 0 \quad (3\text{-}4\text{-}24)$$

考虑到式(3-4-24)，并以式(3-4-23)作为法方程的系数矩阵的情况下，可知以重心化坐标解算相似变换的参数(或绝对定向的参数时)，7 个参数中 3 个平移量为零，实际解算 4 个参数($\mathrm{d}\lambda$，$\mathrm{d}\Phi$，$\mathrm{d}\Omega$，$\mathrm{d}K$)，并且其中的 $\mathrm{d}\lambda$ 可以单独求出。

空间相似变换解算一般采用重心化坐标。采用重心化坐标的优点是可以避免待定未知数 $\mathrm{d}\Delta X$，$\mathrm{d}\Delta Y$，$\mathrm{d}\Delta Z$ 的计算，因为重心化后它们的值等于零。各定向参数的增量 $\mathrm{d}\Delta X$，$\mathrm{d}\Delta Y$，$\mathrm{d}\Delta Z$，$\mathrm{d}\lambda$，$\mathrm{d}\Phi$，$\mathrm{d}\Omega$，$\mathrm{d}K$ 求得后，分别与其相应的近似值相加(λ 除外，$\lambda = \lambda^0(1+\mathrm{d}\lambda)$)即可求得各定向元素。空间相似变换的解算也是采用迭代计算，逐渐趋近。现将解算的具体过程归纳如下：

(1)确定待定参数的初始值：$\Phi^0 = \Omega^0 = K^0 = 0$，$\lambda^0 = 1$，$\Delta X = \Delta Y = \Delta Z = 0$。

(2)计算地面摄影测量坐标系重心的坐标和重心化的坐标。

(3)计算摄影测量坐标系重心的坐标和重心化的坐标。

(4)计算常数项：

$$\begin{pmatrix} l_X \\ l_Y \\ l_Z \end{pmatrix} = \begin{pmatrix} \overline{X}_{tp} \\ \overline{Y}_{tp} \\ \overline{Z}_{tp} \end{pmatrix} - \lambda R \begin{pmatrix} \overline{X} \\ \overline{Y} \\ \overline{Z} \end{pmatrix}$$

(5)按式(3-4-18)，计算误差方程式系数。

(6)逐点法化及法方程式求解。

(7)计算待定参数的新值：

$$\lambda = \lambda_0 (1 + \mathrm{d}\lambda), \quad \Phi = \Phi^0 + \mathrm{d}\Phi$$
$$\Omega = \Omega^0 + \mathrm{d}\Omega, \quad K = K^0 + \mathrm{d}K$$

(8)判断 $\mathrm{d}\Phi$，$\mathrm{d}\Omega$，$\mathrm{d}K$ 是否均小于给定的限值 ε。若大于限值 ε，则重复步骤(3)~
(8)，否则，计算过程结束。

3.5 立体像对光束法严密解

双像立体测图可以按相对定向和绝对定向两个步骤计算地面点坐标(相对定向-绝对定向解法)，或先分别求出两幅影像的外方位元素，然后再作前方交会计算地面点坐标(后交-前交解法)。除此之外，还有一种方法，是将两幅影像的外方位元素与物方空间点坐标在一个整体内进行定向，俗称一步定向法。这种方法的理论较为严密，又称立体像对光束法严密解法。

3.5.1 立体像对的光束法严密解法(一步定向法)

仍由共线方程出发，但在线性化过程中与单影像空间后方交会问题的不同之处，是此时把空间点坐标 X，Y，Z 作为未知数，与其他未知参数一起求它们的改正数，这时误差方程的一般形式为

$$\begin{aligned} v_x &= a_{11}\Delta X_S + a_{12}\Delta Y_S + a_{13}\Delta Z_S + a_{14}\Delta\varphi + a_{15}\Delta\omega + a_{16}\Delta\kappa - a_{11}\Delta X - a_{12}\Delta Y - a_{13}\Delta Z - l_x \\ v_y &= a_{21}\Delta X_S + a_{22}\Delta Y_S + a_{23}\Delta Z_S + a_{24}\Delta\varphi + a_{25}\Delta\omega + a_{26}\Delta\kappa - a_{21}\Delta X - a_{22}\Delta Y - a_{23}\Delta Z - l_y \end{aligned} \Bigg\}$$

$$(3\text{-}5\text{-}1)$$

对于一个立体像对中重叠范围内的任一点，可从左、右影像出发列出两组如式(3-5-1)的误差方程式。

对于控制点而言，上式中 $\Delta X = \Delta Y = \Delta Z = 0$。这种解法含有左、右两幅影像的 12 个外方位元素未知数，对每一个待定点则引入 3 个空间坐标未知数。而每一对同名点可列出 4 个误差方程，因此至少需要 3 个控制点才能确定平差的基准。设在一个立体像对中含有 4 个控制点，n 个待定点，则需解求(12+3n)个未知数，而误差方程式个数为(16+4n)。

将误差方程式(3-5-1)表示为矩阵的形式：

$$\begin{pmatrix} v_1 \\ v_2 \end{pmatrix} = \begin{pmatrix} A_1 & 0 & \vdots & B_1 \\ 0 & A_2 & \vdots & B_2 \end{pmatrix} \begin{pmatrix} t_1 \\ t_2 \\ \vdots \\ X \end{pmatrix} - \begin{pmatrix} L_1 \\ L_2 \end{pmatrix} \tag{3-5-2}$$

式中，v_1 为由左影像像点列出的误差方程式组；v_2 为由右影像像点列出的误差方程式组；t_1 为由左影像外方位元素组成的列矩阵；t_2 为由右影像外方位元素组成的列矩阵；X 为该模型中全部待定点坐标改正数组成的列矩阵；L_1 为与 v_1 相应的误差方程式的常数项；L_2 为与 v_2 相应的误差方程式的常数项；A_1，A_2，B_1，B_2 为系数矩阵。

式(3-5-2)还可以表示成更紧凑的形式：

$$V = (A \quad \vdots \quad B) \begin{pmatrix} t \\ X \end{pmatrix} - L \tag{3-5-3}$$

对于控制点，$X=0$。

式(3-5-3)相应的法方程式为

$$\begin{pmatrix} A^{\mathrm{T}}A & A^{\mathrm{T}}B \\ B^{\mathrm{T}}A & B^{\mathrm{T}}B \end{pmatrix} \begin{pmatrix} t \\ X \end{pmatrix} = \begin{pmatrix} A^{\mathrm{T}}L \\ B^{\mathrm{T}}L \end{pmatrix} \quad \text{或} \quad \begin{pmatrix} N_{11} & N_{12} \\ N_{12}^{\mathrm{T}} & N_{22} \end{pmatrix} \begin{pmatrix} t \\ X \end{pmatrix} = \begin{pmatrix} u_1 \\ u_2 \end{pmatrix} \tag{3-5-4}$$

式中，

$$A^{\mathrm{T}}A = \begin{pmatrix} A_1^{\mathrm{T}}A_1 & 0 \\ 0 & A_2^{\mathrm{T}}A_2 \end{pmatrix}, \quad B^{\mathrm{T}}B = (B_1^{\mathrm{T}}B_1 + B_2^{\mathrm{T}}B_2)$$

$$A^{\mathrm{T}}B = \begin{pmatrix} A_1^{\mathrm{T}}B_1 \\ A_2^{\mathrm{T}}B_2 \end{pmatrix}, \quad B^{\mathrm{T}}A = (B_1^{\mathrm{T}}A_1 \quad B_2^{\mathrm{T}}A_2) \tag{3-5-5}$$

$$A^{\mathrm{T}}L = \begin{pmatrix} A_1^{\mathrm{T}}L_1 \\ A_2^{\mathrm{T}}L_2 \end{pmatrix}, \quad B^{\mathrm{T}}L = (B_1^{\mathrm{T}}L_1 + B_2^{\mathrm{T}}L_2)$$

法方程式(3-5-4)消去一组未知数后，可得改化法方程式：

$$(N_{11} - N_{12}N_{22}^{-1}N_{12}^{\mathrm{T}})t = (u_1 - N_{12}N_{22}^{-1}u_2) \tag{3-5-6}$$

$$(N_{22} - N_{12}^{\mathrm{T}}N_{11}^{-1}N_{12})X = (u_2 - N_{12}^{\mathrm{T}}N_{11}^{-1}u_1) \tag{3-5-7}$$

由式(3-5-6)求得的 t 为左、右两幅影像的外方位元素，由式(3-5-7)求得的 X 为立体像对中全部待定点的坐标。

3.5.2　双像解析摄影测量三种解法的比较

双像解析摄影测量可应用三种解算方法：后交-前交解法，相对定向-绝对定向解法和一次定向解法。三种方法的比较分析如下：①第一种方法前交的结果依赖于空间后方交会的精度，前交过程中没有充分利用多余条件进行平差计算；②第二种方法计算公式比较多，最后的点位精度取决于相对定向和绝对定向的精度，用这种方法的解算结果不能严格表达一幅影像的外方位元素；③第三种方法的理论最严密、精度最高，待定点的坐标是完全按最小二乘法原理解求出来的。

基于上述分析可知，第一种方法往往在已知影像的外方位元素、需确定少量的待定点坐标时采用；第二种方法往往在航带法解析空中三角测量中应用；第三种方法在光束法解析空中三角测量中应用。

◎ **习题与思考题**

1. 为什么不能通过单张像片研究物体的空间位置，而用立体像对可求解物体的三维坐标？

2. 什么叫人造立体视觉？形成人造立体视觉有哪些条件？

3. 什么叫正立体、反立体、零立体？

4. 摄影测量中有哪些观察立体的方法？各有何优缺点？

5. 什么是共面条件方程？利用它可以解决摄影测量中的哪些问题？

6. 解析相对定向中哪些为未知数？观测值是什么？是否需要提供地面控制点坐标？

7. 采用独立像对相对方位元素系统，推导由左影像上一点 $p'(x', y')$ 与其同名右核线上另一点 p'' 的横坐标 x''，计算其纵坐标 y'' 的公式。

8. 采用独立像对相对方位元素系统，推导由右影像上一点 $p''(x'', y'')$ 与其同一核线上另一点 p''_2 的横坐标 x''_2，计算其纵坐标 y''_2 的公式。

9. 连续像对相对定向与单独像对相对定向有何区别？

10. 什么叫单元模型的空间相似变换？怎样进行空间相似变换？它在摄影测量中有哪些主要应用？

11. 在空间相似变换中进行坐标重心化有何意义？试以公式说明之。

12. 什么是一步定向法？它与空间后方交会-前方交会法、相对定向-绝对定向法的区别是什么？

13. 已知一个立体像对上，重叠区域内有 2 个控制点(用△表示)，在左、右影像上分别有一个控制点和 5 个待求点(用。表示)。试述可用什么方法解算待求点的地面坐标。

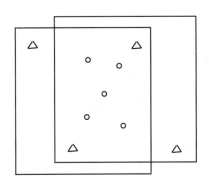

第4章　解析空中三角测量

本章主要内容包括解析空中三角测量概述、像点坐标系统误差预改正、光束法区域网空中三角测量、系统误差补偿与自检校光束法区域网平差、GNSS 和 POS 辅助空中三角测量、空中三角测量拓展、解析摄影测量中粗差检测原理概述等。

4.1　解析空中三角测量概述

4.1.1　解析空中三角测量的目的和意义

解析空中三角测量是指用摄影测量解析法确定区域内所有影像的外方位元素及待定点的地面坐标。在双像解析摄影测量中，为了绝对定向的需要，每个像对都要在野外测求 4 个地面控制点，这样外业工作量太大，效率不高。能否在由很多像对所构成的一条航带中，或由几条航带所构成的一个区域网中，仅测少量的外业控制点，而在内业用解析摄影测量的方法加密出每个像对所要求的控制点，然后进行测图呢？回答是肯定的，解析法空中三角测量就是为解决这个问题而提出的方法，因而解析空中三角测量也称摄影测量加密。

采用大地测量测定地面点三维坐标的方法历史悠久，至今仍有十分重要的地位。但随着摄影测量与遥感技术的发展和电子计算机技术的进步，用摄影测量方法进行点位测定的精度有了很大提高，其应用领域不断扩大。而且对某些任务只能用摄影测量方法才能使问题得到有效的解决。

摄影测量方法测定(或加密)点位坐标的意义在于：

(1)不需直接接触被量测的目标物体。凡是在影像上可以看到的目标，不受地面通视条件限制，均可以测定其位置和几何形状；

(2)可以快速地在大范围内同时进行点位测定，从而可节省大量的野外测量工作；

(3)摄影测量平差计算时，加密区域内部精度均匀，且很少受区域大小的影响。

所以，摄影测量加密方法已成为一种十分重要的点位测定方法，它主要有以下几种应用：

(1)为立体测绘地形图、制作影像平面图和正射影像图提供定向控制点(图上精度要求在 0.1mm 以内)和内、外方位元素；

(2)取代大地测量方法，进行三、四等或等外三角测量的点位测定(要求精度为厘米级)；

(3)用于地籍测量以测定大范围内界址点的国家统一坐标，称为地籍摄影测量，以建

立坐标地籍(要求精度为厘米级);

(4)单元模型中解析计算大量点的地面坐标,用于诸如数字高程模型采样或桩点法测图;

(5)解析法地面摄影测量,例如各类建筑物变形测量、工业测量,以及用影像重建物方目标等。此时,所要求的精度往往较高。

概括起来,解析空中三角测量的目的可以分为两个方面:第一是用于地形测图的摄影测量加密;第二是高精度摄影测量加密,用于各种不同的应用目的。

4.1.2 解析空中三角测量的分类

利用电子计算机进行解析空中三角测量可以采用各种不同的方法。

从传统方法上讲,根据平差中采用的数学模型可分为航带法、独立模型法和光束法。航带法是通过相对定向和模型连接先建立自由航带,以点在该航带中的摄影测量坐标为观测值,通过非线性多项式中变换参数的确定,使自由网纳入所要求的地面坐标系,并使公共点上不符值的平方和为最小。独立模型法平差是先通过相对定向建立起单元模型,以模型点坐标为观测值,通过单元模型在空间的相似变换,使之纳入规定的地面坐标系,并使模型连接点上残差的平方和为最小。而光束法则直接由每幅影像的光线束出发,以像点坐标为观测值,通过每个光束在三维空间的平移和旋转,使同名光线在物方最佳地交会在一起,并使之纳入规定的坐标系,从而加密出待求点的物方坐标和影像的方位元素。

根据平差范围的大小,解析空中三角测量又可分为单模型法、单航带法和区域网法。单模型法是在单个立体像对中加密大量的点,或用解析法高精度地测定目标点的坐标。单航带法是对一条航带进行处理,在平差中无法顾及相邻航带之间公共点条件。而区域网法则是对由若干条航带(每条航带有若干个像对或模型)组成的区域进行整体平差,平差过程中能充分地利用各种几何约束条件,并尽量减少对地面控制点数量的要求。

4.1.3 进行解析空中三角测量所必需的信息

解析空中三角测量不仅要利用所摄目标地区的影像提供的摄影测量信息,还要利用确定平差基准(即加密区域绝对位置)的非摄影测量信息,从而测定所摄影像的方位元素或未知点的物方空间坐标。由于它不同于大地测量中的三角测量控制网,而是要将空中摄站及影像放到加密的整个网中,起到点的传递和构网的作用,故通常被称为空中三角测量。

1. 摄影测量信息

摄影测量信息主要指在影像上量测的控制点、定向点、连接点及待求点的影像坐标,或在所建立的立体模型上量测的上述各类点的模型坐标。由于地面点可出现在多幅影像或多个模型中,所以在量测这些坐标时,存在点在影像和模型上的辨认问题。但是,这些坐标的获得与点在地面上是否通视无关,只要它们出现在影像上即可。

2. 非摄影测量信息

非摄影测量信息主要指将空中三角测量网纳入规定物方坐标系所必需的基准信息。同时还要考虑到不同方法求解时的几何可测定性和对影像系统误差的有效改正。长期以来，人们主要利用若干已知大地测量坐标的物方控制点作为平差的基准信息。然而从摄影测量观测值与非摄影测量观测值的联合平差意义上讲，非摄影测量信息中还包括直接的大地测量观测值、导航数据所提供的影像外方位元素及物方点之间存在的相对控制条件等，这些将在后续章节中再作进一步讨论。

4.1.4　影像连接点的类型与设置

在摄影测量作业中，影像间的联系、影像对的定向等均是通过影像上的连接点来实现的。连接点的影像坐标量测精度，除了取决于摄影机、摄影材料、坐标量测系统和作业员的水平外，还与影像上连接点的类型与设置有关。本节扼要介绍各种类型的影像连接点设置及其转点方法，并作适当的比较和分析。

1. 传统的转刺点法

传统的转刺点方法包括人工转刺点法和仪器转刺点法。人工转刺点法采用的工具为刺点针和简易立体镜或反光立体镜，在立体观察条件下对每幅像片刺出中间一排连接点，并转刺到相邻航片上。仪器转刺点法则采用专门的转点仪来转刺像点，不同的转点仪的转点方法也有所不同。但随着数字摄影测量的发展，传统的转刺点法已经不再使用。

2. 标志化点

为了提高像片坐标的量测精度，对所有控制点和连接点布设地面标志是最好不过的。但由于它的成本高和不便于作业，一般只在高精度摄影测量平差、数字地籍测量或高精度变形测量中采用，或用于科学研究目的。

为了在影像上可以辨认和量测，地面标志点的大小需按照影像比例尺来确定。计算标志点直径的经验公式为

$$d \approx \frac{25\text{cm} \cdot m_s}{10000} \quad (m_s \text{ 为影像比例尺分母})$$

这样在影像上得到的标志的理论直径为 $25\mu\text{m}$，但由于受光照条件影响，实际直径可能要加倍到 $50\mu\text{m}$。表 4-1-1 列出几种影像比例尺摄影时所采用的标志大小，以供实际作业时参考。

表 4-1-1

影像比例尺	标志点直径(实地)
1：250(地面摄影测量)	4~8mm
1：3000~1：6000	10cm
1：10000	20cm
1：20000	50cm
1：50000	1~2m

考虑到标志点在影像上的可辨认性，其周围的影像应具有良好的反差，这一点比标志大小的选择更为重要。

为了便于辨认，在标志点周围需加辅助标志。标志点和辅助标志之间的间隙必须至少保持在标志点直径的三倍。如果采用立体量测，标志周围应当等高；如果是单像量测，则关系不大。

3. 利用地面明显地物点(自然点)

所谓明显地物点，是指在实地存在而且不易受到破坏的、在影像上可准确辨认的自然点。当选取这些点作为控制点和连接点时，要求在外业绘出这些点的点位略图及文字说明。在进行像点坐标量测时，作业员按此略图和说明来辨认点位。但是，这种方法对于明显地物不多的荒漠地区是不可行的。

利用自然点作为控制点时，有时必须将平面和高程控制点分开，以保证量测精度。例如，平坦地区的道路交叉口，其平面位置不一定很精确，但高程无变化，用作高程控制点是十分好的，而房角不宜作为高程点，作为平面控制点却是合适的。

4. 数字影像匹配转点

这是目前摄影测量数字化作业中最普遍采用的方法。对立体像对的数字影像或数字化影像，用影像匹配的方法寻找左右影像的同名像点。常用的数字影像匹配方法是比较目标区和搜索区内两个点组灰度的协方差或相关系数，在该值为最大的原则下寻求同名像点，实现立体量测的自动化。关于数字影像匹配的理论和方法将在后续章节中再作详细介绍。

4.2　像点坐标系统误差预改正

本节简要介绍对影像坐标进行系统误差预改正的方法。像点坐标的系统误差主要是由摄影物镜畸变、大气折光以及地球曲率诸因素引起的，这些误差对每幅影像的影响有相同的规律性，是系统误差。在像对的立体测图时，系统误差对成图的精度影响不大，然而在处理大范围的空中三角测量加密点以及高精度的解析和数字摄影测量时必须加以考虑，特别是摄影物镜畸变差的改正。

4.2.1　摄影机物镜畸变差改正

物镜畸变差包括对称畸变和非对称畸变，可用以下形式的多项式来表达：

$$\Delta x = (x - x_0)(K_1 r^2 + K_2 r^4) + P_1(r^2 + 2(x - x_0)^2) + 2P_2(x - x_0) \cdot (y - y_0)$$
$$\Delta y = (y - y_0)(K_1 r^2 + K_2 r^4) + P_2(r^2 + 2(y - y_0)^2) + 2P_1(x - x_0) \cdot (y - y_0)$$

$$(4\text{-}2\text{-}1)$$

式中，$r^2 = (x - x_0)^2 + (y - y_0)^2$，是以像主点为极点的向径；$\Delta x$，$\Delta y$ 为像点坐标改正数；x_0，y_0 为像主点坐标；$x-x_0$，$y-y_0$ 为像点坐标；K_1，K_2 为物镜畸变差改正系数，P_1，P_2 为偏心畸变差改正系数，由摄影机鉴定获得。

4.2.2　大气折光改正

大气折光引起像点在辐射方向的改正为

$$\Delta r = -\left(f + \frac{r^2}{f} \right) \cdot r_f \tag{4-2-2a}$$

其中，

$$r_f = \frac{n_0 - n_H}{n_0 + n_H} \cdot \frac{r}{f} \tag{4-2-2b}$$

式中，r 是以像底点为极点的向径，$r = \sqrt{x'^2 + y'^2}$；f 为摄影机主距；r_f 为折光差角；n_0 和 n_H 分别为地面和高度 H 处的大气折射率，可由气象资料或大气模型获得。

那么，大气折光差引起的像点坐标的改正值为

$$\mathrm{d}x = \frac{x'}{r}\Delta r, \quad \mathrm{d}y = \frac{y'}{r}\Delta r \tag{4-2-3}$$

式中，x'，y' 为大气折光改正以前的像点坐标。

4.2.3　地球曲率改正

由地球曲率引起像点坐标在辐射方向的改正为

$$\delta = \frac{H}{2Rf^2}r^3 \tag{4-2-4}$$

式中，r 是以像底点为极点的向径，$r = \sqrt{x'^2 + y'^2}$；f 为摄影机主距；H 为摄站点的航高；R 为地球的曲率半径。像点坐标的改正分别为

$$\delta_x = \frac{x'}{r}\delta = \frac{x'Hr^2}{2f^2R}$$
$$\delta_y = \frac{y'}{r}\delta = \frac{y'Hr^2}{2f^2R} \tag{4-2-5}$$

式中，x'，y' 为地球曲率改正以前的像点坐标。

最后，经摄影物镜畸变差、大气折光差和地球曲率改正后的像点坐标为

$$x = x' + \Delta x + \mathrm{d}x + \delta_x$$
$$y = y' + \Delta y + \mathrm{d}y + \delta_y \tag{4-2-6}$$

式中，(x, y) 为经过各项系统误差改正后的像点坐标；(x', y') 为经过影像内定向后的像点坐标；Δx，Δy 为物镜畸变差引起的像点坐标改正数；$\mathrm{d}x$，$\mathrm{d}y$ 为大气折光引起的像点坐标改正数；δ_x，δ_y 为地球曲率引起的像点坐标改正数。

在本教材后续所介绍的摄影测量解析计算中，在未加说明的情况下，均认为像点坐标已经做过上述系统误差改正的处理。

4.3　光束法区域网空中三角测量

航带法是从模拟仪器上的空中三角测量演变过来的，是一种分步的近似平差方法。独立

模型法平差源于单元模型空间相似变换的思想。光束法区域网平差是从实现摄影过程的几何反转出发，该方法为最严密的平差方法，已成为解析空中三角测量方法的主流。本节简要介绍航带法和独立模型法区域网空中三角测量，重点介绍光束法区域网空中三角测量。

4.3.1　航带法与独立模型法区域网空中三角测量

1. 航带法区域网空中三角测量

航带法区域网平差是以单航带作为基础，把几条航带或一个测区作为一个解算的整体，同时求得整个测区内全部待定点的坐标。其基本思想是：

首先，将每条航带构成自由网，然后用本航带的控制点及与上一条相邻航带的公共点，进行本航带的三维线性变换，把整个区域内的各条航带都纳入统一的摄影测量坐标系，然后各航带按非线性变形改正公式同时解算各航带的非线性改正系数。计算过程中既要顾及相邻航带间公共点的坐标应相等，控制点的摄测坐标与它的地面摄测坐标应相等，又要使观测值改正数的平方和$[pvv]$最小，单点在平差中不起作用，故不参加平差计算，在这种条件下最后求出全区待定点的地面坐标。主要计算过程如下所示。

1) 建立自由比例尺的航带网

各航带分别进行模型的相对定向和模型连接，然后求出各航带模型中摄站点、控制点和待定点的摄影测量坐标。由于此时求得的摄影测量坐标在坐标系原点和模型比例尺方面都还是各自独立的，故称之为自由比例尺的航带网。

自由航带网的构建主要包括像对的相对定向和模型连接两部分内容。

像对的相对定向方法已在第3章中叙述，此处重点介绍如何把相对定向后的立体模型连接成自由航带网。以连续法相对定向为例，相对定向后，各立体模型的像空间辅助坐标系相互平行，但坐标原点和比例尺不同。因此，相邻模型之间公共点具有以下关系（如图4-3-1所示）。

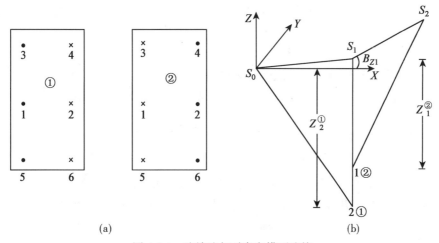

(a)　　　　　　　　　　　　　　(b)

图 4-3-1　连续法相对定向模型连接

在图 4-3-1 中，①、②表示模型的编号，模型①中的 2、4、6 点与模型②中的 1、3、5 点是同名点，如果前后两个模型的比例尺一致，则点 1 在模型②中的高程与点 2 在模型①中的高程有以下关系：

$$Z_1^{②} = Z_2^{①} - B_{Z1} \tag{4-3-1}$$

如果前后两个模型的比例尺不一致，则

$$Z_1^{②} \neq Z_2^{①} - B_{Z1}$$

其比例尺的归化系数为

$$k = \frac{Z_2^{①} - B_{Z1}}{Z_1^{②}} \tag{4-3-2}$$

式中，$Z_2^{①}$ 为模型①中 2 点的坐标；$Z_1^{②}$ 为模型②中 1 点的坐标；B_{Z1} 为在模型①中求得的相对定向元素 B_Z。

为了提高模型连接的精度，模型比例尺归化系数 k 是取用由公共点 2、4、6 上求得的各 k 值的平均值，即

$$k_{均} = \frac{1}{3}(k_2 + k_4 + k_6) \tag{4-3-3}$$

求得模型比例尺归化系数以后，在后一模型中，每一模型点的空间辅助坐标以及基线分量 B_X、B_Y、B_Z 均需乘归化系数 k，就可获得与前一模型比例尺一致的坐标。由此可见，模型连接的实质就是求出相邻模型之间的比例尺归化系数 k。

在求出各单个模型的摄影测量坐标后，需将其连接成一个整体的航带模型，也就是将航带中所有的摄站点、模型点的坐标都纳入全航带统一的摄影测量坐标系，一般为第一幅影像所在的像空间辅助坐标系，以构成自由航带网。

对于求解第二个模型和以后各模型中的摄站点及模型点的摄影测量坐标，应考虑到模型比例尺归化系数 k。假设摄影测量坐标用 (X_P, Y_P, Z_P) 表示，则

第二模型及以后各模型的摄站点的摄影测量坐标为

$$(X_P)_{S2} = (X_P)_{S1} + kmB_{X2}$$
$$(Y_P)_{S2} = (Y_P)_{S1} + kmB_{Y2} \tag{4-3-4}$$
$$(Z_P)_{S2} = (Z_P)_{S1} + kmB_{Z2}$$

第二模型及以后各模型中模型点的摄影测量坐标为

$$X_P = (X_P)_{S1} + kmNX_1$$
$$Y_P = \frac{1}{2}\left[(Y_P)_{S1} + kmNY_1 + (Y_P)_{S2} + kmN'Y_2\right] \tag{4-3-5}$$
$$Z_P = (Z_P)_{S1} + kmNZ_1$$

式中各模型左摄站的坐标，如式(4-3-4)、式(4-3-5)中的 $(X_P)_{S1}$，$(Y_P)_{S1}$，$(Z_P)_{S1}$，均由前一个模型求得。B_{Y2}、B_{Z2} 均为本像对求得的相对定向元素，B_{X2} 由本像对 2 点的左右视差 P_2 代替；X_1、Y_1、Z_1 为左像点的像空间辅助坐标；X_2、Y_2、Z_2 为右像点的像空间辅助坐标；N 为点投影系数；而 m 则为第一个模型比例尺分母。

对于单独像对相对定向而言，相对定向后，由于每个模型的空间辅助坐标系互不平

行，因此模型连接不能采用求比例尺归化系数方法，而是根据相邻两个模型的公共连接点和公共摄站点进行空间相似变换完成模型之间的连接。

2）建立松散的区域网

为了将区域中各自由比例尺的航带网拼成松散的区域网，需要将自由比例尺的航带网逐条依次进行空间相似变换，即对各航带网进行概略绝对定向(与单元模型绝对定向完全相同)，具体过程如下所示。

(1)首先计算整个区域及各航带重心的地面摄测坐标和摄测坐标，如图 4-3-2 所示。

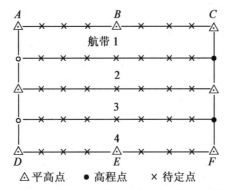

图 4-3-2　航带法区域网空中三角测量示意图

全区域重心的地面摄测坐标为

$$X_{tpg} = \frac{1}{2}(X_{tpA} + X_{tpF})$$
$$Y_{tpg} = Y_{tpA} \tag{4-3-6}$$
$$Z_{tpg} = \frac{1}{2}(Z_{tpA} + Z_{tpF})$$

全区域重心的摄测坐标为

$$X_g = \frac{1}{2}(X_A + X_F)$$
$$Y_g = Y_A \tag{4-3-7}$$
$$Z_g = \frac{1}{2}(Z_A + Z_F)$$

每条航带重心的 X 和 Z 坐标与全区重心的相应坐标相等，而各航带重心的 Y 坐标，则根据 A 点和 F 点的 Y 坐标增量按全区航带总数平分的办法求得。

任一航带重心的地面摄测坐标：

$$X_{tpgi} = X_{tpg}$$
$$Y_{tpgi} = Y_{tpA} - (i - 1)\left(\frac{Y_{tpA} - Y_{tpF}}{N}\right) \tag{4-3-8}$$
$$Z_{tpgi} = Z_{tpg}$$

任一航带重心的摄测坐标：

$$X_{gi} = X_g$$

$$Y_{gi} = Y_A - (i-1)\left(\frac{Y_A - Y_F}{N}\right) \tag{4-3-9}$$

$$Z_{gi} = Z_g$$

式中，i 为航带的顺序编号；N 为全区域航带的总数。

区域及各航带的重心坐标求得后，即可计算各点的重心化地面摄测坐标和摄测坐标。

(2)利用第一条航带中的已知控制点，首先进行概略绝对定向，求出第一条航带中各点在区域摄测坐标系中的概略坐标。

(3)依次进行第二条航带及以后各条航带的概略绝对定向。这时，每一条航带中若有控制点信息，则利用控制点进行概略绝对定向；若无控制点信息，则利用上一航带与本航带间的公共点作为"已知"的控制点，进行概略绝对定向。注意，此时各接边点坐标都不取中数，保持各航带的相对独立性。

3)区域网整体平差

航带网绝对定向后，所构成的航带模型仍存在残余系统误差和偶然误差在模型连接中传递累积的影响，使航带网产生模型的扭曲。为此，还需利用控制点的地面坐标和地面摄测坐标概略值之间的不符关系，进行各条航带网的非线性变形的改正。航带模型的变形是非常复杂的，不能用一个简单的数学公式精确地表达出来，通常采用多项式曲面来逼近复杂的变形曲面，通过最小二乘法拟合，使控制点处拟合曲面上的变形值与实际相差最小。通常采用的多项式有两种形式，一种是对 X，Y，Z 坐标分别列出多项式；另一种是平面坐标采用正形变换多项式，而高程则采用一般多项式。

以三次非完全多项式为例，非线性变形的改正公式为

$$\Delta X = A_0 + A_1\overline{X} + A_2\overline{Y} + A_3\overline{X^2} + A_4\overline{XY} + A_5\overline{X^3} + A_6\overline{X^2Y}$$

$$\Delta Y = B_0 + B_1\overline{X} + B_2\overline{Y} + B_3\overline{X^2} + B_4\overline{XY} + B_5\overline{X^3} + B_6\overline{X^2Y} \tag{4-3-10}$$

$$\Delta Z = C_0 + C_1\overline{X} + C_2\overline{Y} + C_3\overline{X^2} + C_4\overline{XY} + C_5\overline{X^3} + C_6\overline{X^2Y}$$

式中，$\Delta X = \overline{X}_{tp} - \overline{X}$，$\Delta Y = \overline{Y}_{tp} - \overline{Y}$，$\Delta Z = \overline{Z}_{tp} - \overline{Z}$；$\Delta X$，$\Delta Y$，$\Delta Z$ 是定向点系统误差的改正数；$\overline{X}$，$\overline{Y}$，$\overline{Z}$ 为绝对定向后点的重心化摄测坐标；$\overline{X}_{tp}$，$\overline{Y}_{tp}$，$\overline{Z}_{tp}$ 为相应点的重心化地面摄测坐标；A_i，B_i，C_i 为待定参数。

对于常规的非完全三次多项式共有 21 个待定参数，必须至少有 7 个平面高程控制点才能解决问题。在控制点数量较少或航线长度较短时，一般可采用二次多项式，此时只需把式(4-3-10)中含 $\overline{X}$，$\overline{Y}$，$\overline{Z}$ 三次项略去即可，此时待定参数共有 15 个，必须至少有 5 个平面高程控制点才能解决问题。

区域网中，各航带网同时进行非线性改正，整体平差后求得待定地面点的坐标。每一条航带的非线性改正可以采用式(4-3-11)取二次项的形式：

$$\Delta X = A_0 + A_1 \overline{X} + A_2 \overline{Y} + A_3 \overline{X}^2 + A_4 \overline{XY}$$

$$\Delta Y = B_0 + B_1 \overline{X} + B_2 \overline{Y} + B_3 \overline{X}^2 + B_4 \overline{XY} \tag{4-3-11}$$

$$\Delta Z = C_0 + C_1 \overline{X} + C_2 \overline{Y} + C_3 \overline{X}^2 + C_4 \overline{XY}$$

下面以 X 坐标的计算为例，说明误差方程式的建立。坐标关系为

$$X_{tp} = X_{tpg} + \overline{X} + A_0 + A_1 \overline{X} + A_2 \overline{Y} + A_3 \overline{X}^2 + A_4 \overline{XY} \tag{4-3-12}$$

设重心化摄测坐标 $\overline{X}$ 为观测值，其改正数为 v_x，由式(4-3-12)可得航带法区域网平差的观测方程式。

对于控制点：

$$- v_x = A_0 + A_1 \overline{X} + A_2 \overline{Y} + A_3 \overline{X}^2 + A_4 \overline{XY} - (X_{tp} - X_{tpgi} - \overline{X}) \tag{4-3-13}$$

对于相邻航带的公共点：

$$v_x + \overline{X} + \Delta X + X_{gi} = v'_x + \overline{X'} + \Delta X' + X_{gi+1}$$

$$- (v_x - v'_x) = A_0 + A_1 \overline{X} + A_2 \overline{Y} + A_3 \overline{X}^2 + A_4 \overline{XY} - (A'_0 + A'_1 \overline{X'} + A'_2 \overline{Y'} + A'_3 \overline{X'}^2 +$$

$$A'_4 \overline{X' Y'} - [(\overline{X'} + X_{gi+1}) - (\overline{X} + X_{gi})] \tag{4-3-14}$$

假定控制点的误差方程的权为 1，那么对于航带间连接点(设该点位于航带 i 的下排点和航带 $i+1$ 的上排点)，其权 p 为 0.5。

若第 i 条航带有 n 个控制点，其误差方程式为

$$- V_i^{控} = A_i^{控} a_i - l_i^{控} \tag{4-3-15}$$

式中，$- V_i$ 为第 i 条航带控制点改正数组成的矩阵；A_i 为第 i 条航带控制点误差方程式系数组成的矩阵；a_i 为第 i 条航带非线性改正系数矩阵；l_i 为第 i 条航带控制点 X、Y、Z 坐标误差方程式常数项组成的矩阵。

若第 i 条航带有 m 个公共点，其误差方程式为

$$- V_{i,\,i+1} = (A_i^{\text{下}} \quad - A_{i+1}^{\text{上}}) \begin{pmatrix} a_i \\ a_{i+1} \end{pmatrix} - l_{i,\,i+1} \tag{4-3-16}$$

式中，i，$i+1$ 为相邻航带的编号；$A_i^{\text{下}}$ 为第 i 条航带下排点的误差方程式系数；$A_{i+1}^{\text{上}}$ 为第 $i+1$ 条航带上排点的误差方程式系数；a_i 和 a_{i+1} 分别为第 i、$i+1$ 条航带非线性改正系数矩阵；$l_{i,\,i+1}$ 为公共点误差方程常数项。

对于每一个本航带控制点或上下航带间连接点可以列出式(4-3-15)或式(4-3-16)，写成一般的矩阵形式为

$$V = AX - L, \quad 权 P \tag{4-3-17}$$

式中，A 为误差方程式系数矩阵；X 为由各航带待定非线性改正系数所组成的列矩阵；L 为常数项矩阵；P 为对角线的权矩阵。

相应的法方程为

$$A^{\mathrm{T}} P A X - A^{\mathrm{T}} P L = 0 \tag{4-3-18}$$

解法方程即可求出整体平差后航带网中各航带的非线性改正系数。

4)待定点地面测量坐标的计算

求得每条航带的非线性变形改正系数以后，按下式求得待定点的地面摄测坐标：

$$X_{tp} = X_{tpgi} + \overline{X} + A_{0i} + A_{1i}\overline{X} + A_{2i}\overline{Y} + A_{3i}\overline{X}^2 + A_{4i}\overline{XY}$$

$$Y_{tp} = Y_{tpgi} + \overline{Y} + B_{0i} + B_{1i}\overline{X} + B_{2i}\overline{Y} + B_{3i}\overline{X}^2 + B_{4i}\overline{XY} \qquad (4\text{-}3\text{-}19)$$

$$Z_{tp} = Z_{tpgi} + \overline{Z} + C_{0i} + C_{1i}\overline{X} + C_{2i}\overline{Y} + C_{3i}\overline{X}^2 + C_{4i}\overline{XY}$$

式中，i 为航带的编号；X_{tpgi}、Y_{tpgi}、Z_{tpgi} 为第 i 条航带重心的地面摄测坐标；$\overline{X}$、$\overline{Y}$、$\overline{Z}$ 为该航带某点的重心化摄测坐标。

如果是单点，由式(4-3-19)求得结果为该点的地面摄测坐标。若是相邻航带公共点，则取用相邻两条航带计算出的坐标的均值。然后，将地面摄测坐标转换为地面测量坐标。

航带法空中三角测量是通过一个个像对的相对定向和模型连接构建自由航带，以各条自由航带为平差的基本单元，各航带中点的摄测坐标作为平差的观测值。由于这种方法构建自由航带时，是以前一步计算结果作为下一步计算的依据，所以误差累积得很快，甚至偶然误差也会产生二次和的累积作用。这是航带法平差的主要缺点和不严密之处。

2. 独立模型法区域网空中三角测量

为了避免误差累积，可以单模型(或双模型)作为平差计算单元。由一个个相互连接的单模型既可以构成一条航带网，也可以组成一个区域网，构网过程中的误差却被限制在单个模型范围内，而不会发生传递累积，这样就可克服航带法空中三角测量的不足，有利于加密精度的提高。

1)独立模型法区域网空中三角测量的基本思想

把一个单元模型(可以由一个立体像对或两个立体像对，甚至三个立体像对组成)视为刚体，利用各单元模型彼此间的公共点连成一个区域，在连接过程中，每个单元模型只能做平移、缩放、旋转(因为它们是刚体)，这样的要求只有通过单元模型的三维线性变换(空间相似变换)来完成。在变换中要使模型间公共点的坐标尽可能一致，控制点的摄测坐标应与其地面摄测坐标尽可能一致(即它们的差值尽可能小)，同时观测值改正数的平方和为最小，在满足这些条件下，按最小二乘法原理求得待定点的地面摄测坐标(见图4-3-3)。

独立模型法区域网空中三角测量的主要内容：求出各单元模型中模型点的坐标，包括摄站点坐标；利用相邻模型之间的公共点和所在模型中的控制点，对每个模型各自进行空间相似变换，列出误差方程式及法方程式；建立全区域的改化法方程式，并按循环分块法求解，求得每个模型的 7 个参数；由已经求得的每个模型的 7 个参数，计算每个模型中待定点平差后的坐标。若为相邻模型的公共点，则取其平均值为最后结果。

2)独立模型法区域网空中三角测量的数学模型

单元模型建立后，需对每个模型各自进行空间相似变换：

$$\begin{pmatrix} X_{tp} \\ Y_{tp} \\ Z_{tp} \end{pmatrix}_{i,j} = \lambda R \begin{pmatrix} \overline{X} \\ \overline{Y} \\ \overline{Z} \end{pmatrix}_{i,j} + \begin{pmatrix} X_g \\ Y_g \\ Z_g \end{pmatrix}_j \qquad (4\text{-}3\text{-}20)$$

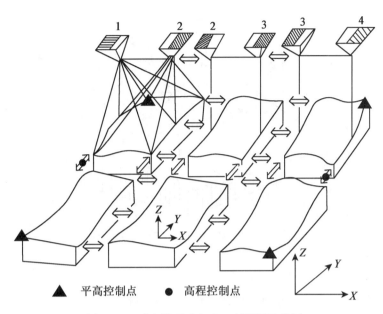

图 4-3-3　独立模型法空中三角测量示意图

式中，$\overline{X}$，$\overline{Y}$，$\overline{Z}$ 为单元模型中任一模型点(包括投影中心)的重心化摄测坐标；X_{tp}，Y_{tp}，Z_{tp} 为地面摄测坐标；X_g，Y_g，Z_g 为该模型重心在地面摄测坐标系中的坐标；λ 为单元模型的缩放系数；R 为由模型绝对定向角元素构成的旋转矩阵；i 为点号；j 为模型编号。

仿照模型的绝对定向，将式(4-3-20)线性化，列误差方程式，可求出每个模型的定向参数和待定点的地面摄测坐标。

4.3.2　光束法区域网空中三角测量的基本思想与内容

光束法区域网空中三角测量是以一幅影像所组成的一束光线作为平差的基本单元，以中心投影的共线方程作为平差的基础方程。通过各个光线束在空间的旋转和平移，使模型之间公共点的光线实现最佳的交会，并使整个区域最佳地纳入已知的控制点坐标系统。这里的旋转相当于光线束的外方位角元素，而平移相当于摄站点的空间坐标。在具有多余观测的情况下，由于存在像点坐标量测误差，相邻影像公共交会点坐标应相等，和控制点的加密坐标与地面测量坐标应一致，均是在保证 $[pvv]$ 最小的意义下的一致。这便是光束法区域网空中三角测量的基本思想(图 4-3-4)。

光束法区域网空中三角测量的基本内容有：

(1)各影像外方位元素和地面点坐标近似值的确定。可以利用航带法区域网空中三角测量方法提供影像外方位元素和地面点坐标的近似值，也可以用 POS 提供的外方位元素和传感器直接定位获得的地面点坐标为近似值。

(2)从每幅影像上的控制点和待定点的像点坐标出发，按每条摄影光线的共线条件方程列出误差方程式。

(3)逐点法化建立改化法方程式，按循环分块的求解方法先求出其中的一类未知数，

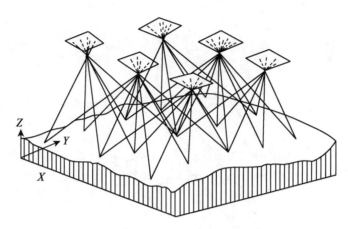

图 4-3-4　光束法空中三角测量示意图

通常是先求得每幅影像的外方位元素。

(4)空间前方交会求得待定点的地面坐标，对于相邻影像公共交会点应取其均值作为最后结果。

在上述第三步中，在某些特定情况下，也可以先消去每幅影像的外方位元素未知数而建立只含坐标未知数的改化法方程式，直接求解待定点的地面坐标。

如果我们分析一下各种空中三角测量平差方法的平差基本单元就会发现：航带法区域网平差以每条航带为平差单元，将单航带的摄影测量坐标视为"观测值"。独立模型法区域网平差则以单元模型为平差单元，将点的模型坐标作为观测值。而光束法区域网平差则以单张影像为平差单元，影像坐标量测值为观测值。

显然，只有影像坐标才是真正原始的、独立的观测值，而其他两种方法下的观测值往往是相关而不独立的。从这个意义上讲，光束法平差是最严密的。此外，在介绍摄影测量基础时，我们曾讲到影像坐标中存在由于诸物理因素、量测仪器误差等引起的像点坐标系统误差，这些误差项均是影像坐标的函数。由于光束法区域网平差是从原始的影像坐标观测值出发来建立平差数学模型的，所以只有在光束法平差中才能最佳地顾及和改正影像系统误差的影响。

4.3.3　误差方程式和法方程式的建立

光束法区域网平差的数学模型仍然是共线方程，在对共线方程进行线性化过程中，与单像空间后方交会不同的是，这里对 X，Y，Z 也要进行偏微分。在内方位元素视为已知的情况下，其误差方程式可表示为

$$
\begin{aligned}
v_x =& a_{11}\Delta X_S + a_{12}\Delta Y_S + a_{13}\Delta Z_S + a_{14}\Delta\varphi + a_{15}\Delta\omega + a_{16}\Delta\kappa - \\
& a_{11}\Delta X - a_{12}\Delta Y - a_{13}\Delta Z - l_x \\
v_y =& a_{21}\Delta X_S + a_{22}\Delta Y_S + a_{23}\Delta Z_S + a_{24}\Delta\varphi + a_{25}\Delta\omega + a_{26}\Delta\kappa - \\
& a_{21}\Delta X - a_{22}\Delta Y - a_{23}\Delta Z - l_y
\end{aligned}
\tag{4-3-21}
$$

式中各系数值详见 2.6 节，此处略去了其中的内方位元素 f，x_0，y_0。常数项 $l_x = x - (x)$，

$l_y = y-(y)$；(x) 和 (y) 是把未知数的初始值代入共线方程式计算得到的。当影像上每点的 l_x，l_y 小于某一限差时，迭代计算结束。

把误差方程式写成矩阵的形式：

$$V = (A \quad B)\begin{pmatrix} t \\ X \end{pmatrix} - L \tag{4-3-22}$$

式中，

$$V = (v_x \quad v_y)^{\mathrm{T}}, \quad L = (x-(x) \quad y-(y))^{\mathrm{T}}$$

$$A = \begin{pmatrix} a_{11} & a_{12} & a_{13} & a_{14} & a_{15} & a_{16} \\ a_{21} & a_{22} & a_{23} & a_{24} & a_{25} & a_{26} \end{pmatrix}$$

$$B = \begin{pmatrix} -a_{11} & -a_{12} & -a_{13} \\ -a_{21} & -a_{22} & -a_{23} \end{pmatrix}$$

$$t = (\Delta X_S \quad \Delta Y_S \quad \Delta Z_S \quad \Delta\varphi \quad \Delta\omega \quad \Delta\kappa)^{\mathrm{T}}$$

$$X = (\Delta X \quad \Delta Y \quad \Delta Z)^{\mathrm{T}}$$

$$L = (l_x \quad l_y)^{\mathrm{T}}$$

对每一个像点可以列出一组类似式(4-3-22)的误差方程式。这类误差方程式中含有两类未知数 t 和 X。其中，t 对应于所有影像(每幅影像为 6 个)外方位元素的总和，X 对应于所有待定点的坐标。相应的法方程式为

$$\begin{pmatrix} A^{\mathrm{T}}A & A^{\mathrm{T}}B \\ B^{\mathrm{T}}A & B^{\mathrm{T}}B \end{pmatrix}\begin{pmatrix} t \\ X \end{pmatrix} = \begin{pmatrix} A^{\mathrm{T}}L \\ B^{\mathrm{T}}L \end{pmatrix} \tag{4-3-23}$$

或

$$\begin{pmatrix} N_{11} & N_{12} \\ N_{12}^{\mathrm{T}} & N_{22} \end{pmatrix}\begin{pmatrix} t \\ X \end{pmatrix} = \begin{pmatrix} L_1 \\ L_2 \end{pmatrix} \tag{4-3-23a}$$

对于区域网空中三角测量而言，由于所涉及的航线数、每条航线的影像数和每幅影像的量测像点数(即光束数)有时会很多，此时误差方程式的总数是十分可观的。在解算过程中可先消去其中的一类未知数而只求另一类未知数。一般情况下，待定点坐标未知数 X 的个数要远远大于定向未知数 t 的个数，因此式(4-3-23a)中消去未知数 X 以后，可得仅含一种类型未知数 t 的改化法方程：

$$(N_{11} - N_{12}N_{22}^{-1}N_{12}^{\mathrm{T}})t = L_1 - N_{12}N_{22}^{-1}L_2 \tag{4-3-24}$$

通过解法方程，可以得到未知数 t：

$$t = (A^{\mathrm{T}}A - A^{\mathrm{T}}B(B^{\mathrm{T}}B)^{-1}B^{\mathrm{T}}A)^{-1} \cdot (A^{\mathrm{T}}L - A^{\mathrm{T}}B(B^{\mathrm{T}}B)^{-1}B^{\mathrm{T}}L) \tag{4-3-25}$$

利用式(4-3-25)求出每幅影像的外方位元素后，再利用空间前方交会方法，即可求得全部待定点的地面坐标。

本章到目前为止，已分别介绍了解析空中三角测量中常用的三种区域网平差方法，即航带法区域网平差、独立模型法区域网平差和光束法区域网平差。现在可以从数学模型和平差原理上来比较这三种方法各有什么特点，以及在实际作业中应如何选择合适的区域网平差方法。

航带法区域网平差的数学模型是航带坐标的非线性多项式改正公式，"观测值"是自由航带中各点的摄影测量坐标，平差单元为航带。整体平差未知数是各航带的多项式改正

系数。显然，这种平差方法的特点是未知数少，解算方便、快速，但精度不高。所谓的观测值，即自由航带坐标并不是真正的原始观测值，故彼此并不独立，因此它不是严密的平差方法。目前该方法主要用于为严密平差提供初始值和小比例尺低精度点位加密。

独立模型法区域网平差的数学模型是单元模型的空间相似变换公式，观测值是计算的或量测的模型坐标，平差单元为独立模型，未知数是各模型空间相似变换的 7 个参数，亦可按平面 4 个、高程 3 个参数分开求解。此外，未知数还有加密点的地面坐标。对于一个区域而言，其未知数要比航带法区域网平差时多得多。但是如采用平高分求的办法，其解算所占有的内存和计算时间要比光束法区域网平差少得多。这种方法是一种相当严密的平差方法。如果能顾及模型坐标间的相关特性，独立模型法在理论上与光束法同样严密。

光束法区域网平差的数学模型是共线条件方程式，平差单元是单个光束，每幅影像的像点坐标为原始观测值，未知数是各影像的外方位元素(在某些特定条件下也包含内方位元素)和所有待求点的地面坐标。通过各个光束在空间的旋转和平移(6 个定向参数)使同名光线最佳地交会，并最佳地纳入地面控制系统。它是最严密的一步解法，误差方程式直接对原始观测值列出，能最方便地顾及影像系统误差的影响，最便于引入非摄影测量附加观测值，如导航数据和地面测量观测值。它还可以严密地处理非常规摄影以及非量测相机的影像数据。目前光束法区域网平差已广泛应用于各种高精度的解析空中三角测量和点位测定实际生产中。

当然，与前两种方法相比，光束法区域网平差也有缺点。首先，由于共线方程所描述的像点坐标与各未知参数之关系是非线性的，因此必须建立线性化误差方程式和提供各未知数初始值。而这对于航带法区域网平差是不必要的，对于平面独立模型法平差也不需要。其次，光束法区域网平差未知数多、计算量大，计算速度也相对较慢。此外，光束法平差不能像前两种方法那样，可将平面高程分开处理，而只能是三维网平差。

三种摄影测量区域网平差方法的比较还可以参见图 4-3-5。

4.3.4　解析空中三角测量的精度分析

解析空中三角测量的精度，一方面可从理论上进行分析，把待定点的坐标改正数视为随机变量，在最小二乘平差计算中，求出坐标改正数的方差-协方差矩阵。另一种方法则是利用大量的野外实测控制点作为解析空中三角测量的多余检查点，将平差计算所得该点的坐标与野外实测坐标比较，其差值视为真误差，由这些真误差计算出点位坐标精度。通常我们把前一种方法得到的精度称为理论精度，通过对理论精度的分析，能了解和掌握区域网平差后误差的分布规律，根据这些误差分布规律，可以对控制点进行合理的分布设计。后一种方法得到的精度估计称为实际精度，这是评定解析空中三角测量精度的比较客观的方法。实际精度与理论精度的差异往往有助于我们发现观测数据或平差模型中存在的误差，因此，在实际工作中提供足够多的多余控制点数是非常必要的。

1. 解析空中三角测量的理论精度

上文已经提到，解析空中三角测量中未知数的理论精度是以平差获得的未知数协方差矩阵作为测度来进行评定的，可用式(4-3-26)来表示第 i 个未知数的理论精度。

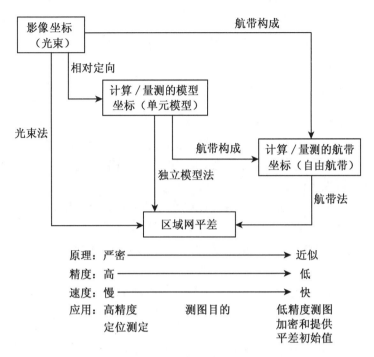

图 4-3-5 三种区域网平差方法的比较

$$m_i = m_0 \cdot \sqrt{Q_{ii}} \tag{4-3-26}$$

式中，Q_{ii} 为法方程系数矩阵之逆矩阵 Q_{XX} 中的第 i 个对角线元素；m_0 为单位权观测值中误差，可按下式计算：

$$m_0 = \sqrt{\frac{V^\mathrm{T}PV}{r}} \tag{4-3-27}$$

式中，r 为多余观测的数目。

对理论精度的研究，可以得到区域网平差的精度分布规律，概括起来有以下几点：

(1)不论采用航带法、独立模型法，还是光束法平差，区域网空中三角测量的精度最弱点位于区域的四周，而不在区域的中央。也就是说，对于区域网空中三角测量，区域内部精度较高而且均匀，精度薄弱环节在区域的四周。根据这一点，平面控制点应当布设在区域的四周，这样才能起到控制精度的作用。

(2)当密集周边布点时，区域网的理论精度，对于航带法而言，小于一条航带的测点精度；对于独立模型法而言，相当于一个单元模型的测点精度；而光束法区域网的理论精度不随区域大小改变而变化，它是个常数。

(3)当控制点稀疏分布时，区域网的理论精度会随着区域的增大而降低。但若增大旁向重叠度，则可以提高区域网平面坐标的理论精度。

(4)区域网平差的高程理论精度取决于控制点间的跨度，而与区域大小无关。即只要高程控制点间的跨度相同，即使区域大小不一样，它们的高程理论精度还是相等的。

从理论上讲，光束法平差最符合最小二乘法原理，精度最好。因为光束法平差中使用的观测值是真正的观测值，而其他两种方法在平差中的观测值均为真正观测值的函数。但如果系统误差没有得到很好的补偿，光束法的优点就反映不出来，而三种方法的精度也就没有显著的差异。

2. 解析空中三角测量控制点布设的原则

通过上述对理论精度的分析和讨论，可以对区域网平差的控制点布设提出下列原则：

(1)平面控制点应采用周边布点。高精度加密点位时宜采用跨度 $i=2b$（b 为摄影基线）的密周边布点，区域越大越有利。一般测图时不一定采用密周边布点，平面控制点间距视成图精度要求和区域大小而定。

(2)高程控制点应布成锁形。高程控制点沿旁向间距为 $2b$，沿航向间距则根据要求的精度而定。在高精度加密平面点位时，仍需要布设适当的高程控制点，以保证模型的变形不致对平面坐标产生影响，在旁向重叠度为 20% 时，每条航线两端必须各有一对高程控制点。

(3)当信噪比较大时（$\sigma_s/\sigma_n>0.70$），光束法区域网平差可利用附加参数的自检校平差来补偿影像系统误差。此时地面控制应当有足够的强度，以避免附加参数与坐标未知数间的强相关。

(4)在区域网平差中可用来代替地面控制点的非摄影测量观测值主要是导航数据，如 GNSS 定位系统提供的摄站坐标，只要记录齐全、无失锁现象，可以只在每个区域四角各布设一个平高控制点。如果用地面测量观测值代替或加强区域网的控制点，则有关平面的观测值（如距离、水平角、方位角等）最好布在区域周边或四角，有关高程的相对观测值（如高差、高度角等）应平行于航带方向布设。

(5)为了提高区域网的可靠性，控制点可布成点组。

(6)在不增加控制点的情况下，通过扩大平差区域范围（上、下各增加一条航线，左、右各增加一个模型）可以提高加密精度和可靠性。

当然，作业中实际的布点要求应根据相应的规范执行。

3. 解析空中三角测量的实际精度

上面介绍了区域网空中三角测量的理论精度，它反映了量测中偶然误差的影响，且与点位的分布有关。而实际情况是复杂的，往往要受到偶然误差和残余系统误差的综合影响，这就意味着实际精度与理论精度可能有一定的差异。因此，有必要研究如何估计区域网空中三角测量的实际精度。

利用摄影测量的试验场是研究区域网空中三角测量实际精度的最有效方法。在这个试验场中布设有大量等间隔的地面控制点，这些点上均布有标志，并用高精度的大地测量方法测得这些标志点的地面测量坐标，这些地面标志点在影像上均有相应的构像，避免了像点的辨认误差。因此，这些地面控制点的地面测量坐标可以认为是真值，经区域网平差后得到这些点的摄影测量坐标，与相应的地面测量坐标之差可以看作"真差"，被用来衡量区域网空中三角测量的实际精度。

$$\mu_X = \sqrt{\frac{\sum (X_{控} - X_{摄})^2}{n_X}}$$

$$\mu_Y = \sqrt{\frac{\sum (Y_{控} - Y_{摄})^2}{n_Y}} \qquad (4\text{-}3\text{-}28)$$

$$\mu_Z = \sqrt{\frac{\sum (Z_{控} - Z_{摄})^2}{n_Z}}$$

式(4-3-28)便是解析空中三角测量实际精度估算公式。

4.4 系统误差补偿与自检校光束法区域网平差

对于解析空中三角测量而言，从航空摄影开始，直至获得影像或模型坐标的整个数据获取过程中，都会带来许多系统误差。熟知的系统误差有摄影物镜畸变差、摄影材料的变形、软片的压平误差、地球曲率和大气折光、量测系统的误差以及作业员的系统误差等。从理论上讲，如果能获得上述各种系统误差的有关参数（如通过实验室检校等），就可以在解析空中三角测量平差之前，预先消除这些系统误差的影响。

然而，区域网平差的实际结果表明，即使引入系统误差的预改正，平差后的结果仍然存在一定的系统误差，从而使最严密的平差方法（如光束法）也不能获得最精确的结果，实际精度与理论预期精度之间仍存在明显的差异。

为什么最严密的平差方法得不到最精确的结果？这只能表明，所建立的数学模型并未真正反映客观实际，可能还存在某种未被考虑的模型误差。经过长期的研究，人们找到了问题的根源，即存在难以预先估计和测定的影像系统误差。

4.4.1 影像坐标系统误差的特性

所谓系统误差，应当理解为由于某种物理原因造成的有一定规律而又不可避免的误差。摄影测量观测值的系统误差主要来自以下几个方面：

首先是摄影机的系统误差，如物镜畸变差、软片压平误差、滤光片或窗口保护玻璃不平引起的光学误差。不同的暗匣也可能带来不同的系统误差。其次是航摄飞机带来的系统误差，如在飞行中引起的大气振动，发动机排出的气流通过摄影窗口均可引起系统性的构像误差。大气折光是另一个误差源，而且实际气象条件下的大气折光与标准大气条件下的计算结果会有出入，尤其是物镜附近的大气层条件将对折光误差产生影响。地球曲率问题，如果按严格方法进行处理，将不是系统误差源，倘若用近似处理方法，它也成为一种系统误差源。最后，还应考虑观测设备及观测员本身的系统误差也将引起量测的影像坐标的某种系统误差。

系统误差除了具有系统特性外，还具有随机性的一面，即随着外界条件的变化，像点坐标系统误差存在随机变化的特性。

许多类影像系统误差是在实验室中测定的，是在静止状态下进行的。而实际数据获取过程是一个动态过程。

4.4.2 补偿系统误差的方法

除了通过实验室手段测定各种系统误差参数外，在平差前后还可采用下列几种方法来补偿影像的系统误差。

1. 试验场检校法

它是一种直接补偿方法，由德国 Kupfer 教授(1971)提出。考虑到常规的实验室检校不能完全代表获取影像数据的实际过程，Kupfer(1971)提出利用真实摄影飞行条件下的试验场检校法，由大量地面控制点求得补偿系统误差的参数。在保证摄影测量条件(即摄影机、摄影期、大气条件、摄影材料、摄影处理条件、观测设备及观测员等)基本不变的情况下，用这组参数来补偿和改正实际区域网平差中的系统误差。

2. 验后补偿法

这种补偿系统误差的方法最先由法国学者 Masson D'Autuml(1972)提出。该方法不改变原来的平差程序，而是通过对平差后残差大小及方向的分析来推算影像系统误差的大小及特征。然后在观测值上引入系统误差改正。利用改正后的影像坐标重新计算一遍，从而使平差结果得到改善。

广义的验后补偿法还包括根据控制点在平差后的坐标残差，进行最小二乘配置法的滤波和推估，从而消除和补偿地面控制网中产生的所谓应力，使摄影测量网更好地纳入大地坐标系统。

3. 自检校法

在摄影测量中最常用的补偿系统误差方法是自检校法，或称利用附加参数的整体平差法。它选用若干附加参数组成系统误差模型，将这些附加参数作为未知数或带权观测值，与区域网的其他未知参数一起求解，从而在平差过程中自行检定和消除系统误差的影响。

另一种简单的补偿方法是自抵消法。它通过对同一测区进行相互垂直的两次航摄飞行，航向与旁向重叠度均为 60%，从而获得同一测区的四组摄影测量数据(即四次覆盖测区)。将这四组数据同时进行区域网平差，此时各组数据之间的系统变形将会相互抵消或减弱，使系统误差成了"偶然误差"。在四组数据整体平差结果中，也可能部分顾及系统误差的影响。

上述各种方法可以组合起来使用，如自检校平差加验后补偿法，试验场检校与自检校平差同时采用，通过这些组合可获得最佳效果。

需要强调的是，像点坐标中包含的系统误差通常是与偶然误差混在一起的。在这种情况下，系统误差相当于某种信号，而偶然误差则是噪声。当偶然误差很大时，信噪比将很小。此时，很难测出和加以补偿系统误差，而且改正系统误差也不会对结果有明显的改善。因此，只有尽力减小影像坐标的偶然误差，才有必要和可能来补偿影像系统误差。此外，像点坐标或控制点坐标上的粗差也会干扰对系统误差的补偿，因此，只有利用适当的方法剔除数据中的粗差后，才能有效地补偿影像系统误差。

4.4.3 利用附加参数的自检校法

这种方法是提出一个用若干附加参数描述的系统误差模型，在区域网平差的同时求解这些附加参数，进而达到自动测定和消除系统误差的目的，故称为利用附加参数的自检校法。

由于系统误差可以方便地表示为影像坐标的函数，所以通常只在以影像坐标为观测值的光束法区域网平差中进行附加参数的自检校平差。

1. 基本解算过程

由于影像系统误差通常并不很大，因此描述系统误差的附加参数也不会很大。一般不宜将附加参数处理成自由未知数，而是把它们视为带权观测值。如果将外业控制点也处理成带权观测值，则平差的基本误差方程式为

$$
\begin{aligned}
V_1 &= A_1 X_1 + A_2 X_2 + A_3 X_3 - L_1, &\quad 权矩阵\ P_1 \\
V_2 &= \qquad\quad I_2 X_2 \qquad\quad - L_2, &\quad 权矩阵\ P_2 \\
V_3 &= \qquad\qquad\qquad\quad I_3 X_3 - L_3, &\quad 权矩阵\ P_3
\end{aligned}
\tag{4-4-1}
$$

式中，X_1 为外方位元素和坐标未知数改正数向量；A_1 为相应的误差方程式系数矩阵；L_1 为像点(或模型点)坐标的观测值向量；P_1 为像点(或模型点)坐标的权矩阵；X_2 为控制点坐标的改正数向量；A_2 为相应的误差方程式系数矩阵；L_2 为控制点坐标改正数的观测值向量(取控制点坐标为初值时，$L_2 = 0$)；P_2 为控制点坐标的权矩阵；X_3 为附加参数向量；A_3 为相应的系数矩阵，由系统误差模型所决定；L_3 为附加参数的观测值向量，只有当该参数已预先测出或已知时它才不为零；P_3 为附加参数的权矩阵，取决于系统误差与偶然误差的信噪比。

令

$$
V = \begin{pmatrix} V_1 \\ V_2 \\ V_3 \end{pmatrix}, \quad
X = \begin{pmatrix} X_1 \\ X_2 \\ X_3 \end{pmatrix}, \quad
L = \begin{pmatrix} L_1 \\ L_2 \\ L_3 \end{pmatrix}
$$

$$
A = \begin{pmatrix} A_1 & A_2 & A_3 \\ 0 & I_2 & 0 \\ 0 & 0 & I_3 \end{pmatrix}, \quad
P = \begin{pmatrix} P_1 & & \\ & P_2 & \\ & & P_3 \end{pmatrix}
$$

则式(4-4-1)可简写为

$$
V = AX - L, \quad P \tag{4-4-2}
$$

法方程式为

$$
(A^{\mathrm{T}} P A) X = A^{\mathrm{T}} P L \tag{4-4-3}
$$

即

$$
\begin{pmatrix}
A_1^{\mathrm{T}} P_1 A_1 & A_1^{\mathrm{T}} P_1 A_2 & A_1^{\mathrm{T}} P_1 A_3 \\
A_2^{\mathrm{T}} P_1 A_1 & A_2^{\mathrm{T}} P_1 A_2 + P_2 & A_2^{\mathrm{T}} P_1 A_3 \\
A_3^{\mathrm{T}} P_1 A_1 & A_3^{\mathrm{T}} P_1 A_2 & A_3^{\mathrm{T}} P_1 A_3 + P_3
\end{pmatrix}
\begin{pmatrix} X_1 \\ X_2 \\ X_3 \end{pmatrix}
=
\begin{pmatrix}
A_1^{\mathrm{T}} P_1 L_1 \\
A_2^{\mathrm{T}} P_1 L_1 + P_2 L_2 \\
A_3^{\mathrm{T}} P_1 L_1 + P_3 L_3
\end{pmatrix}
\tag{4-4-4}
$$

这种形式的法方程式导出的改化法方程式是镶边带状结构的形式，可按逐次分块约化法求解。

2. 系统误差模型的选择

从理论上讲，像点坐标系统误差是影像坐标的函数，可以一般地表示为

$$\left.\begin{array}{l} \Delta x = f_1(x, y) \\ \Delta y = f_2(x, y) \end{array}\right\} \tag{4-4-5}$$

式中，x，y 为像点在以像主点为原点的影像平面坐标系中的坐标。

由于这种函数关系很难得知，在 1972—1980 年，各国学者曾研究不同的附加参数选择方案。从引起系统误差的物理因素出发，美国的 Brown 博士(1971)提出了包含四类改正项共 21 个参数的模型：

$$\Delta x = a_1 x + a_2 y + a_3 xy + a_4 y^2 + a_5 x^2 y + a_6 xy^2 + a_7 x^2 y^2 +$$
$$\frac{x}{f}\left[a_{13}(x^2 - y^2) + a_{14}x^2 y^2 + a_{15}(x^4 - y^4)\right] +$$
$$x\left[a_{16}(x^2 + y^2) + a_{17}(x^2 + y^2)^2 + a_{18}(x^2 + y^2)^3\right] + a_{19} + a_{21}\left(\frac{x}{f}\right)$$
$$\Delta y = a_8 xy + a_9 x^2 + a_{10}x^2 y + a_{11}xy^2 + a_{12}x^2 y^2 + \tag{4-4-6}$$
$$\frac{y}{f}\left[a_{13}(x^2 - y^2) + a_{14}x^2 y^2 + a_{15}(x^4 - y^4)\right] +$$
$$y\left[a_{16}(x^2 + y^2) + a_{17}(x^2 + y^2)^2 + a_{18}(x^2 + y^2)^3\right] + a_{20} + a_{21}\left(\frac{y}{f}\right)$$

式中，$a_1 \sim a_{12}$ 这一组参数主要反映不可补偿的软片变形和非径向畸变，它们几乎是正交的，而且与 $a_{13} \sim a_{18}$ 也近似正交。$a_{13} \sim a_{15}$ 表示压平板不平引起的附加参数，它并不严格取决于径距，而且还包含了不规则畸变的径向分量。至于压片板不平的非对称影响可用 $a_5 x^2 y$ 和 $a_{11}xy^2$ 两项的组合作用来补偿。$a_{16} \sim a_{18}$ 这三个参数表示对称的径向畸变和对称的径向压平误差的影响。系数 $a_{19} \sim a_{21}$ 相当于内方位元素误差，通常不予考虑，只有当地形起伏很大时才有必要列入。

在这组附加参数中 $a_{13} \sim a_{18}$ 之间存在一些强相关，而且它们与地面坐标未知数之间可能也强相关，所以必须通过统计检验和附加参数可靠性分析来适当地选取参数。

也可以从纯数学角度建立系统误差模型，此时不强调附加参数的物理含义，而只关心它们对系统误差的有效补偿。此时可采用一般多项式，包含傅里叶系数的多项式或由球谐函数导出的多项式，但人们更喜欢采用正交多项式的附加参数，因为它能保证附加参数之间相关很小而利于解算。

最典型的正交多项式附加参数组是由德国的 Ebner 教授提出的，含 12 个附加参数，其形式如下：

$$\Delta x = b_1 x + b_2 y - b_3(2x^2 - 4b^2/3) + b_4 xy + b_5(y^2 - 2b^2/3) + b_7 x(y^2 - 2b^2/3) +$$
$$b_9(x^2 - 2b^2/3)y + b_{11}(x^2 - 2b^2/3)(y^2 - 2b^2/3)$$

$$\Delta y = -b_1 y + b_2 x + b_3 xy - b_4 (2y^2 - 4b^2/3) + b_6 (x^2 - 2b^2/3) + b_8 (x^2 - 2b^2/3)y +$$
$$b_{10} x(y^2 - 2b^2/3) + b_{12}(x^2 - 2b^2/3)(y^2 - 2b^2/3) \tag{4-4-7}$$

该误差模型是考虑到每幅影像有 9 个标准配置点的情况，如果每幅影像分布 5×5 个标准点，则还可得到包含 44 个附加参数的正交多项式，这主要用于高精度地籍加密中。

3. 自检校平差的效果与信噪比

经过大量的研究试验，业已公认自检校平差是补偿系统误差最有效的办法。但是，实际试验研究结果表明，自检校平差的效果有很大的波动性，很难判断哪一组附加参数最有效。

一般的分析认为，系统误差的补偿取决于多种因素，如平差区域大小、重叠度大小、航摄方向、每幅影像的像点数与像点的分布、平差的多余观测数、地面控制点分布及点数、区域内系统误差的变化情况、测区之地形起伏、附加参数的选择等。

由深入的分析可知，自检校平差是从有噪声(偶然误差)的观测值中提取信号(系统误差)。因此，自检校平差所能导致的精度改善根本上取决于观测值的信噪比。信噪比越大，自检校平差的效果越好。此时，由于偶然误差很小，系统误差能较好地被测定，改正了系统误差后必能使精度有明显的提高。反过来，当信噪比小时，系统误差将受到偶然误差严重的干扰。此时系统误差很难测准，而且改正后也不会引起精度有本质的改善。

更有甚者，如果在偶然误差大、系统误差小时，将附加参数处理成自由未知数，则很可能由于法方程状态坏、噪声大而导致所谓的过度参数化，从而严重降低结果的精度。为此，需要对附加参数进行统计显著性检验、可靠性检验、相关性检验，以保证法方程有好的状态；或者通过附加参数带适当的权或岭估计等措施来改善方程组的病态问题。

4. 对自检校区域网平差方法的评价

自检校区域网平差是在解析摄影测量平差中补偿系统误差的最有效方法，其原理也可以用来处理大地测量、重力测量、卫星大地测量以及工程测量控制网中的系统误差。在许多国家中，自检校区域网平差已作为标准方法用于高精度解析空中三角测量。

根据研究，只要信噪比大于 0.8，即系统误差与偶然误差相比不是太小，均可用带附加参数的自检校平差。对于一般加密情况，可引入少量几个可测定的附加参数。当进行高精度加密时，可引入较多的附加参数，而且可以将它们处理成带权观测值，或采用程序控制下的自动检验和选择附加参数的方法。

4.5 GNSS 辅助空中三角测量

4.5.1 摄影测量与非摄影测量观测值的联合平差

摄影测量与非摄影测量观测值的联合平差，是指在摄影测量平差中使用了更一般的原始的非摄影测量观测值或条件。

在联合平差中可供利用的非摄影测量信息主要有以下几类：

(1)物方空间的大地测量观测值。如物方坐标或坐标差、水平距离、空间距离或距离差、方位角、天顶距和水平角以及天文经纬度或重力测量观测值。点在某个局部坐标系中的坐标也可以用于联合平差,此时要通过引入若干自由参数将局部坐标系在总体坐标系中进行定位。这些自由参数将与其他平差未知数一起求解。

(2)影像外方位元素观测值或条件。如高差仪记录、断面记录仪记录、地平摄影仪、陀螺仪、全球导航卫星系统(GNSS)和惯性导航系统(INS)提供的摄站坐标、坐标差或影像姿态角元素,这些参数可以在航空摄影时获得。对于地面摄影测量,则有固定摄站上的对中和方位条件、立体摄影机条件,以及两个摄站间测出的坐标差或距离等。

(3)影像内方位元素观测值,即由摄影机检定求得的具有一定精度的主距值和像主点坐标。

(4)一组摄影测量点应满足的条件。如平静湖面上点应具有相同的高程,以及位于一条直线、一个平面、某种规则几何形状表面的点,应当满足相应的几何条件等。

目前,由于全球导航卫星系统(GNSS)和惯性测量装置(IMU)的应用,使联合平差出现了前所未有的美好前景。GNSS 系统不仅可用来测定野外控制点坐标,而且用差分法动态定位方法可测定摄站坐标 X_S、Y_S、Z_S,可达到分米级或厘米级精度,用于空中三角测量可大量节省地面控制点。而惯性导航数据与 GNSS 数据组合,可同时测定影像姿态角元素,从而有可能利用外方位元素直接测图,而免去空中三角测量的过程。

绝大多数的联合平差程序采用未知数的间接观测平差方法,即建立起各类观测值的误差方程式。对于自由网平差,必要时亦可建立未知数之间的条件方程式。

作为联合平差中的摄影测量观测值,最好按光束法的共线方程建立误差方程式。各类非摄影测量观测值误差方程的建立,其原则是在一个统一的三维笛卡儿坐标系中找出观测值与待求未知数之间的关系。

作为光束法平差基础的共线方程式,其线性化的误差方程为

$$V = At + BX - l, \qquad P_\Phi \tag{4-5-1}$$

式中,t 和 X 分别代表影像定向未知数和坐标未知数向量;A 和 B 分别为其相应的系数矩阵;l 和 P_Φ 分别为影像坐标观测值向量及其权矩阵。

任何增加的非摄影测量观测值都可以按相应条件方程写出其误差方程并与式(4-5-1)一起进行联合平差。

4.5.2　全球导航卫星系统(GNSS)简介

全球导航卫星系统(GNSS)是能在地球表面或近地空间的任何地点为用户提供全天候的三维坐标和速度以及时间信息的空基无线电导航定位系统。目前卫星导航定位技术已基本取代了地基无线电导航、传统大地测量和天文测量导航定位技术,并推动了大地测量与导航定位领域的全新发展。2007 年 4 月 14 日,我国成功发射了第一颗北斗卫星,标志着世界上第 4 个 GNSS 系统进入实质性的运作阶段。除了美国 GPS(Global Positioning System)、俄罗斯格洛纳斯导航卫星系统(GLONASS)、欧盟伽利略(Galileo)导航卫星系统和中国北斗卫星导航系统(BeiDou Navigation Satellite System,BDS)4 大全球系统外,GNSS 还包括区域系统和增强系统,其中区域系统有日本的 QZSS 和印度的 IRNSS,增强系统有

美国的 WAAS、日本的 MSAS、欧盟的 EGNOS、印度的 GAGAN 以及尼日利亚的 NIG-GOMSAT-1 等。

GPS 是在美国海军导航卫星系统的基础上发展起来的无线电导航定位系统。具有全能性、全球性、全天候、连续性和实时性的导航、定位和定时功能，能为用户提供精密的三维坐标、速度和时间。现今，GPS 共有在轨工作卫星 31 颗，其中 GPS-2A 卫星 10 颗，GPS-2R 卫星 12 颗，经现代化改进的带 M 码信号的 GPS-2R-M 和 GPS-2F 卫星共 9 颗。根据 GPS 现代化计划，2011 年美国推进了 GPS 更新换代进程。GPS-2F 卫星是第二代 GPS 向第三代 GPS 过渡的最后一种型号，使 GPS 提供更高的定位精度。

格洛纳斯（GLONASS）导航卫星系统是由苏联国防部独立研制和控制的第二代军用卫星导航系统，该系统是继 GPS 后的第二个全球导航卫星系统。GLONASS 系统由卫星、地面测控站和用户设备三部分组成，系统由 21 颗工作星和 3 颗备份星组成，分布于 3 个轨道平面上，每个轨道面有 8 颗卫星，轨道高度 19000km，运行周期 11 小时 15 分。GLONASS 系统的抗干扰能力比 GPS 好，但其单点定位精确度不及 GPS 系统。

伽利略（Galileo）导航卫星系统是由欧盟研制和建立的全球导航卫星系统。系统由 30 颗卫星组成，包括 27 颗工作星和 3 颗备份星。卫星轨道高度为 23616km，位于 3 个倾角为 56° 的轨道平面内。截至 2016 年 12 月，已经发射了 18 颗工作卫星，全部 30 颗卫星（后调整为 24 颗工作卫星，6 颗备份卫星）原计划于 2020 年发射完毕。Galileo 卫星导航系统是世界上第一个基于民用的全球导航卫星系统，投入运行后，全球的用户将使用多制式的接收机，获得更多的导航定位卫星的信号，这将极大地提高导航定位的精度。

北斗卫星导航系统（BDS）是中国自主研发、独立运行的全球导航卫星系统。北斗卫星导航系统由空间段、地面段和用户段三部分组成，可在全球范围内全天候、全天时地为各类用户提供高精度、高可靠的定位、导航、授时服务，并具短报文通信能力，已经初步具备区域导航、定位和授时能力，定位精度 10m，测速精度 0.2m/s，授时精度 10ns。截至 2021 年，北斗卫星导航系统可提供全球服务，在轨工作卫星共 45 颗，包含 15 颗北斗二号卫星和 30 颗北斗三号卫星。

鉴于 GNSS 全球导航卫星系统具有高动态、高精度的三维定位的功能，使得在航空摄影测量过程中，利用 GNSS 所测得的摄站坐标来辅助空中三角测量的联合平差计算成为可能。

4.5.3 GPS 辅助空中三角测量的基本原理

GPS 辅助空中三角测量是利用装在飞机上和设在地面上的一个或多个基准站上的至少两台 GPS 信号接收机同时而连续地观测 GPS 卫星信号，通过 GPS 载波相位测量差分定位技术的离线数据后处理获取航摄仪曝光时刻摄站的三维坐标，然后将其视为附加观测值引入摄影测量区域网平差中，经采用统一的数学模型和算法以整体确定点位并对其质量进行评定的理论、技术和方法。

GPS 辅助空中三角测量的作业过程大体上可分为以下四个阶段：

第一，现行航空摄影系统改造及偏心测定。对现行的航空摄影飞机进行改造，安装 GPS 接收机天线，并测定 GPS 接收机天线相位中心到摄影机中心的偏心。需要说明的是，对于同一架航空摄影飞机，改造安装 GPS 接收机天线的工作只需进行一次即可。

第二，带 GPS 信号接收机的航空摄影。在航空摄影过程中，以 0.5~1.0s 的数据更新率，用至少两台分别设在地面基准站和飞机上的 GPS 接收机同时而连续地观测 GPS 卫星信号，以获取 GPS 载波相位观测量和航摄仪曝光时刻。

第三，求解 GPS 摄站坐标。对 GPS 载波相位观测量进行离线数据后处理，求解航摄仪曝光时刻机载 GPS 天线相位中心的三维坐标 X_A，Y_A，Z_A——GPS 摄站坐标及其方差-协方差矩阵。

第四，GPS 摄站坐标与摄影测量数据的联合平差。将 GPS 摄站坐标视为带权观测值与摄影测量数据进行联合区域网平差，以确定待求地面点的位置并评定其质量。

下面主要对 GPS 辅助光束法区域网平差的基本原理进行简单介绍。

1. GPS 摄站坐标与摄影中心坐标的几何关系

由于机载 GPS 接收机天线的相位中心不可能与航摄仪物镜后节点重合，所以会产生一个偏心矢量。航摄飞行中，为了能够利用 GPS 动态定位技术获取航摄仪在曝光时刻摄站的三维坐标，必须对传统的航摄系统进行改造。首先应在飞机外表顶部中轴线附近安装一个高动态航空 GPS 信号接收天线，其次必须在航摄仪中加装曝光传感器，然后将 GPS 天线通过前置放大器、航摄仪通过外部事件接口与机载 GPS 信号接收机相联构成一个可用于 GPS 导航的航摄系统。

将摄影机固定安装在飞机上后，机载 GPS 接收机天线的相位中心与航摄仪投影中心的偏心矢量为一常数，且在飞机坐标系(即像方坐标系)中的三个坐标分量(u_A，v_A，w_A)可以测定出来，如图 4-5-1 所示。

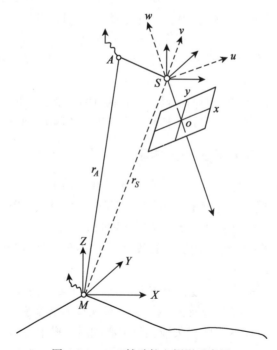

图 4-5-1　GPS 辅助航空摄影示意图

图 4-5-1 表示利用单差分 GPS 定位方式获取摄站坐标的示意图。设机载 GPS 天线相位中心 A 和航摄仪投影中心 S 在以 M 为原点的大地坐标系 $M\text{-}XYZ$ 中的坐标分别为 $(X_A$，Y_A，$Z_A)$ 和 $(X_S$，Y_S，$Z_S)$，若 A 点在像空间辅助坐标系 $S\text{-}uvw$ 中的坐标为 $(u$，v，$w)$，则利用像片姿态角 φ，ω，κ 所构成的正交变换矩阵 R 就可得到如下关系式：

$$\begin{pmatrix} X_A \\ Y_A \\ Z_A \end{pmatrix} = \begin{pmatrix} X_S \\ Y_S \\ Z_S \end{pmatrix} + R\begin{pmatrix} u \\ v \\ w \end{pmatrix} \tag{4-5-2}$$

Friess 等 (1991) 的研究表明，基于载波相位测量的动态 GPS 定位会产生随航摄飞行时间 t 线性变化的漂移系统误差。若在公式 (4-5-2) 中引入该系统误差改正模型，则有

$$\begin{pmatrix} X_A \\ Y_A \\ Z_A \end{pmatrix} = \begin{pmatrix} X_S \\ Y_S \\ Z_S \end{pmatrix} + R\begin{pmatrix} u \\ v \\ w \end{pmatrix} + \begin{pmatrix} a_X \\ a_Y \\ a_Z \end{pmatrix} + (t - t_0)\begin{pmatrix} b_X \\ b_Y \\ b_Z \end{pmatrix} \tag{4-5-3}$$

式中，t_0 为参考时刻；a_X，a_Y，a_Z，b_X，b_Y，b_Z 为 GPS 摄站坐标漂移系统误差改正参数。

公式 (4-5-3) 所表达的机载 GPS 天线相位中心与摄影中心坐标间的严格几何关系是非线性的。为了能将 GPS 所确定的摄站坐标作为带权观测值引入空中三角测量平差中，需对摄站坐标进行线性化处理。对未知数取偏导数，并按泰勒阶数展开取至一次项，可得到如下线性化观测值误差方程式：

$$\begin{pmatrix} v_{X_A} \\ v_{Y_A} \\ v_{Z_A} \end{pmatrix} = \begin{pmatrix} \Delta X_S \\ \Delta Y_S \\ \Delta Z_S \end{pmatrix} + \frac{\partial X_A Y_A Z_A}{\partial \varphi \omega \kappa}\begin{pmatrix} \Delta \varphi \\ \Delta \omega \\ \Delta \kappa \end{pmatrix} + R\begin{pmatrix} \Delta u \\ \Delta v \\ \Delta w \end{pmatrix} + \begin{pmatrix} \Delta a_X \\ \Delta a_Y \\ \Delta a_Z \end{pmatrix} +$$
$$(t - t_0)\cdot\begin{pmatrix} \Delta b_X \\ \Delta b_Y \\ \Delta b_Z \end{pmatrix} - \begin{pmatrix} X_A \\ Y_A \\ Z_A \end{pmatrix} + \begin{pmatrix} X_A^0 \\ Y_A^0 \\ Z_A^0 \end{pmatrix} \tag{4-5-4}$$

式中，X_A^0，Y_A^0，Z_A^0 为由未知数的近似值代入式 (4-5-3) 求得的 GPS 摄站坐标。

2. GPS 辅助光束法平差的误差方程式和法方程式

GPS 辅助光束法区域网平差的数学模型是在自检校光束法区域网平差的基础上联合公式 (4-5-4) 所得到的一个基础方程，其矩阵形式可写为

$$\begin{aligned}
V_X &= Bx + At + Cc &&- L_X,&& E \\
V_C &= E_X x &&- L_C,&& P_C \\
V_S &= \quad E_C c &&- L_S,&& P_S \\
V_G &= \quad \bar{A}t \quad + Rr + Dd &&- L_G,&& P_G
\end{aligned} \tag{4-5-5}$$

式中，V_X，V_C，V_S，V_G 分别为像点坐标、地面控制点坐标、自检校参数和 GPS 摄站坐标观测值改正数向量，其中 V_G 方程就是将 GPS 摄站坐标引入摄影测量区域网平差后新增的误差方程式；

$x = (\Delta X \quad \Delta Y \quad \Delta Z)^{\mathrm{T}}$ 为加密点坐标未知数增量向量；

$t = (\Delta\varphi \quad \Delta\omega \quad \Delta\kappa \quad \Delta X_S \quad \Delta Y_S \quad \Delta Z_S)^{\mathrm{T}}$ 为像片外方位元素未知数增量向量；

$c = (a_1 \quad a_2 \quad a_3 \quad \cdots)^{\mathrm{T}}$ 为自检校参数向量；

$r = (\Delta u \quad \Delta v \quad \Delta w)^{\mathrm{T}}$ 为机载 GPS 天线相位中心与航摄仪投影中心间偏心分量未知数增量向量；

$d = (a_x \quad a_Y \quad a_z \quad b_x \quad b_Y \quad b_z)^{\mathrm{T}}$ 为漂移误差改正参数向量；

A，B，C 为自检校光束法区域网平差方程式中相应于 t，x，c 未知数的系数矩阵；

$\bar{A}$，R，D 为 GPS 摄站坐标误差方程式对应于 t，r，d 未知数的系数矩阵；

E，E_X，E_C 为单位矩阵；

L_X，L_C，L_S，L_G 为误差方程式的常数矩阵；

P_C，P_S，P_G 为各类观测值的权矩阵。

根据最小二乘平差原理，由式(4-5-5)可得到法方程的矩阵形式为

$$
\begin{pmatrix}
B^{\mathrm{T}}B + P_C & B^{\mathrm{T}}A & B^{\mathrm{T}}C & 0 & 0 \\
A^{\mathrm{T}}B & A^{\mathrm{T}}A + \bar{A}^{\mathrm{T}}P_G A & A^{\mathrm{T}}C & \bar{A}^{\mathrm{T}}P_G R & \bar{A}^{\mathrm{T}}P_G D \\
C^{\mathrm{T}}B & C^{\mathrm{T}}A & C^{\mathrm{T}}C + P_S & 0 & 0 \\
0 & R^{\mathrm{T}}P_C\bar{A} & 0 & R^{\mathrm{T}}P_G R & R^{\mathrm{T}}P_G D \\
0 & D^{\mathrm{T}}P_C\bar{A} & 0 & D^{\mathrm{T}}P_G R & D^{\mathrm{T}}P_G D
\end{pmatrix}
\begin{pmatrix}
x \\ t \\ c \\ r \\ d
\end{pmatrix}
=
\begin{pmatrix}
B^{\mathrm{T}}L_X + P_C L_C \\
A^{\mathrm{T}}L_X + \bar{A}^{\mathrm{T}}P_G L_G \\
C^{\mathrm{T}}L_X + P_S L_S \\
R^{\mathrm{T}}P_G L_G \\
D^{\mathrm{T}}P_G L_G
\end{pmatrix}
\quad (4\text{-}5\text{-}6)
$$

式(4-5-6)为 GPS 辅助光束法区域网平差法方程的一般形式。与常规自检校光束法区域网平差相比，主要是增加了两组未知数 r 和 d，其系数矩阵增加了 5 个非零子矩阵，即镶边带状矩阵的边宽加大了，但法方程式系数矩阵的良好稀疏带状结构并没有被破坏，因此，仍然可以用传统的边法化边消元的循环分块方法求解未知数向量 t，c，r 和 d。

GPS 辅助空中三角测量历经了 30 多年的研究和实践探索，其理论和方法已基本成熟，现已步入实用阶段。综观各项研究成果，可以得出如下结论和建议：

(1)用基于 GPS 载波相位测量差分定位技术来确定航空遥感中传感器的三维坐标是可行的，将其用于摄影测量定位可满足各种比例尺地形图航测成图方法对加密成果的精度要求。

(2)GPS 辅助光束法区域网平差可大大减少地面控制点，GPS 摄站坐标作为空中控制能够很好地抑制区域网中的误差传播，由于 GPS 摄站坐标在区域网中的分布密集而均匀，使得区域网平差的精度和可靠性非常好。但是，为了进行 GPS 摄站坐标的变换和改正各种系统误差，平差时引入少量地面控制点是必需的。

(3)与经典的光束法区域网平差作业模式相比，GPS 辅助光束法区域网平差可大大减少野外控制工作量。采用 GPS 辅助空中三角测量方法，从航空摄影到完成摄影测量加密的时间较传统方法大大缩短，进而可缩短航测成图周期。

(4)在使用 GPS 辅助空中三角测量技术时，区域的四角应布设 4 个平高地面控制点，这些点最好简单布标，且于 GPS 航空摄影时进行测定。此外，还应于区域两端加摄两条垂直构架航线或在区域两端垂直于航线方向布设两排高程地面控制点。

(5)GPS 辅助空中三角测量还涉及诸如 GPS 航摄系统的偏移处理、地球曲率的影响和大地测量坐标系的转换、地面控制点的布设、系统误差的补偿和粗差的检测等许多技术细节，限于篇幅这里不详细叙述，有兴趣的读者可参考有关文献。

随着全球导航卫星系统(GNSS)定位技术的发展，GPS 精密单点定位已逐渐取代差分GPS 摄站定位。GPS 辅助航空摄影时无须架设 GPS 基准站，并且随着国际 GPS 服务快速、实时精密星历的发布，摄影测量加密在获得影像后就可以进行。

4.5.4 北斗辅助空中三角测量

2016 年 6 月 16 日，《中国北斗卫星导航系统》白皮书的颁布标志着中国北斗卫星导航系统(BDS)开始走向世界。目前，BDS 在亚太地区具有良好的几何覆盖，在 55°—180°E，55°S—55°N 的地球范围内，BDS 可见卫星数平均在 7 颗以上，三维位置几何精度因子(Position Dilution of Precision，PDOP)一般小于 5。研究表明，BDS 精密定轨径向精度优于±10cm，基线相对定位精度可达毫米级，静态精密单点定位精度可达厘米级，动态载波相位差分定位精度可达分米级。这表明 BDS 定位精度已与 GPS 相当，完全可以满足不同用户的导航定位需求，这就使得 BDS 用于航空摄影测量成为可能。

BDS 辅助空中三角测量的基本思想是将双频 BDS 接收机、航摄相机集成到飞行平台上，航空摄影时接收机按照设定的频率对 BDS 卫星进行观测，当相机曝光时，将曝光脉冲信号写入 BDS 接收机的时标上，以确定相机的曝光时间，并在离线数据处理中通过内插方法获取每幅影像曝光时的 BDS 天线相位中心三维坐标(简称 BDS 摄站坐标)，将其作为带权观测值引入光束法区域网平差中，以取代像控点，减少野外像片联测工作量。其中涉及高精度 BDS 摄站坐标获取和 BDS 导航数据与摄影测量观测值的联合平差两大核心技术。

袁修孝等(2017)进行了 BDS 辅助空中三角测量精度的有关实验，分别利用 BDS、GPS、BDS/GPS 差分定位获取的摄站坐标进行光束法区域网平差。为了便于对比分析，利用实验区内均匀分布的大量人工标志点作为定向点，采用密周边布点的自检校光束法区域网平差方法对实验影像进行了常规空中三角测量解算。实验结论如下：

(1)常规密周边布点光束法区域网平差结果的精度最好，检查点的平面位置/高程最大不符值仅为 0.116m/-0.191m，不符值中误差仅为 ±0.034m/±0.053m。而利用 GPS、BDS 或 BDS/GPS 获取的摄站坐标辅助光束法区域网平差结果没有实质性差异，无论是最大不符值还是中误差，差异均在 0.01m 范围内，但与密周边布点光束法区域网平差结果的差距均有 0.03m。

(2)尽管 BDS 单系统差分动态定位较 GPS 单系统、BDS/GPS 组合系统差分动态定位的摄站坐标的绝对精度要低，但分别利用它们取代地面控制点进行光束法区域网平差所获得的加密点精度并没有太大差别，这说明 3 种定位模式所获取的摄站坐标的相对精度是一致的。就低空摄影测量加密应用而言，用 BDS 取代 GPS 是完全可行的。

(3)4 种光束法区域网平差(常规密周边布点、BDS 辅助、GPS 辅助及 BDS/GPS 组合辅助空三)的检查点平面误差均小于 0.175m，高程误差均小于 0.250m。按照我国现行航空摄影测量规范，均满足丘陵地 1 : 500 比例尺地形测图的摄影测量加密要求。

4.6　POS 辅助空中三角测量

定位定向系统(Position & Orientation System，POS)可以获取移动物体的空间位置和三轴姿态信息，广泛应用于飞机、轮船和导弹的导航定位。POS 主要包括 GPS 信号接收机和惯性测量装置(Inertial Measurement Unit，IMU)两个部分，亦称 GPS/IMU 集成系统。

4.6.1　POS 与航空摄影系统的集成方法

将 POS 系统和航摄仪集成在一起，通过 GPS 载波相位差分定位获取航摄仪的位置参数及惯性测量单元 IMU 测定航摄仪的姿态参数，经 IMU、DGPS 数据的联合后处理，可直接获得测图所需的每张像片 6 个外方位元素，从而能够大大减少，乃至无须地面控制直接进行航空影像的空间地理定位，为航空影像的进一步应用提供快速、便捷的技术手段。在崇山峻岭、戈壁荒漠等难以通行的地区，如国界、沼泽滩涂等作业员根本无法到达的地区，采用 POS 系统和航空摄影系统集成进行空间直接对地定位(Direct Georeferencing)，快速、高效地编绘基础地理图件将是非常行之有效的方法。目前，机载 POS 系统直接对地定位技术已逐步应用于生产实践。

直接对地定位系统由惯性测量装置、航摄仪、机载 GPS 接收机和地面基准站 GPS 接收机四部分构成，其中前三者必须稳固地安装在飞机上，以保证在航空摄影过程中三者之间的相对位置关系不变，如图 4-6-1 所示。

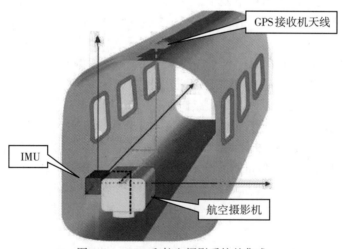

图 4-6-1　POS 和航空摄影系统的集成

航摄仪、GPS 天线和 IMU 三者之间的空间坐标变换可以通过坐标变换实现。为了保证获取航摄仪曝光瞬间摄影中心的空间位置和姿态信息，航摄仪应该提供或加装曝光传感器及脉冲输出装置。

目前，Leica 公司的 RC-20、RC-30 和 Zeiss 厂的 RMK-TOP 等现代航摄仪已带有此脉冲信号输出装置，而 IMU 和机载 GPS 接收机则有对应的外部事件输入装置。机载 GPS 接

收机必须是能在高速飞行条件下工作的动态 GPS 信号接收机，数据更新频率要优于
1 次/秒。机载 GPS 天线应安装在飞机顶部外表中轴线附近，尽量靠近飞机重心和摄影中
心的位置上。除安装在飞机上的设备外，还应在测区内或周边地区设定至少一个基准站，
并安装静态 GPS 信号接收机，要求地面 GPS 接收机的数据更新频率不低于机载接收机的
更新频率，以相对 GPS 动态定位方式来同步观测 GPS 卫星信号。

4.6.2 利用 POS 数据进行直接传感器定向

在已知 GPS 天线相位中心、IMU 及航摄仪三者之间空间关系的前提下，可直接对
POS 系统获取的 GPS 天线相位中心的空间坐标 (X, Y, Z) 及 IMU 系统获取的侧滚角、俯
仰角、航偏角进行数据处理，获取航空影像曝光瞬间的摄站中心三维空间坐标 $(X_S, Y_S,$
$Z_S)$ 及其航摄仪三个姿态角 $(\varphi, \omega, \kappa)$，从而实现无地面控制条件下直接恢复航空摄影
的成像过程。直接传感器定向具有很明显的优点：整个测区不需要进行空中三角测量，不
需要地面控制点。与传统的空中三角测量以及 GPS 辅助控制三角测量相比，这不仅有实
质上的费用降低，同时还使处理时间大大缩短。纯粹的直接地面参考的缺点在于：缺少了
多余观测，计算过程中出现的任何问题，如采用了错误的 GPS 基站坐标，都将直接影响
最终的结果。此外，由于对几何模型考虑得比较简单，导致即使区域网结构十分完美，且
检校场及 GPS/IMU 数据联合处理准确无误，直接传感器定向所能达到的精度仍然难以满
足大比例尺测图的需要。

4.6.3 利用 POS 数据进行集成传感器定向

当 GPS、IMU 与航摄仪三者之间的空间关系未知时，需要有适当数量的地面控制点，
通过将 DGPS/IMU 系统获取的三维空间坐标与 3 个姿态数据直接作为空中三角测量的附
加观测值参与区域网平差，从而高精度地获取每张航片的 6 个外方位元素，实现大幅度减
少地面控制点的数量。在集成传感器定向的过程中，虽然不可避免空中三角测量和加密点
量测，但是随之带来了更好的容错能力和更精确的定向结果。集成传感器定向不需要进行
预先的系统校正，因为校正参数能够在空中三角测量的过程中解算出来。

由于集成传感器定向是将 DGPS 和 IMU 数据直接纳入区域网，用地面控制点进行联
合平差的，因此理论上集成传感器定向较直接传感器定向具有可靠的精度和稳定性。但直
接传感器定向具有更好的适应性：对自然灾害频发区、国界及争议区、自然条件恶劣区等
难以开展地面控制测量工作的地区，采用直接传感器定向则是唯一可行的方法。

1. GPS、IMU 及航摄仪三者之间空间关系确定

图 4-6-2 为采用带 POS 系统的航摄仪对地面摄影的中心投影成像原理示意图。因 GPS
天线安装在飞机顶部、IMU 固联在航摄仪上，GPS 天线相位中心 A、IMU 几何中心 I 与航
摄仪的摄影中心 S 间存在空间偏移向量；由于安装工艺上的限制，IMU 本体坐标系 $I\text{-}x_Iy_Iz_I$
与航摄仪本体坐标系 $S\text{-}uvw$ 不可能完全平行，相应坐标轴间存在微小的方向偏差 φ_I，ω_I，
κ_I，即视准轴误差。

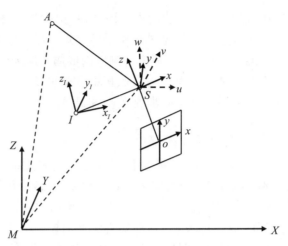

图 4-6-2　带 POS 系统的中心投影成像原理示意图

设机载 GPS 天线相位中心 A、航摄仪投影中心 S 在地面坐标系 $M\text{-}XYZ$ 中的坐标分别为 (X_A, Y_A, Z_A) 和 (X_S, Y_S, Z_S)，若 A 点在 $S\text{-}uvw$ 中的坐标为 (u, v, w)，则利用像片姿态角 φ, ω, κ 所构成的正交变换矩阵 R，可得到如下关系式：

$$\begin{pmatrix} X_A \\ Y_A \\ Z_A \end{pmatrix} = \begin{pmatrix} X_S \\ Y_S \\ Z_S \end{pmatrix} + R_{\varphi\omega\kappa} \cdot \begin{pmatrix} u \\ v \\ w \end{pmatrix} \tag{4-6-1}$$

公式 (4-6-1) 是通过机载 POS 系统获取摄站空间位置的理论公式，通常应根据具体应用，引入特定的误差改正模型。

从图 4-6-2 可知，$I\text{-}x_I y_I z_I$ 坐标系可以看作由坐标系 $S\text{-}uvw$ 绕其 v，u，w 轴连续旋转 φ_I，ω_I，κ_I 角后所处的位置。当 IMU 测定的航摄仪空中姿态角为 φ'，ω'，κ' 时，由其构成的正交变换矩阵 R_{IMU} 可表示为

$$R_{\text{IMU}} = R \cdot R_B^{\text{T}} \tag{4-6-2}$$

式中，$R_{\text{IMU}} = R\varphi' \cdot R\omega' \cdot R\kappa'$，$R_B = R\varphi_I \cdot R\omega_I \cdot R\kappa_I$。

令

$$R_{\text{IMU}} = R \cdot R_B^{\text{T}} = \begin{pmatrix} a_1' & a_2' & a_3' \\ b_1' & b_2' & b_3' \\ c_1' & c_2' & c_3' \end{pmatrix}$$

则有

$$\begin{aligned} \varphi' &= -\arctan\left(\frac{a_3'}{c_3'}\right) \\ \omega' &= -\arcsin(b_3') \\ \kappa' &= \arctan\left(\frac{b_1'}{b_2'}\right) \end{aligned} \tag{4-6-3}$$

考虑到 IMU 会产生随航摄飞行时间 t 线性变化的漂移系统误差，则有

$$\varphi' = -\arctan\left(\frac{a'_3}{c'_3}\right) + a_\varphi + (t-t_0)b_\varphi$$

$$\omega' = -\arcsin(b'_3) + a_\omega + (t-t_0)b_\omega \qquad (4\text{-}6\text{-}3a)$$

$$\kappa' = \arctan\left(\frac{b'_1}{b'_2}\right) + a_\kappa + (t-t_0)b_\kappa$$

式中，t_0 为参考时刻；a_φ，a_ω，a_κ，b_φ，b_ω，b_κ 为 IMU 姿态参数漂移系统误差改正参数。

式(4-6-1)和式(4-6-3)表达了 GPS 和 IMU 测定的影像定向参数与影像外方位元素间的严格几何关系。

2. 误差方程式

实施 POS 影像定向参数与像点坐标观测值的联合平差时，以像点坐标、GPS 摄站坐标和 IMU 姿态角为观测值，视物点地面坐标、影像外方位元素以及各种系统误差改正参数为待定参数。像点坐标系统误差采用带 3 个附加参数的 Bauer 模型，如式(4-6-4)所示。

$$\Delta x = s_1 x(x^2 + y^2 - 100) - s_3 x$$
$$\Delta y = s_1 y(x^2 + y^2 - 100) + s_2 x + s_3 y \qquad (4\text{-}6\text{-}4)$$

当航摄仪内方位元素已知时，在未知数近似值的邻域内对 POS 系统各个严格观测方程按泰勒级数展开至一次项，便可得误差方程的矩阵形式：

$$
\begin{aligned}
V_X &= Bx + A_X t + & & + Ss & & - L_X, & \text{权阵 } E \\
V_G &= & A_G t + Rr & & + D_G d_G & & - L_G, & \text{权阵 } P_G & \qquad (4\text{-}6\text{-}5) \\
V_I &= & A_I t + & + Mm & & + D_I d_I - L_I, & \text{权阵 } P_I
\end{aligned}
$$

式中，V_X，V_G，V_I 分别为像点坐标，GPS 摄站坐标和 IMU 姿态观测值改正数向量；

$x = (\Delta X \quad \Delta Y \quad \Delta Z)^\mathrm{T}$ 为待定点坐标未知数增量向量；

$t = (\Delta\varphi \quad \Delta\omega \quad \Delta\kappa \quad \Delta X_S \quad \Delta Y_S \quad \Delta Z_S)^\mathrm{T}$ 为影像外方位元素未知数增量向量；

$s = (s_1 \quad s_2 \quad s_3)^\mathrm{T}$ 为自检校参数向量；

$r = (\Delta u \quad \Delta v \quad \Delta w)^\mathrm{T}$ 为 GPS 偏心分量增量向量；

$d_G = (a_x \quad a_Y \quad a_z \quad b_x \quad b_Y \quad b_Z)^\mathrm{T}$ 为 GPS 定位漂移误差改正参数向量；

$m = (\Delta\varphi_1 \quad \Delta\omega_1 \quad \Delta\kappa_1)^\mathrm{T}$ 为 IMU 视准轴误差增量向量；

$d_I = (a_\varphi \quad a_\omega \quad a_\kappa \quad b_\varphi \quad b_\omega \quad b_\kappa)^\mathrm{T}$ 为 IMU 测姿漂移误差改正参数向量；

B，A_X，A_G，A_I，S，M，D_G，D_I 为相应未知数的系数矩阵，即各观测方程对未知数的一阶偏导数；

$L_X = \begin{pmatrix} x - x^0 \\ y - y^0 \end{pmatrix}$ 为像点坐标观测值残差向量，x^0，y^0 为由未知数近似值按共线方程计算的像点坐标值；

$L_G = \begin{pmatrix} X_A - X_A^0 \\ Y_A - Y_A^0 \\ Z_A - Z_A^0 \end{pmatrix}$ 为 GPS 摄站坐标观测值残差向量，X_A^0，Y_A^0，Z_A^0 为由未知数近似值按照

式(4-6-1)计算的机载 GPS 天线相位中心坐标值；

$$L_I = \begin{pmatrix} \varphi' - \varphi'_0 \\ \omega' - \omega'_0 \\ \kappa' - \kappa'_0 \end{pmatrix}$$ 为 IMU 姿态角观测值残差向量，φ'_0，ω'_0，κ'_0 为由未知数近似值按式

(4-6-3)计算的 IMU 姿态角值；

P_G，P_I 分别为 GPS 摄站坐标和 IMU 姿态角观测值权矩阵。

3. POS 系统对地定位的主要误差源

利用 POS 系统进行传感器对地定位时，其精度主要由以下几个因素决定：传感器位置、时间同步、初始校正、系统检校。下面对这几个影响精度的因素进行简单说明。

1)传感器位置

将传感器最佳地安放在航空载体上是一项重要的工作。因为一个低劣的传感器底座很可能改变整个系统的性能，而且这种情况引起的误差将很难改正。传感器的放置通常要符合下述两个条件：①使检校误差对传感器间偏移改正的影响最小；②传感器之间不能有任何微小移动。对于第一个条件，缩短传感器之间的距离就可以减小空间偏移改正的误差。这一点对于直接地理参考中定位元素的影响尤为明显。另一方面，传感器间的微小移动将对姿态测定产生影响。对于空间偏移改正和传感器间的微小移动来说，后者更难克服。

2)时间同步

尽管 GPS 与 IMU 组合使用可以提高二者的性能，高精度 GPS 信息作为外部量测输入，在运动过程中频繁地修正 IMU，以控制其误差随时间的累积；而短时间内高精度的 IMU 信息，可以很好地解决 GPS 动态环境中的信号失锁和周跳问题，同时还可以辅助 GPS 接收机增强其抗干扰能力，提高捕获和跟踪卫星信号的能力。但是，通常我们很难实现实时的 DGPS/IMU 组合导航系统。其中最根本的问题就在于很难做到同步使用 GPS 和 IMU 数据。IMU、GPS 及影像数据流之间的时间同步性要求随着精度要求及载体动态性的提高而提高。如果不能恰当地处理这个问题，它将成为一个严重的误差源，因为它直接影响载体的运行轨迹，从而影响影像外方位元素的确定。

3)初始校正

初始校正处理用来确定惯性系统从本体系转换到地面水平系的旋转矩阵。这项工作是在测量之前完成的，通常分为两个阶段：粗校正和精确校正。粗校正是使用传感器的原始输出数据和只考虑地球旋转及重力场假设模型来近似估计姿态参数。而精确校正中，考虑到低精度的惯性系统不能够在静态环境中校正，引入飞机运动来获取更高的对准精度。如果飞机的运动能够引起足够大的水平加速度，那么未对准误差的不确定性将可以通过速度误差迅速观测出来，并且能够根据 DGPS 的速度更新利用 Kalman 滤波估计出其大小。

4)系统检校

由于直接传感器定向不利用地面控制点，而仅仅通过投影中心外推获得地面点坐标，因此系统校正是进行传感器定向不可缺少的一项主要工作。系统校正的精确程度将极大地影响所获得的地面点坐标精度。由此，在实际作业中，对于系统校正必须给予充分的重视。系统校正分为两个部分：单传感器的校正和传感器之间的校正。单传感器校正包括内

定向参数，IMU 常量漂移、倾斜和比例因子，GPS 天线多通道校正等。传感器间的校正包含确定航摄仪与导航传感器之间的相对位置和旋转参数，由数据传输和内在的硬件延迟引起的传感器时间不同步的问题。

在利用 POS 系统提供的外方位元素直接进行传感器定向前必须进行检校，确定和改正这些误差。检校的正确与否将直接影响后续的数据处理。因此，在实际应用中对检校的要求是相当严格的，任何微小的错误都可能导致所确定的目标点位存在很大的误差。直接传感器定向首先应布设理想的检校场，进行严格的系统检校，保证测定的定向参数具有很高的精度。集成传感器定向无须布设检校场，但需要根据测图精度要求，在全区布设一定数量的地面控制点，进行像点坐标量测和空三解算，才能获得摄影瞬间像片的 6 个外方位元素。

4.6.4 POS 辅助全自动空中三角测量

自动空中三角测量是利用模式识别技术和多像影像匹配等方法代替人工在影像上自动选点与转点，同时自动获取像点坐标，提供给区域网平差程序解算，以确定加密点在选定坐标系中的空间位置和影像的定向参数。

自动空中三角测量作业过程，对于模型连接点，利用多片影像匹配算法可高效、准确、自动地量测其影像坐标，完全取代了常规航空摄影测量中由人工逐点量测像点坐标的作业模式；但对于区域网中的地面控制点，目前还缺乏行之有效的算法来自动定位其影像，只能将数字摄影测量工作站当作光机坐标量测仪由作业员手工量测。就 GNSS/POS 辅助空中三角测量而言，如果需要进行高精度点位测定，在区域网的四角还需要量测 4 个地面控制点；如果进行高山区中小比例尺的航空摄影测量测图，则可考虑采用无地面控制的空中三角测量方法，此时可完全用 GNSS/POS 摄站坐标取代地面控制点，实现真正意义上的全自动空中三角测量。图 4-6-3 示意了解析空中三角测量的主要过程。

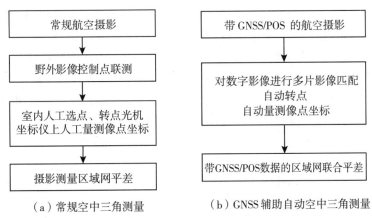

（a）常规空中三角测量　　　（b）GNSS 辅助自动空中三角测量

图 4-6-3　摄影测量区域网平差的主要过程

4.7　空中三角测量拓展

4.7.1　空中三角测量的云控制

已有地理空间信息数据(包括公众地理信息数据,如 Google Earth 影像、天地图影像、SRTM 数字高程模型、OpenStreetMap 地图数据等)、LiDAR 点云数据和已知定向参数的影像等,也可以为新影像的空三加密提供控制信息。控制信息的点非常密集,形成控制点云,因此称为云控制。根据数据类型,云控制可分为:①基于影像的控制;②基于矢量的控制;③基于 LiDAR 点云(包括 DLG)的控制。

1. 基于影像的控制

基于 DOM+DEM 的控制,通过新影像与正射影像的自动匹配提取控制点。首先,在新影像上提取特征点,通过自动影像匹配将提取的特征点匹配到周边的影像,从而获取连接点;其次,使用新影像的定向参数初值(可通过原始定向参数辅助下的自由网定向获得),对连接点进行前方交会,计算其初始地面坐标;最后,在正射影像上的对应地面范围内匹配同名像点,根据正射影像的平面坐标与 DEM 的高程,获得连接点对应控制点的三维物方坐标。

基于已知定向参数影像的控制,首先,由新影像构建自由网;然后,通过新、老影像间的匹配,将新影像的自由网加密点传递给老影像,再进行老影像间的匹配;最后,使用老影像的定向参数进行前方交会,获得新影像的自由网加密点的三维物方坐标。

2. 基于矢量的云控制

已有的矢量数据具有地物信息(道路、河流等线状地物),也可以作为控制数据。目前较为常见的方法是利用矢量数据中的道路矢量线与影像进行自动配准。线特征(如道路线、建筑物边缘线等)作为控制信息进行影像几何定位,需要将基于控制点的定位方法进行扩充。传统的点可以列 x、y 两个误差方程式,而广义点(线)则根据影像线特征角度的大小选择性地列出一个误差方程式。如图 4-7-1 所示,设 p 点所在特征线与水平方向夹角为 θ,当 $-45°<\theta \leqslant 45°$ 或 $135°<\theta \leqslant 225°$ 时(见图 4-7-1(a)),特征点在 x 轴方向残差(特征点在影像上观测坐标与对应物方点在影像上投影坐标之差)较小,可列像点观测值 x 的方程;否则,列像点观测值 y 的方程,参与摄影测量处理的平差计算。

基于广义点的现有影像与矢量自动配准方法,虽然能较好地解决小比例尺矢量控制的影像几何定位问题,然而对于大中比例尺的情况,由于场景更复杂,影像和矢量数据的信息更丰富(如矢量数据中道路线由单线矢量变为双线矢量,建筑物轮廓线、影像上道路宽度更大),且地物遮挡现象严重,影像与矢量配准的难度更大,尚需继续研究。

3. 基于 LiDAR 点云与 DLG 的云控制

DLG 虽有高程注记点,但是它是二维的平面(X、Y)图,不能独立用于摄影测量的云

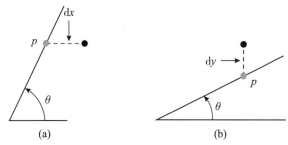

● 物方线特征上点在影像上的观测值
● 物方线特征上点在影像上的投影点

图 4-7-1 广义点所在处线特征与水平方向夹角的两种情况

控制，只有与 LiDAR 构成多元云控制。

影像与 LiDAR 点云是由完全不同的传感器采集，二者具有不同的属性。影像为二维栅格数据，LiDAR 点云为三维离散数据，二者的数据维度和类型均不相同，它们之间的配准具有一定的特殊性。影像与 LiDAR 点云配准的方法大致可以归纳为 3 类：①基于二维图像匹配的方法。利用 LiDAR 的强度图像或点云转换为深度、距离等二维图像，将二维影像与三维 LiDAR 点云的配准转换为二维影像之间的配准。②基于三维点云配准的方法。通过多视影像生成的点云(稀疏空三加密点云或密集匹配点云)与 LiDAR 点云之间的配准，实现影像与 LiDAR 点云之间的配准。③基于二维图像和三维点云直接匹配的方法。此类方法主要利用影像和 LiDAR 点云的直线特征和平面特征。

在具有 DLG 的情况下，LiDAR 点云可与 DLG 组合成多元联合控制。可在 LiDAR 点云控制的基础上，利用 DLG 进一步加强平面控制。例如对于城市场景，DLG 的控制作用主要来自建筑物的轮廓矢量线，通过影像墙面点与 DLG 建筑物轮廓线平面位置的重合，进而实现 DLG 对影像的平面控制。

4.7.2 ADS40 影像的 POS 辅助空中三角测量

ADS40/80 是推扫式成像，为线中心投影，影像的每一列都对应一组外方位元素。集成 POS 的机载三线阵传感器平差的观测值类型：影像量测坐标、GPS 坐标观测值、IMU 姿态观测值以及地面控制点。机载三线阵传感器系统误差：GPS 天线中心与传感器投影中心存在空间位置偏移、IMU 坐标轴与传感器坐标轴存在旋转偏移以及 IMU/GPS 随时间的漂移等系统误差。平差通常采用分段多项式拟合法和 Lagrange 多项式内插法两种方法建立轨道模型和姿态模型。分段多项式拟合法是将轨道分段，平差解算多项式系数；Lagrange 多项式内插法是通过抽取定向片/线，平差解算定向片/线外方位元素，然后内插其余线阵的外方位元素，共线方程是平差数学模型的基础。

1. 基于定向片/线的区域网平差模型

定向片/线法的原理是在传感器飞行轨道上，以一定时间间隔将轨道划分为若干段，在进行光束法平差时，只求解分割轨道的定向片/线时刻的外方位元素，其他取样时刻的外方位元素由相应定向片/线时刻的外方位元素内插得到。定向片/线时刻间隔内的外方位元素通常采用 Lagrange 多项式进行内插。

设 $n-1$ 阶的 Lagrange 多项式通过曲线 $y=f(x)$ 上的 n 个点：$y_1=f(x_1)$，$y_2=f(x_2)$，$\cdots$，$y_n=f(x_n)$，令系数为

$$P_j(x) = y_j \prod_{\substack{k=1 \\ k \neq j}}^{n} \frac{x - x_k}{x_j - x_k} \tag{4-7-1}$$

则 $n-1$ 阶 Lagrange 多项式可以表示为

$$P(x) = \sum_{j=1}^{n} P_j(x) \tag{4-7-2}$$

在图 4-7-2 中，假设地面点 P 的下视像点 p_N 成像于扫描行 j，其位于定向片/线 k 和 $(k+1)$ 之间，如果采用 Lagrange 多项式进行内插，则第 j 扫描行的外方位元素 $(X_{sj}$，Y_{sj}，Z_{sj}，φ_j，ω_j，$\kappa_j)$ 可以利用相邻 4 个定向片/线的外方位元素内插得到，即

$$P(t_j) = \sum_{m=k-1}^{k+2} \left[P(t_m) \cdot \prod_{\substack{n=k-1 \\ n \neq i}}^{k+2} \frac{t - t_n}{t_m - t_n} \right] \tag{4-7-3}$$

式中，$P(t)$ 表示 t 时刻的某一外方位元素分量。由式(4-7-3)易知，扫描行 j 的外方位元素是相邻定向片/线外方位元素的线性组合，将式(4-7-3)代入共线方程，以定向片/线的外方位元素为未知数，线性化即得到像点坐标观测值的误差方程。该方法在实际应用时，可根据 POS 曲线的变化趋势调整 Lagrange 多项式的阶数，阶数为 1 时，即为线性内插形式。

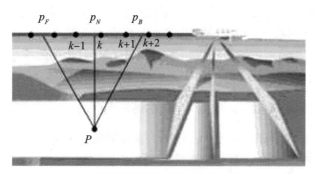

图 4-7-2　定向片/线内插示意图

2. 基于多项式拟合的区域网平差模型

分段多项式拟合法(Hinsken et al., 2001；赵双明等，2006)是将线阵传感器轨道分为若干段，每一段轨道的外方位元素变化采用多项式函数模型进行拟合，将线阵影像外方位元素未知数转化为多项式系数，然后利用线阵像点观测值和 POS 观测值进行光束法区域网平差求解多项式系数和加密点地面坐标等未知数。

1)线阵影像方位元素的多项式模型

分段多项式拟合是建立在假设传感器在飞行过程中，位置和姿态变化是平稳的，即每一条线阵列的外方位元素是随着该扫描线行数平稳变化的，二者满足多项式函数关系。因此，可以采用多项式函数对每一段传感器轨道的外方位元素建模。

$$
\begin{aligned}
X_{st}^{(k)} &= X_{s0}^{(k)} + X_{s1}^{(k)} t + X_{s2}^{(k)} t^2 + \cdots \\
Y_{st}^{(k)} &= Y_{s0}^{(k)} + Y_{s1}^{(k)} t + Y_{s2}^{(k)} t^2 + \cdots \\
Z_{st}^{(k)} &= Z_{s0}^{(k)} + Z_{s1}^{(k)} t + Z_{s2}^{(k)} t^2 + \cdots \\
\varphi_{t}^{(k)} &= \varphi_{0}^{(k)} + \varphi_{1}^{(k)} t + \varphi_{2}^{(k)} t^2 + \cdots \\
\omega_{t}^{(k)} &= \omega_{0}^{(k)} + \omega_{1}^{(k)} t + \omega_{2}^{(k)} t^2 + \cdots \\
\kappa_{t}^{(k)} &= \kappa_{0}^{(k)} + \kappa_{1}^{(k)} t + \kappa_{2}^{(k)} t^2 + \cdots
\end{aligned}
\tag{4-7-4}
$$

式中，$(*)^{(k)}$ 为第 k 段参数；$(*_1)$ 为外方位元素的一阶变化率；$(*_2)$ 为外方位元素的二阶变化率。如用二次多项式对线阵影像建模进行分段拟合，则多项式只取到二次项。在分段边界处需要外方位元素变化满足连续光滑约束。

连续条件为

$$
\begin{aligned}
X_{s0}^{(k+1)} + X_{s1}^{(k+1)} t + X_{s2}^{(k+1)} t^2 &= X_{s0}^{(k)} + X_{s1}^{(k)} t + X_{s2}^{(k)} t^2 \\
Y_{s0}^{(k+1)} + Y_{s1}^{(k+1)} t + Y_{s2}^{(k+1)} t^2 &= Y_{s0}^{(k)} + Y_{s1}^{(k)} t + Y_{s2}^{(k)} t^2 \\
Z_{s0}^{(k+1)} + Z_{s1}^{(k+1)} t + Z_{s2}^{(k+1)} t^2 &= Z_{s0}^{(k)} + Z_{s1}^{(k)} t + Z_{s2}^{(k)} t^2 \\
\varphi_{0}^{(k+1)} + \varphi_{1}^{(k+1)} t + \varphi_{2}^{(k+1)} t^2 &= \varphi_{0}^{(k)} + \varphi_{1}^{(k)} t + \varphi_{2}^{(k)} t^2 \\
\omega_{0}^{(k+1)} + \omega_{1}^{(k+1)} t + \omega_{2}^{(k+1)} t^2 &= \omega_{0}^{(k)} + \omega_{1}^{(k)} t + \omega_{2}^{(k)} t^2 \\
\kappa_{0}^{(k+1)} + \kappa_{1}^{(k+1)} t + \kappa_{2}^{(k+1)} t^2 &= \kappa_{0}^{(k)} + \kappa_{1}^{(k)} t + \kappa_{2}^{(k)} t^2
\end{aligned}
\tag{4-7-5}
$$

光滑条件(一阶导数相等)为

$$
\begin{aligned}
X_{s1}^{(k+1)} + 2X_{s2}^{(k+1)} t &= X_{s1}^{(k)} + 2X_{s2}^{(k)} t \\
Y_{s1}^{(k+1)} + 2Y_{s2}^{(k+1)} t &= Y_{s1}^{(k)} + 2Y_{s2}^{(k)} t \\
Z_{s1}^{(k+1)} + 2Z_{s2}^{(k+1)} t &= Z_{s1}^{(k)} + 2Z_{s2}^{(k)} t \\
\varphi_{1}^{(k+1)} + 2\varphi_{2}^{(k+1)} t &= \varphi_{1}^{(k)} + 2\varphi_{2}^{(k)} t \\
\omega_{1}^{(k+1)} + 2\omega_{2}^{(k+1)} t &= \omega_{1}^{(k)} + 2\omega_{2}^{(k)} t \\
\kappa_{1}^{(k+1)} + 2\kappa_{2}^{(k+1)} t &= \kappa_{1}^{(k)} + 2\kappa_{2}^{(k)} t
\end{aligned}
\tag{4-7-6}
$$

由式(4-7-4)、式(4-7-5)与式(4-7-6)进行平差，解算每一段的参数：

$$
(X_{sj}^{(k)} , Y_{sj}^{(k)} , Z_{sj}^{(k)} , \varphi_{j}^{(k)} , \omega_{j}^{(k)} , \kappa_{j}^{(k)}), \quad j = 0, 1, 2
$$

2)线阵影像方位元素的一次多项式模型

除了二次多项式模型，目前比较常用的还有一次多项式模型，即线性模型：

$$
\begin{aligned}
X_{st}^{k} &= X_{s0}^{(k)} + \Delta X^{(k)} t \\
Y_{st}^{k} &= Y_{s0}^{(k)} + \Delta Y^{(k)} t \\
Z_{st}^{k} &= Z_{s0}^{(k)} + \Delta Z^{(k)} t
\end{aligned}
$$

$$\varphi_{st}^{k} = \varphi_{0}^{(k)} + \Delta\varphi^{(k)}t$$
$$\omega_{st}^{k} = \omega_{0}^{(k)} + \Delta\omega^{(k)}t$$
$$\kappa_{st}^{k} = \kappa_{0}^{(k)} + \Delta\kappa^{(k)}t \qquad\qquad (4\text{-}7\text{-}7)$$

第 k 段的参数为

$$(X_{s0}^{(k)},\ Y_{s0}^{(k)},\ Z_{s0}^{(k)},\ \Delta\varphi^{(k)},\ \Delta\omega^{(k)},\ \Delta\kappa^{(k)})$$

连续条件为

$$X_{s0}^{(k+1)} + \Delta X^{(k+1)}t = X_{s0}^{(k)} + \Delta X^{(k)}t$$
$$Y_{s0}^{(k+1)} + \Delta Y^{(k+1)}t = Y_{s0}^{(k)} + \Delta Y^{(k)}t$$
$$Z_{s0}^{(k+1)} + \Delta Z^{(k+1)}t = Z_{s0}^{(k)} + \Delta Z^{(k)}t$$
$$\varphi_{s0}^{(k+1)} + \Delta\varphi^{(k+1)}t = \varphi_{0}^{(k)} + \Delta\varphi^{(k)}t$$
$$\omega_{s0}^{(k+1)} + \Delta\omega^{(k+1)}t = \omega_{0}^{(k)} + \Delta\omega^{(k)}t$$
$$\kappa_{s0}^{(k+1)} + \Delta\kappa^{(k+1)}t = \kappa_{0}^{(k)} + \Delta\kappa^{(k)}t \qquad\qquad (4\text{-}7\text{-}8)$$

3）多项式轨道模型的划分

对线阵影像一条航带，可以根据地面控制点、模型连接点数以及分布情况，将传感器轨道分割为若干段，并利用多项式模型对每一段轨道拟合（图 4-7-3）。

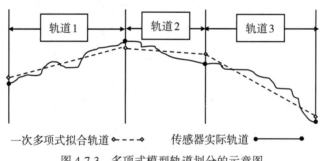

一次多项式拟合轨道 ◇- - -◇　　　传感器实际轨道 ●——●

图 4-7-3　多项式模型轨道划分的示意图

在对线阵影像外方位元素拟合时，需要注意以下两点：①不宜采用等间隔方式对轨道进行划分；②不宜采用相同阶数的多项式拟合所有的轨道。应该视具体情况和条件来对轨道进行合理划分和拟合。例如在高动态变化的轨道中，采用二次或者三次多项式来拟合轨道则更为合适；又如，具有不同多项式系数或不同多项式阶数的轨道持续时间不同，不能等间隔地分割轨道。

分段多项式模型虽然简单，但容易引起参数过度化，导致参数相关性强。例如当考虑POS 系统误差时，需要为每一段轨道的多项式模型引入一套多项式系统误差改正参数（通常是一次或二次的多项式模型），系统误差参数与外方位元素之间很容易具有相关性，使平差系统出现病态。此时对于轨道变化复杂的线阵影像，分段多项式模型如果将轨道过分细化，会出现过多的参数，如果轨道划分太少，又很难准确地描述外方位元素的变化情况。因此，分段多项式的使用应视具体情况而定。

4.7.3 倾斜影像空中三角测量

倾斜摄影系统通过在同一飞行平台上搭载多台传感器，同时从一个垂直、四个倾斜共五个不同方向的角度采集影像。倾斜摄影系统获取影像时具备较大的倾斜角，能够同时获得地物的顶面和侧面信息。倾斜多相机系统进行光束法平差，可分为以下三种方式。

1. 无约束的定向方式

每一个影像都使用独立的外方位元素，对于相同相机拍摄的影像使用共同的内方位元素，则此时的处理方法就是传统的共线方程的组合。这种方式没有加入诸如影像之间的偏移等的约束，但缺点是方程的数量急剧增大。

2. 附加约束的定向方式

这种方式将相机之间的相互位置关系作为约束信息加入光束法平差之中，即将每个摄站的 5 个相机整体作为一个单位进行平差。这样做的优势在于不仅降低了未知数的个数，也使网型更加稳定。将这些信息加入平差模型的方式有很多，最直接的方式将倾斜影像的共线方程理解为下视相机与倾斜相机两个影像坐标系之间分别经过平移和旋转后的一个函数。

3. 直接定向方式

首先将下视影像进行传统的空三解算获得精确的方位元素，然后利用已经检校的倾斜相机与下视相机之间的旋转平移参数解算出倾斜影像的外方位元素。相对于前两种方法，此方法精度较差，多传感器的潜力没有得到充分的发挥。即使检校参数是已知的，但是随着时间的推移，检校参数的稳定性是值得怀疑的。另外，由于可以使用传统的摄影测量软件进行处理，对于精度要求不高的工程还是适用的。

上述的三种平差方式各有利弊，方法 3 最简单，但精度也最差。方法 1 平差模型较为独立，方法 2 模型相对严格，理论上可以得到更高的精度。然而，必须注意的是，方法 2 和方法 3 都有一个前提，即多个相机必须同时曝光，而并非所有的倾斜摄影测量系统都遵循这一规则。因此，方法 1 是相对较为通用的一种方法。

4.7.4 SFM、SLAM 和 Visual SLAM

从运动恢复结构(Structure from Motion，SFM)是计算机视觉中提出的概念和方法。它在本质上与摄影测量中的解析空中三角测量很相近。Structrue，即指物体的几何特征，而 Motion 是指由传感器运动对物体进行连续摄影。因此，运动恢复结构就是通过估计从一组像片来恢复静止场景的三维结构。SFM 涉及 3 个主要阶段：①提取图像中的特征(如兴趣点、线等)，并在图像之间匹配这些特征；②利用上述图像匹配的结果对相机相对或绝对方位进行估计，经常使用的是通过基本矩阵 F 或本质矩阵 E 将新增的影像与已有的图形构网连接起来，在这些过程中往往使用随机抽样一致算法(Random Sample Consensus，RANSAC)，以便剔除影像匹配中的粗差；③使用估计的相机方位和对应特征确定物体的结构。最后一步实际上就是光束法平差，可以序贯（增量）实现，摄影机方位被逐一求解并添加到集合中；也可以总体实现，即所有摄像机的方位同时得到求解；还有一种方法是分块实现，即几个部分区域分别重建，再合并到全局中。

定位与地图构建（Simultaneous Location and Mapping，SLAM）是指移动机器人在行进过程中一边自行定位，一边对环境定位。SLAM 与空中三角测量、SFM 有很大重叠度，这里的 Mapping 与测绘中的精确制图有所区别，它与 SFM 中的 Structure 较为接近，一般指稀疏的结果重建。当机器人使用摄影传感器时，便称为 Visual SLAM，Visual SLAM 流程通常分为前端和后端两个部分。前端包括用于检测和匹配关键点、边缘像素，甚至所有像素的算法和数据结构；后端使用先前 N 帧上的这些关键点匹配来估计相机方位和 3D 关键点位置。后端显然就是一个光束法平差计算。

Visual SLAM 目前已经成为运动平台定位的重要分支，同时和摄影测量密切相关，当前最流行的 SLAM 框架：ORB-SLAM 与 LSD-SLAM。ORB-SLAM（Oriented FAST and Rotated BRIEF SLAM）是一个完整的 SLAM 系统，包括视觉里程计、跟踪、回环检测，同时支持单目、双目、RGB-D 三种模式。其核心是使用 ORB（Orinted FAST and BRIEF）作为整个视觉 SLAM 中的核心特征。ORB-SLAM 是由三大块组成，如图 4-7-4 所示。第一块是跟踪，第二块是建图，第三块是闭环检测。跟踪（Tracking）主要是从图像中提取 ORB 特征，根据上一帧进行姿态估计，或者进行通过全局重定位初始化位姿；然后，跟踪已经重建的局部地图，优化位姿，再根据一些规则确定新关键帧。建图（Local Mapping）主要完成局部地图构建，包括对关键帧的插入，验证最近生成的地图点并进行筛选；然后生成新的地图点，使用局部光束法平差调整（Local BA）；最后再对插入的关键帧进行筛选，去除多余的关键帧。闭环检测（Loop Closing）主要分为两个过程：闭环探测和闭环校正。闭环探测先使用词袋算法 WOB（Bag-of-Words）进行探测，然后通过 3D 相似变换确定图像间的相对关系。闭环校正，主要是闭环融合和 Essential Graph（本质图）的图优化。

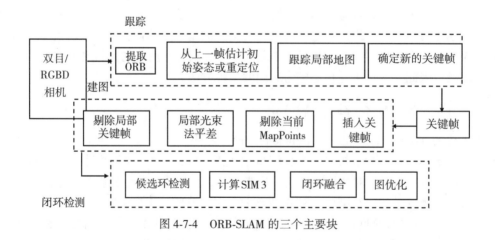

图 4-7-4　ORB-SLAM 的三个主要块

LSD-SLAM（Large-Scale Direct Monocular SLAM）是针对单目视觉的 SLAM 方法，但同时也可以用于双目视觉。它采用直接的图像匹配方法，无须提取特征点，直接构建半稠密的地图。LSD-SLAM 也分为三个主要块：图像跟踪、深度图估计（Depth Map Estimation）和图优化（Map Optimization）。图像跟踪用于连续跟踪从相机获取到的新图像帧。深度图估计，判断当前帧与当前关键帧距离是否大于一定阈值，来决定是否将当前帧设为新的关键帧：若构建新的关键帧，则构建新的深度图；若不构建，则更新当前关键帧的深度图。图优化是为了得到全局最优的图像位置和姿态以及地图。详细算法见相关参考文献。

4.8 解析摄影测量中粗差检测原理概述

4.8.1 粗差的概念

研究测量问题离不开误差的概念。在前面的章节中我们已经述及，在观测的数据中包含偶然误差和系统误差，并利用偶然误差的性质导出了最小二乘法的理论与方法，在最小二乘法的解算过程中合理地配赋偶然误差的影响；对系统误差，必须在平差解算之前对观测值逐一改正，或把系统误差作为附加参数，纳入平差解算系统，从而有效地进行补偿。

在测量的观测数据中，还存在第三种误差，即粗差（Blunder）。粗差是人为等因素引起的误差，如读数误差或记录误差等，它具有偶然性，但在数值上比偶然误差大得多。

在解析摄影测量中各种差错都可能出现，主要有两个方面：第一种差错是像点坐标的粗差；第二种差错是控制点坐标的粗差。对于这些粗差中的大粗差和中等粗差（大于 $20\sigma_0$，σ_0 代表单位权中误差），通常用预处理的办法来剔除，而对那些在预处理中无法察觉的小粗差（$4\sigma_0 \sim 20\sigma_0$），必须通过严格的统计方法来检测。粗差检测理论就是针对这种小粗差而提出来的。

4.8.2 粗差检测理论

粗差检测理论研究的主要问题是：如何发现粗差（粗差检测方法）？能检测出多大的粗差（内可靠性）？不能被检测出的粗差对平差结果有多大影响（外可靠性）？

荷兰大地测量学家 Baarda 教授（1968）提出的用以检测小粗差的理论"数据探测法（Data-Snooping）"是粗差检测的经典理论，其核心是根据平差结果，用观测值的改正数来构造标准正态统计量：

$$w_i = \frac{v_i}{\sigma_{vi}} \propto N(0, 1) \tag{4-8-1}$$

式中，v_i 为第 i 个观测值的改正数，由误差方程式 $V = A\hat{X} - L$ 求出；σ_{vi} 为改正数 v_i 的中误差，由下式计算：

$$\sigma_{vi} = \sigma_0 \sqrt{q_{vivi}}$$
$$q_{vivi} = q_{ii} - A_i (A^{\mathrm{T}}PA)^{-1} A_i^{\mathrm{T}} \tag{4-8-2}$$

式中，σ_0 为单位权中误差，q_{ii} 表示观测值权倒数矩阵主对角线的第 i 个元素；A_i 为误差方程式系数矩阵的第 i 行，$(A^{\mathrm{T}}PA)$ 为法方程系数矩阵。

用 w_i 作为统计量判断粗差，采用国际上公认的、Baarda 选用的显著水平 $\alpha = 0.001$，则由正态分布表可查得：

$$w_i = \frac{|v_i|}{\sigma_{vivi}} = 3.3 \tag{4-8-3}$$

即以 $w_i \propto N(0, 1)$ 作为零假设 H_0：若 $|v_i| < 3.3\sigma_{ii}$，则接受零假设，即检验结果为在该显著水平下不存在粗差；反之，若 $|v_i| > 3.3\sigma_{ii}$，则拒绝零假设，判断存在粗差。

除了"数据探测法"之外，"选权迭代法"是另一种常见的粗差检测方法。其基本思想是：开始平差时仍然按常规的最小二乘法进行，然后在每次平差之后，根据残差和其他有关参数，按所选择的权函数计算每个观测值在下一步迭代计算中的权值，纳入平差计算。如果权函数选择得当，且当粗差可定位时，则含粗差的观测值的权越来越小，直至趋于零。迭代终止时，相应的残差将直接指出粗差的数值，而平差结果则不受粗差的影响。

对权函数的选用，一般的规律是使用两种不同的函数。在选代的开始，权函数要陡一些，而在其后的迭代则要求平缓的权函数。在光束法区域网平差中推荐的权函数为

$$\begin{aligned} f(v) &= \exp\left(-0.05\left(\frac{|v|\sqrt{p_0}}{m_0}\right)^{4.4}\right) \quad \text{对头三次} \\ f(v) &= \exp\left(-0.05\left(\frac{|v|\sqrt{p_0}}{m_0}\right)^{3.0}\right) \quad \text{第三次以后} \end{aligned} \tag{4-8-4}$$

式中，p_0 为权因子，m_0 为观测值的标准偏差。

4.8.3　可靠性理论

可靠性是用于评定测量质量的另一种指标，分为内可靠性和外可靠性。

内可靠性表示可检测观测值中粗差的能力。通常用可检测出粗差的最小值或可检测出粗差的下限值来衡量，下限值越小，内可靠性越好。

外可靠性表示不可检测的粗差对平差结果或平差结果函数的影响。如果不可检测的粗差对结果的影响小，表明外可靠性好。

对可靠性的讨论是建立在统计检验基础之上的。若用 ∇_{0li} 表示可检测出粗差的下限值，则由统计检验原理导出其表达式为

$$\nabla_{0li} = \frac{\sigma_0}{\sqrt{r_i}} \cdot \frac{\sigma_0}{\sqrt{p_0}} = \delta_{0li} \cdot \sigma_{li} \tag{4-8-5}$$

式中，δ_{0li} 为内可靠性度量，它反映了可能发现的最小粗差 ∇_{0li} 为该观测值理论均方差 δ_{0li} 的倍数；$r_i = q_{vivi}p_i$ 称为局部多余量；δ_0 为一选定值。

显然，δ_{0li} 越小，则检测粗差的灵敏度越高。由式(4-8-5)可知，要使 δ_{0li} 越小，则 r_i 必须大，即要求越多的多余观测值。

由于能检测出的粗差有一定限度，低于这个限值的粗差不能被检测出来，并影响平差结果，因而有必要研究这种影响的大小，这就是外可靠性问题。外可靠性是研究不能被检测出的粗差 $\nabla_{li}(\leqslant \nabla_{0li})$ 对未知数函数 $f(\hat{x})$ 的影响 $\nabla_{li}f$。

设 $f(\hat{x})$ 为平差结果 $\hat{x}$ 的线性函数，则得到：

$$\frac{\nabla_{li}f}{\sigma_f} \leqslant \frac{\nabla_{0li}f}{\sigma_f} \leqslant \bar{\delta}_{0li} = \delta_0 \sqrt{\frac{u_i}{r_i}} \tag{4-8-6}$$

式中，$\bar{\delta}_{0li}$ 称为外可靠性量度，表示未发觉的粗差 ∇_{li} 对函数 f 的影响，为其均方差 σ_f 的最大倍数，用以检验该平差系统的敏感性。

由式(4-8-6)可知，当 r_i 越大时，$\bar{\delta}_{0li}$ 越小，当 $r_i \gg u_i$ 时，$\bar{\delta}_{0li}$ 最小，即外可靠性最好。

由以上讨论可见，无论是内可靠性还是外可靠性，都要求多余观测值越多越好，因此多余观测值是粗差检测的关键量。

◎ 习题与思考题

1. 解析空中三角测量的目的和意义是什么？进行解析空中三角测量需要利用哪些信息？

2. 解析空中三角测量中的控制点、检查点、连接点和定向点各有何用途？

3. 像点坐标观测值中的系统误差主要包括哪些内容？如何改正？

4. 试说明航带法区域网平差和独立模型法区域平差的基本思想。

5. 试说明光束法区域网平差方法的基本思想。为什么说它是最严密的解析空中三角测量点位的方法？

6. 光束法区域网平差中为什么要先确定未知数的初始值？有哪几种计算初始值的方法？它们各有什么优缺点？

7. 列出光束法区域网平差中控制点和加密点的像点坐标观测值方程式，如何计算常数项？

8. 下图中由四幅影像组成一个最简单的光束法区域网平差例子，试计算观测值个数、未知数以及多余观测个数，并绘出误差方程式、法方程式和改化法方程式的结构。

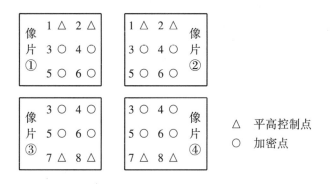

9. 计算机视觉中的 SFM、SLAM 与空中三角测量有哪些相同之处和区别点？

10. 如何进行空中三角测量结果的精度评定？

11. 自检校光束法区域网平差的主要目的是什么？

12. 为什么要引入非摄影测量观测值与摄影测量观测值一起进行联合平差？

13. 简述 GNSS/POS 辅助空中三角测量的基本原理，并指出 POS 数据在区域网平差中的作用。

14. 简述全自动空中三角测量的基本含义。

15. 简述 POS 直接对地定位的基本原理与方法。

16. 倾斜摄影测量有什么优势？

17. 如何进行 ADS40/80 影像的 POS 辅助空中三角测量？

18. 除常规的控制点外，还有哪些数据可以用来做空中三角测量的控制信息？

19. 什么叫粗差？它与偶然误差和系统误差有何区别？简述粗差检测原理。

20. 为什么要研究可靠性问题？内可靠性和外可靠性的含义各是什么？

第5章　数字影像与特征提取

数字摄影测量处理的原始资料是数字影像，因此，影像的采样与重采样以及获取所需要的影像特征都是数字摄影测量最基础的工作。此外，对一幅数字影像，我们最感兴趣的是那些非常明显的目标，而要识别这些目标，必须借助于提取构成这些目标的影像的特征。特征提取是影像分析和影像匹配的基础，也是单幅影像处理的最重要的任务。特征提取主要是应用各种算子来进行的。由于特征可分为点状特征、线状特征与面状特征，因而特征提取算子又可分为点特征提取算子与线特征提取算子，而面状特征主要是通过影像分割来获取的。本章介绍有关数字影像及其采样、影像重采样的理论以及点特征、线特征和面特征提取方法。

5.1　数字影像采样与重采样

数字影像是一个灰度矩阵 g：

$$g = \begin{pmatrix} g_{0,0} & g_{0,1} & \cdots & g_{0,n-1} \\ g_{1,0} & g_{1,1} & \cdots & g_{1,n-1} \\ \vdots & \vdots & & \vdots \\ g_{m-1,0} & g_{m-1,1} & \cdots & g_{m-1,n-1} \end{pmatrix} \tag{5-1-1}$$

矩阵的每个元素 $g_{i,j}$ 是一个灰度值，对应着光学影像或实体的一个微小区域，称这个元素为像元素(Picture Element)或像素(Pixel)。各像元素的灰度值 $g_{i,j}$ 代表影像经采样与量化了的灰度级。

若 Δx 与 Δy 是光学影像上的数字化间隔，则灰度值 $g_{i,j}$ 随对应的像素的点位坐标(x, y)

$$x = x_0 + i \cdot \Delta x \quad (i = 0, 1, \cdots, n-1)$$
$$y = y_0 + j \cdot \Delta y \quad (j = 0, 1, \cdots, m-1)$$

而异。通常取 $\Delta x = \Delta y$，$g_{i,j}$ 取用离散值。

如前所述，数字影像一般表达为空间的灰度函数 $g(i, j)$，构成为矩阵形式的阵列。这种表达方式是与其真实影像相似的。但也可以通过变换，用其他方式来表达。其中最主要的是通过傅里叶变换，把影像的表达由"空间域"变换到"频率域"中。在空间域内系表达点不同位置(x, y)处的灰度值，而在频率域内则表达在不同频率中(像片上每毫米的线对数，即周期数)的振幅谱(傅里叶谱)。频率域的表达对数字影像处理是很重要的。因为变换后矩阵中元素的数目与原图像中的相同，但其中许多是零值或数值很小。这就意味着通过变换，数据可以被压缩，可以更有效地存储和传递；其次是影像分析以及处理过程，例如滤波、卷积等相关运算，在频域内可以更有利地进行。在空间域内的一个卷积相当于在频率域内卷积函数的相乘，反之亦然。

5.1.1　采样定理

将传统的光学影像数字化得到的数字影像，或直接获取的数字影像，不可能对理论上的每一个点都获取其灰度值，而只能将实际的灰度函数离散化，对相隔一定间隔的"点"量测其灰度值。这种对实际连续函数模型离散化的量测过程就是采样，被量测的点称为样点，样点之间的距离即采样间隔。在影像数字化或直接数字化时，这些被量测的"点"也不可能是几何上的一个点，而是一个小的区域，通常是矩形或圆形的微小影像块，即像素。现在一般取矩形或正方形，矩形（或正方形）的长与宽通常称为像素的大小（或尺寸），它通常等于采样间隔。因此，当采样间隔确定了以后，像素的大小也就确定了。在理论上，采样间隔应由采样定理确定。

影像采样通常是等间隔进行的。为确定一个适当的采样间隔，可以对影像平面在空间域内和在频域内用卷积和乘法的过程进行分析。现在就一维的情况说明其原理。

假设有图 5-1-1(a) 所示的代表影像灰度变化的函数 $g(x)$ 从 $-\infty$ 延伸到 $+\infty$ 。$g(x)$ 的傅里叶变换为

$$G(f) = \int_{-\infty}^{+\infty} g(x) e^{-j2\pi fx} dx \tag{5-1-2}$$

假设当频率 f 值超出区间 $[-f_l, f_l]$ 之外时等于零，其变换后的结果如图 5-1-1(b) 所示。一个函数，如果它的变换对任何有限的 f_l 值有这种性质，则称之为有限带宽函数。

为了得到 $g(x)$ 的采样，我们用间隔为 Δx 的脉冲串组成的采样函数（图 5-1-2(a)）

$$s(x) = \sum_{k=-\infty}^{+\infty} \delta(x - k\Delta x) = \mathrm{comb}_{\Delta x}(x) \tag{5-1-3}$$

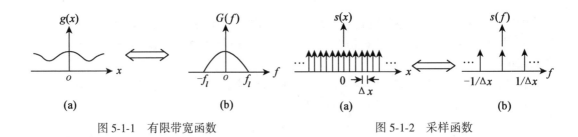

(a)	(b)
图 5-1-1　有限带宽函数	图 5-1-2　采样函数

乘函数 $g(x)$ 。采样函数的傅里叶变换为间隔 $\Delta f = 1/\Delta x$ 脉冲串组成的函数（图 5-1-2(b)）：

$$S(f) = \Delta f \sum_{k=-\infty}^{+\infty} \delta(f - k\Delta f) = \Delta f \cdot \mathrm{comb}_{\Delta f}(f) \tag{5-1-4}$$

即在 $\pm 1/\Delta x$ ，$\pm 2/\Delta x$ ，$\pm 3/\Delta x$ ，…处有值。

在空间域中采样函数 $s(x)$ 与原函数 $g(x)$ 相乘得到采样后的函数（图 5-1-3(a)）。

$$s(x)g(x) = g(x) \sum_{k=-\infty}^{+\infty} \delta(x - k\Delta x) = \sum_{k=-\infty}^{+\infty} g(k\Delta x)\delta(x - k\Delta x) \tag{5-1-5}$$

与此相对应，在频域中则应为经过交换后的两个相应函数的卷积，成为在 $1/\Delta x$, $2/\Delta x$, …

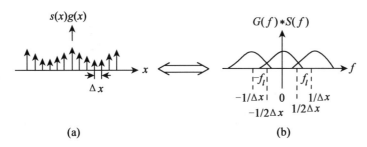

图 5-1-3 采样过程示意图

处每一处的影像谱形的复制品，如图 5-1-3(b)所示，这也就是 $s(x)g(x)$ 的傅里叶变换。

如果量 $1/2\Delta x$ 小于其频率限值 f_l 时(图 5-1-3(b))，则产生输出周期谱形间的重叠，使信号变形，通常称为混淆现象。为了避免这个问题，选取采样间隔 Δx 时应使满足

$$\frac{1}{2}\Delta x \geqslant f_l \quad \text{或} \quad \Delta x \leqslant \frac{1}{2f_l} \tag{5-1-6}$$

这就是 Shannon 采样定理，即当采样间隔能使在函数 $g(x)$ 中存在的最高频率中每周期取有两个样本时，则根据采样数据可以完全恢复原函数 $g(x)$。此时称 f_l 为截止频率或 Nyquist 频率。

上述 Shannon 采样间隔乃是理论上能够完全恢复原函数的最大间隔。实际上，由于原来的影像中有噪声以及采样光点不可能是一个理想的光点，还会产生混淆和其他的复杂现象。因此，噪声部分应在采样以前滤掉，并且采样间隔最好使在原函数 $g(x)$ 中存在的最高频率中每周期至少取 3 个样本。

5.1.2 数字影像采样过程

由于实际采样只可能在有限区间 $[0, x]$ 内进行，这等价于在空间域与一矩形窗口函数

$$w(x) = \begin{cases} 1, & 0 \leqslant x \leqslant X(X > 0) \\ 0, & \text{otherwise} \end{cases}$$

相乘，频率域则是与一个 sinc 函数与 $w(f)$ 的卷积：

$$[f(x) \cdot s(x)] \cdot w(x) \Leftrightarrow [F(f) * S(f)] * W(f) \tag{5-1-7}$$

因此，采用过程如图 5-1-4 所示。

由于 $w(f)$ 的非零部分延续到无穷，就使得原函数的频谱发生混淆。在做频谱分析时，为了改善这种影响，可不采用矩形窗口截断函数，而采用其他在频域有较小旁瓣的窗口，例如，采用单位面积余弦窗，或称最小能量矩窗。

$$\begin{cases} \frac{1}{\sqrt{X}}\cos\frac{\pi}{2X}x, & |x| < X(X > 0) \\ 0, & |x| \geqslant X \end{cases} \tag{5-1-8}$$

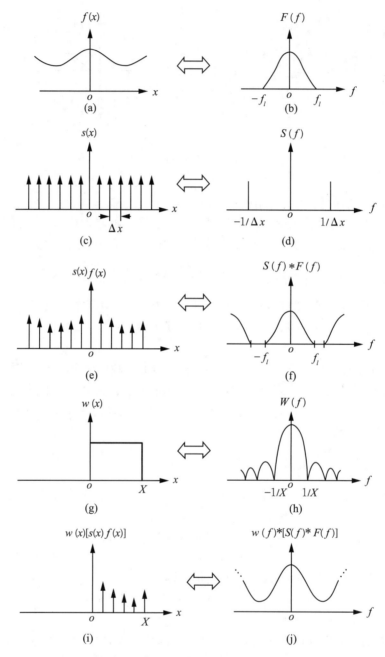

图 5-1-4　实际采用过程

其傅里叶变换为 $\dfrac{4\pi\sqrt{X}\cos 2\pi Xf}{\pi^2-4X^2\,(2\pi f)^2}$，该窗口是根据功率谱估计偏移量最小的条件推导出来的。

实际采样时，光孔不可能是一个理论上的点，而是一个直径为 d 的圆。因此，实际采样也就是原灰度函数与定义在该圆内的一个特定函数 $h(x)$ 的卷积，即采样是原函数 $f(x)$ 通过脉冲响应函数为 $h(x)$ 的滤波器的输出，$h(x)$ 称为滤波器的脉冲响应函数或卷积核，一般取高斯型函数：

$$h(x) = \frac{1}{\sqrt{2\pi}} e^{-\frac{x^2}{2\sigma^2}} \quad \Leftrightarrow \quad H(f) = e^{-2\pi^2\sigma^2 x^2} \tag{5-1-9}$$

其中，一般取 $\delta = d/2$ 或 $\delta = d/3$。只有当 $d = 0$ 时，$H(f) = 1$，采样函数的频谱才等于原函数的频谱，而一般情况下，它们并不相等。但采用上述卷积核，实际是对原函数进行了低通滤波，在对影像采样时，可以抑制像片的颗粒噪声及其他高频噪声。

综上所述，一个一维函数的实际采样过程可表示为

$$\{[f(x)*h(x)]\cdot s(x)\}\cdot w(x) \quad \Leftrightarrow \quad \{[F(f)\cdot H(f)]*S(f)\}*W(f) \tag{5-1-10}$$

影像的采样是二维的过程，二维采样函数(图 5-1-5)为

$$s(x, y) = \sum_k \sum_l \delta(x - k\Delta x, y - l\Delta y)$$

其中，δ 满足

$$\int_{-\infty}^{+\infty}\int_{-\infty}^{+\infty} g(x, y)\delta(x - x_0, y - y_0)\mathrm{d}x\mathrm{d}y = g(x_0, y_0) \tag{5-1-11}$$

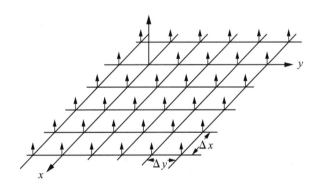

图 5-1-5　二维采样函数

5.1.3　数字影像量化

影像的灰度又称为光学密度。在摄影底片上，影像的灰度值反映了它的透明程度，即透光的能力。设投射在底片上的光通量为 F_0，而透过底片后的光通量为 F，则透过率 T 或不透过率 O 分别定义为

$$T = \frac{F}{F_0}, \quad O = \frac{F_0}{F} \tag{5-1-12}$$

透过率的值反映影像黑白的程度。但人眼对明暗程度的感觉是按照对数关系变化的。为了适应人眼的视觉，在分析影像的性能时，不直接用透过率表示影像黑白的程度，而用不透过率的对数值表示：

$$D = \log T, \qquad O = \log \frac{1}{T} \tag{5-1-13}$$

式中，D 称为影像的灰度。当光通量仅透过 $1/100$，即不透过率是 99% 时，则影像的灰度是 2。实际的航摄底片的灰度一般为 $0.3 \sim 1.8$。

影像灰度的量化是把采样点上的灰度数值转换成为某一种等距的灰度级。灰度级的级数 i 一般选用 2 的指数 M：

$$i = 2^M \quad (M = 1, 2, \cdots, 8) \tag{5-1-14}$$

当 $M = 1$ 时，灰度只有黑白两级；当 $M = 8$ 时，则有 256 个灰度级，其级数是介于 0 与 255 之间的一个整数，0 为黑，255 为白。由于这种分组正好可用存储器中 1byte（8bit）表示，所以它对数字处理特别有利。如果影像的细节信息特别丰富，可取 $M = 11$ 或 12，此时有 2048 或 4096 个灰度级，需要 11bit 或 12bit 存储一个像元。

影像量化误差与凑整误差一样，其概率密度函数是在 ± 0.5 之间均匀分布的，即

$$p(x) = \begin{cases} 1, & -0.5 \leqslant x \leqslant 0.5 \\ 0, & \text{otherwise} \end{cases}$$

其均值为 $\mu = 0$，方差为

$$\sigma_x^2 = \int_{-\infty}^{+\infty} (x - \mu)^2 p(x) \, \mathrm{d}x = \int_{-0.5}^{+0.5} x^2 \mathrm{d}x = \frac{1}{12} \tag{5-1-15}$$

在实际的影像处理中，处理的对象是影像的灰度等级，而不是灰度，但为了简化起见，一般将灰度等级当作"灰度"。

5.1.4　影像重采样

当欲知不位于矩阵（采样）点上的原始函数 $g(x, y)$ 的数值时就需进行内插，此时称为重采样（Resampling），意即在原采样的基础上再一次采样。每当对数字影像进行几何处理时总会产生这一问题，其典型的例子为影像的旋转、核线排列与数字纠正等。显然，在数字影像处理的摄影测量应用中常常会遇到一种或多种这样的几何变换，因此重采样技术对摄影测量学是很重要的。

根据采样理论可知，当采样间隔 Δx 等于或小于 $1/2 f_l$，而影像中大于 f_l 的频谱成分为零时，则原始影像 $g(x)$ 可以由下式计算恢复：

$$g(x) = \sum_{k=-\infty}^{+\infty} g(k\Delta x) \cdot \delta(x - k\Delta x) * \frac{\sin 2\pi f_1 x}{2\pi f_1 x} = \sum_{k=-\infty}^{+\infty} g(k\Delta x) \frac{\sin 2\pi f_1 (x - k\Delta x)}{2\pi f_1 (x - k\Delta x)}$$

$$\tag{5-1-16}$$

式 (5-1-16) 可以理解为原始影像与 sinc 函数的卷积，取用了 sinc 函数作为卷积核。但是这种运算比较复杂，所以常用一些简单的函数代替 sinc 函数。以下介绍三种实际上常用的重采样方法。

1. 双线性插值法

双线性插值法的卷积核是一个三角形函数，表达式为

$$W(x) = 1 - (x), \quad 0 \leqslant |x| \leqslant 1 \tag{5-1-17}$$

可以证明，利用式(5-1-17)做卷积对任一点进行重采样与用 sinc 函数有一定的近似性。此时需要该点 P 邻近的 4 个原始像元素参加计算，如图 5-1-6 所示。图 5-1-6 右侧表示式(5-1-17)的卷积核图形在沿 x 轴方向进行重采样时所应放的位置。

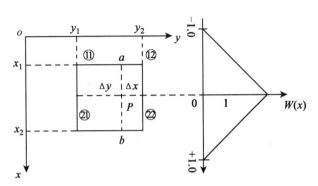

图 5-1-6　双线性插值法

计算可沿 x 轴方向和 y 轴方向分别进行。即先沿 y 轴方向分别对点 a，b 的灰度值重采样。再利用这两点沿 x 轴方向对 P 点重采样。在任一方向做重采样计算时，可使卷积核的零点与 P 点对齐，以读取其各原始像元素处的相应数值。实际上可以把两个方向的计算合为一个，即按上述运算过程，经整理归纳以后直接计算出 4 个原始点对点 P 所作贡献的"权"值，以构成一个 2×2 的二维卷积核 W（权矩阵），把它与 4 个原始像元灰度值构成的 2×2 点阵 I 做哈达玛（Hadamarard）积运算，得出一个新的矩阵。然后把这些新的矩阵元素相累加，即可得到重采样点的灰度值 $I(P)$ 为

$$I(P) = \sum_{i=1}^{2} \sum_{j=1}^{2} I(i, j) * W(i, j) \tag{5-1-18}$$

其中，

$$I = \begin{pmatrix} I_{11} & I_{12} \\ I_{21} & I_{22} \end{pmatrix} \quad W = \begin{pmatrix} W_{11} & W_{12} \\ W_{21} & W_{22} \end{pmatrix}$$

$$W_{11} = W(x_1) W(y_1); \qquad W_{12} = W(x_1) W(y_2)$$
$$W_{21} = W(x_2) W(y_1); \qquad W_{22} = W(x_2) W(y_2)$$

而此时按式(5-1-9)及图 5-1-4，有

$$W(x_1) = 1 - \Delta x; \qquad W(x_2) = \Delta x; \qquad W(y_1) = 1 - \Delta y; \qquad W(y_2) = \Delta y$$
$$\Delta x = x - \text{INT}(x)$$
$$\Delta y = y - \text{INT}(y)$$

点 P 的灰度重采样值为

$$\begin{aligned} I(P) &= W_{11} I_{11} + W_{12} I_{12} + W_{21} I_{21} + W_{22} I_{22} \\ &= (1 - \Delta x)(1 - \Delta y) I_{11} + (1 - \Delta x) \Delta y I_{12} + \Delta x(1 - \Delta y) I_{21} + \Delta x \Delta y I_{22} \end{aligned}$$

$$\tag{5-1-19}$$

2. 双三次卷积法

卷积核也可以利用三次样条函数。

Rifman 提出的下列式(5-1-20)的三次样条函数更接近于 sinc 函数。其函数值为

$$W_1(x) = 1 - 2x^2 + |x|^3, \qquad 0 \leqslant |x| \leqslant 1$$
$$W_2(x) = 4 - 8|x| + 5x^2 - |x|^3, \quad 1 \leqslant |x| \leqslant 2 \qquad (5\text{-}1\text{-}20)$$
$$W_3(x) = 0, \qquad 2 \leqslant |x|$$

在利用式(5-1-20)做卷积核对任一点进行重采样时，需要该点四周 16 个原始像元参加计算，如图 5-1-7 所示。图 5-1-7 右侧表示式(5-1-20)的卷积核图形在沿 x 轴方向进行重采样时所应放的位置。计算可沿 x，y 轴两个方向分别运算，也可以一次求得 16 个邻近点对重采样点 P 的贡献的"权"值。此时有

$$I(P) = \sum_{i=1}^{4} \sum_{j=1}^{4} I(i, j) * W(i, j) \qquad (5\text{-}1\text{-}21)$$

$$I = \begin{pmatrix} I_{11} & I_{12} & I_{13} & I_{14} \\ I_{21} & I_{22} & I_{23} & I_{24} \\ I_{31} & I_{32} & I_{33} & I_{34} \\ I_{41} & I_{42} & I_{43} & I_{44} \end{pmatrix} \qquad W = \begin{pmatrix} W_{11} & W_{12} & W_{13} & W_{14} \\ W_{21} & W_{22} & W_{23} & W_{24} \\ W_{31} & W_{32} & W_{33} & W_{34} \\ W_{41} & W_{42} & W_{43} & W_{44} \end{pmatrix}$$

其中，

$$W_{11} = W(x_1)W(y_1)$$
$$\cdots\cdots\cdots\cdots\cdots$$
$$W_{44} = W(x_4)W(y_4)$$
$$W_{ij} = W(x_i)W(y_j)$$

而按式(5-1-20)及图 5-1-7 的关系，有

$$x \text{ 方向：} \begin{cases} W(x_1) = W(1 + \Delta x) = -\Delta x + 2\Delta x^2 - \Delta x^3 \\ W(x_2) = W(\Delta x) = 1 - 2\Delta x^2 + \Delta x^3 \\ W(x_3) = W(1 - \Delta x) = \Delta x + \Delta x^2 - \Delta x^3 \\ W(x_4) = W(2 - \Delta x) = -\Delta x^2 + \Delta x^3 \end{cases}$$

$$y \text{ 方向：} \begin{cases} W(y_1) = W(1 + \Delta y) = -\Delta y + 2\Delta y^2 - \Delta y^3 \\ W(y_2) = W(\Delta y) = 1 - 2\Delta y^2 + \Delta y^3 \\ W(y_3) = W(1 - \Delta y) = \Delta y + \Delta y^2 - \Delta y^3 \\ W(y_4) = W(2 - \Delta y) = -\Delta y^2 + \Delta y^3 \end{cases}$$

$$\Delta x = x - \text{INT}(x)$$
$$\Delta y = y - \text{INT}(y)$$

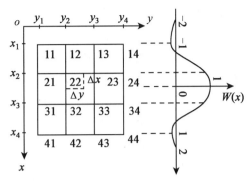

图 5-1-7 双三次卷积法

利用上述三次样条函数重采样的中误差约为双线性内插法的 $1/3$，但计算工作量增大。

3. 最邻近像元法

直接取与 $P(x, y)$ 点位置最近像元 N 的灰质值为核点的灰度作为采样值，即

$$I(P) = I(N)$$

N 为最邻近点，其影像坐标值为

$$x_N = \text{INT}(x + 0.5)$$
$$y_N = \text{INT}(y + 0.5)$$

(5-1-22)

式中，INT 表示取整。

以上三种重采样方法以最邻近像元法最简单，计算速度快且能不破坏原始影像的灰度信息；但最邻近像元法的几何精度较差，最大可达 0.5 像元。前两种方法几何精度较好，但计算时间较长，特别是双三次卷积法较费时，在一般值况下用双线性插值法较适宜。

5.2 点特征提取及定位算法

点特征主要指明显点，如角点、圆点等。提取点特征的算子称为兴趣算子或有利算子（Interest Operator），即运用某种算法从影像中提取我们所感兴趣（有利于某种目的）的点。现在已形成了一系列算法各异、具有不同特色的兴趣算子，比较经典的有 Harris、Forstner、Susan 算子和圆点定位算法等。1999 年 Low 提出了 SIFT 算子，其后，人们在其基础上改进出 SURF 算子，2005 年 Rosten 和 Drummond 提出了 FAST 特征点检测算法，2010 年 Calonder 提出了 BRIEF 算法，2011 年 Rublee 将 FAST 特征检测算法和 BRIEF 特征描述算法相结合，改进出 ORB 算法。这些都是目前在摄影测量以及计算机视觉领域中非常流行的方法。近年来随着深度学习的发展，一些基于深度学习的特征提取和描述算法也相继提出，并且成为发展趋势。这些算法与影像匹配紧密相连，它们的原理将在第 6 章特征匹配中详细讲述，下面主要讲几种经典的点特征提取及定位算法。

5.2.1 Harris 角点提取算法

1977 年，Moravec 提出利用灰度方差提取点特征的算子，其出发点是特征点在所有方

向上应有大的反差。其基本原理是考虑某一点与周围像素之间的灰度差，以 4 个方向上具有最小-最大灰度方差的点作为特征点。Chris Harris 和 Mike Stephens 认为 Moravec 算法存在三个主要问题：其一，只考虑 4 个方向的灰度方差是不够的，应该考虑每个方向的灰度变化；其二，图像窗口中的差分影像会有噪声，应该用高斯滤波器进行处理；其三，Moravec 算子对边缘过于敏感，这是由于仅考虑了 4 个方向最小方差。针对上面三个问题进行有效的改进，Chris Harris 和 Mike Stephens 于 1987 年提出了 Harris 角点提取算法，又称 Plessey 算法。它对影像的自相关函数进行泰勒级数展开，得到与之相关联的二阶矩阵 M，而 M 阵的特征值是自相关函数的一阶曲率，这两个曲率值与特征存在如图 5-2-1 所示的关系：①若两个特征值都比较小且近似相等，说明移动图像窗口进行自相关时，在所有方向上都没有明显的灰度变化，通常对应于图像中的平面区域；②若某个特征值远大于另一个特征值，说明图像窗口在某个方向移动时会有明显的灰度变化，而这通常对应于图像中的边缘线；③若两个特征值都比较大且近似相等，说明自相关函数各个方向都有较大的响应，此时对应于图像中的角点。因此，可以利用自相关矩阵 M 来计算角点响应值，见公式(5-2-1)。

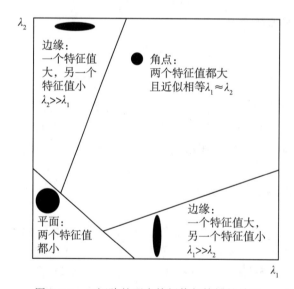

图 5-2-1 M 矩阵的两个特征值与特征的关系

$$M = G(\tilde{s}) \otimes \begin{pmatrix} g_x & g_x g_y \\ g_x g_y & g_y \end{pmatrix}, \quad R = \det(M) - k \cdot \mathrm{tr}^2(M) \tag{5-2-1}$$

式中，g_x 是 x 轴方向的梯度，g_y 是 y 轴方向的梯度，$G(\tilde{s})$ 为高斯模板，det 是矩阵的行列式；tr 是矩阵的直迹；k 是默认常数。

Harris 提取算法的步骤：

（1）首先确定一个 $n \times n$ 大小的影像窗口，对窗口内的每一个像素点进行一阶差分运算，求得在 x，y 轴方向的梯度 g_x，g_y；

（2）对梯度值进行高斯滤波：

$$g_x = G \otimes g_x$$
$$g_y = G \otimes g_y$$

$$(5\text{-}2\text{-}2)$$

式中，$G = \exp\left(-\dfrac{x^2 + y^2}{2\sigma^2}\right)$ 为高斯卷积模板，取 $0.3 \sim 0.9$。

（3）计算 M 矩阵，然后计算响应值：

$$R = \det(M) - k \cdot \mathrm{tr}^2(M)$$

$$(5\text{-}2\text{-}3)$$

式中，det 是矩阵的行列式；tr 是矩阵的迹；k 为默认常数，一般取 $k = 0.04 \sim 0.06$。

（4）在 3×3 或 5×5 的邻域内进行非极大值抑制，即选取兴趣值的局部极值点，在窗口内取最大值。局部极值点的数目往往很多，也可以根据特征点数提取的数目要求对所有的极值点排序，根据要求选出兴趣值最大的若干个点作为最后的结果。

在使用 Harris 角点检测算子时，需要设置参数 k，k 的大小将直接影响角点的响应值 R，进而影响角点提取的数量。增大 k 值，将减小角点响应值 R，降低角点检测的灵敏度，减小被检测角点的数量；减小 k 值，将增大角点响应值 R，增大角点检测的灵敏度，增加被检测角点的数量。Harris 算法给出响应值作为衡量特征点显著性，可以控制特征点提取的输出。在一块区域内，可以按照兴趣值大小输出所需要的特征点数目。有些情况下，需要特征点分布均匀，则可以通过取一定格网内最大值实现均匀特征点的输出。

因 Harris 算子的计算公式中只用到一阶导数，而且不涉及阈值，因而即使图像存在旋转、灰度变化、噪声和视点的变换，Harris 算法也是一种比较稳定的点特征提取算子，具有最佳的可重复性。该算子计算简单，整个过程的自动化程度高，提取的点特征均匀、合理而且稳定。但 Harris 算子随着影像尺度变化而变化，尺度改变其特征也会跟着改变。

5.2.2 SUSAN 算子

SUSAN（Smallest Univalue Segment Assimilating Nucleus）算子，即同化核分割最小值算法，是英国牛津大学的 S. M. Smith 和 J. M. Brady 于 1995 年提出的，它主要用于提取图像中的角点及边缘特征。

1. 基本原理

在图像上设置一个移动的圆形模板，如图 5-2-2 所示。若模板内的像素灰度与模板中心的像素差值小于给定的阈值，则认为该点与中心点是同值的，由满足这样条件的像素组成的区域叫作同化核同值区（Univalue Segment Assimilating Nucleus，USAN）。

SUSAN 算子使用的是圆形模板进行角点检测，一般使用的模板的半径是 3~5 像素。

由图 5-2-3 可以看到，USAN 包含了图像结构的重要信息。掩膜核及掩膜完全包含在图像中时（c）（深色区域），USAN 的值最大；当模板移向图像边缘时，USAN 区域逐渐变小，掩膜核在图像的一条直线边缘附近时（b），USAN 值接近其最大值的一半；掩膜核在图像的一个角点处（a），USAN 值接近最大值的 1/4。在一幅图像中搜索图像角点或边缘点，就是搜索 USAN 最小（小于一定值）的点，即搜索最小化同化核同值区，这样可得到特征点检测的 SUSAN 算法。

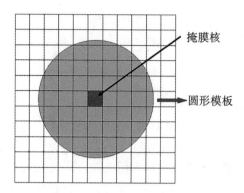

图 5-2-2　SUSAN 的圆形模板

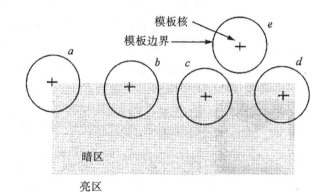

图 5-2-3　在不同位置下的四种不同的掩膜

2. 数学模型

对整幅图像中的所有像素，用圆形模板进行扫描，将模板中的各像元的亮度（或灰度）与核心点的亮度（或灰度）值利用下面的判别函数进行比较：

$$c(\boldsymbol{r},\ \boldsymbol{r}_0) = \begin{cases} 1, & |I(\boldsymbol{r}) - I(\boldsymbol{r}_0)| \leqslant t \\ 0, & |I(\boldsymbol{r}) - I(\boldsymbol{r}_0)| > t \end{cases} \tag{5-2-4}$$

式中，$\boldsymbol{r}_0$ 表示模板核所在位置；$\boldsymbol{r}$ 表示模板核其他像素所在位置；$I(\boldsymbol{r})$ 表示像元的亮度值（或灰度值）；t 表示亮度差（或灰度差）阈值，阈值 t 是所能检测边缘点的最小对比度，也是能忽略的噪声的最大容限。t 越小，可从对比度越低的图像中提取特征。因此，对于不同对比度和噪声情况的图像，应取不同的 t 值。

图像中每一点的 USAN 区域大小可用下式表示：

$$n(\boldsymbol{r}_0) = \sum_{r} c(\boldsymbol{r},\ \boldsymbol{r}_0) \tag{5-2-5}$$

式中，n 是 USAN 区域的像素个数，即 USAN 区域的面积，把这个面积和几何阈值进行比较，得到响应函数：

$$R(\boldsymbol{r}_0) = \begin{cases} g - n(\boldsymbol{r}_0), & n(\boldsymbol{r}_0) < g \\ 0, & \text{otherwise} \end{cases} \qquad (5\text{-}2\text{-}6)$$

式中，R 为响应函数；g 为阈值。

设模板能取到的最大 n 值为 $n_{\max}$，为了消除噪声的影响，通常用几何阈值 g 控制角点的生成质量，这样就可以确定边缘或角点的位置。

阈值 g 决定了特征的形状，一般的取值为 $3n_{\max}/4$（对应边缘）、$n_{\max}/2$（对应角点）。通常在检测角点时，取值为 1/2 模板的像素个数，当采用 7×7 的圆形模板时，$g=37\times1/2$。

3. 计算步骤

（1）在图像中放置圆形模板，即确定掩膜核。

（2）掩膜在整幅图像上进行二维遍历，计算模板内与模板核有相同亮度的像素个数。

（3）形成角点强度图像，如图 5-2-4 所示。

（4）通过寻求 USAN 的中心与邻接性去除伪点。

（5）通过抑制局部非最大确定最终角点，即通过将一个边缘点作为 3×3 模板的中心，在它的 8-邻域范围内的点中进行比较，保留最大亮度的点即为角点。

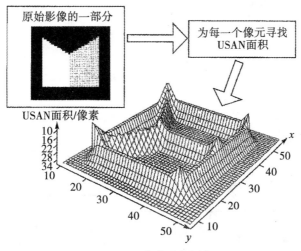

图 5-2-4　角点强度图像

SUSAN 算法的特点：

（1）无须梯度运算，保证了算法的效率。

（2）具有积分特征（在一个模板内计算 USAN 面积），这就使得 SUSAN 算法在抗噪和计算速度方面有较大的改进。

（3）具有良好的定位能力。

（4）比 Harris 角点算子运行速度快 10 倍以上。

SUSAN 算子与 Harris 算子的比较如下：Harris 算子不需设置阈值，整个过程的自动化程度高，可以根据需要调整提取的特征点数；同时具有抗干扰强、精度高的特点。SUSAN

算子提取特征点分布合理，较适合提取图像边缘上的拐点。由于它不需对图像求导数，所以也有较强的抗噪声能力。利用 SUSAN 算法提取图像拐点，阈值的选取是关键，它没有自适应算法，也不像 Harris 算法可根据需要提出一定数目的特征点。该算法编程容易，易于硬件实现。为克服影像灰度值分布不均对提取 SUSAN 算子角点的影响，可对影像采取二值化(或多值化)分割，以进一步改进提取效果。在纹理信息丰富的区域，SUSAN 算子对明显角点提取的能力较强；在纹理相近处，Harris 算子提取角点的能力较强。

5.2.3 Forstner 算子

Forstner 定位算子是摄影测量界著名的定位算子。其特点是速度快，精度较高。Forstner 算子包括两个部分：第一部分，在影像中选取最佳窗口；第二部分，在最佳影像窗口里利用像素的梯度模平方为权，列方程解算特征点的位置。

1. 选择最佳影像窗口

通过计算各像素的 Robert 梯度和像素(c, r)为中心的一个窗口(如 5×5)的灰度协方差矩阵，在影像中寻找具有尽可能小而接近圆的误差椭圆的点作为特征点。具体步骤如下：

(1)计算各像素的 Robert 梯度，如图 5-2-5 所示。

$$g_u = \frac{\partial g}{\partial u} = g_{i+1, j+1} - g_{i, j}$$
$$g_v = \frac{\partial g}{\partial v} = g_{i, j+1} - g_{i+1, j}$$
$$\text{(5-2-7)}$$

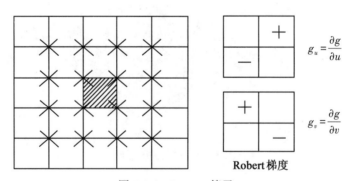

图 5-2-5　Forstner 算子

(2)计算 $l×l$(如 5×5 或更大)窗口中灰度的协方差矩阵。

$$Q = N^{-1} = \begin{pmatrix} \sum g_u^2 & \sum g_u g_v \\ \sum g_v g_u & \sum g_v^2 \end{pmatrix}^{-1}$$
$$\text{(5-2-8)}$$

其中，

$$\sum g_u^2 = \sum_{i=c-k}^{c+k-1} \sum_{j=r-k}^{r+k-1} (g_{i+1, j+1} - g_{i, j})^2$$

$$\sum g_v^2 = \sum_{i=c-k}^{c+k-1} \sum_{j=r-k}^{r+k-1} (g_{i,j+1} - g_{i+1,j})^2$$

$$\sum g_u g_v = \sum_{i=c-k}^{c+k-1} \sum_{j=r-k}^{r+k-1} (g_{i+1,j+1} - g_{i,j})(g_{i,j+1} - g_{i+1,j})$$

（3）计算兴趣值 q 与 w：

$$w = \frac{1}{\text{tr}Q} = \frac{\det N}{\text{tr}N} \tag{5-2-9}$$

$$q = \frac{4\det N}{(\text{tr}N)^2} \tag{5-2-10}$$

式中，$\det N$ 代表矩阵 N 的行列式；$\text{tr}N$ 代表矩阵 N 的迹。

可以证明，q 即像素 (c, r) 对应误差椭圆的圆度，

$$q = 1 - \frac{(a^2 - b^2)^2}{(a^2 + b^2)^2} \tag{5-2-11}$$

其中，a 与 b 分别为椭圆之长、短半轴。如果 a，b 中任一个为零，则 $q = 0$，表明该点可能位于边缘上；如果 $a = b$，则 $q = 1$，表明为一个圆。w 为该像元的权。

（4）确定待选点。

如果兴趣值大于给定的阈值，则该像元为特选点。阈值为经验值，可参考下列值：

$$T_q = 0.5 \sim 0.75$$

$$T_w = \begin{cases} f\overline{w} & (f = 0.5 \sim 1.5) \\ cw_c & (c = 5) \end{cases} \tag{5-2-12}$$

式中，$\overline{w}$ 为权平均值；w_c 为权的中值。

当 $q > T_q$ 同时 $w > T_w$ 时，该像元为待选点。

（5）选取极值点。

以权值 w 为依据选择极值点，即在一个适当窗口中选择 w 最大的待选点，而去掉其余的点。

由于 Forstner 算子较复杂，可首先用一简单的差分算子提取初选点，然后采用 Forstner 算子在 3×3 窗口计算兴趣值，并选择备选点最后提取的极值点为特征点。

2. 特征点的定位

完成最佳窗口选择后，以原点到窗口内边缘直线的距离为观测值，梯度模之平方为权，在点 (x, y) 处可列误差方程：

$$v = x_0\cos\theta + y_0\sin\theta - (x\cos\theta + y\sin\theta)$$

$$w(x, y) = |\nabla g|^2 = g_x^2 + g_y^2 \tag{5-2-13}$$

由最小二乘法可解得角点坐标 (x_0, y_0)，其结果即窗口内像元的加权重心。

该定位算子具有很多优点，但定位精度仍然不理想，当窗口为 5×5 像素时，对理想条件下的角点定位精度为 0.6 像元。

5.2.4　圆点定位算子

在摄影测量中常利用一些人工标志，其中圆形标志应用最广，为了自动识别，在圆形标志基础上又发展出各种编码标志，如图 5-2-6 所示。由于圆在影像上经常会成像为椭圆，因此圆点定位实际上也与椭圆的定位有关。

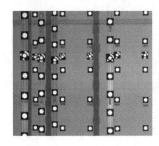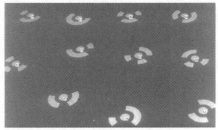

图 5-2-6　影像上的圆与编码标志

1. Wong-Trinder 圆点定位算子

Wong 和 Wei-Hsin（1986）利用二值图像重心对圆点进行定位。首先利用阈值 $T=$（最小灰度值±平均灰度值）$/2$，将窗口中的影像二值化为 $g_{ij}(i=0,1,\cdots,n-1;j=0,1\cdots,m-1)$。然后，计算目标重心坐标 (x,y) 与圆度 r：

$$x=\frac{m_{10}}{m_{00}}$$

$$y=\frac{m_{01}}{m_{00}}$$

$$\gamma=\frac{M'_x}{M'_y} \tag{5-2-14}$$

$$M'_x=\frac{M_{20}+M_{02}}{2}+\sqrt{\left(\frac{M_{20}-M_{02}}{2}\right)^2+M_{11}^2}$$

$$M'_y=\frac{M_{20}+M_{02}}{2}-\sqrt{\left(\frac{M_{20}-M_{02}}{2}\right)^2+M_{11}^2}$$

其中，

$$m_{pq}=\sum_{i=0}^{n-1}\sum_{j=0}^{m-1}i^p j^q g_{ij}\quad(p,q=0,1,2\cdots)$$

$$M_{pq}=\sum_{i=0}^{n-1}\sum_{j=0}^{m-1}(i-x)^p(j-y)^q g_{ij}\quad(p,q=0,1,2\cdots)$$

分别为 $p+q$ 阶原点矩与中心矩。当 r 小于阈值时，目标不是圆；否则，圆心为 (x,y)。

Trinder（1989）发现，该算子受二值化影响，误差可达 0.5 像素，因此他利用原始灰度

W_{ij}为权：

$$x = \frac{1}{M}\sum_{i=0}^{n-1}\sum_{j=0}^{m-1}ig_{ij}W_{ij}$$

$$y = \frac{1}{M}\sum_{i=0}^{n-1}\sum_{j=0}^{m-1}jg_{ij}W_{ij}$$

(5-2-15)

其中，

$$M = \sum_{i=0}^{n-1}\sum_{j=0}^{m-1}g_{ij}W_{ij}$$

在理想情况下，改进的算子的定位精度可达 0.01 像素，但是这种算法只对圆点定位.

2. 椭圆拟合法

由于圆形标志经透镜成像后一般为椭圆，该方法首先用边缘检测算子对椭圆边缘进行粗定位，剔除粗差，再对像素级边缘点进行亚像素边缘检测，得到亚像素精度的边缘点，最后对提取的标志边缘点进行椭圆最小二乘拟合，从而确定标志中心的精确位置。

椭圆在平面内的一般方程为

$$x^2 + 2Bxy + Cy^2 + 2Dx + 2Ey + F = 0$$

(5-2-16)

式中，(x_0, y_0)为椭圆的中心点坐标；B，C，D，E，F 分别为椭圆方程的 5 个系数参数。

椭圆拟合可求得椭圆方程的 5 个系数参数，椭圆中心点坐标的计算公式为

$$x_0 = \frac{BE - CD}{C - B^2}, \quad y_0 = \frac{BD - E}{C - B^2}$$

(5-2-17)

该方法中需要注意的关键技术包括：

（1）粗差剔除。通过拟合得到椭圆方程之后，计算椭圆中心和当前边缘点连线与椭圆的交点，然后计算交点到当前边缘点的距离，代表当前边缘点的拟合误差；计算每个边缘点对应的拟合误差，然后通过统计方法剔除可能存在的边缘粗差点。

如图 5-2-7 所示，O 是拟合椭圆的中心，A 是当前边缘点，A' 是直线 OA 与椭圆的交点，dA 是当前边缘点对应的拟合误差。

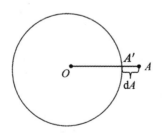

图 5-2-7　椭圆拟合误差示意图

（2）边缘点精确定位。首先计算椭圆在当前离散点 A 上的法向量方向；然后沿法向量方向，对以 A 为中心的一定区间 ab 内的灰度进行重采样，采样间隔可以为 0.5 像素，这样可以获得一个灰度序列；最后，计算灰度序列的梯度，并采用抛物线拟合计算极值点或者通过梯度加权方式获取梯度最大的点，作为最佳边缘点。

1）抛物线拟合

在获取边缘点一定区间内的灰度序列后，计算其对应的梯度序列，利用抛物线方程 (5-2-18) 拟合此梯度序列，然后根据式 (5-2-19) 计算抛物线方程的极值点，最后通过极值点在区间中的坐标和法向量方向可以计算得到当前离散点对应的最佳边缘点在图像中的精确位置。

$$y = ax^2 + bx + c \tag{5-2-18}$$

$$x = -\frac{b}{2a} \tag{5-2-19}$$

2）梯度加权

由于沿法向量方向采样后得到的灰度序列为一维向量，因此只需考虑一维加权：

$$\Delta d = \frac{\sum_{i=1}^{n} \Delta g_i \cdot \Delta d_i}{\sum_{i=1}^{n} \Delta g_i} \tag{5-2-20}$$

式中，Δd_i 为梯度点 i 离区间中心点的距离；Δg_i 为梯度点 i 的梯度值；Δd 为梯度加权得到的距离值，代表最佳边缘点离区间中心的距离。

5.3　线特征提取算子

线特征是指影像上的"边缘"和"线"。"边缘"可定义为影像局部区域特征不相同的那些区域间的分界线；而"线"可以认为是具有很小宽度的其中间区域具有相同的影像特征的边缘对，也就是距离很小的一对边缘构成一条线。因此，线特征提取算子通常也称边缘检测算子。边缘的剖面灰度曲线通常是一条刀刃曲线，由于噪声的影响，灰度曲线并不是平滑的。对这种边缘进行检测，通常是检测一阶导数（或差分）最大或二阶导教（或差分）为零的点。常用方法有差分算子、拉普拉斯算子、LOG 算子等。

5.3.1　微分算子

1. 梯度算子

影像处理中最常用的方法就是梯度运算。对一个灰度函数 $g(x, y)$，其梯度定义为一个向量：

$$G[g(x, y)] = \begin{pmatrix} \dfrac{\partial g}{\partial x} \\ \dfrac{\partial g}{\partial y} \end{pmatrix} \tag{5-3-1}$$

它的两个重要的特性是：①向量 $G[g(x, y)]$ 的方向是函数 $g(x, y)$ 在 (x, y) 处最大增加率的方向；②$G[g(x, y)]$ 的模就等于其最大增加率。

$$G(x, y) = \mathrm{mag}[G] = \left[\left(\frac{\partial g}{\partial x} \right)^2 + \left(\frac{\partial g}{\partial y} \right)^2 \right]^{\frac{1}{2}} \tag{5-3-2}$$

在数字影像中，导数的计算通常用差分予以近似，则梯度算子的差分表示为

$$G_{i, j} = \left[\left(g_{i, j} - g_{i+1, j} \right)^2 + \left(g_{i, j} - g_{i, j+1} \right)^2 \right]^{\frac{1}{2}} \tag{5-3-3}$$

为了简化运算，通常用差分绝对值之和进一步近似为

$$G_{i, j} = \left| g_{i, j} - g_{i+1, j} \right| + \left| g_{i, j} - g_{i, j+1} \right| \tag{5-3-4}$$

对于一给定的阈值 T，当 $G_{ij} > T$ 时，则认为像素 (i, j) 是边缘上的点。

2. Robert 梯度算子

Robert 梯度定义为

$$G_r \left[g(x, y) \right] = \begin{pmatrix} \dfrac{\partial g}{\partial u} \\ \dfrac{\partial g}{\partial v} \end{pmatrix} = \begin{pmatrix} g_u \\ g_v \end{pmatrix} \tag{5-3-5}$$

式中，$g_u = \dfrac{\partial g}{\partial u}$ 是 g 的 $\dfrac{\pi}{4}$ 方向导数；$g_v = \dfrac{\partial g}{\partial v}$ 是 g 的 $\dfrac{3\pi}{4}$ 方向导数。容易证明其模为

$$G_r(x, y) = \left(g_u^2 + g_v^2 \right)^{\frac{1}{2}} \tag{5-3-6}$$

与前面式(5-3-3)定义的梯度的模完全相等。

用差分近似表示导数，则有

$$G_{i, j} = \left[\left(g_{i, j} - g_{i+1, j+1} \right)^2 + \left(g_{i, j} - g_{i+1, j+1} \right)^2 \right]^{\frac{1}{2}} \tag{5-3-7}$$

或

$$G_{i, j} = \left| g_{i, j} - g_{i+1, j+1} \right| + \left| g_{i, j} - g_{i+1, j+1} \right| \tag{5-3-8}$$

如果仅对某一方向的边缘感兴趣，可利用图 5-3-1 所示的方向差分算子进行边缘检测。

$$
\begin{array}{cccc}
\underline{\text{北}} & \underline{\text{东北}} & \underline{\text{东}} & \underline{\text{东南}} \\[4pt]
\begin{pmatrix} 1 & 1 & 1 \\ 1 & -2 & 1 \\ -1 & -1 & -1 \end{pmatrix} &
\begin{pmatrix} 1 & 1 & 1 \\ -1 & -2 & 1 \\ -1 & -1 & 1 \end{pmatrix} &
\begin{pmatrix} -1 & 1 & 1 \\ -1 & -2 & 1 \\ -1 & 1 & 1 \end{pmatrix} &
\begin{pmatrix} -1 & -1 & 1 \\ -1 & -2 & 1 \\ 1 & 1 & 1 \end{pmatrix} \\[18pt]
\underline{\text{南}} & \underline{\text{西南}} & \underline{\text{西}} & \underline{\text{西北}} \\[4pt]
\begin{pmatrix} -1 & -1 & -1 \\ 1 & -2 & 1 \\ 1 & 1 & 1 \end{pmatrix} &
\begin{pmatrix} 1 & -1 & -1 \\ 1 & -2 & -1 \\ 1 & 1 & 1 \end{pmatrix} &
\begin{pmatrix} 1 & 1 & -1 \\ 1 & -2 & -1 \\ 1 & 1 & -1 \end{pmatrix} &
\begin{pmatrix} 1 & 1 & 1 \\ 1 & -2 & -1 \\ 1 & -1 & -1 \end{pmatrix}
\end{array}
$$

图 5-3-1 方向差分算子

3. Prewitt 算子

Prewitt 算子利用像素上、下、左、右邻近点的灰度差，Prewitt 算子模板如下：

$$G_x = \begin{pmatrix} 1 & 0 & -1 \\ 1 & 0 & -1 \\ 1 & 0 & -1 \end{pmatrix} \quad G_y = \begin{pmatrix} -1 & -1 & -1 \\ 0 & 0 & 0 \\ 1 & 1 & 1 \end{pmatrix}$$

4. Sobel 算子

Sobel 算子对像素位置的影响做了处理，Sobel 模板如下：

$$G_x = \begin{pmatrix} 1 & 0 & -1 \\ 2 & 0 & -2 \\ 1 & 0 & -1 \end{pmatrix} \quad G_y = \begin{pmatrix} -1 & -2 & -1 \\ 0 & 0 & 0 \\ 1 & 2 & 1 \end{pmatrix}$$

5. Kirsch 算子

Kirsch 算子是一个 3×3 的非线性算子，它与 Prewitt 算子和 Sobel 算子不同的是取平均值的方法。Kirsch 算子用不等权的 8 个 3×3 循环平均梯度算子，如图 5-3-2 所示，分别与图像做卷积，取其中的最大值输出，它可以检测各个方向上的边缘，减少了由于平均而造成的细节丢失，但同时增加了计算量。

$$\begin{pmatrix} 5 & 5 & 5 \\ -3 & 0 & -3 \\ -3 & -3 & -3 \end{pmatrix} \begin{pmatrix} -3 & 5 & 5 \\ -3 & 0 & 5 \\ -3 & -3 & -3 \end{pmatrix} \begin{pmatrix} -3 & -3 & 5 \\ -3 & 0 & 5 \\ -3 & -3 & 5 \end{pmatrix} \begin{pmatrix} -3 & -3 & -3 \\ -3 & 0 & 5 \\ -3 & 5 & 5 \end{pmatrix}$$

$$\begin{pmatrix} -3 & -3 & -3 \\ -3 & 0 & -3 \\ 5 & 5 & 5 \end{pmatrix} \begin{pmatrix} -3 & -3 & -3 \\ 5 & 0 & -3 \\ 5 & 5 & -3 \end{pmatrix} \begin{pmatrix} 5 & -3 & -3 \\ 5 & 0 & -3 \\ 5 & -3 & -3 \end{pmatrix} \begin{pmatrix} 5 & 5 & -3 \\ 5 & 0 & -3 \\ -3 & -3 & -3 \end{pmatrix}$$

图 5-3-2　kirsch 算子

5.3.2　二阶差分算子

1. 方向二阶差分算子

影像中的点特征或线特征点上的灰度与其周围或两侧影像灰度平均值的差别较大，因此可以用二阶差分的原理来提取，即

$$g''_{ij} = (g_{i+1,j} - g_{i,j}) - (g_{i,j} - g_{i-1,j}) = (g_{i-1,j} \quad g_{i,j} \quad g_{i+1,j}) \begin{pmatrix} -1 \\ 2 \\ -1 \end{pmatrix} = -g_{ij} * (-1 \quad 2 \quad -1)$$

$$(5\text{-}3\text{-}9)$$

此时二阶差分算子为

$$(-1 \quad 2 \quad -1)$$

需要在纵横方向同时检测时的算子为

$$D = \boxed{\begin{matrix} -1 & 2 & -1 \end{matrix}} + \boxed{\begin{matrix} & -1 & \\ & 2 & \\ & -1 & \end{matrix}} = \boxed{\begin{matrix} 0 & -1 & 0 \\ -1 & 4 & -1 \\ 0 & -1 & 0 \end{matrix}} \quad (5\text{-}3\text{-}10)$$

再加上两个对角方向同时检测时，二维算子为

$$D_1 = \boxed{\begin{matrix} 0 & -1 & 0 \\ -1 & 4 & -1 \\ 0 & -1 & 0 \end{matrix}} + \boxed{\begin{matrix} & & -1 \\ & 2 & \\ -1 & & \end{matrix}} + \boxed{\begin{matrix} -1 & & \\ & 2 & \\ & & -1 \end{matrix}} = \boxed{\begin{matrix} -1 & -1 & -1 \\ -1 & 8 & -1 \\ -1 & -1 & -1 \end{matrix}} \quad (5\text{-}3\text{-}11)$$

2. 拉普拉斯算子

拉普拉斯(Laplace)算子定义为

$$\nabla^2 g = \frac{\partial^2 g}{\partial x^2} + \frac{\partial^2 g}{\partial y^2} \tag{5-3-12}$$

若 $g(x, y)$ 的傅里叶变换为 $G(u, v)$，则 $\nabla^2 g$ 的傅里叶变换为

$$- (2\pi)^2 (u^2 + v^2) G(u, v) \tag{5-3-13}$$

故拉普拉斯算子实际上是一高通滤波器。对于数字影像，拉普拉斯算子定义为

$$\nabla^2 g_{ij} = (g_{i+1, j} - g_{i, j}) - (g_{i, j} - g_{i-1, j}) + (g_{i, j+1} - g_{i, j}) - (g_{i, j} - g_{i, j-1})$$
$$= g_{i+1, j} + g_{i-1, j} + g_{i, j+1} + g_{i, j-1} - 4g_{i, j} \tag{5-3-14}$$

通常将上式乘-1，则拉普拉斯算子即成为原灰度函数与矩阵(称为卷积核或掩膜)的卷积。

$$\begin{pmatrix} 0 & -1 & 0 \\ -1 & 4 & -1 \\ 0 & -1 & 0 \end{pmatrix}$$

　　然后取其符号变化的点，即通过零的点为边缘点，因此通常也称其为零交叉(Zero-Crossing)点。此外，Laplace 算子是各向同性的导数算子，它具有旋转不变性，即旋转后的 Laplace 算子与旋转前的 Laplace 算子相等，不因旋转而变，因而是各向同性的。但是，对数字图像来说，这个算子只能用差分来近似。这时它已不能完全符合各向同性的性质，而是对某些不同走向的边缘的处理效果略有不同。

3. 高斯-拉普拉斯算子(LOG 算子)

　　由于各种差分算子对噪声很敏感，因而在进行差分运算前应先进行低通滤波。通过理论推导，说明最优低通滤波器的波形近似于高斯函数。如在提取边缘时，利用高斯函数先进行低通滤波，再利用拉普拉斯算子进行高通滤波并提取零交叉点，这就是高斯-拉普拉斯算子(Laplace of Guassian)，或称为 LOG 算子。
　　高斯滤波函数为

$$f(x, y) = \exp\left(- \frac{x^2 + y^2}{2\sigma^2}\right) \tag{5-3-15}$$

则低通滤波结果为

$$f(x, y) * g(x, y) \tag{5-3-16}$$

再经拉普拉斯算子处理，得

$$G(x, y) = \nabla^2 [f(x, y) * g(x, y)] \tag{5-3-17}$$

不难证明

$$G(x, y) = [\nabla^2 f(x, y)] * g(x, y) \tag{5-3-18}$$

$$\nabla^2 f(x, y) = \frac{x^2 + y^2 - 2\sigma^2}{\sigma^2} \exp\left(- \frac{x^2 + y^2}{2\sigma^4}\right) \tag{5-3-19}$$

即 LOG 算子以 $\nabla^2 f(x, y)$ 为卷积核，对原灰度函数进行卷积运算后提取零交叉点为边缘点。

5.3.3　Canny 算子

Canny 算子是 J. F. Canny 于 1986 年提出的一个多级边缘检测算子。该算子把边缘检测问题转换为检测单位函数极大值问题，根据边缘检测的有效性和定位的可靠性，研究了最优边缘检测器所需的特性，推导出最优边缘检测器的数学表达式。

Canny 边缘检测方法是一个具有滤波、增强和检测的多阶段的优化算子，利用了梯度方向信息，采用"非极大抑制"及双阈值技术，获得了单像素连续边缘，被认为是检测效果较好的一种边缘检测方法。

Canny(1986)给出了评价边缘检测性能优劣的三个指标：好的信噪比、好的定位性能、对单一边缘要有唯一响应。他将上述判据用数学的形式表示出来，然后采用最优化数值方法，得到了给定边缘类型对应的最佳边缘检测模板。

其基本原理是：先利用高斯函数对图像进行低通滤波；然后对图像中的每个像素进行处理，寻找边缘的位置及在该位置的边缘法向，并采用一种"非极大抑制"的技术在边缘法向寻找局部最大值；最后对边缘图像做滞后阈值化处理，消除虚假响应。具体步骤如下：

（1）利用高斯平滑滤波器与图像做卷积以去除噪声。

$$H(x, \ y) = \mathrm{e}^{-\frac{a^2+b^2}{2\sigma^2}} \tag{5-3-20}$$

$$G(x, \ y) = f(x, \ y) * H(x, \ y) \tag{5-3-21}$$

（2）用一阶偏导的有限差分计算梯度的幅值和方向。

$$H_1 = \begin{pmatrix} -1 & -1 \\ 1 & 1 \end{pmatrix} \tag{5-3-22}$$

$$H_2 = \begin{pmatrix} 1 & -1 \\ 1 & -1 \end{pmatrix} \tag{5-3-23}$$

$$\varphi_1(m, \ n) = f(m, \ n) * H_1(x, \ y) \tag{5-3-24}$$

$$\varphi_2(m, \ n) = f(m, \ n) * H_2(x, \ y) \tag{5-3-25}$$

则梯度的幅值和方向为

$$\varphi(m, \ n) = \sqrt{\varphi_1^2(m, \ n) + \varphi_2^2(m, \ n)} \tag{5-3-26}$$

$$\theta_\varphi = \arctan \frac{\varphi_2(m, \ n)}{\varphi_1(m, \ n)} \tag{5-3-27}$$

（3）对梯度幅值进行非极大值抑制（Non-Maxima Suppression，NMS）。由于全局的梯度并不足以确定边缘，因此为确定边缘，必须保留局部梯度最大的点，而抑制非极大值。解决的方法是利用梯度的方向而不是梯度模。

图 5-3-3 中，4 个扇区的标号为 0 到 3，对应 3×3 邻域的 4 种可能组合。

在每一点上，邻域的中心像素 M 与沿着梯度线的两个像素相比，如果 M 的梯度值不大于沿梯度线的两个相邻像素梯度值，则令 $M=0$。

（4）用双阈值检测并连接边缘。双阈值算法对非极大值抑制图像采用两个阈值 τ_1 和 τ_2，且 $2\tau_1 \approx \tau_2$，从而可以得到两个阈值边缘图像 $N_1[i, \ j]$ 和 $N_2[i, \ j]$。由于 $N_2[i, \ j]$ 使

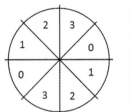

图 5-3-3　非极大值抑制

用高阈值得到，因而含有很少的假边缘，但有间断（不闭合）。双阈值法要在 $N_2[i, j]$ 中把边缘连接成轮廓，当到达轮廓的端点时，该算法就在 $N_1[i, j]$ 的 8-邻域位置寻找可以连接到轮廓上的边缘；这样，算法不断地在 $N_1[i, j]$ 中收集边缘，直到将 $N_2[i, j]$ 连接起来为止。

5.3.4　Hough 变换

Hough 变换是 Hough 于 1962 年提出来的，用于检测图像中直线、圆、抛物线、椭圆等且形状能够用一定函数关系描述的曲线，它在影像分析、模式识别等很多领域得到了成功的应用。其基本原理是将影像空间中的曲线（包括直线）变换到参数空间中，通过检测参数空间中的极值点，确定出该曲线的描述参数，从而提取影像中的规则曲线。

直线 Hough 变换常采用的直线模型为

$$\rho = x\cos\theta + y\sin\theta \tag{5-3-28}$$

式中，ρ 是从原点引到直线的垂线长度；θ 是垂线与 x 轴正向的夹角（图 5-3-4）。

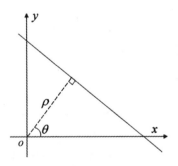

图 5-3-4　空间坐标中直线表达

对于影像空间直线上任一点 (x, y)，Hough 变换将该点映射到参数空间 (θ, ρ) 的一条正弦曲线上（图 5-3-5(a)），由于影像空间内的一条直线由一对参数 (θ_0, ρ_0) 唯一地确定，因而该直线上的各点变换到参数空间的各正弦曲线必然都经过点 (θ_0, ρ_0)（图 5-3-5(b)），在参数平面（或空间）中的这个点的坐标就代表了影像空间这条直线的参数。这样，检测影像中直线的问题就转换为检测参数空间中的共线点的问题（图 5-3-5(c)）。由于存在噪声及特征点的位置误差，参数空间中所映射的曲线并不严格通过一点，而是在一个小区域中出现一个峰，只要检测峰值点，就能确定直线的参数。

其变换过程如下：

（1）对影像进行预处理提取特征并计算其梯度方向 I；

（2）将（θ，ρ）参数平面量化，设置二维累计矩阵 $H(\theta_i，\rho_j)$；

（3）边缘细化，即在边缘点的梯度方向上保留极值点而剔除那些非极值点；

（4）对每一边缘点，以其梯度方向 Ψ 为中心，设置一小区间 $[\Psi-\theta_0，\Psi+\theta_0]$，其中 θ_0 为经验值，一般可取 $5°\sim10°$，在此小区间上以 $\Delta\theta$ 为步长，按式（5-3-20）对每个区间中的 θ 量化值计算相应的 ρ 值，并给相应的累计矩阵元素增加一个单位值；

（5）对累计矩阵进行阈值检测，将大于阈值的点作为备选点；

（6）取累计矩阵（即参数空间）中备选点中的极大值点为所需的峰值点，这些点所对应的参数空间的坐标即所检测直线的参数。

利用上述各种方法提取的边缘像素，可能只是一些不相连的或无序的边缘点，这需要采用一定的方法将它们形成一个连贯的、对应于一个物体的边界或景物实体之间任何有意义的边界。这些方法包括近似位置附近搜索法、启发式图搜集法、动态规划法、松弛法与轮廓追踪法等（限于篇幅，这里不再详细介绍）。

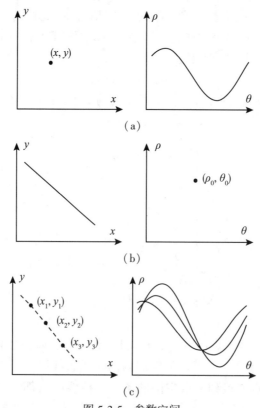

图 5-3-5　参数空间

5.4 影像分割及面特征提取

影像中的物体，除了角点、线特征外，还有由同质区域组成的面特征，如在物体内部具有灰度、颜色相近或纹理一致的特点。根据这种同质性，把一整幅影像划分为若干互不相交的区域，每个区域对应于某一物体或物体的某一部分，这就是影像分割。下面简要介绍几种具有代表性的得到完整面的影像分割方法。

5.4.1 区域生长法

区域生长法是根据同一物体内像素具有一定相似性的性质，对相邻像素或区域进行合并得到同质区域的分割方法。区域内像素的相似性度量可以包括像素灰度值、纹理、颜色等信息。

具体来说，首先对每一个需要分割的区域找一个种子像素作为生长的起点；然后将种子像素周围邻域中与种子像素有相同或相似特性的像素合并到种子像素所在的区域中；将这些新像素当成新的种子像素继续进行上述过程，直到再没有满足条件的像素可以被包括进来为止。显然，像素相似性的判断需要根据具体应用来确定，即根据具体应用目的设置生长或相似性判断准则。

在实际应用中，采用区域生长法时一般需要解决三个问题：①选择或确定一组能够正确代表所需要区域的种子像素；②确定在生长过程中将相邻像素合并进来的准则；③制定让生长过程停止下来的条件或规则。种子像素的选取一般与具体问题的特点有关。生长准则的选取则不仅与具体问题有关，也与图像数据的类型有关。停止条件或规则的制定则需要从图像的局部和全局两个方面进行考虑，因此常需要对分割结果建立一定的模型或辅以特定的先验知识。

生长准则是区域生长算法的关键，这里以常用的基于区域灰度差异法的生长准则为例，介绍区域生长分割算法的步骤：①对图像进行逐行扫描，找出还没有归属的像素；②以该像素为中心检查它的邻域像素，即将邻域中的像素逐个与它比较，如果灰度差小于预先确定的阈值，则将它们合并；③以新合并的像素为中心，返回步骤②，检查新的像素的邻域，直到区域不能进一步扩张；④返回到步骤①，继续扫描直到不再发现没有归属的像素，结束整个生长过程。

5.4.2 Meanshift 影像分割算法

Meanshift(即均值偏移)算法由 Fukunaga 等于 1975 年提出，是一种采用 Parzen 窗口技术，基于核密度非参数估计的聚类算法。Fukunaga 将指向样本概率密度最大方向的偏移向量称为 Meanshift 向量，也称为均值偏移向量。Meanshift 算法的基本思想是：对于给定的一定数量样本，任选其中一个样本，以该样本为中心点划定一个区域，求取该区域内样本的质心，即密度最大处的点，再以该点为中心继续执行上述迭代过程，直至最终收敛，即搜索到特征空间中样本点最密集的区域。如果两个样本点搜索到同一个局部密度最大点，则说明这两个样本点属于同一个聚类簇，因此，利用均值偏移算法中任一样本点寻找聚类中心的过程可以实现图像分割。

1. Meanshift 基本原理

首先，假设以点 x 为中心、h 为带宽围成的 d 维空间超球体为 $S_h(x)$，n_x 为超球体中包含的样本点数，$\{x_i\}_{i=1, \cdots, n}$ 为组成的样本点集，则由这些样本点形成的均值偏移向量 $m_h(x)$ 为

$$m_h(x) = \frac{1}{n_x} \sum_{x_i \in S_h(x)} [x_i - x] = \frac{1}{n_x} \sum_{x_i \in S_h(x)} x_i - x \tag{5-4-1}$$

常用 $S_h(x)$ 来表示图像中一个半径为 h 的圆形区域，这个圆形区域为满足以下关系的 y 点的集合：

$$S_h(x) = \{y: (y - x)^{\mathrm{T}}(y - x) \leq h^2\} \tag{5-4-2}$$

从式(5-4-2)中可以发现，在 n 个样本点 x_i 中，有 n_x 个点落入 S_h 区域，$x_i - x$ 是样本点 x_i 相对于点 x 的偏移向量。式(5-4-1)定义的 Meanshift 向量 $m_h(x)$ 就是对落入区域 S_h 中的 n_x 个样本点相对于点 x 的偏移向量求和然后再平均，该向量指向概率密度梯度的方向。

然后，引入核函数的均值偏移。核函数是计算映射到高维空间之后的内积的一种简便方法，目的是让低维的不可分数据变成高维可分。利用核函数，可以忽略映射关系，直接在低维空间完成计算。在均值偏移中引入核函数的概念，能够使计算中距离中心的点具有更大的权值，反映距离越短、权值越大的特性。引入核函数的均值偏移向量如式(5-4-3)所示：

$$m_h(x) = \frac{\displaystyle\sum_{i=1}^{n} x_i g\left(\frac{\|x - x_i\|^2}{h}\right)}{\displaystyle\sum_{i=1}^{n} g\left(\frac{\|x - x_i\|^2}{h}\right)} - x \tag{5-4-3}$$

式中，x 为中心点；x_i 为带宽范围内的点；n 为带宽范围内的点的数量；$g(x) = -k'(x)$，$k(x)$ 为核函数，即 $g(x)$ 为核函数导数求负。

在上述概念和原理的基础上，利用 Meanshift 向量计算公式，通过迭代找到最大密度点的过程，就称为 Meanshift 算法。算法实现过程描述为：给定初始点 x、核函数 $k(x)$ 和容许误差 ε，把式(5-4-3)右边第一项记为 $m_h(x)$，在满足最小误差的条件下，循环执行下面三步，直至满足结束条件：

①计算 $m_h(x)$；

②将 $m_h(x)$ 指向的位置设置为当前点；

③如果 $m_h(x) < \varepsilon$，则结束循环，否则，继续执行步骤①。

由式(5-4-3)可知，上面的步骤就是不断沿着概率密度的梯度方向移动，同时，步长不仅与梯度的大小有关，而且与该点的概率密度也有关：在密度大的地方，更接近我们要找的概率密度的峰值，Meanshift 算法使得移动的步长小一些；相反，在密度小的地方，移动的步长就大一些。在满足一定条件下，Meanshift 算法一定会收敛到该点附近的峰值。

2. 基于 Meanshift 的影像分割

图像分割问题可以看成对每个像素点找聚类中心的问题，基于 Meanshift 的图像分割

就是将图像像素点 x 组成的数据集利用 Meanshift 算法进行聚类的过程，将收敛于同一点的邻域像素归为同一类。选择不同特征空间、核函数和带宽将得到不同效果的分割结果。根据前面介绍的 Meanshift 算法过程，可以将基于 Meanshift 的图像分割算法描述为：

(1)确定特征矢量 x，在图像分割中采用光谱特征向量，还可以加上空间距离约束的空间位置向量；

(2)选择合适的搜索窗口大小，即带宽 h 与选择核函数 $k(x)$；

(3)设置初始中心点，用式(5-4-3)计算均值偏移向量；

(4)重复求均值偏移向量直至收敛，找到聚类中心。

5.4.3 简单线性迭代聚类(SLIC)超像素分割算法

超像素概念是 Ren Xiaofeng 于 2003 年提出并逐步发展起来的图像分割技术，是指具有相似颜色、亮度、纹理等特征的相邻像素构成的有一定视觉意义的不规则像素块。它利用像素之间特征的相似性将像素分组，用少量的超像素代替大量的像素来表达图片特征，在很大程度上降低了图像后处理的复杂度，所以通常作为分割算法的预处理步骤，已经广泛用于图像分割、姿势估计、目标跟踪、目标识别等计算机视觉应用。这里介绍一种被广泛使用的基于简单线性迭代聚类(Simple Linear Iterative Clustering，SLIC)的超像素分割算法，该算法思想简单、实现方便，具有简单易用、计算量低、效率高的特点，可以生成简洁整齐的超像素，邻域特征比较容易表达。

该算法采用局部像素聚类(Local Clustering)，以彩色图像为例，将像素定义为 5 维向量，即像素在 Lab 颜色空间中的 L、a、b 值以及空间坐标 x、y，然后对 5 维特征向量构造距离度量标准，对图像像素进行局部聚类。因此，在进行 SLIC 分割算法之前先将图像由 RGB 颜色空间转换到更接近人类生理视觉的 Lab 颜色空间。该算法需要设置的参数较少，在默认情况下只需要设置一个预分割的超像素的个数。下面介绍 SLIC 具体实现的步骤。

(1)初始化种子点(聚类中心)：按照设定的超像素个数，在图像内均匀地分配种子点。假设图像有 N 个像素点，预分割为 K 个相同尺寸的超像素，那么每个超像素的大小为 N/K，则相邻种子点的距离(步长)近似为 $S = \mathrm{sqrt}(N/K)$。

(2)在种子点的 $n \times n$ 邻域内重新选择种子点(一般取 $n=3$)。具体方法为：计算该邻域内所有像素点的梯度值，将种子点移到该邻域内梯度最小的地方。这样做的目的是避免种子点落在梯度较大的轮廓边界上，以免影响后续聚类效果。

(3)在每个种子点周围的邻域内为每个像素点分配类标签(即属于哪个聚类中心)。与标准的 K-means 在整张图中搜索不同，SLIC 的搜索范围限制为 $2S \times 2S$，可以加速算法收敛，如图 5-4-1 所示。需要注意：期望的超像素尺寸为 $S \times S$，但是搜索的范围是 $2S \times 2S$。

(4)距离度量，包括颜色距离和空间距离。对于每个搜索到的像素点，分别计算它和该种子点的距离。距离计算方法如下：

$$d_c = \sqrt{(l_j - l_i)^2 + (a_j - a_i)^2 + (b_j - b_i)^2} \tag{5-4-4}$$

$$d_s = \sqrt{(x_j - x_i)^2 + (y_j - y_i)^2} \tag{5-4-5}$$

$$D' = \sqrt{\left(\frac{d_c}{N_c}\right)^2 + \left(\frac{d_s}{N_S}\right)^2} \tag{5-4-6}$$

式中，d_c 代表颜色距离；d_s 代表空间距离；N_S 是类内最大空间距离，$N_S = S = \sqrt{N/K}$，适用于每个聚类。最大颜色距离 N_c，既随图像不同而不同，也随聚类不同而不同，通常取一个固定常数 m（取值范围[1，40]，一般取 10）。最终的距离度量定义为 D'。由于每个像素点会被多个种子点搜索到，所以每个像素点都会有一个与周围种子点的距离，取最小值对应的种子点作为该像素点的聚类中心。

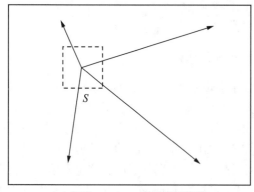

（a）标准 K-means 搜索整幅影像　　　　　（b）SLIC 搜索范围限制在有限区域

图 5-4-1　像素点搜索范围示意图

（5）迭代优化。完成一次聚类后，重新计算每个超像素块的聚类中心，并重新进行迭代。理论上上述步骤不断迭代直到误差收敛，即每个像素点聚类中心不再发生变化为止；也可以通过设置迭代次数来终止迭代，如一般迭代次数取 10。

（6）增强连通性。经过上述迭代优化可能出现以下瑕疵：出现多连通情况，超像素尺寸过小，单个超像素被切割成多个不连续超像素等，这些情况可以通过增强连通性解决。主要思路是：新建一张标记表，表内元素均为-1，按照"Z"形走向（从左到右、从上到下的顺序）将不连续的超像素、尺寸过小超像素重新分配给邻近的超像素，遍历过的像素点分配给相应的标签，直到所有点遍历完毕为止。

5.4.4　最小生成树影像分割算法

最小生成树（Minimum Spanning Tree，MST）影像分割是基于图论分割方法中的一种。基于图论的影像分割本质上是将影像的分割问题转化为图（Graph）的最优分割问题，即首先将一幅影像表示成一个图 $G = (V, E)$。其中，图中每个顶点 $v_i \in V$ 对应影像中的像素，每条边 $e_i \in E$ 相应地连接两个相邻的像素；每条边通常会分配一个权值，这个权值表示这条边所连接的两个像素的关系，如灰度、颜色或者纹理的相似度等，通常将 4-邻域或者8-邻域的像素点对应的顶点之间建立边，从而将影像映射为带权无向图；再利用最优化准则得到影像的最佳分割，其重点是图的边权构造以及分割准则。根据对整幅影像进行分割所采用的最优化理论不同，可以将图论分割方法分为基于最小生成树的分割方法、最小图分割的分割方法以及基于其他图优化理论的分割方法等。其中，基于最小生成树和基于最小图分割的方法应用较多。MST 算法实现简单，速度较快，可用于大影像分割。这里选取 Felzenszwalb 和 Huttenlocher 提出的 MST 分割算法进行介绍。

1. 分割准则设计

该分割准则是在定义区域内部差异和区域间差异的基础上提出的。

区域内部差异：组成该区域的最小生成树的最大边权，即区域内部像素之间的最大差异：

$$\text{Int}(C) = \max_{e \in \text{MST}(C,\ E)} w(e) \tag{5-4-7}$$

式中，C 代表区域；e 表示边；w 表示边权；E 为组成最小生成树的边的集合。

两区域间的差异：连接两个区域的最小边权，即两个区域间像素之间的最小差异：

$$\text{Dif}(C_1,\ C_2) = \min_{v_i \in C_1,\ v_j \in C_2,\ (v_i,\ v_j) \in E} w(v_i,\ v_j) \tag{5-4-8}$$

式中，C_1、C_2 分别代表区域 1 和区域 2，v_i 为组成 C_1 的节点，v_j 为组成 C_2 的节点。

如果两个区域之间没有边连接，则让 $\text{Dif}(C_1,\ C_2) = \infty$。

区域合并准则：要求区域间的差异必须大于区域最小内部差异，即若两个区域存在明显边界，则不合并；否则，合并。区域 C_1 和 C_2 间是否存在明显边界，可以通过检测两个区域间的差异 $\text{Dif}(C_1,\ C_2)$ 是否大于区域内部差异 $\text{Int}(C_1)$ 和 $\text{Int}(C_2)$，定义了如下成对比较术语：

$$D(C_1,\ C_2) = \begin{cases} \text{true},\ \text{if } \text{Dif}(C_1,\ C_2) > \text{MInt}(C_1,\ C_2) \\ \text{false},\ \text{otherwise} \end{cases} \tag{5-4-9}$$

若 $D(C_1,\ C_2)$ 为 true，表明区域 C_1 和 C_2 间存在明显边界。其中，最小内部差异 MInt 定义为

$$\text{MInt}(C_1,\ C_2) = \min(\text{Int}(C_1) + \tau(C_1),\ \text{Int}(C_2) + \tau(C_2)) \tag{5-4-10}$$

$\tau(C)$ 为阈值函数，控制两个区域间的差异程度，定义如下基于区域大小的阈值函数：

$$\tau(C) = \frac{k}{|C|} \tag{5-4-11}$$

其中，$|C|$ 表示区域 C 的大小，即最小生成树的连通成分的大小(连通的顶点个数)。在极端情况下，当 $|C| = 1$ 时，$\text{Int}(C) = 0$。k 为一常量参数，用来设置观测尺度，它使得在小区域时允许两区域间的差异较大，这样可以避免噪声影响或形成过小区域，大的 k 值将产生较大的连通区域；而当两个邻域具有足够大的区域间差异时，小区域允许被生成。同时，可以看出，设定参数 k，随着连通区域不断增大，$\tau(C)$ 的值越来越小，允许区域间的差异会变小，使得该准则对边缘敏感，在边缘部分存在过多细节。

2. 算法实现过程

(1)计算每一个像素点与其 8-邻域或 4-邻域的不相似度。

(2)将边按照不相似度从小到大排序，得到 e_1，e_2，$\cdots$，e_n。

(3)从 e_1 开始循环，依次按顺序对当前选择的边 e_i 所连接的两个区域(e_i 所连接的顶点为$(v_i,\ v_j)$，v_i 和 v_j 不属于一个区域)进行判断与合并操作。若 e_i 代表的两个区域满足

合并准则，即 e_i 上的不相似度小于二者的内部不相似度，则进行合并更新区域标号及阈值；否则，继续按顺序对下一个 e_i 进行判断，依次循环至访问完所有边。

（4）重新按步骤（2）中排好序的边循环一次，对小于指定大小的区域将其与邻接最相似区进行合并，从而删除小的琐碎区域。

5.4.5　深度学习在影像分割中的应用

图像分割是特征提取与目标识别的基础，分割结果的好坏将直接影响后续的特征提取与目标识别。随着高性能计算机资源以及海量高质量数据集的出现，自 2012 年神经网络模型 AlexNet 获得 ImageNet 挑战赛的冠军以来，深度学习（Deep Learning，DL）网络，特别是深度卷积神经网络（Deep Convolutional Neural Network，DCNN）成为计算机视觉领域的研究热点，并在如图像分类、目标检测、影像分割等各项计算机视觉领域的相关任务中取得了显著的成果。深度学习应用于影像分割所包含的子方向比较多，如语义分割、实例分割、全景分割等，研究人员根据应用需要提出了大量深度学习影像分割方法，这些方法也已被广泛应用于遥感领域的影像分割。

人们在对深度学习原理、人类视觉机制、影像特征等方面深入研究的基础上，发展出一系列用于影像分割的深度学习网络，如全卷积网络（Fully Convolutional Network，FCN）将用于图像分类任务的 CNN 中的全连接层替换成卷积层，并且引入反卷积、跳跃链接结构实现端到端、像素到像素训练与预测的影像语义分割网络。SegNet 使用编码器-解码器（Encoder-Decoder）结构，其中，编码器利用一系列卷积层和最大池化层提取不同层次的特征，同时保存每个最大池化层中各个特征点的位置信息，与编码器网络结构对称，解码器根据保存的特征点的位置，对编码器输出的特征图进行一系列反池化操作，最后输出与原始图像分辨率一致的语义分割结果。UNet 在编码器-解码器中引入跳跃连接（Skip Connection）来充分利用编码器中的浅层特征信息。PSPNet 将基于深度残差网络（Deep Residual Network，ResNet）提取的特征图通过金字塔池化模块获得多个尺度特征。DeepLab 系列引入空洞卷积、空洞空间金字塔池化（Atrous Spatial Pyramid Pooling，ASPP），用不同空洞率的空洞卷积层并行来获得多尺度特征。除上述有代表性的网络外，还有卷积模型与图模型（Convolutional Models With Graphical Models）、基于 R-CNN 的模型（R-CNN Based Models）、基于循环神经网络的模型（Recurrent Neural Network Based Models）、基于视觉注意机制的模型（Attention-Based Models）、基于生成模型和对抗训练（Generative Models and Adversarial Training）、具有活动轮廓模型的卷积模型（Convolutional Models with Active Contour Models）等各种网络模型，这些方法面向不同应用，在训练数据、网络结构、损失函数、训练策略等方面进行了改进与设计，各有自己的优势与特点，因此，随着深度学习技术的发展，这些模型也往往被组合使用。与此同时，基于深度学习的分割还存在一些挑战，特别是面向摄影测量与遥感领域的影像分割，由于遥感数据的复杂多样性，还需要进一步深入研究。

◎ 习题与思考题

1. 什么是数字影像？其频域表达有什么用处？

2. 怎样确定数字影像的采样间隔？

3. 将采样定理的推导推广至二维影像。

4. 怎样根据已知的数字影像离散灰度值精确计算其任一点上的灰度值？

5. 常用影像重采样的方法有哪些？试比较它们的优缺点。

6. 已知：$g_{i, j} = 102$，$g_{i+1, j} = 112$，$g_{i, j+1} = 118$，$g_{i+1, j=1} = 126$，$k - i = \Delta/4$，$l - j = \Delta/4$，Δ 为采样间隔，用双线性插值计算 $g_{k,l}$。

7. 试述 Harris、SUSAN 和 Forstner 点特征提取算子的原理，绘出其程序框图并编制相应程序。

8. SUSAN 点特征提取算子与其他基于灰度差分的点特征算子有什么本质区别？其优点是什么？

9. 什么是线特征？有哪些梯度算子可用于线特征的提取？

10. 差分算子的缺点是什么？为什么 LOG 算子能避免差分算子的缺点？

11. 什么是 LSD 算法？它与通常的直线特征提取有什么不同？

12. 绘出利用 Hough 变换提取直线的程序框图并编制相应程序。

13. 在利用 Hough 变换提取线特征时，为什么要将参数平面离散化？为什么对每一空间边缘点，要以该点的梯度角 θ 为中心在一定的离散范围内计算相应的 ρ 值？

14. 绘出高精度圆点定位算子的程序框图并织制相应程序。

15. 绘出椭圆拟合法圆点定位算子的程序框图并编制相应程序。

16. Forstner 定位算子与其特征提取算子的区别与联系是什么？编制 Forstner 定位算子程序。

17. 什么是面特征？提取面特征的主要手段是什么？

18. 区域生长分割方法中首先要解决哪几个问题？这些问题对分割结果有什么影响？

19. 图像分割中常用的相似性测度有哪些？

20. 什么是超像素？什么是超像素分割？

21. 列举几种深度学习应用于影像分割的方法实例，并谈谈自己的想法。

第6章　影像匹配基础理论与算法

摄影测量中双像(立体像对)的量测是提取物体三维信息的基础。在数字摄影测量中以影像匹配代替传统人工观测,来达到自动确定同名像点的目的。最初的影像匹配是利用相关技术实现的,随后又发展出了多种影像匹配方法。本章论述影像相关原理与谱分析、常用的影像匹配方法、最小二乘影像匹配以及特征匹配和密集匹配的相关算法。

6.1　影像相关原理与谱分析

最初的影像匹配采用了相关技术,因而也有人常称影像匹配为影像相关。影像相关是利用互相关函数,评价两块影像的相似性以确定同名点。即首先取出以待定点为中心的小区域影像信号,然后取出其在另一影像中相应区域影像信号,用相关函数计算两者的相似度,取相关函数最大值对应的区域中心点为同名点。即以影像信号分布最相似的区域为同名区域,同名区域的中心点为同名点,这就是自动化立体量测的基本原理。

6.1.1　相关函数

两个随机信号 $x(t)$ 和 $y(t)$ 的互相关函数定义为

$$R_{xy}(\tau) = \int_{-\infty}^{+\infty} x(t)y(t+\tau)\,\mathrm{d}t \qquad (6\text{-}1\text{-}1)$$

对信号能量无限的情况则取其均值形式:

$$\overline{R}_{xy}(\tau) = \lim_{T\to\infty} \frac{1}{T}\int_0^T x(t)y(t+\tau)\,\mathrm{d}t \qquad (6\text{-}1\text{-}2)$$

在实际应用中信号不可能是无限的,即 T 是有限值,但 T 要大小适当,使其构成的统计方差小到可以接受。实用估计为

$$\hat{R}_{xy}(\tau) = \frac{1}{T}\int_0^T x(t)y(t+\tau)\,\mathrm{d}t \qquad (6\text{-}1\text{-}3)$$

当 $x(t) = y(t)$ 时,则得到自相关函数的相应定义与估计公式:

$$R_{xx}(\tau) = \int_{-\infty}^{+\infty} x(t)x(t+\tau)\,\mathrm{d}t \qquad (6\text{-}1\text{-}4)$$

$$\overline{R}_{xx}(\tau) = \lim_{T\to\infty} \frac{1}{T}\int_0^T x(t)x(t+\tau)\,\mathrm{d}t \qquad (6\text{-}1\text{-}5)$$

$$\hat{R}_{xx}(\tau) = \frac{1}{T}\int_0^T x(t)x(t+\tau)\,\mathrm{d}t \qquad (6\text{-}1\text{-}6)$$

自相关函数有下列主要性质:

（1）自相关函数是偶函数，即

$$R(\tau) = R(-\tau)$$

这是因为

$$R(\tau) = \lim_{T\to\infty}\frac{1}{T}\int_0^T x(t)x(t+\tau)\,\mathrm{d}t$$

$$= \lim_{T\to\infty}\frac{1}{T}\left[\int_0^{T-\tau}x(t)x(t+\tau)\,\mathrm{d}t + \int_{T-\tau}^T x(t)x(t+\tau)\,\mathrm{d}t\right]$$

（2）自相关函数在 $\tau = 0$ 处取得最大值，即 $R(0) \geqslant R(\tau)$。

$$\because \qquad\qquad\qquad a^2 + b^2 \geqslant 2ab$$

$$\therefore \qquad\qquad x(t)x(t) + x(t+\tau)x(t+\tau) \geqslant 2x(t)x(t+\tau)$$

两边取时间 T 的平均值并取极限：

$$\lim_{T\to\infty}\frac{1}{T}\int_0^T x(t)x(t)\,\mathrm{d}t + \lim_{T\to\infty}\frac{1}{T}\int_0^T x(t+\tau)x(t+\tau)\,\mathrm{d}t \geqslant \lim_{T\to\infty}\frac{1}{T}\int_0^T 2x(t)x(x+\tau)\,\mathrm{d}t$$

上式左边两部分均为 $R(0)$，所以

$$R(0) \geqslant R(\tau)$$

这个性质极为重要，它是三种相关技术确定同名像点的依据。

6.1.2 数字相关

数字相关是利用计算机对数字影像进行数值计算完成影像的相关。一般情况下，数字相关是一个二维的搜索过程。1972 年，Masry、Helava 和 Chapelle 等引入了核线相关原理，化二维搜索为一维搜索，大大提高了相关的速度，使数字相关技术在摄影测量中的应用得到迅速的发展。

1. 二维相关

二维相关时，一般在左影像上先确定一个待匹配点，称之为目标点，以此待匹配点为中心选取 $m \times n$（可取 $m = n$）个像素的灰度阵列作为目标区（或称目标窗口）。为了在右影像上搜索同名点，必须估计出该同名点可能存在的范围，建立一个 $k \times l$（$k > m$，$l > n$）个像素的灰度阵列作为搜索区，相关的过程就是依次在搜索区中取出 $m \times n$ 个像素灰度阵列（搜索窗口通常取 $m = n$），计算其与目标区的相似性测度：

$$\rho_{ij}\left(i = i_0 - \frac{l}{2} + \frac{n}{2}, \cdots, i_0 + \frac{l}{2} - \frac{n}{2}; j = j_0 - \frac{k}{2} + \frac{m}{2}, \cdots, i_0 + \frac{k}{2} - \frac{m}{2}\right)$$

(i_0, j_0) 为搜索区中心像素（如图 6-1-1 所示）。当 ρ 取得最大值时，该搜索窗口的中心像素被认为是同名点。即当

$$\rho_{c,r} = \max\left\{\rho_{ij}\left|\begin{array}{l} i = i_0 - \dfrac{l}{2} + \dfrac{n}{2}, \cdots, i_0 + \dfrac{l}{2} - \dfrac{n}{2} \\ j = j_0 - \dfrac{k}{2} + \dfrac{m}{2}, \cdots, i_0 + \dfrac{k}{2} - \dfrac{m}{2} \end{array}\right.\right\} \qquad (6\text{-}1\text{-}7)$$

时，则认为 (c, r) 为同名点。

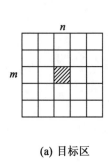
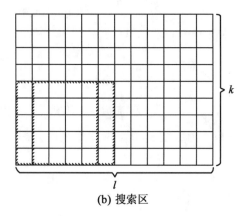

(a) 目标区　　　　　　　　　　　　　(b) 搜索区

图 6-1-1　目标区与搜索区

2. 一维相关

若为一维相关，则在核线影像上只需要进行一维搜索。理论上，目标窗与搜索区均可以是一维窗口。但是，由于两影像窗口的相似性测度一般是统计量，为了保证相关结果的可靠性，应有较多的样本进行估计，因而目标窗口中的像素不应太少。另一方面，若目标区长，由于一般情况下灰度信号的重心与几何重心并不重合，相关函数的高峰值总是与最强信号一致，加之影像的几何变形，就会产生相关误差。因此，一维相关目标区的选取与二维相关时相同，取一个以待定点为中心，$m \times n$（可取 $m = n$）个像素的窗口。此时搜索区为 $m \times l$（$l > n$）个像素的灰度阵列，搜索工作只在一个方向进行，即计算相似测度：

$$\rho_{ij} \quad \left(i = i_0 - \frac{l}{2} + \frac{n}{2}, \; \cdots, \; i_0 + \frac{l}{2} - \frac{n}{2} \right)$$

当

$$\rho_c = \max\left(\frac{\rho_i}{i} \right) \quad \left(i = i_0 - \frac{l}{2} + \frac{n}{2}, \; \cdots, \; i_0 + \frac{l}{2} - \frac{n}{2} \right)$$

时，(c, j_0) 为同名点（如图 6-1-2 所示），其中 (i_0, j_0) 为搜索区中心。

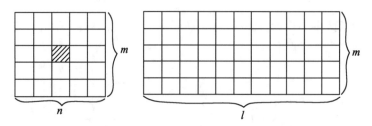

图 6-1-2　一维相关目标区与搜索区

6.1.3　影像相关的谱分析

影像相关是所有早期自动化测图系统所采用的基本技术，无论是现在还是将来，它都是最基础的影像匹配方法。在摄影测量的数字相关中，处理的问题是确定两幅影像上的同名点，所讨论的相关总是指互相关。但由于左右影像中同名点周围的影像彼此相似，所以通过自相关函数的研究，可以给数字影像相关算法的设计提供基础，利用它可以对采样间隔及相关函数的锐度等问题做出估计。由于影像的灰度分布不是一个简单的函数，因此对一个大面积的影像不可能用任何一种解析函数描述其灰度曲面，对它的相关函数也就很难估计。维纳(Wiener)与辛钦(Khintchine)(1930)的研究结果为我们提供了一种估计相关函数的方法，即从影像的功率谱估计可以很容易地得到其相关函数的估计。

1. 相关函数的谱分析

1）维纳-辛钦定理

随机信号的功率谱反映随机信号在频率域的有关特征，它们的定义如下：

若两个随机信号 $x(t)$ 和 $y(t)$ 的傅里叶变换为 $X(f)$ 与 $Y(f)$，则 $x(t)$ 的自功率谱为

$$S_x(f) = |X(f)^2|\qquad\qquad(6\text{-}1\text{-}8)$$

$x(t)$ 与 $y(t)$ 的互功率谱为

$$S_{xy}(f) = X^*(f)Y(f)\qquad\qquad(6\text{-}1\text{-}9)$$

式中，$X^*(f)$ 为 $X(f)$ 的复共轭。

维纳-辛钦定理：随机信号的相关函数与其功率谱是一傅里叶变换对，相关函数的傅里叶变换即功率谱，而功率谱的逆傅里叶变换即相关函数：

$$R_{xy}(\tau) \Leftrightarrow S_{xy}(f)\qquad\qquad(6\text{-}1\text{-}10)$$

由维纳-辛钦定理，我们可先对影像的功率谱进行估计，经逆傅里叶变换就可以得到影像的相关函数估计。

2）影像功率谱的估计

对一些有代表性的航空影像进行功率谱估计，获得如图 6-1-3 用虚线所示范围内的曲线，大量的实验表明，航空影像功率谱近似呈指数曲线状。对影像功率谱进行估计，其结果不仅可进一步用于相关函数的估计，还可对信号的截止频率进行估计以确定采样间隔。影像功率谱的估计步骤如下：

(1)读取影像灰度 g，采用一定的截断窗口(如最小能量矩窗或其他有较小分瓣的截断窗口)进行处理，以减小估计的偏移。

(2)用快速傅里叶变换(Fast Fourier Transform，FFT)计算信号的傅里叶变换 $G(f)$。

(3)计算功率谱估计值：

$$S(f) = |G(f)|^2\qquad\qquad(6\text{-}1\text{-}11)$$

(4)为了减小估计的方差，进行估计值的平滑(可用简单的移动平均法)。

(5)用最小二乘拟合法计算指数曲线参数，得到功率谱估计函数：

$$S(f) = be^{-a|f|}\qquad\qquad(6\text{-}1\text{-}12)$$

式中，a，b 为所估计的参数。

标准化功率谱估计为

$$S(f) = \mathrm{e}^{-a\,|f|} \quad (a > 0) \tag{6-1-13}$$

3）相关函数的估计

由维纳-辛钦定理及式(6-1-13)可得影像的相关函数估计：

$$R(\tau) = \int_{-\infty}^{+\infty} \mathrm{e}^{-a\,|f|} \mathrm{e}^{j2\pi f\tau} \,\mathrm{d}f = \int_{-\infty}^{+\infty} \mathrm{e}^{-(af+j2\pi f\tau)} \,\mathrm{d}f + \int_{-\infty}^{+\infty} \mathrm{e}^{-(af-j2\pi f\tau)} \,\mathrm{d}f$$

$$= \int_{-\infty}^{+\infty} \mathrm{e}^{af} \mathrm{e}^{j2\pi f\tau} \,\mathrm{d}f + \int_{-\infty}^{+\infty} \mathrm{e}^{-af} \mathrm{e}^{j2\pi f\tau} \,\mathrm{d}f$$

$$= \frac{1}{a + j2\pi\tau} + \frac{1}{a - j2\pi\tau} = \frac{2a}{a^2 + 4\pi^2\tau^2} \tag{6-1-14}$$

使 $R(0) = 1$，得

$$R(\tau) = \frac{1}{1 + 4\pi^2 \left(\dfrac{\tau}{a}\right)^2} \tag{6-1-15}$$

当 $a = 0.2$ 时，其曲线如图 6-1-4 所示。

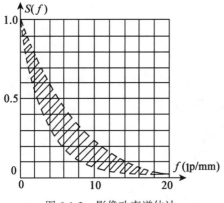

图 6-1-3　影像功率谱估计

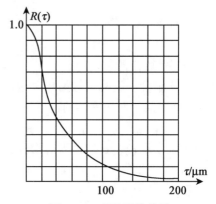

图 6-1-4　相关函数估计

由式(6-1-13)与式(6-1-15)可推出：当 a 较小时，$S(f)$ 较平缓，高频信息较丰富，此时相关函数 $R(\tau)$ 较陡峭，相关精度高，但由可能的近似位置到正确相关的点间距离(称为拉入范围)较小。这就要通过低通滤波获得较大的拉入范围。当 a 较大时，功率谱 $S(f)$ 较陡峭，低频信息占优势，因而相关函数 $R(\tau)$ 较平缓，相关精度较差，但拉入范围较大，相关结果出错的概率较小。

以上的讨论均基于较大的影像范围(一般含 512 个以上灰度值)内的功率谱与相关函数，其自相关函数一般只有一个极值(峰值)点，且当 $\tau = 0$ 时取得最大值。但实际上，相关运算必须在相当小的范围内进行，此时其功率谱常会在一定的频带特别强。此外，信号中可能混淆的"窄带随机噪声"也就突出了。此时的自相关函数具有多个极值点(图 6-1-5)。互相关函数的情况则更复杂，多极值(峰值)的情况更多，并且有时最大值与同名点不相对应，从而使相关失败。

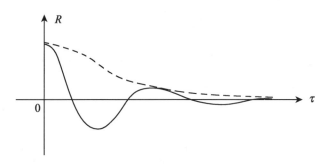

图 6-1-5 多极峰值相关函数

2. 金字塔影像相关（分频道相关）

通过以上相关函数的谱分析可知，当信号中高频成分较少时，相关函数曲线较平缓，但相关的拉入范围较大；反之，当高频成分较多时，相关函数曲线较陡，相关精度较高，但相关拉入范围较小。此外，当信号中存在高频窄带随机噪声或较强的高频信号时，相关函数出现多峰值，因此会出现错误匹配。综合考虑相关结果的正确性（或称为可靠性）与精度（准确性），得出目前广泛应用的从粗到精的相关策略。即先通过低通滤波进行初相关，找到同名点的粗略位置，然后利用高频信息进行精确相关。通常，先对原始信号进行低通滤波，进行粗相关，将其结果作为预测值，逐渐加入较高的频率成分，在逐渐变小的搜索区中进行相关，最后用原始信号，以得到最好的精度。这就是分频道相关的方法。对于二维影像逐次进行低通滤波，并增大采样间隔，得到一个像元素总数逐渐变小的影像序列，依次在这些影像对中相关，即对影像的分频道相关。将这些影像叠置起来颇像一座金字塔，因而称之为金字塔影像结构。

1）分频道相关（多级相关）

分频道可采用两像元、三像元、四像元平均等分若干频道的方法。

（1）两像元平均分频道如图 6-1-6(a) 所示。一频道是取样间隔为 Δt 的原始影像灰度数据；二频道是间隔为 $2\Delta t$、灰度值为一频道中相邻两像元灰度平均值的数据；三频道是间隔为 $4\Delta t$、灰度值为二频道中相邻两像元灰度平均值的数据；依此类推。

（2）三像元平均分频道相关如图 6-1-6(b) 所示。一频道是取样间隔为 Δt 的原始影像灰度数据；二频道是间隔为 $3\Delta t$、灰度值为一频道中相邻三像元灰度平均值的数据；三频道是间隔为 $9\Delta t$、灰度值为二频道中相邻三像元灰度平均值的数据；依此类推下去。

2）金字塔影像建立

以上分频道是对一维情况的分析，实际相关是对二维影像的处理。通过每 $2\times 2 = 4$ 个像元平均为一个像元构成第二级影像，再在第二级影像的基础上构成第三级影像，如此下去，最后构成如图 6-1-7(a) 所示的影像。将这些影像叠置起来很像古埃及的金字塔，因此通常称之为金字塔影像（Pyramid）或分层结构影像（Hierachical Structure），其每级（层）影像的像元个数均是其下一层的 1/4。对应一维情况的三像元平均分频道相关，则是每 $3\times 3 = 9$ 像元取平均构成上一级（层）影像的一个像元，每一层影像的像素总数均是其下一层影像的像素总数的 1/9（图 6-1-7(b)）。

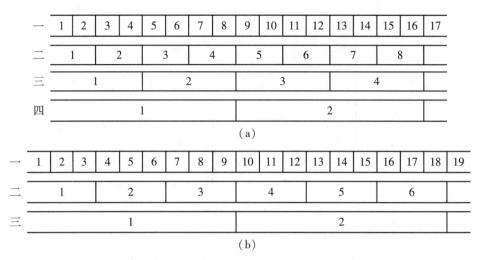

（a）

（b）

图 6-1-6 二像元和三像元分频道相关

金字塔影像的建立可按 $l \times l$ 像元变换成一个像元逐层形成，一般取 $l=2$ 的较多，但取 $l=3$ 是计算量最小的方法，则匹配结果从上一层传递到下一层时正好与 3×3 像元的中心像元相对应，而 $l=2$ 时上一层的结果与下一层 2×2 像元的公共角点相对应。将原始影像称为第零层，则第一层影像的每一像元相当于零层的 $(l \times l)^1$ 像元，第 k 层影像的每一像元相当于零层的 $(l \times l)^k$ 像元，金字塔影像的层数可由两种方法确定。

（1）由影像匹配窗口大小确定金字塔影像层数。当影像的先验视差未知时，可建立一个较完整的金字塔，其塔尖（最上一层）的像元素个数在列方向上介于匹配窗口像素列数的 1 倍与 l 倍之间。若影像长为 n 个像素，匹配窗口长为 w 个像素，则金字塔影像的层数 k 满足

$$w < \text{Int}(n/l^k + 0.5) < l \cdot w \tag{6-1-16}$$

当原始影像列方向较长时，则以行方向为准来确定金字塔的层数。

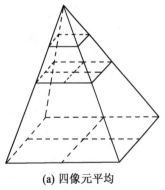

(a) 四像元平均

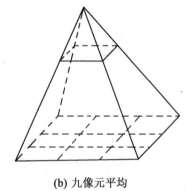

(b) 九像元平均

图 6-1-7 金字塔影像

（2）由先验视差确定金字塔影像层数。若已知或可估计出影像的最大的视差为 $P_{\max}$，

也可由人工量测一个点，计算出其视差并进一步估计出最大左右视差。若在最上层影像匹配时左右搜索 S 个像素，则金字塔影像的层数 k 满足

$$\frac{P_{\max}}{l^k} = S \cdot \Delta \tag{6-1-17}$$

式中，Δ 为像素大小。

此外，为建立金字塔影像，还可以采用较复杂的、较理想的低通滤波，如高斯滤波等。相关过程与前一部分所述相同，即先在最上一层影像相关，将其结果作为初值，再在下一层影像相关，最后在原始影像上相关，实现从粗到精的处理过程。

6.2 数字影像匹配基本算法

影像匹配实质上是在两幅（或多幅）影像之间识别同名点，它是计算机视觉及数字摄影测量的核心问题。

6.2.1 常见的五种基本匹配算法

同名点的确定以匹配测度为基础，因而定义匹配测度是影像匹配最首要的任务。其中基于统计理论的一些基本方法得到较广泛的应用。以下主要介绍五种常见的基本算法。

若影像匹配的目标窗口（图 6-1-1）灰度矩阵为 $G(g_{i,j})(i=1, 2, \cdots, m; j=1, 2, \cdots, n)$，$m$ 与 n 是矩阵 G 的行列数，一般情况下取为奇数。与 G 相应的灰度函数为 $g(x, y)$，$(x, y) \in D$，将 G 中元素排成一行构成一个 $N = m \cdot n$ 维的目标向量 $X = (x_1, x_2, \cdots, x_N)$。搜索区灰度矩阵为 $G' = (g'_{i,j})(i=1, 2, \cdots, k; j=1, 2, \cdots, l)$，$k$ 与 l 是矩阵 G' 的行与列数，一般情况下也为奇数。与 G' 相应的灰度函数为 $g'(x', y')$，$(x', y') \in D'$。G' 中任意一个 m 行 n 列的子块（即搜索窗口）记为

$$G'_{r, c} = (g'_{i+r, j+c}) \quad \begin{array}{l} (i=1, 2, \cdots, m; j=1, 2, \cdots, n) \\ (r = \mathrm{Int}(m/2) + 1, \cdots, k - \mathrm{Int}(m/2)) \\ (c = \mathrm{Int}(n/2) + 1, \cdots, l - \mathrm{Int}(n/2)) \end{array}$$

将 $G'_{r,c}$ 的元素排成一行构成一个 $N = m \cdot n$ 维的搜索向量，记为 $Y = (y_1, y_2, \cdots, y_N)$，则影像匹配的一些基本算法如下：

1. 相关函数（矢量数积）

$g(x, y)$ 与 $g'(x', y')$ 的相关函数定义为

$$R(p, q) = \iint\limits_{(x, y) \in D} g(x, y) g'(x + p, y + q) \, dx dy \tag{6-2-1}$$

若 $R(p_0, q_0) > R(p, q)(p \neq p_0, q \neq q_0)$，则 p_0, q_0 为搜索区影像相对于目标区影像的位移参数。对于一维相关应有 $q \equiv 0$。

由离散灰度数据对相关函数的估计公式为

$$R(c, r) = \sum_{i=1}^{m} \sum_{j=1}^{n} g_{i, j} \cdot g'_{i+r, j+c} \tag{6-2-2}$$

若
$$R(c_0,\ r_0) > R(c,\ r)\quad (r \neq r_0,\ c \neq c_0)$$
则 c_0，r_0 为搜索区影像相对于目标区影像的位移行、列参数。对于一维相关应有 $r \equiv 0$。

相关函数的估计值即矢量 X 与 Y 的数积

$$R(X \cdot Y) = \sum_{i=1}^{N} x_i y_j \tag{6-2-3}$$

在 N 维空间 $\{y_1,\ y_2,\ \cdots,\ y_N\}$ 中，$R = (X \cdot Y)$ 是 y_1，y_2，$\cdots$，y_N 的线性函数：

$$R = \sum_{i=1}^{N} x_i y_j = \max \tag{6-2-4}$$

它是 N 维空间的一个超平面。当 $N = 2$ 时，

$$R = x_1 y_1 + x_2 y_2 \tag{6-2-5}$$

是二维平面上垂直于 X 的一条直线(如图 6-2-1 所示)。因目标向量 X 是已知常数向量，故相关函数最大(即矢量 X 与 Y 的数积最大)等价于矢量 Y 在 X 上的投影最大。设 X 与 Y 的模为 $|X|$ 与 $|Y|$，夹角为 θ，则

$$(X \cdot Y) = |X| \cdot |Y| \cdot \cos\theta = \max \tag{6-2-6}$$

等价于

$$|Y|\cos\theta = \max \tag{6-2-7}$$

上式左端即向量 Y 在向量 X 上之投影(图 6-2-1)。

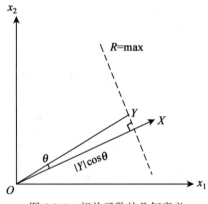

图 6-2-1　相关函数的几何意义

2. 协方差函数(矢量投影)

协方差函数是中心化的相关函数。$g(x,\ y)$ 与 $g'(x',\ y')$ 的协方差函数定义为

$$C(p,q) = \iint\limits_{(x,y) \in D} \{g(x,y) - E[g(x,y)]\}\{g'(x+p,y+q) - E[g'(x+p,y+q)]\}\mathrm{d}x\mathrm{d}y$$

$$E[g(x,\ y)] = \frac{1}{|D|} \iint\limits_{(x,\ y) \in D} g(x,\ y)\mathrm{d}x\mathrm{d}y$$

$$E[g'(x+p,\ y+q)] = \frac{1}{|D|} \iint\limits_{(x,\ y) \in D} g'(x+p,\ y+q)\mathrm{d}x\mathrm{d}y \tag{6-2-8}$$

式中，$|D|$ 为 D 之面积。

若 $C(p_0, q_0) > C(p, q)$ $(p \neq p_0, q \neq q_0)$，则 p_0, q_0 为搜索区影像相对于目标区影像的位移参数，对于一维相关有 $q \equiv 0$。

由离散数据对协方差函数的估计为

$$C(c, r) = \sum_{i=1}^{m} \sum_{j=1}^{n} (g_{i,j} - \bar{g}) \cdot (g'_{i+r, j+c} - \bar{g}') \qquad (6\text{-}2\text{-}9)$$

$$\bar{g}'_{c,r} = \frac{1}{m \cdot n} \sum_{i=1}^{m} \sum_{j=1}^{n} g'_{i+c, j+c}; \quad \bar{g} = \frac{1}{m \cdot n} \sum_{i=1}^{m} \sum_{j=1}^{n} g_{i,j}$$

若

$$C(c_0, r_0) > C(c, r) \qquad (c \neq c_0, r \neq r_0)$$

则 c_0, r_0 为搜索区影像相对于目标区影像的位移行、列参数。对于一维相关，应有 $r \equiv 0$。

设矢量 $\bar{X} = (\bar{x}, \bar{x}, \cdots, \bar{x})$，$\bar{Y} = (\bar{y}, \bar{y}, \cdots, \bar{y})$，$\bar{x} = \frac{1}{N} \sum_{i=1}^{N} x_i$，$\bar{y} = \frac{1}{N} \sum_{i=1}^{N} y_i$，令 $X' = X - \bar{X}$，$Y' = Y - \bar{Y}$，矢量 $\bar{X}$ 即矢量 X 在矢量 $E = (1, 1, \cdots, 1)$ 上的投影矢量，X，$\bar{X}$ 与 X' 构成一直角三角形，X 是斜边，$\bar{X}$ 与 X' 是两直角边。Y，$\bar{Y}$ 与 Y' 也具有相同的关系。协方差函数的估计值即矢量 X' 与 Y' 的数积：

$$C = (X' \cdot Y') = \sum_{i=1}^{N} (x_i - \bar{x})(y_j - \bar{y}) = \sum_{i=1}^{N} x'_i y'_j \qquad (6\text{-}2\text{-}10)$$

式中，$x' = x_i - \bar{x}$；$y' = y_i - \bar{y}(i = 1, 2, \cdots, N)$。

由于 C 是 Y' 在 X' 上的投影与 X' 的长的积，因而协方差测度等价于 Y' 在 X' 上投影最大，而 $C = \max$，在二维空间中是平行于 $\bar{X}$（或 E）的一条直线，如图 6-2-2 所示。协方差函数的实用估计式为

$$C(c, r) = \sum_{i=1}^{m} \sum_{j=1}^{n} g_{i,j} \cdot g'_{i+r, j+c} - \frac{1}{m \cdot n} \sum_{i=1}^{m} \sum_{j=1}^{n} g_{i,j} \cdot \frac{1}{m \cdot n} \sum_{i=1}^{m} \sum_{j=1}^{n} g'_{i+r, j+c} \qquad (6\text{-}2\text{-}11)$$

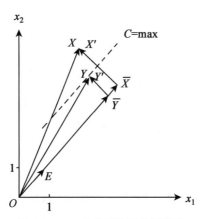

图 6-2-2　协方差函数的几何意义

由频谱分析可知，减去信号的均值等于去掉其直流分量。因而，当两影像的灰度强度平均相差一个常量时，应用协方差测度可不受影响。

3. 相关系数(矢量夹角)

1)定义与计算公式

相关系数是标准化的协方差函数,协方差函数除以两信号的方差即得相关系数。$g(x, y)$ 与 $g'(x', y')$ 的相关系数为

$$\rho(p, q) = \frac{C(p, q)}{\sqrt{C_{gg} C_{g'g'}(p, q)}} \tag{6-2-12}$$

其中,

$$C_{gg} = \iint_{(x, y) \in D} \{g(x, y) - E[g(x, y)]\}^2 \mathrm{d}x\mathrm{d}y$$

$$C_{g'g'}(p, q) = \iint_{(x, y) \in D} \{g'(x+p, y+q) - E[g'(x+p, y+q)]\}^2 \mathrm{d}x\mathrm{d}y$$

式中,$C(p, q)$,$E(g(x, y))$ 与 $E(g'(x+p, y+q))$ 由式(6-2-9)定义。

若 $\rho(p_0, q_0) > \rho(p, q) (p \neq p_0, q \neq q_0)$,则 p_0, q_0 为搜索区影像相对于目标区影像的位移参数。对于一维相关,应有 $q \equiv 0$。

由离散灰度数据对相关系数的估计为

$$\rho(c, r) = \frac{\sum_{i=1}^{m} \sum_{j=1}^{n} (g_{i, j} - \overline{g})(g'_{i+r, j+c} - \overline{g}')}{\sqrt{\sum_{i=1}^{m} \sum_{j=1}^{n} (g_{i, j} - \overline{g})^2 \cdot \sum_{i=1}^{m} \sum_{j=1}^{n} (g'_{i+r, j+c} - \overline{g}'_{r, c})^2}} \tag{6-2-13}$$

$$\overline{g}'_{c, r} = \frac{1}{m \cdot n} \sum_{i=1}^{m} \sum_{j=1}^{n} g'_{i+r, j+c}; \quad \overline{g} = \frac{1}{m \cdot n} \sum_{i=1}^{m} \sum_{j=1}^{n} g_{i, j}$$

考虑到计算工作量,相关系数的实用公式为

$$\rho(c, r) = \frac{\sum_{i=1}^{m} \sum_{j=1}^{n} (g_{i, j} \cdot g'_{i+r, j+c}) - \frac{1}{m \cdot n}\left(\sum_{i=1}^{m} \sum_{j=1}^{n} g_{i, j}\right)\left(\sum_{i=1}^{m} \sum_{j=1}^{n} g'_{i+r, j+c}\right)}{\sqrt{\left[\sum_{i=1}^{m} \sum_{j=1}^{n} g_{i, j}^2 - \frac{1}{m \cdot n}\left(\sum_{i=1}^{m} \sum_{j=1}^{n} g_{i, j}\right)^2\right]\left[\sum_{i=1}^{m} \sum_{j=1}^{n} g'^2_{i+r, j+c} - \frac{1}{m \cdot n}\left(\sum_{i=1}^{m} \sum_{j=1}^{n} g'_{i+r, j+c}\right)^2\right]}} \tag{6-2-14}$$

若 $\rho(c_0, r_0) > \rho(c, r)(c \neq c_0, r \neq r_0)$,则 c_0, r_0 为搜索区影像相对于目标区影像的位移行、列参数。对于一维相关,应有 $r \equiv 0$。

相关系数的估计值最大,等价于矢量 X' 与 Y' 的夹角最小(如图 6-2-3 所示),因为

$$\rho = \frac{(X' \cdot Y')}{|X'||Y'|} = \frac{|X'||Y'|\cos\alpha}{|X'||Y'|} = \cos\alpha \tag{6-2-15}$$

其中,α 是矢量 X' 与矢量 Y' 的夹角。X' 与 Y' 的定义同前段一样。

相关系数是两个单位长度矢量 $\frac{X'}{|X'|}$ 与 $\frac{Y'}{|Y'|}$ 的数积,其值等于 X 和 E 两矢量构成的超平面与 Y 和 E 两矢量构成的超平面的夹角 α 的余弦。因而其取值范围满足

$$|\rho| \leqslant 1 \tag{6-2-16}$$

2)相关系数是灰度线性变换的不变量

设 X 与 Y 是目标影像灰度与搜索影像灰度矢量,其相关系数为

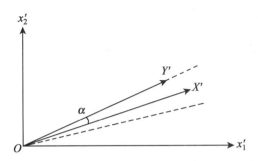

图 6-2-3　相关系数的几何意义

$$\rho = \frac{\sum\limits_{i=1}^{N}(x_i - \overline{x})(y_i - \overline{y})}{\sqrt{\sum\limits_{i=1}^{N}(x_i - \overline{x})^2 \sum (y_i - \overline{y})^2}} \tag{6-2-17}$$

当搜索影像灰度矢量变为 Y'，并假设它与 Y 呈一线性畸变

$$Y' = aY + b \tag{6-2-18}$$

时，则 Y' 与 X 的相关系数为 ρ' 为

$$\rho' = \frac{\sum\limits_{i=1}^{N}(x_i - \overline{x})(y'_i - \overline{y})}{\sqrt{\sum\limits_{i=1}^{N}(x_i - \overline{x})^2 \sum\limits_{i=1}^{N}(y'_i - \overline{y})^2}} = \frac{\sum\limits_{i=1}^{N}(x_i - \overline{x})[(ay_i + b) - (a\overline{y} + b)]}{\sqrt{\sum\limits_{i=1}^{N}(x_i - \overline{x})^2 \sum\limits_{i=1}^{N}[(ay_i + b) - (a\overline{y} + b)]^2}}$$

$$= \frac{a\sum\limits_{i=1}^{N}(x_i - \overline{x})(y_i - \overline{y})}{\sqrt{\sum\limits_{i=1}^{N}(x_i - \overline{x})^2 a^2 \sum\limits_{i=1}^{N}(y_i - \overline{y})^2}} = \rho \tag{6-2-19}$$

即灰度矢量经线性变换后，相关系数保持不变。

4. 差平方和(差矢量模)

$g(x, y)$ 与 $g'(x', y')$ 的差平方和为

$$S^2(p, q) = \iint\limits_{(x, y) \in D} [g(x, y) - g'(x + p, y + q)]^2 \mathrm{d}x\mathrm{d}y \tag{6-2-20}$$

若 $S^2(p_0, q_0) > S^2(p, q)(p \neq p_0, q \neq q_0)$，则 p_0, q_0 为搜索区影像相对于目标区影像的位移参数。对于一维相关，应有 $q \equiv 0$。

离散灰度数据的计算公式为

$$S^2(c, r) = \sum_{i=1}^{m} \sum_{j=1}^{n} (g_{i, j} - g'_{i+r, j+c})^2 \tag{6-2-21}$$

若 $S^2(c_0, r_0) > S^2(c, r)(c \neq c_0, r \neq r_0)$，则 c_0, r_0 为搜索区影像相对于目标区影像的位移行、列参数。对于一维相关，应有 $r \equiv 0$。

两影像窗口灰度差的平方和即灰度向量 X 与 Y 之差矢量 $X - Y = (x_1 - y_1,\ x_2 - y_2,\ \cdots,\ x_N - y_N)$ 之模的平方：

$$S^2 = |X - Y|^2 = (x_1 - y_1)^2 + (x_2 - y_2)^2 + \cdots + (x_N - y_N)^2 = \sum_{i=1}^{N} (x_i - y_i)^2$$

$$(6-2-22)$$

它是 N 维空间点 Y 与点 X 之间距离的平方。故差平方和最小等于 N 维空间点 Y 与点 X 之距离最小。当 $N=2$ 时，

$$S^2 = (x_1 - y_1)^2 + (x_2 - y_2)^2 = \min \qquad (6-2-23)$$

S 等值线是二维平面上的一个圆（如图 6-2-4 所示）。

5. 差绝对值和(差矢量分量绝对值和)

$g(x,\ y)$ 与 $g'(x',\ y')$ 的差绝对值和为

$$S(p,\ q) = \iint\limits_{(x,\ y) \in D} |g(x,\ y) - g'(x+p,\ y+q)| \mathrm{d}x\mathrm{d}y \qquad (6-2-24)$$

若 $S(p_0,\ q_0) > S(p,\ q)(p \neq p_0,\ q \neq q_0)$，则 $p_0,\ q_0$ 为搜索区影像相对于目标区影像的位移参数。对于一维相关，应有 $q \equiv 0$。

离散灰度数据差绝对值和的计算公式为

$$S(c,\ r) = \sum_{i=1}^{m} \sum_{j=1}^{n} |g_{i,\ j} - g'_{i+r,\ j+c}| \qquad (6-2-25)$$

若 $S(c_0,\ r_0) > S(c,\ r)(c \neq c_0,\ r \neq r_0)$，则 $c_0,\ r_0$ 为搜索区影像相对于目标区影像的位移行、列参数。对于一维相关，应有 $r \equiv 0$。

两影像窗口灰度差绝对值和，即灰度矢量 X 与 Y 之差矢量：

$$X - Y = (x_1 - y_1,\ x_2 - y_2,\ \cdots,\ x_N - y_N)$$

之分量的绝对值的和：

$$S = |x_1 - y_1| + |x_2 - y_2| + \cdots + |x_N - y_N| = \sum_{i=1}^{N} |x_i - y_i| \qquad (6-2-26)$$

当 $N=2$ 时，

$$S = |x_1 - y_1| + |x_2 - y_2| = \min \qquad (6-2-27)$$

是二维平面上以 $(x_1,\ y_2)$ 为中心、边长为 $\sqrt{2}S$、对角线与坐标轴平行的一个正方形（图 6-2-5）。

6.2.2　基于物方的影像匹配(VLL 法)

在摄影测量学中影像匹配的目的是提取物体的几何信息，确定其空间位置，因而在由前述影像匹配方法获取左右影像同名点后，还要利用空间前方交会解算其对应物点的空间三维坐标 $(X,\ Y,\ Z)$，然后建立数字表面模型(如数字地面模型 DTM)。在建立数字表面模型时可能还会使用一定的内插方法，使得精度或多或少地降低。因此，能够直接确定物体表面点空间三维坐标的基于物方的影像匹配方法得到了研究，这些方法也被称为"地面元影像匹配"。此时待定点平面坐标 $(X,\ Y)$ 是已知的，只需要确定其高程 Z。因而基于物

方的影像匹配也可以理解为高程直接求解的影像匹配方法。下面介绍铅垂线轨迹法（Vertical Line Locus，VLL）直接求解高程的原理。

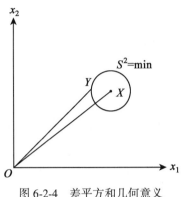

图 6-2-4　差平方和几何意义

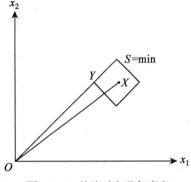

图 6-2-5　差绝对和几何意义

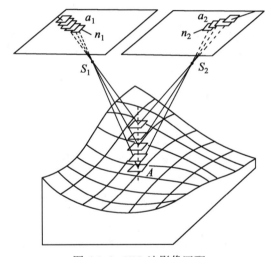

图 6-2-6　VLL 法影像匹配

VLL 法是 Kern 厂解析测图仪 DSR-11 附加 CCD 相机构成的混合型数字摄影测量工作站中的影像相关器所使用的方法。假设在物方有一条铅垂线轨迹，则它在影像上的投影也是一直线，如图 6-2-6 所示。这就是说，VLL 与地面交点 A 在影像上的构像必定位于相应的"投影差"上。利用 VLL 法搜索其相应的像点 a_1 与 a_2 从而确定 A 点的高程的过程，与人工在解析测图仪或立体测图仪上的过程十分相似。其步骤为：

（1）给定地面点的平面坐标 (X, Y) 与近似最低高程 $Z_{\min}$，高程搜索步距 ΔZ 可由所要求的高程精度确定。

（2）由地面点平面坐标 (X, Y) 与可能的高程

$$Z_i = Z_{\min} + i \cdot \Delta Z \quad (i = 0, 1, 2, \cdots)$$

计算左右像坐标 (x_i', y_i') 与 (x_i'', y_i'')：

$$x'_i = -f \frac{a'_1(X - X'_S) + b'_1(Y - Y'_S) + c'_1(Z - Z'_S)}{a'_3(X - X'_S) + b'_3(Y - Y'_S) + c'_3(Z - Z'_S)}$$

$$y'_i = -f \frac{a'_2(X - X'_S) + b'_2(Y - Y'_S) + c'_2(Z - Z'_S)}{a'_3(X - X'_S) + b'_3(Y - Y'_S) + c'_3(Z - Z'_S)}$$

$$x''_i = -f \frac{a''_1(X - X''_S) + b''_1(Y - Y''_S) + c''_1(Z - Z''_S)}{a''_3(X - X''_S) + b''_3(Y - Y''_S) + c''_3(Z - Z''_S)}$$

$$y''_i = -f \frac{a''_2(X - X''_S) + b''_2(Y - Y''_S) + c''_2(Z - Z''_S)}{a''_3(X - X''_S) + b''_3(Y - Y''_S) + c''_3(Z - Z''_S)}$$

(6-2-28)

（3）分别以(x'_i, y'_i)与(x''_i, y''_i)为中心在左右影像上取影像窗口，计算其匹配测度，如相关系数ρ_i(也可以利用其他测度)。

（4）将 i 的值增加 1，重复（2）、（3）两步，得到ρ_0，ρ_1，ρ_2，ρ_n，取其最大者ρ_k：

$$\rho_k = \max\{\rho_0, \rho_1, \rho_2, \cdots, \rho_n\}$$

其对应高程为 $Z_k = Z_{\min} + k \cdot \Delta Z$，则认为地面点 A 高程 $Z = Z_k$。

（5）还可以利用ρ_k及其相邻的几个相关系数拟合一条抛物线，以其极值对应的高程作为 A 点的高程，以进一步提高精度，或以更小的高程步距在一小范围内重复以上过程。

6.2.3　影像匹配精度

对于解析测图仪，若其仪器分辨率为 Δ，则通常情况下该仪器的点位观测精度为 2~3 倍 Δ。在数字摄影测量中，是否达到的精度为像素的 2~3 倍，这是一个关系到数字摄影测量是否能够实用的重要问题。果真如此，则数字摄影测量将不可能发展。但答案是否定的，影像匹配(相关)即使在定位到整像素的情况下，其理论精度也可达到大约 0.3 像素的精度。以下以相关系数最大的相关方法为例讨论相关的理论精度。所谓理论精度，就是假设被匹配的两个影像窗口真正代表物理概念上的同名点。若非如此，则说明匹配有粗差。如何剔除粗差提高匹配的可靠性，是另一类重要的研究问题。

1. 整像素相关的精度

影像相关是根据左影像上作为目标区的一影像窗口与右影像上搜索区内相对应的相同大小的一影像窗口相比较，求得相关系数，代表各窗口中心像素的中央点处的匹配测度。对搜索区内所有取作中央点的像素依次逐个地进行相同的过程，获得一系列相关系数(如图 6-2-7 所示)。其中最大相关系数所在搜索区窗口中心像素中央点的坐标，例如图中的点 i，就认为是所寻求的共轭点(同名点)。由于左右影像采样时的差别，同名像素的中心点一般并不是真正的同名点。真正的同名点可能偏离像素中心点半个像素之内，这就使得相关产生误差。显然，该误差服从$\left[-\dfrac{\Delta}{2}, +\dfrac{\Delta}{2}\right]$内的均匀分布($\Delta$ 为像素大小)，因而相关精度为

$$\sigma_x^2 = \int_{-\frac{\Delta}{2}}^{+\frac{\Delta}{2}} x^2 \rho(x)\,\mathrm{d}x \tag{6-2-29}$$

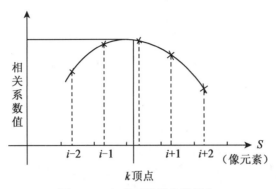

图 6-2-7 相关系数抛物线拟合

由于

$$\rho(x) = \begin{cases} \dfrac{1}{\Delta}, & |x| \leqslant \dfrac{\Delta}{2} \\ 0 \end{cases} \tag{6-2-30}$$

因此,

$$\sigma_x^2 = \frac{\Delta^2}{12}; \quad \sigma_x = 0.29\Delta$$

即整像素匹配的理论精度为 0.29 像素,或约为 1/3 像素。

2. 用相关系数的抛物线拟合提高相关精度

为了把同名点位求得精确一些,可以把 i 点左右若干点处(设取左、右各两个点)所求得的相关系数值同一个平差函数联系起来,从而将其函数的最大值 k 处作为寻求的同名点,结果将会更好一些。

如图 6-2-7 所示,设有相邻像元素系处的 5 个相关系数,用一个二次抛物线方程式拟合。取用抛物线方程式的一般式为

$$f(s) = A + B \cdot S + C \cdot S^2 \tag{6-2-31}$$

式中,参数 A,B,C 用间接观测平差法求得。此时抛物线顶点 k 处的位置应为

$$k = i - \frac{B}{2C} \tag{6-2-32}$$

当取相邻像元 3 个相关系数进行抛物线拟合时,可得方程组

$$\begin{cases} \rho_{i-1} = A - B + C \\ \rho_i = A \\ \rho_{i+1} = A + B + C \end{cases} \tag{6-2-33}$$

其中,ρ_{i-1},ρ_i,ρ_{i+1} 为相关系数。坐标系平移至 i 点,由式(6-2-33)得

$$\begin{cases} A = \rho_i \\ B = \dfrac{\rho_{i+1} - \rho_{i-1}}{2} \\ C = \rho_{i+1} - 2\rho_i + \rho_{i-1} \end{cases} \tag{6-2-34}$$

将式(6-2-34)代入式(6-2-32)得

$$k = i - \frac{\rho_{i+1} - \rho_{i-1}}{2(\rho_{i+1} - 2\rho_i + \rho_{i-1})} \tag{6-2-35}$$

相关系数抛物线拟合可使相关精度达到 0.15~0.2 子像素精度(当信噪比较高时)。但相关精度与信噪比近似成反比例关系。当信噪比较小时,采用相关系数抛物线拟合,也不能提高相关精度。

6.2.4　影像匹配需考虑的几个问题

对于理想影像,通过本节介绍的影像匹配算法可以获得子像素精度的同名像点。然而,受成像方式、成像条件、地物与地形遮挡等因素的影响,实际影像往往存在几何与辐射变形、遮挡等现象;此外,相似地物也会造成影像中的重复纹理现象。这些都会给影像匹配带来困难,影像匹配算法应考虑这些问题的影响及消除影响的方法。

1. 影像几何变形

传感器成像参数、摄影高度与角度的不同等因素造成摄影对象在不同影像上具有几何变形,如图 6-2-8 所示的影像分辨率差异、角度旋转,甚至更复杂的仿射变形,由此造成不同影像上同名窗口形状与大小不同。采用简单的基于窗口的影像相关难以准确衡量同名性,需要在影像匹配过程中考虑影像几何变形的动态改正,或者设计抵抗几何变形的匹配方法。

2. 影像辐射变形

传感器感光性能、成像环境(包括天气和光照条件)等差异性造成不同影像具有辐射变形,包括线性辐射变形和非线性辐射变形。由前述内容可知,相关系数是灰度线性变换的不变量,即相关系数可抵抗线性辐射变形的影响;非线性辐射畸变则难以抵抗,一直是影像匹配的难点,通过影像滤波和增强可在一定程度上减小影像非线性辐射变形,然而难以从根源上消除其对影像匹配的影响,需要考虑采用影像局部结构特征进行匹配。

3. 影像重复纹理

相似的地物造成影像上存在重复纹理,如道路上并排的斑马线、形状相同的房屋等,如图 6-2-9 所示为两张具有重复纹理的影像,对于左图白色圆点对应的房角,在右图上存在多个相似的房角点,这种影像匹配的多解性与歧义性,易造成误匹配。为克服这个问题,需要在影像匹配中引入邻域匹配约束,构建带约束的全局匹配策略。

图 6-2-8　具有尺度与角度差异的两张影像

图 6-2-9　具有重复纹理的两张影像

4. 地形与地物遮挡

由于摄影成像模型为透视投影，摄影场景中不同的物体或者同一物体的不同部分之间在透视成像时存在相互遮挡，这就使得并不是影像中的每一个像素都能在重叠影像中找到同名像素。一般情况下，遮挡问题在新兴的低空多视倾斜摄影和地面的近景摄影中更常见、普遍。遮挡易导致误匹配，且单纯依赖影像匹配难以剔除，需考虑遮挡检测或者通过匹配粗差剔除来消除遮挡导致的误匹配。

综上所述，影像中存在几何变形、辐射变形、重复纹理和遮挡是影像匹配的难点，其中前两种影响影像匹配的成功率和精度，后两种则易造成误匹配。优秀的影像匹配方法都会充分考虑这些问题，有针对性地设计关键技术和匹配策略，从而克服它们带来的不利影响。下述的影像匹配方法基本是以上述问题为切入点而设计的。

6.3　最小二乘影像匹配

20 世纪 80 年代，德国 Ackermann 教授提出了一种新的影像匹配方法——最小二乘影像匹配(Least Squares Image Matching，LSIM)或最小二乘匹配 LSM。由于该方法充分利用了影像窗口内的信息进行平差计算，使影像匹配达到 1/10 像素精度，甚至 1/100 像素精度，即影像匹配精度达到子像素(Subpixel)等级。为此，最小二乘影像匹配被称为"高精度影像匹配"，也有人习惯称之为"高精度影像相关"。它不仅可以被用于一般的生产数字地面模型，生产正射影像图，而且还可以用于控制点的加密(空中三角测量)及工业上的高精度量测。由于在最小二乘影像匹配中可以非常灵活地引入各种已知参数和条件(如共线方程等几何条件、已知的控制点坐标等)，从而可以进行整体平差。它不仅可以解决"单点"的影像匹配问题，以求其"视差"，也可以直接求解其空间坐标；而且可以同时求解待定点的坐标与影像的方位元素，还可以同时解决"多点"影像匹配(Multi-Point Matching)或"多片"影像匹配(Multi-Photo Matching)。另外，在最小二乘影像匹配系统中，可以很方便地引入"粗差检测"，从而大大提高影像匹配的可靠性。它甚至可用于解决影像遮蔽问题(Occlusion)。

由于最小二乘影像匹配方法具有灵活、可靠和高精度的特点，因此，它受到广泛的重视，得到很快的发展。当然这个系统也有某些缺点，如当初始值不太准时，系统的收敛性等问题有待解决。

本章将由最简单的、常用的影像匹配的算法——灰度差的平方和最小，引入最小二乘影像匹配的基本原理，然后介绍单点最小二乘影像匹配基本系统及最小二乘影像匹配精度。

6.3.1　最小二乘影像匹配原理

由前节可知，影像匹配中判断影像相似的方法很多，其中有一种是"灰度差的平方和最小"。若将灰度差记为余差 v，则上述判断可写为

$$\sum vv = \min$$

因此，它与最小二乘法的原则是一致的。但是，一般情况下，它没有考虑影像灰度中存在系统误差的情况，仅仅认为影像灰度只存在偶然误差(随机噪声)，即

$$n_1 + g_1(x, y) = n_2 + g_2(x, y)$$

或
$$v = g_1(x, y) - g_2(x, y) \tag{6-3-1}$$

这就是一般的按 $\sum vv = \min$ 原则进行影像匹配的数字模型。若在此系统中引入系统变形的参数，按 $\sum vv = \min$ 的原则，解求变形参数，就构成了最小二乘影像匹配系统。

影像灰度的系统畸变有两大类：一类是辐射畸变；另一类是几何畸变。由此产生了影

像灰度分布之间的差异。产生辐射变形的原因有：照明及被摄影物体辐射面的方向、大气与摄影机物镜所产生的衰减、摄影处理条件的差异以及影像数字化过程中所产生的误差等。产生几何畸变的主要因素有摄影机方位不同所产生的影像的透视畸变，影像的各种畸变以及由于地形坡度所产生的影像畸变等。在竖直航空摄影的情况下，地形高差则是几何畸变的主要因素。因此，在陡峭的山区的影像匹配要比平坦地区的影像匹配困难。在影像匹配中引入这些畸变参数，同时按最小二乘的原则求解这些参数，就是最小二乘影像匹配的基本思想。

1. 仅考虑辐射的线性畸变的最小二乘匹配——相关系数

假定灰度分布 g_2 相对于另一个灰度分布 g_1 存在线性畸变，因此

$$g_1(x, y) + n_1 = h_0 + h_1 g_2(x, y) + g_2 + n_2$$

其中，h_0，h_1 为线性畸变的参数；n_1，n_2 分别为 g_1，g_2 中所存在的随机噪声。按上式可得出仅考虑辐射线性畸变的最小二乘匹配的数学模型：

$$v = h_0 + h_1 g_2 - (g_1 - g_2) \tag{6-3-2}$$

按 $\sum vv = \min$ 的原理，可得法方程式：

$$n h_0 + \left(\sum g_2 \right) h_1 = \sum g_1 - \sum g_2$$

$$\left(\sum g_2 \right) h_0 + \left(\sum g_2^2 \right) h_1 = \sum g_1 g_2 - \sum g_2^2$$

由此可得

$$h_1 = \frac{\sum g_1 \sum g_2 - n \sum g_2 g_1}{\left(\sum g_2 \right)^2 - n \sum g_2^2} - 1 \tag{6-3-3}$$

$$h_0 = \frac{1}{n} \left[\sum g_1 - \sum g_2 - \left(\sum g_2 \right) h_1 \right]$$

假定对 g_1，g_2 已做过中心化处理，则

$$\sum g_1 = 0; \quad \sum g_2 = 0; \quad h_0 = 0$$

即

$$h_1 = \frac{\sum g_2 g_1}{\sum g_2^2} - 1 \tag{6-3-4}$$

因此，在消除了两个灰度分布的系统的辐射畸变后，其残余的灰度差的平方和为

$$\sum vv = \sum \left(g_2 \cdot \frac{\sum g_2 g_1}{\sum g_2^2} - g_1 \right)^2 = \left(\frac{\sum g_2 g_1}{\sum g_2^2} \right)^2 \sum g_2^2 - 2 \frac{\sum g_2 g_1}{\sum g_2^2} \sum g_2 g_1 + \sum g_1^2$$

$$\sum vv = \sum g_1^2 - \frac{\left(\sum g_2 g_1 \right)^2}{\sum g_2^2} \tag{6-3-5}$$

因为相关系数

$$\rho^2 = \frac{\left(\sum g_2 g_1 \right)^2}{\sum g_1^2 \sum g_2^2}$$

所以相关系数与 $\sum vv$ 的关系为

$$\sum vv = \sum g_1^2 (1 - \rho^2)$$

或

$$\frac{\sum vv}{\sum g_1^2} = 1 - \rho^2$$

其中，$\sum vv$ 是噪声的功率；$\sum g_1^2$ 为信号的功率。可令它们之比为信噪比，即

$$(\mathrm{SNR})^2 = \frac{\sum g_1^2}{\sum vv}$$

由此可得相关系数与信噪比之间的关系：

$$\rho = \sqrt{1 - \frac{1}{(\mathrm{SNR})^2}} \tag{6-3-6}$$

或

$$(\mathrm{SNR})^2 = \frac{1}{1 - \rho^2} \tag{6-3-7}$$

这是相关系数的另一种表达形式。由此式可知，以"相关系数最大"作为影像匹配搜索同名点的准则，其实质是搜索"信噪比为最大"的灰度序列。

但是，影像匹配的主要目的是确定影像相对移位，而在上述算法中只考虑辐射畸变，没有引入几何变形参数。因此，传统的影像匹配算法均采用目标区相对于搜索区不断地移动一个整像素，在移动的过程中计算相关系数，搜索最大相关系数的影像区中心作为同名像点。其搜索过程可用下式表达：

$$\max\{\rho(x \pm i \cdot \Delta,\ y \pm j \cdot \Delta)\} \quad (-k \leqslant i \leqslant k;\ -l \leqslant j \leqslant l;\ k,\ l\ 为正整数)$$

其中，Δ 为数字影像的采样间隔。因此，搜索的直接结果均以整像素为单位。

在最小二乘影像匹配算法中，可引入几何变形参数，直接解算影像移位，这是此算法的特点。下面就一个最简单的例子说明其原理。

2. 仅考虑影像相对移位的一维最小二乘匹配

假设两个一维灰度函数 $g_1(x)$，$g_2(x)$，除随机噪声 $n_1(x)$，$n_2(x)$ 外，$g_2(x)$ 相对于 $g_1(x)$ 只存在零次几何变形——移位量 Δx，因此

$$g_1(x) + n_1(x) = g_2(x + \Delta x) + n_2(x)$$

或

$$v(x) = g_2(x + \Delta x) - g_1(x) \tag{6-3-8}$$

为求解相对移位量 Δx（视差值），需对式(5-4-8)进行线性化

$$v(x) = g_2'(x) \cdot \Delta x - [g_1(x) - g_2(x)]$$

对于离散的数字影像而言，灰度函数的导数 $\dot{g}_2(x)$ 可由差分代替

$$\dot{g}_2(x) = \frac{g_2(x + \Delta) - g_2(x - \Delta)}{2\Delta}$$

其中，Δ 为采样间隔。因此，误差方程式可写为

$$v = \dot{g}_2 \cdot \Delta x - \Delta g \qquad (6\text{-}3\text{-}9)$$

按最小二乘法原理，解得影像的相对移位

$$\Delta x = \frac{\sum \dot{g}_2 \cdot \Delta g}{\sum \dot{g}_2^2} \qquad (6\text{-}3\text{-}10)$$

由于最小二乘影像匹配是非线性系统，因此必须进行迭代。迭代过程中收敛的速度取决于初值。为此，采用最小二乘影像匹配，必须已知初匹配的结果。

6.3.2 单点最小二乘影像匹配

两个二维影像之间的几何变形，不仅存在相对移位，而且还存在图形变化。如图6-3-1所示，左方影像上为矩形影像窗口，而在右方影像上相应的影像窗口，是个任意四边形。只有充分地考虑影像的几何变形，才能获得最佳的影像匹配。但是，由于影像匹配窗口的尺寸均很小，所以一般只要考虑一次畸变：

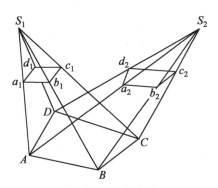

图 6-3-1 几何变形

$$x_2 = a_0 + a_1 x + a_2 y$$
$$y_2 = b_0 + b_1 x + b_2 y$$

有时只考虑仿射变形或一次正形变换。若同时再考虑到右方影像相对于左方影像的线性灰度畸变，则可得

$$g_1(x, y) + n_1(x, y) = h_0 + h_1 g_2(a_0 + a_1 x + a_2 y, \ b_0 + b_1 x + b_2 y) + n_2(x, y)$$

经线性化后．即可得最小二乘影像匹配的误差方程式

$$v = c_1 \mathrm{d}h_0 + c_2 \mathrm{d}h_1 + c_3 \mathrm{d}a_0 + c_4 \mathrm{d}a_1 + c_5 \mathrm{d}a_2 + c_6 \mathrm{d}b_0 + c_7 \mathrm{d}b_1 + c_8 \mathrm{d}b_2 - \Delta g \quad (6\text{-}3\text{-}11)$$

式中，未知数 $\mathrm{d}h_0$，$\mathrm{d}h_1$，$\mathrm{d}a_0$，…，$\mathrm{d}b_2$ 是待定参数的改正值，它们之初值分别为

$$h_0 = 0; \ h_1 = 1; \ a_0 = 0; \ a_1 = 1; \ a_2 = 0; \ b_0 = 0; \ b_1 = 0; \ b_2 = 1$$

观测值 Δg 是相应像素的灰度差，误差方程式的系数为

$$\begin{cases} c_1 = 1 \\ c_2 = g_2 \\ c_3 = \dfrac{\partial g_2}{\partial x_2} \cdot \dfrac{\partial x_2}{\partial a_0} = (\dot{g}_2)_x = \dot{g}_x \\ c_4 = \dfrac{\partial g_2}{\partial x_2} \cdot \dfrac{\partial x_2}{\partial a_1} = x\dot{g}_x \\ c_5 = \dfrac{\partial g_2}{\partial x_2} \cdot \dfrac{\partial x_2}{\partial a_2} = y\dot{g}_x \\ c_6 = \dfrac{\partial g_2}{\partial y_2} \cdot \dfrac{\partial y_2}{\partial b_0} = \dot{g}_y \\ c_7 = \dfrac{\partial g_2}{\partial y_2} \cdot \dfrac{\partial y_2}{\partial b_1} = x\dot{g}_y \\ c_8 = \dfrac{\partial g_2}{\partial y_2} \cdot \dfrac{\partial y_2}{\partial b_2} = y\dot{g}_y \end{cases} \tag{6-3-12}$$

由于在数字影像匹配中，灰度均是按规则格网排列的离散阵列，且采样间隔为常数 Δ，可被视为单位长度，故式(6-3-12)中的偏导数均用差分代替：

$$\dot{g}_y = \dot{g}_J(I, J) = \frac{1}{2}[g_2(I, J+1) - g_2(I, J-1)]$$

$$\dot{g}_x = \dot{g}_I(I, J) = \frac{1}{2}[g_2(I+1, J) - g_2(I-1, J)]$$

按式(6-3-11)与式(6-3-12)逐个像元(在目标区内)建立误差方程式，其矩阵形式为

$$V = CX - L \tag{6-3-13}$$

$X = (\mathrm{d}h_0, \ \mathrm{d}h_1, \ \mathrm{d}a_0, \ \mathrm{d}a_1, \ \mathrm{d}a_2, \ \mathrm{d}b_0, \ \mathrm{d}b_1, \ \mathrm{d}b_2]^{\mathrm{T}}$。在建立误差方程式时，可采用以目标区中心为坐标原点的局部坐标系。由误差方程式建立法方程

$$(C^{\mathrm{T}}C)X = (C^{\mathrm{T}}L) \tag{6-3-14}$$

最小二乘影像匹配的迭代过程如图 6-3-2 所示，其具体步骤为：

（1）几何变形改正。根据几何变形改正参数 a_0，a_1，a_2，b_0，b_1，b_2 将左方影像窗口的影像坐标(像素的行列号)变换至右方影像坐标：

$$x_2 = a_0 + a_1 x + a_2 y$$

$$y_2 = b_0 + b_1 x + b_2 y$$

（2）重采样。由于换算所得之坐标 x_2，y_2 一般不可能是右方影像阵列中的整数行列号，因此重采样是必须的，由重采样获得 $g_2(x_2, y_2)$。一般来说，重采样可采用双线性内插。

（3）辐射畸变改正。利用由最小二乘影像匹配所求得辐射畸变改正参数 h_0，h_1；对上述重采样的结果做辐射改正，$h_0 + h_1 g_2(x_2, y_2)$。

（4）计算左方影像窗口与经过几何、辐射改正后的右方影像窗口的灰度 g_1 与 $h_0 + h_1 g_2(x_2, y_2)$ 之间的相关系数 ρ，判断是否需要继续迭代。一般来说，若相关系数小于前一次

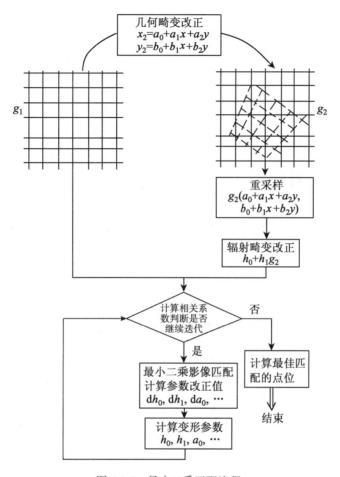

图 6-3-2　最小二乘匹配流程

迭代后所求得的相关系数，则可认为迭代结束；另外，判断迭代结束，也可以根据几何变形参数(特别是移位改正值 da_0，db_0)是否小于某个预定的阈值。

(5)采用最小二乘影像匹配，解求变形参数的改正值 dh_0，dh_1，da_0，…。

(6)计算变形参数。由于变形参数的改正值是根据经过几何、辐射改正后的右方影像灰度窗口求得的，因此，变形参数应按下列算法求得。设 h_0^{i-1}，h_1^{i-1}，a_0^{i-1}，a_1^{i-1}，… 是前一次变形参数，而 dh_0^i，dh_1^i，da_0^i，… 是本次迭代所求得的改正值，则几何改正参数 a_0^i，a_1^i，…，b_0^i，… 满足：

$$\begin{pmatrix} 1 \\ x_2 \\ y_2 \end{pmatrix} = \begin{pmatrix} 1 & 0 & 0 \\ a_0^i & a_1^i & a_2^i \\ b_0^i & b_1^i & b_2^i \end{pmatrix} \begin{pmatrix} 1 \\ x \\ y \end{pmatrix} = \begin{pmatrix} 1 & 0 & 0 \\ da_0^i & 1+da_1^i & da_2^i \\ db_0^i & db_1^i & 1+db_2^i \end{pmatrix} \begin{pmatrix} 1 & 0 & 0 \\ a_0^{i-1} & a_1^{i-1} & a_2^{i-1} \\ b_0^{i-1} & b_1^{i-1} & b_2^{i-1} \end{pmatrix} \begin{pmatrix} 1 \\ x \\ y \end{pmatrix}$$

所以

$$\begin{cases} a_0^i = a_0^{i-1} + \mathrm{d}a_0^i + a_0^{i-1}\mathrm{d}a_1^i + b_0^{i-1}\mathrm{d}a_2^i \\ a_1^i = a_1^{i-1} + a_1^{i-1}\mathrm{d}a_1^i + b_1^{i-1}\mathrm{d}a_2^i \\ a_2^i = a_2^{i-1} + a_2^{i-1}\mathrm{d}a_1^i + b_2^{i-1}\mathrm{d}a_2^i \\ b_0^i = b_0^{i-1} + \mathrm{d}b_0^i + a_0^{i-1}\mathrm{d}b_1^i + b_0^{i-1}\mathrm{d}b_2^i \\ b_1^i = b_1^{i-1} + a_1^{i-1}\mathrm{d}b_1^i + b_1^{i-1}\mathrm{d}b_2^i \\ b_2^i = b_2^{i-1} + a_2^{i-1}\mathrm{d}b_1^i + b_2^{i-1}\mathrm{d}b_2^i \end{cases}$$

（6-3-15）

对于辐射畸变参数满足：

$$\begin{pmatrix} 1 \\ g_1 \end{pmatrix} = \begin{pmatrix} 1 & 0 \\ h_0^i & h_1^i \end{pmatrix}\begin{pmatrix} 1 \\ g_2 \end{pmatrix} = \begin{pmatrix} 1 & 0 \\ \mathrm{d}h_0^i & 1+\mathrm{d}h_1^i \end{pmatrix}\begin{pmatrix} 1 & 0 \\ h_0^{i-1} & h_1^{i-1} \end{pmatrix}\begin{pmatrix} 1 \\ g_2 \end{pmatrix}$$

则有：

$$\begin{aligned} h_0^i &= h_0^{i-1} + \mathrm{d}h_0^i + h_0^{i-1}\mathrm{d}h_1^i \\ h_1^i &= h_1^{i-1} + h_1^{i-1}\mathrm{d}h_1^i \end{aligned}$$

（6-3-16）

（7）计算最佳匹配的点位。我们知道影像匹配的目的是获得同名点。通常是以待定的目标点建立一个目标影像窗口，即窗口的中心点即为目标点。但是，在高精度影像相关中，必须考虑目标窗口的中心点是否为最佳匹配点。根据最小二乘匹配的精度理论可知：匹配精度取决于影像灰度的梯度 $\dot{g}_x^2$，$\dot{g}_y^2$。因此，可用梯度的平方为权，在左方影像窗口内对坐标做加权平均：

$$\begin{aligned} x_i &= \frac{\sum x \cdot \dot{g}_x^2}{\sum \dot{g}_x^2} \\ \\ y_i &= \frac{\sum y \cdot \dot{g}_y^2}{\sum \dot{g}_y^2} \end{aligned}$$

（6-3-17）

以它作为目标点坐标，它的同名点坐标可由最小二乘影像匹配所求得的几何变换参数求得

$$\begin{aligned} x_2 &= a_0 + a_1 x + a_2 y \\ y_2 &= b_0 + b_1 x + b_2 y \end{aligned}$$

（6-3-18）

随着以最小二乘法为基础的高精度数字影像匹配算法的发展，为了进一步提高其可靠性与精度，摄影测量学者进而又提出了各种带制约条件的最小二乘影像匹配算法。例如，附带共线条件的最小二乘相关以及与 VLL 法结合的最小二乘影像匹配方法都得了广泛的研究，有关原理详见"数字摄影测量学"。

6.3.3　最小二乘影像匹配的精度

利用一般的匹配算法（如相关系数法等），至多能获得一个影像匹配质量指标，如相关系数越大，则影像匹配的质量越好，但是无法获得其精度指标。利用最小二乘匹配算法，则可以根据 σ_0 以及法方程式系数矩阵的逆矩阵，同时求得其精度指标。其中几何变形参数的移位量的精度，就是我们所关心的利用最小二乘匹配算法进行"立体量测"的精

度。同时，研究最小二乘影像匹配对于"特征提取"以及它与影像匹配的质量等问题，均有十分重要的意义。

首先，仍以最简单的一维最小二乘匹配为例。由式(6-3-9)与式(6-3-10)可知：

$$\hat{\sigma}_x^2 = \frac{\sigma_0^2}{\sum \dot{g}^2}$$

其中，

$$\sigma_0^2 = \frac{1}{n-1} \sum v^2$$

n 为目标区像元个数。由于上式右边是 $\hat{\sigma}_x^2$ 的无偏估计，所以

$$\sigma_0^2 \approx \sigma_v^2$$

因此

$$\hat{\sigma}_x^2 = \frac{1}{n} \cdot \frac{\sigma_v^2}{\sigma_{\dot{g}}^2} \qquad (6\text{-}3\text{-}19)$$

若定义信噪比为

$$\text{SNR} = \frac{\sigma_g}{\sigma_v}$$

则最小二乘影像一维匹配的方差

$$\hat{\sigma}_x^2 = \frac{1}{n \cdot \text{SNR}^2} \cdot \frac{\sigma_g^2}{\sigma_{\dot{g}}^2} \qquad (6\text{-}3\text{-}20)$$

根据相关系数与信噪比的关系式(6-3-6)，上式还可表示为

$$\hat{\sigma}_x^2 = \frac{(1-\rho^2)}{n} \cdot \frac{\sigma_g^2}{\sigma_{\dot{g}}^2} \qquad (6\text{-}3\text{-}21)$$

由此可以得到一些很重要的结论：影像匹配的精度与相关系数有关，相关系数越大，则精度越高。换言之，它与影像窗口的"信噪比"有关，信噪比越大，则匹配的精度越高。由前述可知，"信噪比"可以根据影像的功率谱进行估计，因此，由此公式可以在影像匹配之前估计出影像匹配的"验前方差"。另外，影像匹配的精度还与影像的纹理结构有关，即与 $\sigma_g/\sigma_{\dot{g}}$ 有关。特别是当 $\sigma_{\dot{g}}$ 越大，则影像匹配精度越高。当 $\sigma_{\dot{g}}^2 \approx 0$，即目标窗口内灰度没有变化(如湖水表面、雪地等)时，则无法进行影像匹配。同时，它也说明了"特征提取"的重要性及"基于特征匹配"的优点。

6.4 特征匹配

如前所述的影像匹配算法，均是在以待定点为中心的窗口(或称区域)内，以影像的灰度分布为影像匹配的基础，故它们被称为灰度匹配或区域匹配(Area Based Image Matching)。特别注意，区域匹配易与 Region Matching 相混淆，Region Matching 不是灰度匹配，而是一种面特征匹配。灰度匹配中，当待匹配的点位于低反差区内，即在该窗口内信息贫乏，信噪比很小，则其匹配的成功率不高。另外，在很多应用场合，影像匹配不一

定用于地形测绘目的，也不一定要生成密集的 DEM（或 DSM）格网点。例如在机器人视觉中，有时候影像匹配的目的只是确定机器人所处的空间方位。因此，它无须产生密集的描述空间物体的格网点，而只需要配准某些"感兴趣"的点、线或面。即使在大比例尺城市航空摄影测量中，被处理的对象主要是人工建筑物而非地形，这时由于影像的不连续、阴影与被遮蔽等原因，基于灰度匹配的算法就难以适应。因此，在很多场合，影像匹配主要是用于配准那些特征点、线或面。为有别于前述的基于灰度的匹配，这一类算法被称为特征匹配或基于特征的匹配（Feature Based Maching），在计算机界也称为 Primitive Based Matching。

在特征匹配中，有时又被分为"低级特征匹配"（Low Level Feature Based Matching）和"高级特征匹配"（High Level Feature Based Matching）。例如，关系匹配就是属于高级特征匹配，它利用要素（特征）之间的关系进行匹配。

根据所选取的特征，基于特征的匹配可以分为点、线、面的特征匹配。一般来说，特征匹配可分为三步：①特征提取；②利用一组参数对特征作描述；③利用参数进行特征匹配。例如，基于边缘匹配（Eedge-Based Matching）首先可以用边缘算子（Edge Operator）从影像中提取边缘，然后再用参数描述"边缘"。常用 $\psi-S$ 曲线表达边缘：

$$\psi_i = \sum_{j=1}^{i} (f_{j+1} - f_j)$$
$$S_i = i \tag{6-4-1}$$

式中，ψ_i 与 S_i 就是沿曲线的第 i 个点上曲线的 $\psi-S$ 表示；f_j 是相应的第 j 个点上数字曲线（边缘）的链码（例如采用 Freeman 码）。然后再用 $\psi-S$ 曲线作匹配。又如基于区域匹配（Region Matching），首先可以在影像上提取"区域"，例如采用区域生长法（或采用点特征提取，再用线跟踪，合成区域）；然后用一组参数作"区域特征"描述，例如对区域的周边可采用类似于描述"边缘"的 $\psi-S$ 曲线，还有区域的面积等参数均可以作为特征的描述；最后利用"参数集"作相似性测度匹配。

多数基于特征的匹配方法也使用金字塔影像结构，将上一层影像的特征匹配结果传到下一层作为初始值，并考虑对粗差的剔除或改正。最后以特征匹配结果为"控制"，对其他点进行匹配或内插。由于基于特征的匹配是以"整像素"精度定位，因而对需要高精度的情况，将其结果作为近似值，再利用最小二乘影像匹配进行精确匹配，取得"子像素"级的精度。

6.4.1　特征匹配的策略

许多特征匹配方案应用了金字塔分层影像数据，也有的只用原始影像的方案（这可以看作只有一层的"金字塔"影像）。特征匹配的主要步骤如下。

1. 特征提取

采用一定的特征提取算法对左影像进行特征提取。可以根据各特征点的兴趣值将特征点分成几个等级，匹配时可按等级依次进行处理。对不同的目的，特征点的提取应有所不同。当特征匹配的目的是用于计算影像的相对方位参数时，则应主要提取梯度方向与 Y 轴接近一致的特征；对一维影像匹配，则应主要提取梯度方向与 X 轴接近一致的特征。特征的方向还可用于匹配中的辅助判别。提取特征点的分布则可有两种方式：

（1）随机分布。按顺序进行特征提取，但控制特征的密度，在整幅影像中按一定比例选取特征点，并将极值点周围的其他点去掉，这种方法选取的点集中在信息丰富的区域，而在信息贫乏区则没有点或点很少。

（2）均匀分布。将影像划分成规则矩形格网，每一格网内提取一个（或若干个）特征点。当匹配结果用于影像参数求解时（如相对定向）时，格网边长较大，这需要根据所需的总点数确定。当用于建立数字表面模型时（如 DSM），则特征提取格网可以就是与 DTM 相应的影像格网。这种方法选取的点均匀地分布在影像各处，但若在每一格网中按兴趣值最大的原则提取特征点，则当一个格网完全落在信息贫乏区内时，所提取的并不是真正的特征，若将阈值条件也用于特征提取，则这样的格网中也将没有特征点。

2. 特征点的匹配

1）二维匹配与一维匹配

当影像方位参数未知时，必须进行二维的影像匹配。此时匹配的主要目的是利用明显点对解求影像的方位参数，以建立立体影像模型，形成核线以便进行一维匹配。二维匹配的搜索范围在最上一层影像由先验视差确定，在其后各层，只需要在小范围内搜索。当影像方位已知时，可直接进行带核线约束条件的一维匹配，但在上下方向可能各搜索一个像素。也可以沿核线重采样形成核线影像，进行一维影像匹配。但当影像方位参数不精确或采用近似核线的概念时，也有必要在上下方向各搜索一两个像素。

2）匹配的备选点可采用如下方法选择

（1）对右影像也进行相应的特征提取，挑选预测区内的特征点作为可能的匹配点。

（2）右影像不进行特征提取，将预测区内的每一点都作为可能的匹配点。

（3）右影像不进行特征提取，但也不将所有的点作为可能的匹配点，而用"爬山法"搜索，动态地确定各选点。爬山法主要用于二维匹配。对一维匹配仅用于在搜索区边沿取得匹配测度最大的情况。

3）特征点的提取与匹配的顺序

（1）深度优先。对最上一层左影像每提取到一个特征点，即对其进行匹配。然后将结果化算到下一层影像进行匹配，直至原始影像，并以该匹配好的点对为中心，将其邻域的点进行匹配。再上升到第一层，在该层已匹配的点的邻域选择另一点，进行匹配，将结果化算到原始影像，重复前一点的过程，直至第一层最先匹配的点的邻域中的点处理完，再回溯到第二层，如此进行。这种处理顺序类似人工智能中的深度优先搜索法，其搜索顺序如图 6-4-1 所示。

（2）广度优先。这是一种按层处理的方法，即首先对最上一层影像进行特征提取与匹配，将全部点处理完后，将结果化算到下一层，并加密，进行匹配。重复以上过程直至原始影像。这种处理顺序类似人工智能中的广度优先搜索法。

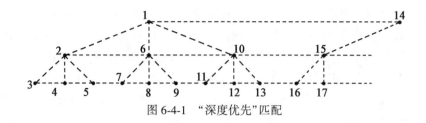

图 6-4-1　"深度优先"匹配

4）匹配的准则

除了运用一定的相似性测度（主要是相关系数）外，一般还可考虑特征的方向，周围已匹配点的结果，如将前一条核线已匹配的点沿边缘线传递到当前核线上同一边缘线上的点。由于特征点的信噪比应该较大，因此其相关系数也应较大，故可设一较大的阈值，当相关系数高于阈值时，才认为其是匹配点，否则需利用其他条件进一步判别。经验表明，特征的相关系数一般在 90% 以上。

5）粗差的剔除

可在一个小范围内选择空间平面或二次曲面为模型进行视差（或右片对应点位）拟合，将残差大于某一阈值的点作为粗差剔除。平面或曲面的拟合可用常规最小二乘法或最大似然估计法求解参数。在用最大似然估计时，视差的分布可假设服从一种长尾分布，其合理的假设可能是粗差模型：

$$P = \alpha N + (1 - \alpha) H \tag{6-4-2}$$

即正态分布 N 和一种非常宽的均匀分布的混合。视差的分布可较简单地近似为拉普拉斯分布

$$p(x) = c \cdot \exp(-|x|) \tag{6-4-3}$$

或柯西分布

$$p(x) = \frac{c}{1 + x^2} \tag{6-4-4}$$

当所有错误的匹配点作为粗差被剔除后，即得到与目标模型一致的匹配点对。

6.4.2　跨接法影像匹配

上面介绍的基于特征的影像匹配虽然首先选择其周围信息量大的点进行匹配，但对于影像的几何变形依然无能为力。由于影像的几何变形，使得左右影像的相似性受到影响，如图 6-4-2 所示。武汉大学张祖勋教授提出的跨接法影像匹配，能够先改正影像几何变形，再进行影像相似性判断，从而克服影像几何畸变对影像匹配的影响。

处理影像几何变形的影响通常有两种方式：

（1）先不考虑几何变形，做"粗匹配"，然后用其结果做几何改正后再匹配。这是很多系统所采用的由粗到细的迭代过程。

（2）最小二乘影像匹配将影像匹配与几何改正均作为参数同时解算。由于观测值方程的非线性，它是一个迭代过程（性质与前一方式不同）。最小二乘匹配需要较好的近似值。

跨接法与上述处理方式不同，它先做几何改正，后做影像匹配，其原理与过程如下：

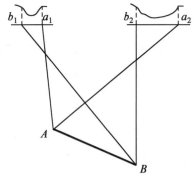

图 6-4-2　几何变形

1. 特征提取

在一维影像的情况下，将特征定义为一个"影像段"，它由三个特征点组成：一个灰度梯度最大点 Z，两个"突出点"（梯度很小）S_1，S_2，如图 6-4-3 所示。利用特征提取算子，提取特征（实际上是依次提取上述的三个特征点），将一行影像分割为若干个"影像段"，每一段影像均由一个特征组成，如图 6-4-4 所示。

在提取特征时，所用算子不仅应顺次地提取出一个特征上三个特征点的像素序号（点位），而且还应保留两个突出点 S_1，S_2 之灰度差 $\Delta g = g(S_2) - g(S_1)$。将三个特征点的像素号与 Δg 作为描述此特征的四个参数——特征参数。$\Delta g > 0$ 的特征为正特征，$\Delta g < 0$ 的特征为负特征。

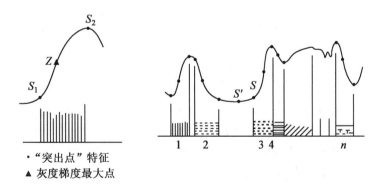

・"突出点"特征
▲ 灰度梯度最大点

图 6-4-3　特征段　　　　　　　图 6-4-4　特征分割

2. 构成跨接法匹配窗口

传统的摄影测量仪器（无论是模拟型仪器，还是解析测图仪），用于照准同名点的测标，均位于视场中心。基于这个传统，影像匹配算法多数将目标点（待匹配点）置于匹配窗口的中心。相对于跨接法，称这种窗口结构为"中心法"。中心法的窗口结构的最大缺点是无法在影像相关之前考虑影像的几何变形。在最小二乘影像匹配算法中，即使能提供点位初值，其他变形初值也难以预测，因此在几何变形很大时，最小二乘算法就难以收敛。

所谓跨接法窗口结构，就是将两个特征连接起来构成窗口，如图 6-4-5 所示。其中一个特征(如图 6-4-5 中的 F_b)可以是已经配准的特征，也可以是待配准的特征，而另一个特征是待定特征。因此，待匹配的特征始终位于窗口的边缘，这是跨接法与常规的中心点法窗口结构的根本区别。同时，其窗口大小不是固定的，而是由影像的纹理结构所决定，这比中心点窗口结构更合乎逻辑。在 F_b 与 F_e 之间可能没有任何特征，但也可能包含一个或多个未能配准的特征，如图 6-4-5 所示。

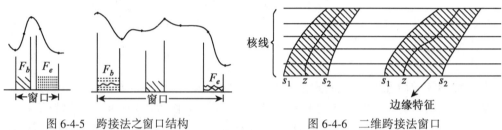

图 6-4-5　跨接法之窗口结构　　　图 6-4-6　二维跨接法窗口

对于二维影像，跨接法的影像匹配窗口是边缘线为界限所形成的不规则窗口。在核线影像的情况下，它们是曲边梯形，两条边缘线即曲边梯形的两个腰(如图 6-4-6 所示)。

3. 跨接法影像匹配

从本质上说，影像匹配是一种评价灰度分布相似性的手段。相关系数最大的算法有效地消除了辐射的线性畸变，因而影像的几何畸变(特别是在高山地区)是影响判断灰度分布相似性的主要因素。跨接法影像匹配算法从本质上解决了这一问题，在相关之前预先消除几何变形的影响。

若有一对特征已经配准，如图 6-4-7 中的 F_b，则目标区的另一边缘由待匹配特征构成。其匹配过程如下：

(1)设在左方影像上 F_b 和 F_e 分别是已配准与待匹配的特征，它们构成目标窗口。

(2)在右方影像上，F_b 是已配准的特征，在搜索范围内，可以在右方影像上选定若干个特征，如图 6-4-7 中的 1，2，3，作为 F_e 的备选特征。

(3)比较待匹配特征 F_e 与备选特征 1，2，3 之间的特征参数，选取相似的特征(如 1，3)作为下一步匹配的备选特征。

(4)在右方影像上，以 F_b 为窗口的一个端点特征，而以被选定的备选特征 1，3 为窗口的另一端的特征，构成不同的匹配窗口。

(5)对匹配窗口进行重采样，使其大小(即窗口的长度)始终等于左方影像的目标窗口的长度，从而消除了几何畸变对相关的影响。

在二维影像窗口的情况下，每条核线上的影像段的长度分别与目标区内相应影像段的长度相等。值得注意的是，相对几何变形改正并不要求重采样后的搜索窗口的形状与目标窗口的形状完全相同。二维窗口跨接法影像匹配过程(重采样与影像相关)的原理见图

6-4-8。

（6）计算目标窗口与重采样的匹配窗口的相关系数，按最大相关系数的准则确定 F_e 的同名特征。由于在计算相关系数之前，预先改正了几何变形（重采样），从而大大提高了相关的可靠性。

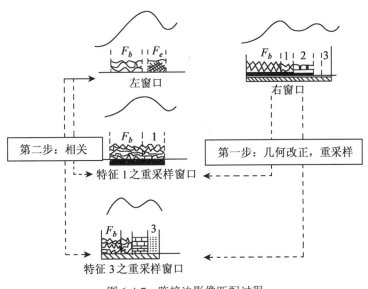

图 6-4-7　跨接法影像匹配过程

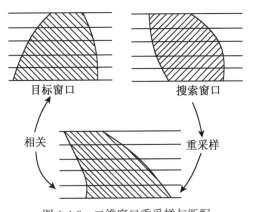

图 6-4-8　二维窗口重采样与匹配

上述算法的最大特点是可以预先消除影像变形对影像匹配的影响。但这种算法存在一个严重缺点，即影像匹配结果的正确性完全取决于"已配准的点"是否正确。这种采取逐个特征传递的方式进行匹配是十分危险的，特别是对于地形复杂地区的影像，其匹配的可靠性无法保证。

上述跨接法的算法是面向目标特征本身，即影像匹配的结果是共轭特征。为了克服上述错误匹配被传递的弱点，必须将面向特征本身的算法扩充为面向由特征为界限元的影像段算法，即影像匹配的结果是共轭影像段，而共轭特征则被隐含于其中。按此算法，它并不假定已存在配准的特征，而将目标窗口 $[a',\ b']$ 整个视为待配准元的"影像段"。根据影像特征的相似性或搜索范围等几个限制，可在右核线上建立一些备选的搜索窗口（图6-4-9）：

$$[a''_i,\ b''_j]\quad(i=1,\ 2,\ \cdots,\ n_i;\ j=1,\ 2,\ \cdots,\ n_j,\ 且\ n_j>n_i)$$

其中，n_j、n_i 分别表示像素序号。采用以下算法确定共轭影像段：

$$\mathrm{Max}\{C([a',\ b'],\ [R[a''_i,\ b''_j]])\}\quad(i=1,\ 2,\ \cdots,\ n_i;\ j=1,\ 2,\ \cdots,\ n_j)\quad(6\text{-}4\text{-}5)$$

其中，$R[a''_i,\ b''_j]$ 表示对相应的搜索窗口 $[a''_i,\ b''_j]$ 做重采样，并使其长度等于目标窗口 $[a',\ b']$；$C([\ ],\ [\ ])$ 表示计算两个影像窗口的相关系数。

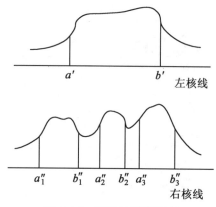

图 6-4-9　跨接法影像匹配

6.4.3　SIFT 算子

SIFT 算子最初由 D. G. Lowe 于 1999 年提出，当时主要应用于对象识别。2004 年D. G. Lowe 对该算子做了全面的总结，并正式命名为一种基于尺度空间的、对图像缩放、旋转甚至仿射变换保持不变性的图像局部特征描述算子——SIFT（Scale Invariant Feature Transform）算子，即尺度不变特征变换。

SIFT 算子主要有以下几个特点：

（1）SIFT 特征是图像的局部特征，其对旋转、尺度缩放、亮度变化保持不变，对视角变化、仿射变换、噪声也保持一定程度的稳定性。

（2）独特性好，信息量丰富，适用于在海量特征数据库中进行快速、准确的匹配。

（3）多量性，即使少数的几个物体也可以产生大量 SIFT 特征向量。

（4）可扩展性，可以很方便地与其他形式的特征向量进行联合。

SIFT 算子主要包括以下四个步骤：

（1）尺度空间的极值探测。

（2）关键点的精确定位。

（3）确定关键点的主方向。

（4）关键点的描述。

1. 尺度空间的极值探测

1）尺度空间

尺度空间（Scale Space）思想最早由 Lijima 于 1962 年提出，20 世纪 80 年代，Witkin（1983）和 Koenderink（1984）等的奠基性工作使得尺度空间方法逐渐得到关注和发展。尺度空间的基本思想是：在视觉信息（图像信息）处理模型中引入一个被视为尺度的参数，通过连续变化尺度参数获得不同尺度下的视觉处理信息，然后综合这些信息以深入地挖掘图像的本质特征（孙剑，2005）。

Koenderink（1984）和 Lindeberg（1994）证明，高斯卷积核是实现尺度变换的唯一线性核。二维高斯函数定义如下：

$$G(x, y, \sigma) = \frac{1}{2\pi\sigma^2} e^{-\frac{x^2+y^2}{2\sigma^2}} \tag{6-4-6}$$

式中，σ 代表高斯分布的方差。

一幅二维图像，在不同尺度下的尺度空间表示可由图像与高斯核卷积得到：

$$L(x, y, \sigma) = G(x, y, \sigma) * I(x, y) \tag{6-4-7}$$

式中，(x, y) 代表图像的像素位置；L 代表图像的尺度空间；σ 为尺度空间因子，其值越小，则表征图像被平滑得越少，相应的尺度也就越小。同时大尺度对应于图像的概貌特征，小尺度对应于图像的细节特征。

2）DOG 算子

为了有效提取稳定的关键点，Lowe（1999）提出了利用高斯差分函数 DOG（Difference of Gaussian）对原始影像进行卷积：

$$D(x, y, \sigma) = (G(x, y, k\sigma) - G(x, y, \sigma)) * I(x, y) = L(x, y, k\sigma) - L(x, y, \sigma) \tag{6-4-8}$$

式（6-4-8）即为 DOG 算子。有很多理由选择 DOG 算子来进行特征点提取：

首先，DOG 算子的计算效率高，它只需利用不同的 σ 对图像进行高斯卷积生成平滑影像 L，然后将相邻的影像相减即可生成高斯差分影像 D。

其次，高斯差分函数 $D(x, y, \sigma)$ 是比例尺归一化的"高斯-拉普拉斯函数"（LOG 算子——$\sigma^2 \nabla^2 G$）的近似。当 $\sigma^2 \nabla^2 G$ 为最小和最大时，影像上能够产生大量、稳定的特征点，并且特征点的数量和稳定性比其他的特征提取算子（如 Hessian 算子、Harris 算子）要多得多、稳定得多。

高斯差分函数与高斯-拉普拉斯函数之间的近似关系可以表示为

$$\sigma \nabla^2 G = \frac{\partial G}{\partial \sigma} \approx \frac{G(x, y, k\sigma) - G(x, y, \sigma)}{k\sigma - \sigma} \tag{6-4-9}$$

$$G(x, y, k\sigma) - G(x, y, \sigma) \approx (k-1)\sigma^2 \nabla^2 G \tag{6-4-10}$$

式（6-4-10）中的系数 $(k-1)$ 为一常数，因此不影响每个比例尺空间内的极值探测。当 $k = 1$ 时，式（6-4-10）的近似误差为 0。Lowe（1999）通过实验发现，近似误差不影响极值探测的稳定性，并且不会改变极值的位置。

3)高斯差分尺度空间的生成

图 6-4-10 为生成高斯差分尺度空间的示意图。假设将尺度空间分为 P 层，每层尺度空间又被分为 S 子层，基准尺度空间因子为 σ，则尺度空间的生成步骤如下：

(1)在第一层尺度空间中，利用 $\sigma \cdot 2^{n/S}$ 卷积核分别对原始影像进行高斯卷积，生成高斯金字塔影像($S+3$ 张)，其中 n 为高斯金字塔影像的索引号(0，1，2，$\cdots$，$S+2$)，S 为该层尺度空间的子层数。

(2)将第一层尺度空间中的相邻高斯金字塔影像相减，生成高斯差分金字塔影像。

(3)不断地将原始影像降采样 2 倍，并重复类似(1)和(2)的步骤，生成下一层尺度空间。

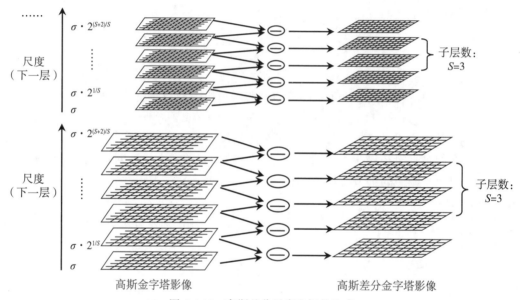

图 6-4-10　高斯差分尺度空间的生成

4)局部极值探测

为了寻找高斯差分尺度空间中的极值点(最大值或最小值)，在高斯差分金字塔影像中，每个采样点与它所在的同一层比例尺空间的周围 8 个相邻点和相邻上、下比例尺空间中相应位置上的 9×2 个相邻点进行比较。如果该采样点的值小于或大于它的相邻点(26 个相邻点)，那么该点即为一个局部极值点(关键点)。图 6-4-11 中，✕表示当前探测的采样点，⬭表示与当前探测点相邻的 26 个比较点。

2. 关键点的精确定位

关键点的精确定位是通过拟合三维二次函数以精确确定关键点的位置(达到子像素精度)。在关键点处用泰勒展开式得到：

$$D(X) = D + \frac{\partial D^{\mathrm{T}}}{\partial X}X + \frac{1}{2}X^{\mathrm{T}}\frac{\partial^2 D}{\partial X^2}X \quad D \rightarrow D_0 \tag{6-4-11}$$

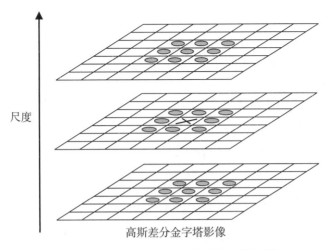

尺度

高斯差分金字塔影像

图 6-4-11 高斯差分尺度空间局部极值探测

式中, $X = (x, y, \sigma)^{\mathrm{T}}$ 为关键点的偏移量, D 是 $D(x, y, \sigma)$ 在关键点处的值。令

$$\frac{\partial D(X)}{\partial X} = 0$$

可以得到 X 的极值 $\hat{X}$:

$$\hat{X} = -\frac{\partial^2 D^{-1}}{\partial X^2} \frac{\partial D}{\partial X} \tag{6-4-12}$$

如果 $\hat{X}$ 在任一方向上大于 0.5,就意味着该关键点与另一采样点非常接近,这时就用插值来代替该关键点的位置。关键点加上 $\hat{X}$ 即为关键点的精确位置。

为了增强匹配的稳定性,需要删除低对比度的点。将式(6-4-12)代入式(6-4-11)得

$$D(\hat{X}) = D + \frac{1}{2}\frac{\partial D^{\mathrm{T}}}{\partial X}\hat{X} \quad D \to D_0 \tag{6-4-13}$$

$D(\hat{X})$ 可用来衡量特征点的对比度,如果 $D(\hat{X}) < \theta$,则 $\hat{X}$ 为不稳定的特征点,应删除。θ 经验值为 0.03。

同时,因为 DOG 算子会产生较强的边缘响应,所以应去除低对比度的边缘响应点,以增强匹配的稳定性,提高抗噪声能力。

高斯差分算子的极值在横跨边缘的地方有较大的主曲率,而在垂直边缘的方向有较小的主曲率。主曲率通过一个 2×2 的 Hessian 矩阵 H 求出:

$$H = \begin{pmatrix} D_{xx} & D_{xy} \\ D_{xy} & D_{yy} \end{pmatrix} \tag{6-4-14}$$

导数 D 通过相邻采样点的差值计算。D 的主曲率和 H 的特征值成正比,令 α 为最大特征值,β 为最小特征值,则

$$\mathrm{tr}(H) = D_{xx} + D_{yy} = \alpha + \beta$$

$$\det(H) = D_{xx}D_{yy} - (D_{xy})^2 = \alpha\beta$$

令 γ 为最大特征值与最小特征值的比值，则

$$\alpha = \gamma\beta$$

$$\frac{\operatorname{tr}(H)^2}{\det(H)} = \frac{(\alpha+\beta)^2}{\alpha\beta} = \frac{(\gamma\beta+\beta)^2}{\gamma\beta^2} = \frac{(\gamma+1)^2}{\gamma}$$

$\dfrac{(\gamma+1)^2}{\gamma}$ 的值在两个特征值相等时最小，并随着 γ 的增大而增大。因此，为了检测主曲率是否在某阈值 γ 下，只需检测

$$\frac{\operatorname{tr}(H)^2}{\det(H)} < \frac{(\gamma+1)^2}{\gamma} \tag{6-4-15}$$

γ 的经验值为 10。

3. 确定关键点的主方向

利用关键点的局部影像特征(梯度)为每一个关键点确定主方向(梯度最大的方向)。

$$m(x, y) = \sqrt{[L(x+1, y) - L(x-1, y)]^2 + [L(x, y+1) - L(x, y-1)]^2}$$

$$\theta(x, y) = \arctan\left[\frac{L(x+1, y) - L(x-1, y)}{L(x, y+1) - L(x, y-1)}\right]$$

$$\tag{6-4-16}$$

式中：$m(x, y)$ 和 $\theta(x, y)$ 分别为高斯金字塔影像 (x, y) 处梯度的大小和方向；L 所用的尺度为每个关键点所在的尺度。在以关键点为中心的邻域窗口内(16×16 像素窗口)，利用高斯函数对窗口内各像素的梯度大小进行加权(越靠近关键点的像素，其梯度方向信息贡献越大)，用直方图统计窗口内的梯度方向。梯度直方图的范围是 $0° \sim 360°$，其中每 $10°$ 一个柱，共 36 个柱。直方图的主峰值(最大峰值)代表了关键点处邻域梯度的主方向，即关键点的主方向。

4. 关键点的特征描述

图 6-4-12 为由关键点邻域梯度信息生成的特征向量。

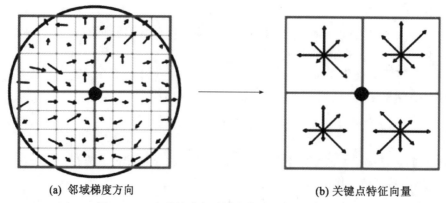

(a) 邻域梯度方向　　　　　　　　　　(b) 关键点特征向量

图 6-4-12　由关键点邻域梯度信息生成的特征向量

首先，将坐标轴旋转到关键点的主方向。只有以主方向为零点方向来描述关键点才能使其具有旋转不变性。

然后，以关键点为中心取 8×8 的窗口，如图 6-4-12(a)所示。图 6-4-12(a)中的黑点为当前关键点的位置，每个小格代表关键点邻域所在尺度空间的一个像素，箭头方向代表该像素的梯度方向，箭头长度代表梯度大小，大圆圈代表高斯加权的范围。分别在每 4×4 的小块上计算 8 个方向的梯度方向直方图，绘制每个梯度方向的累加值，即可形成一个种子点，如图 6-4-12(b)所示。图 6-4-12(b)中一个关键点由 2×2 共 4 个种子点组成，每个种子点有 8 个方向向量信息。这种邻域方向性信息联合的思想增强了算法抗噪声的能力，同时对于含有定位误差的特征匹配也提供了较好的容错性。

为了增强匹配的稳健性，对每个关键点可使用 4×4 共 16 个种子点来描述，这样对于每个关键点就可以产生 128 维的向量，即 SIFT 特征向量。此时的 SIFT 特征向量已经去除了尺度变化、旋转等几何变形因素的影响。继续将特征向量的长度归一化，则可以进一步去除光照变化的影响。

当两幅影像的 SIFT 特征向量生成后，采用关键点特征向量的欧氏距离作为两幅影像中关键点的相似性判定度量。在左图像中取出某个关键点，并通过遍历找出其与右影像中欧氏距离最近的前两个关键点。如果最近的距离与次近的距离比值小于某个阈值(经验值0.8)，则接受这一对匹配点。降低阈值，可增加匹配点的正确率，但匹配点数同时会减少。

由 SIFT 特征匹配的方法可以看出，SIFT 特征是图像的局部特征，其对旋转、尺度缩放、亮度变化均保持不变性。但是 SIFT 算子具有多量性，即使很小的影像或少数几个物体也能产生大量的特征点，如一幅纹理丰富的 150×150 像素的影像就能产生 1400 个特征点。因此，SIFT 特征匹配最终归结为在高维空间搜索最邻近点的问题。利用标准的 SIFT 算法来遍历比较每个特征点是不现实的(除非影像很小)，因此，必须针对实际情况对标准的 SIFT 特征匹配方法进行优化。

SIFT 算法具有计算量大、算法耗时长的缺点。为此，涌现了诸如 PCA-SIFT、SURF 等改进算法。其中 PCA-SIFT 方法对特征描述进行数据降维，提高了效率；SURF(Speed Up Robust Features)算法，不但提高了计算速度，并保证了一定的精度。

6.4.4　二值化特征算子

二值化特征算子根据一定的采样模型选取图像灰度对比点对，把每个点对的比较结果映射为二值化数字，通过间接的检测描述过程，得到描述子并进行匹配，在节省空间的同时可大幅度提高计算性能。常用的二值化特征算子包括 BRIEF 算子、ORB 算子、BRISK 算子及 FREAK 算子。

BRIEF(Binary Robust Independent Elementary Features)算子是由 Calonder 等于 2010 年提出的。它基于灰度差异灰度，可以配合其他常见的关键点检测子使用。BRIEF 的采样模型是高斯分布，通过选取 128、256 或者 512 个点对进行灰度测试，生成描述子。BRIEF 算子构造简单、节约空间，具有最低的计算和存储要求，但它没有计算关键点的方向，因此不具有旋转不变性。

　　ORB(Oriented FAST and Rotated BRIEF)算子是由 Rublee 等于 2011 年提出的，该算子是对 FAST 特征点与 BRIEF 算子的一种结合与改进。为了找到稳定的关键点，使用了 FAST 方法，同时使用 Harris 角点方法消除边缘效应。通过假定角点的强度矩心是偏离其中心的，从中心点到矩心的向量可以用来定义特征点方向。从所有候选的测试点对中选出 256 个强度对比点对计算特征描述子。

　　BRISK 算子使用 AGAST 进行角点检测，首先构建了尺度空间金字塔，在各尺度之间通过插值等寻找局部极值，从而具有尺度不变性。BRISK 采用了对称的圆形采样模型，选取图像区域的主梯度方向作为描述子方向，因此它具有旋转不变性。

　　FREAK 描述子是由 ALahi 等于 2012 年提出的，该算子受到人类视网膜系统的启发，并进行模拟。利用视网膜的采样模式可以得到图像局部区域块，进行亮度对比，即可高效地得到一系列二进制字符串。

　　不同于 SIFT 等浮点型特征提取算子，二值化特征算子通过异或操作快速计算出描述子之间的汉明距离(Hamming Distance)，用来判断相似性，大大提升了匹配速度。表 6-4-1 对四种二值化描述子特性进行了简单的对比。

表 6-4-1　　　　　　　　　　　　四种二值化描述子不同方面对比

描述子	检测子	采样模型	旋转不变性	尺度不变性
BRIEF	任意	随机正态分布	否	否
ORB	改进 FAST	随机、学习训练	是	否
BRISK	AGAST	对称圆形、线性变化高斯模糊	是	是
FREAK	AGAST	对称圆形、指数变化高斯函数	是	是

6.5　密集匹配

　　如上节所述的特征匹配方法多用于稀疏匹配，即匹配影像之间的连接点，为影像区域网平差提供像点观测数据。当通过区域网平差解算出影像精确定向参数后，则需通过密集匹配确定影像间密集同名点的方式来恢复三维场景或物体三维信息。

　　密集匹配的结果通常以视差图、深度图或密集三维点的形式进行表达。密集匹配可大致分为两类：一类是双目立体匹配；另一类为多视影像密集匹配(Multi-View Stereo)。前者是利用一对经过核线纠正的立体影像生成视差图，然后通过三维变换获得场景的三维信息；后者是利用不同视角拍摄的多张影像直接获取场景的三维信息。本章重点介绍两种密集匹配常用相似性测度和两种密集匹配方法。

6.5.1　密集匹配相似测度

　　相似性测度是用来计算不同影像中像点的相似性。密集匹配可以采用相关系数作为相似性测度，也可使用其他匹配测度。以下介绍两种适用于密集匹配的相似性测度。

1. 互信息

互信息（Mutual Information）是信息论里常用的信息度量，它可以表示信息之间的关系，是两个随机变量统计相关性的测度。对于两幅影像 I_1 和 I_2，其互信息为两张影像各自的信息熵之和与联合信息熵之差：

$$MI_{I_1,\,I_2} = H_{I_1} + H_{I_2} - H_{I_1,\,I_2} \tag{6-5-1}$$

式中，H_{I_1} 和 H_{I_2} 分别表示影像 I_1 和 I_2 的信息熵；$H_{I_1,\,I_2}$ 表示影像 I_1 和 I_2 的联合信息熵。影像的信息熵是根据其灰度值的概率分布函数 P 计算得到的，而联合信息熵则根据两张影像灰度值的联合概率分布函数计算得到。信息熵和联合信息熵的计算公式分别为式（6-5-2）和式（6-5-3）。

$$H_I = -\int_0^1 P_I(i) \log P_I(i)\,\mathrm{d}i \tag{6-5-2}$$

$$H_{I_1,\,I_2} = -\int_0^1 \int_0^1 P_{I_1,\,I_2}(i_1,\,i_2) \log P_{I_1,\,I_2}(i_1,\,i_2)\,\mathrm{d}i_1 \mathrm{d}i_2 \tag{6-5-3}$$

数字影像灰度值的概率分布函数即灰度直方图，可通过统计两张影像的灰度直方图和联合灰度直方图来计算它们的互信息。当两张影像对齐较好时，它们之间的联合信息熵较小，此时可根据影像间的对齐关系预测它们之间的同名信息，根据式（6-5-1）可知它们之间的互信息较大。对于两视核线影像的立体匹配问题，影像间的对齐关系即影像的视差图，因此基于互信息的立体匹配问题的实质为寻找基准影像的视差图，进一步根据视差图实现卷积后基准影像与待匹配影像的最佳套合。

式（6-5-1）是用于计算整张影像的互信息值，无法作为影像匹配的相似性测度。为了将互信息作为相似性用于影像匹配，需使用泰勒展开将影像联合信息熵的计算转化为所有像素的联合信息熵的和，因此，通过计算每一个像素 p 所对应的同名像点的联合信息熵之和实现影像联合熵的计算，即

$$HI_{I_1,\,I_2} = \sum_p h_{I_1,\,I_2}(I_{1p},\,I_{2p}) \tag{6-5-4}$$

对于基准影像上的任一像点 p，当该点的视差为 d 时，则其在匹配影像上的同名像点为 $q = e(p,\,d) = [p_x - d,\,p_y]^T$。任一同名像点（在基准影像和匹配影像上的灰度值分别为 i 和 k）的联合信息熵可根据两张影像所有同名像点的联合概率分布函数 $P_{I_1,\,I_2}$ 计算得到，如式（6-5-5）所示：

$$h_{I_1,\,I_2}(i,\,k) = -\log[P_{I_1,\,I_2}(i,\,k) \otimes g(i,\,k)] \otimes g(i,\,k) \tag{6-5-5}$$

式中，$g(i,\,k)$ 为高斯卷积核，用于有效地执行 Parzen 估计。

为了避免非重叠区和遮挡区像素对互信息的计算产生影响，在统计影像概率分布时，应该排除这些区域的像素，因此计算影像的信息熵不能使用整幅影像灰度值的概率分布函数，而应使用联合概率分布函数的边缘函数，即

$$P_{I_1}(i) = \sum_k P_{I_1,\,I_2}(i,\,k)$$

$$P_{I_2}(k) = \sum_i P_{I_1,\,I_2}(i,\,k) \tag{6-5-6}$$

根据式（6-5-6）得到的影像灰度的概率分布函数，可以按式（6-5-7）计算同名像点在基

准影像和匹配影像上的信息熵：

$$h_{I_1}(i) = -\log[P_{I_1}(i) \otimes g(i)] \otimes g(i)$$
$$h_{I_2}(k) = -\log[P_{I_2}(k) \otimes g(k)] \otimes g(k) \tag{6-5-7}$$

因此，互信息计算公式为

$$MI_{I_1,\,I_2} = \sum_p mi_{I_1,\,I_2}(I_{1p},\,I_{2p})$$
$$mi_{I_1,\,I_2}(i,\,k) = h_{I_1}(i) + h_{I_2}(k) - h_{I_1,\,I_2}(i,\,k) \tag{6-5-8}$$

根据式(6-5-8)可计算出两张影像的互信息查找表，具体计算过程如下：

(1)统计两张影像灰度值的联合概率密度直方图，如图 6-5-1 所示。

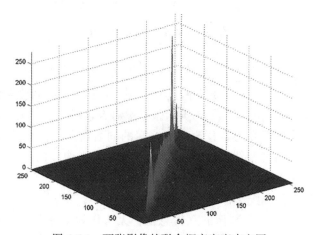

图 6-5-1　两张影像的联合概率密度直方图

(2)创建基准影像的概率密度直方图 P_{I_1}，其中每一个单元的值是联合概率密度直方图 $P_{I_1,\,I_2}$ 中每一列元素的总和。

(3)创建匹配影像的概率密度直方图 P_{I_2}，其中每一个单元的值是联合概率密度直方图 $P_{I_1,\,I_2}$ 中每一行元素的总和。

(4)计算信息熵。按照式(6-5-5)和式(6-5-7)，分别根据联合概率密度直方图 $P_{I_1,\,I_2}$、概率密度直方图 P_{I_1} 和 P_{I_2}，计算影像的联合信息熵和信息熵。

(5)创建互信息对照表 $MI_{I_1,\,I_2}$，对照表的横轴为基准影像 I_1 的灰度值，纵轴为匹配影像 I_2 的灰度值。可按照式(6-5-8)计算互信息对照表 $MI_{I_1,\,I_2}$ 中每一个单元的值，最后将互信息对照表的值进行线性拉伸，映射至设置的取值区间。

相对于相关系数来说，使用互信息作为相似性测度具有以下优点：

(1)互信息的计算使用了灰度值的统计直方图，因而具有一定的抗噪特性；

(2)互信息可以逐点对应，不需要模板窗口，因此具有较强的保边缘作用。

2. Census

Census 相似性测度是一种局部非参数化的相似性测度，它不是直接利用两个匹配窗

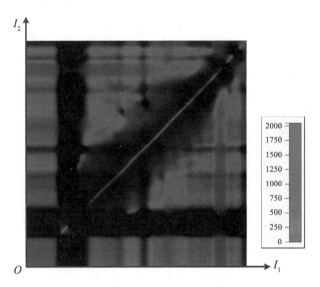

图 6-5-2　互信息查找表晕渲图

口的灰度值计算相似程度，而是首先根据窗口内像素与窗口中心像素的相对大小将窗口编码为一个比特字符串，然后计算左右两个窗口对应的比特字符串的汉明距离并将其作为相似度。Census 测度能够在一定程度上抵抗辐射差异。它的具体计算过程如下：

（1）对窗口内像素进行编码。对于一个局部窗口（如大小为 7×7 的窗口），对于中心像素点 p，其灰度为 $I(p)$，$N(p)$ 表示局部窗口内所有像素的集合，$p' \in N(p)$ 为窗口内某一个像素，按如下公式进行编码：

$$C(p, p') = \bigotimes_{p' \in N(p)} \xi(I(p), I(p'))$$

$$\xi(I(p), I(p')) = \begin{cases} 1, & \text{if } (I(p') < I(p)) \\ 0, & \text{if } (I(p') \geq I(p)) \end{cases} \tag{6-5-9}$$

式中，$\otimes$ 表示字符串的连接。即当像素 p' 的灰度 $I(p')$ 小于中心像素 p 的灰度 $I(p)$ 时，编码为 1；否则，编码为 0。通过编码，得到一个由 0 和 1 组成的比特字符串。

（2）计算汉明距离。对两个比特字符串进行异或运算，当对应两个编码值不相同，则异或结果为 1；否则，异或结果为 0。然后统计结果为 1 的个数，即为汉明距离，其计算公式为

$$\text{Dist}_{\text{Hamming}}(C_L, C_R) = \sum_{i=1}^{n} C_{Li} \oplus C_{Ri} \tag{6-5-10}$$

式中，$\oplus$ 为异或操作符号。相同的编码值越多时，匹配相似性越大，此时汉明距离越小。汉明距离算法在密码学中也被称为差异和运算，CPU 指令是 popcout。

如图 6-5-3 所示，为计算两个大小为 5×3 的灰度窗口的 Census 代价的示例。

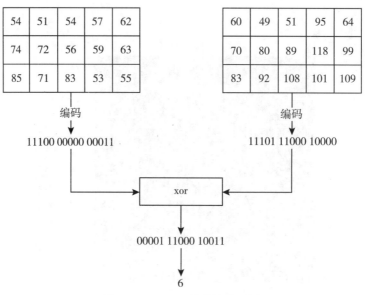

图 6-5-3　Census 代价计算示例

6.5.2　半全局匹配

　　影像匹配的目的是对输入的影像自动获取同名像点。影像密集匹配则是为了匹配逐像素的同名像点，且一般把匹配同名像点转化为计算核线影像的逐像素视差图，如图 6-5-4 所示为航空核线影像及其对应的逐像素视差图。

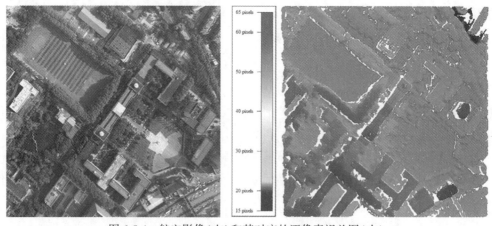

图 6-5-4　航空影像(左)和其对应的逐像素视差图(右)

　　这个目标显然是局部匹配方法难以达到的。主要有以下难点：首先，计算代价巨大，需要匹配所有的像素点；其次，难以得到完整而可靠的结果，因为每个像素点的匹配都是独立计算的，相互之间没有制约，受纹理缺乏、几何与辐射变形和遮挡等因素的影响，匹配的完整度和可靠度难以得到保证，因此难以匹配出完整且精细反映地物结构和局部细节的结果。

全局匹配的方法不采用独立匹配每个像素的方式, 而是将匹配问题建模为一个能量最小化的问题, 整体地求解所有像素的匹配结果。在匹配每个像素的同时引入邻域像素的约束, 提高匹配的可靠性。一般而言, 全局匹配需要构建一个如式(6-5-11)所示形式的能量方程, 该方程包含两项: 数据项 E_{data} 和光滑项 E_{smooth}。其中数据项用于表示图像一致性(Photo Consistency), 该项为所有同名像点匹配代价的总和, 反映了同名点的相似性; 光滑约束项则引入邻域像素的约束, 提高匹配的可靠性。

$$E = E_{data} + E_{smooth} \tag{6-5-11}$$

为了计算逐像素的视差图, 半全局匹配算法(Semi-Global Matching, SGM)也构建了与式(6-5-11)相似的能量函数, 如式(6-5-12)所示:

$$E(D) = \sum_{p} \left(C(\boldsymbol{p}, \ D_p) + \sum_{q \in N_p} P_1 T[\ |D_p - D_q| = 1] + \sum_{q \in N_p} P_2 T[\ |D_p - D_q| > 1] \right)$$

$$\tag{6-5-12}$$

式中, $\boldsymbol{p}$ 为影像上某像素, D_p 为像素 $\boldsymbol{p}$ 的视差, $C(\boldsymbol{p}, \ D_p)$ 为像素 $\boldsymbol{p}$ 在视差为 D_p 时的匹配代价; $\boldsymbol{q}$ 为其 $\boldsymbol{p}$ 邻域像素, D_q 为邻域像素 $\boldsymbol{q}$ 的视差; P_1 和 P_2 为惩罚系数; D 为待解的视差场; T 表示一个指示函数, 当条件为真时取值为 1, 否则取值为 0。

能量函数的第一项为数据项, 对应为匹配代价; 后两项为光滑约束项, 其中第二项表示邻域视差变化值为 1 时惩罚值为 P_1, 第三项表示当邻域视差变化超过 1 时惩罚值为 P_2, 其中 P_1 远小于 P_2。光滑项的物理意义:

(1)鼓励相邻像素的视差缓慢变化。当相邻像素视差相同, 即 $D_p = D_q$ 时, 不增加代价; 而当相邻像素视差变化为 1 时, 即 $|D_p - D_q| = 1$ 时, 加入较小的惩罚值 P_1。

(2)压制相邻像素的视差剧烈变化。当相邻像素视差变化大于 1 时, 即 $|D_p - D_q| > 1$ 时, 加入较大的惩罚值 P_2。但是在影像的灰度变化较大处, 可能会出现视差断裂, 灰度变化越大, 出现视差断裂的可能性越高, 此时应加入较小的惩罚值, 即惩罚值 P_2 应与影像的梯度成反比, 因此根据以下公式确定 P_2 的值:

$$P_2 = \frac{P_2'}{I_{bp} - I_{bq}} \tag{6-5-13}$$

式中, P_2' 为常量; I_{bp} 和 I_{bq} 为基准影像上像素 $\boldsymbol{p}$ 和邻域像素 $\boldsymbol{q}$ 的灰度。

由式(6-5-12)可知, 当待解视差场 D 发生变化时, 即 D_p 和 D_q 变化时, 能量函数 $E(D)$ 的取值随之发生变化。能量函数最小化的过程即求解视差场 D, 使得总能量最小。该能量函数最小化问题的解法有很多, 如图割、置信传播、动态规划(Dynamic Programming)等算法, 半全局匹配算法采用多方向动态规划算法。

半全局匹配算法采用影像全局匹配算法通用的四大步骤:

(1)匹配代价的计算;

(2)代价累积;

(3)视差图的计算;

(4)视差图的优化(即后处理)。

1. 匹配代价的计算

对于基准影像中的一个像素 $\boldsymbol{p}$，其影像坐标为 (p_x, p_y)，当视差值为 d 时，可得到其在匹配影像上的同名像点的 $\boldsymbol{q}$ 坐标为 (p_x-d, p_y)，可利用相似性测度计算匹配代价 $C(\boldsymbol{p}, d)$。经典的半全局匹配采用互信息作为匹配代价，其定义为

$$C_{MI}(\boldsymbol{p}, d) = - mi(I_{bp}, I_{bq}) \tag{6-5-14}$$

在已知视差搜索范围的条件下，可计算影像任一像素在所有视差取值情况下的匹配代价，称为代价柱体，从而建立了一个视差空间中的匹配代价立方体，该立方体的 XY 平面为影像平面，Z 坐标为视差值。假设影像宽度为 W，高度为 H，视差范围为 D，则代价立方体大小为 $W \times H \times D$。如图 6-5-5 所示为构建代价立方体的过程示意图。

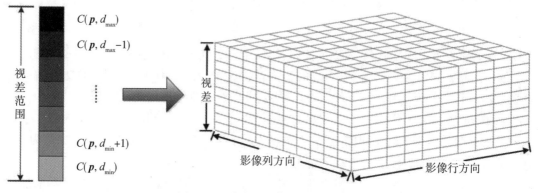

图 6-5-5　代价立方体构建的示意图

匹配的目的便是获得每一个像素的最优视差构成如图 6-5-6 所示的视差曲面。

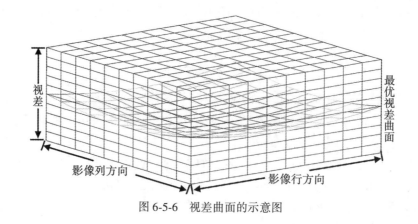

图 6-5-6　视差曲面的示意图

2. 代价累积

对于局部匹配算法而言，像素的匹配不考虑邻域像素的影响，相当于能量函数只有数

据项，而没有光滑项，因此直接取每个像素代价柱体中代价最小处（Winner Takes All 算法，简称 WTA）对应的视差构成最优视差曲面。全局匹配算法则考虑邻域像素的影响，故需采用全局解法计算最优视差曲面。

式（6-5-12）所示的能量函数对应一个二维优化问题，为了最小化该能量函数，半全局匹配方法将二维优化问题转化为 16 方向的一维动态规划问题。如图 6-5-7 所示，通过计算 16 方向的路径代价，并进行代价的累积形成累积代价立方体，其大小与代价立方体的大小相同。

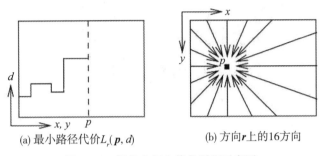

(a) 最小路径代价 $L_r(\boldsymbol{p}, d)$　　　　(b) 方向 $\boldsymbol{r}$ 上的16方向

图 6-5-7　视差空间上代价累积示意图

对于像素 $\boldsymbol{p}$，在方向 $\boldsymbol{r}$ 上视差为 d 处的路径代价 $L_r(\boldsymbol{p}, d)$ 按下式计算：

$$L_r(\boldsymbol{p}, d) = C(\boldsymbol{p}, d) + \min \begin{pmatrix} L_r(\boldsymbol{p}-\boldsymbol{r}, d) \\ L_r(\boldsymbol{p}-\boldsymbol{r}, d-1) + P_1 \\ L_r(\boldsymbol{p}-\boldsymbol{r}, d+1) + P_1 \\ L_r(\boldsymbol{p}-\boldsymbol{r}, i) + P_2 \end{pmatrix} - \min_k L_r(\boldsymbol{p}-\boldsymbol{r}, k) \quad (6\text{-}5\text{-}15)$$

式（6-5-15）中，$L_r(\boldsymbol{p}-\boldsymbol{r}, d)$ 为在方向 $\boldsymbol{r}$ 上像素 $\boldsymbol{p}$ 的前一个像素的路径代价，使用最后一项是为了保证累积代价不会沿着路径向前不断增大而导致数据超限溢出。路径代价计算过程如图 6-5-8 所示。

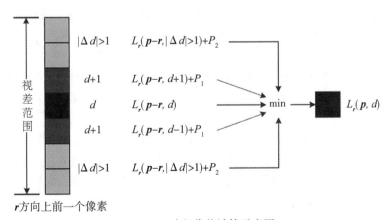

图 6-5-8　路径代价计算示意图

多个方向上的动态规划实际上是实现了式(6-5-12)所示的能量函数中约束项，使得邻域像素的视差对中心像素的视差结果产生约束，最终得到相容性最佳的视差图。多方向动态规划中方向 r 的物理意义为中心像素邻域像素，如图 6-5-9 所示。8 方向的动态规划实际对应 3×3 影像窗口内邻域像素的约束，而 16 方向则对应 5×5 影像窗口内邻域像素的约束。

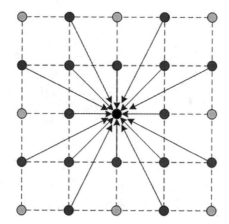

图 6-5-9　动态规划方向与中心像素邻域关系图

将所有方向的路径代价按式(6-5-15)进行聚合便得到累积代价立方体。

$$S(\boldsymbol{p},\ d) = \sum_r L_r(\boldsymbol{p},\ d) \tag{6-5-16}$$

从式(6-5-16)可知，累积代价 $S \leqslant 16(C_{\max} + P_2)$。在 $P_2 = C_{\max}$ 时，$S \leqslant 2^5 C_{\max}$。为了节省内存，可使用 16 比特位的短整型(short)保存累积代价 S，因此要求 $C_{\max} < 2^{11}$，故需将匹配代价 $C(\boldsymbol{p},\ d)$ 线性映射至 $[0,\ 2^{11})$ 的取值区间内。

3. 视差图的计算

对于计算获得的累积代价 $S(\boldsymbol{p},\ d)$，采用 WTA 算法计算像素 $\boldsymbol{p}$ 的最优视差 d。即取 $S(\boldsymbol{p},\ d)$ 的最小值 $\min_d S(\boldsymbol{p},\ d)$ 处对应的视差 d 作为该像素的视差结果。显然这样获得的视差 d 的精度是像素级别的。为了达到子像素级别的匹配精度，可根据视差 d，$d-1$ 和 $d+1$ 处的累积代价 $S(\boldsymbol{p},\ d)$，$S(\boldsymbol{p},\ d-1)$ 和 $S(\boldsymbol{p},\ d+1)$ 进行二次抛物线(设抛物线函数为 $y = ax^2 + bx + c$)的拟合，计算最优视差。由此获得的视差图是具有噪声点的，采用二维中值滤波可有效去除噪声点。

在地物遮挡、弱纹理等匹配困难区域易出现误匹配，单纯依赖影像匹配是很难剔除误匹配的，采用双视立体影像匹配中常用的视差一致性检验方法，可有效地剔除遮挡和弱纹理造成的误匹配。首先，通过两次匹配分别获取基准影像和匹配影像的视差图 D_b 和 D_m。对于基准影像 I_b 上像素 $\boldsymbol{p}$ 利用视差图 D_b 可计算其在匹配影像 I_m 上的匹配点 $\boldsymbol{q}$，利用视差图 D_m 可将 $\boldsymbol{q}$ 点计算其在基准影像 I_b 上匹配点 $\boldsymbol{p}'$。在假设"每个像素正确的匹配相同，错误的匹配则各异"的前提下，如果像素 $\boldsymbol{p}$ 的匹配结果正确，那么 $\boldsymbol{p}$ 与 $\boldsymbol{p}'$ 坐标应基本一致，

以 $|p_x - p'_x| \leqslant 1$ 作为匹配正确点的判断条件,即可快速检测并剔除误匹配。

4. 视差图的优化

采用视差一致性原理虽然能检测和剔除大部分的误匹配,但是对于构成区域的误匹配(peaks)则可能失效。为了检测并剔除这些误匹配,需引入图像分割的方法,依据相邻像素的视差变化值不大于 1 的原则,对视差图进行分割,对于分割结果中较小的分割区域则认为是误匹配而将其整体剔除。

6.5.3 多视影像匹配(GCCC 法)

多视影像匹配算法(Geometrically Constrained Cross-Correlation,GCCC)是传统的影像相关匹配算法的扩展,它放弃传统的基于像方空间的匹配策略,而采用基于像物空间关系的匹配策略,运用由物方几何条件约束引导的多影像同时匹配的概念,放弃传统的基于立体影像对的双像匹配算法,通过同时匹配多景影像来直接获取特征的三维信息,使得算法的可靠性和精度同时得以提高。

GCCC 多视影像匹配算法的原理如图 6-5-10 所示,与 VLL 相同的是,GCCC 的搜索空间也为高程空间;不同的是,GCCC 没有在铅垂线上搜索合适的高程,而是在基准影像上特征点所对应的成像光线。最终的匹配结果由归一化相关系数(是高程的函数)峰值所对应的高程确定(确定峰值时要进行二次曲线拟合,从而达到子像元级的匹配精度)。因此算法实际上是在核线约束条件下同时匹配所有影像,而不是先进行各个立体像对的匹配再把匹配结果综合起来考虑。

GCCC 多视影像匹配的步骤如下:

(1)在基准影像 C_0 上提取特征点。

(2)对于步骤(1)提取的任一特征点 $\boldsymbol{p}$,其影像坐标为 (p_x, p_y),确定其高程搜索范围 $[Z_0 - \Delta Z, Z_0 + \Delta Z]$ 和高程搜索步长 $\mathrm{d}Z$,$\mathrm{d}Z$ 设定为使得待匹配影像上沿同名核线的最小步长为 1 个像元。

(3)对于 $[Z_0 - \Delta Z, Z_0 + \Delta Z]$ 中的高程值 Z,将 (p_x, p_y) 和高程 Z 代入共线条件方程,计算其地面点平面坐标 (X, Y),由此得到地面点 (X, Y, Z)。

(4)将地面点 (X, Y, Z) 投影至其他影像,如图 6-5-10 所示的 C_1 和 C_2,得到对应的投影点,取相应的影像窗口分别计算相关系数,设为 $\mathrm{NCC}_i(\boldsymbol{p}, Z)$($i = 1, 2, \cdots, n$,其中 n 为除基准影像以外的影像数)。

(5)按式(6-5-17)计算 SNCC:

$$\mathrm{SNCC}(\boldsymbol{p}, Z) = \frac{1}{n} \sum_{i=1}^{n} \mathrm{NCC}_i(\boldsymbol{p}, Z) \tag{6-5-17}$$

(6)确定 $\mathrm{SNCC}(\boldsymbol{p}, Z)$ 取值最大的高程 Z 对应的地面点 (X, Y, Z) 点 $\boldsymbol{p}$ 的最终匹配结果。

(7)重复以上步骤(2)~(7)匹配其他所有的特征点,形成三维点云。

多视影像匹配算法主要有以下三个优点:

(1)匹配点的确定是同时综合考虑了所有影像间的互相关结果,因此可以有效地减少

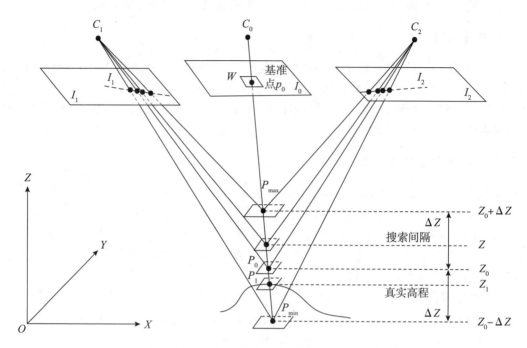

图 6-5-10　附加核线约束的多视影像匹配原理

误匹配。

（2）匹配的最终结果为基准点对应成像光线上的空间点。

（3）由于空间点坐标的确定实际上等价于多影像的空间前方交会，因此相对于单个立体模型而言具有更高的高程精度。

随着深度学习技术的发展，基于深度学习的密集匹配方法发展迅猛。大体上，基于深度学习来获取深度图有两种模式。第一种是将深度学习用于计算核线立体像对间更恰当的匹配代价；第二种是端到端地从原始立体像对中直接学习出视差图（深度图）。

◎ 习题与思考题

1. 相关函数是怎样定义的？并证明：①自相关函数是偶函数；②自相关函数在自变量为零时取得最大值。

2. 利用相关技术进行立体像对自动量测的原理是什么？

3. 根据试验得到的最有代表性的影像自功率谱函数是什么？由此得到的影像自相关函数具有什么形式？试根据其参数分析相关处理的有关问题。

4. 相关函数产生多峰值的原因是什么？它会给相关结果带来什么影响？

5. 什么是金字塔影像？基于金字塔影像进行相关有什么好处？为什么？

6. 什么是影像匹配？影像匹配与影像相关的关系是什么？

7. 有哪些影像匹征基本算法？其中哪一种算法较好？为什么？

8. 绘出相关系数计算程序框图，并编制相应子程序。

9. 推导整像素相关的理论精度，并说明怎样改善相关的精度？

10. 绘出 VLL 法影像匹配程序框图并编制相应程序。VLL 法影像匹配方法的优点是什么？

11. 为什么最小二乘影像匹配能够达到很高的精度？它的缺点是什么？

12. "灰度差的平方和最小"影像匹配与"最小二乘"影像匹配的相同点及差别各是什么？

13. 实验表明，在各种基本影像匹配算法中，"相关系数最大"影像匹配算法的成功率最高。你能从理论上解释这一结果吗？

14. 试推导核线影像的最小二乘影像匹配公式。

15. 若左右影像只存在左、右视差 p、g 与随机噪声，利用最小二乘影像匹配计算 p、g。

16. 什么是 Area Based Matching？什么是 Feature Based Matching？什么是 Region Matching？

17. 特征点的匹配通常采用哪些策略？试比较"深度优先"与"广度优先"影像匹配的优缺点。

18. 在 SIFT 算子中是如何定义尺度空间的？高斯差分尺度空间是如何产生的？

19. 什么是关键点？它的位置、方向和特征是如何确定和描述的？

20. 叙述基于 SIFT 算子的特征匹配的原理和过程。

21. SIFT 算子抵抗影像间的尺度变化和旋转的核心机理是什么？

22. 相关系数 NCC 与 Census 存在什么关联？

23. 多视影像匹配如何克服重复纹理问题？如何确定多视影像匹配的搜索空间和搜索步距？

24. 什么是局部匹配和全局匹配？请各列举一种典型的匹配算法。

25. 列出半全局密集匹配的能量方程，并说明各能量项的物理意义。

26. 影像匹配有哪些难点问题？最小二乘影像匹配、SIFT、半全局匹配、多视影像匹配分别采用什么方法解决了哪些问题？

第7章 数字高程模型的建立与应用

数字地面模型的应用非常广泛，不同的学科从各自学科的使用出发，可以得到与各自学科相关的数字地面模型的内容。测绘领域通常以地形几何要素作为数字地面模型的主要内容，一般称为数字高程模型(Digital Elevaion Model，DEM)。地理信息系统将各种地理信息的空间分布和属性结合起来进行管理和应用，因而，地理信息系统学科中的数字地面模型包含了非常丰富的地形特征信息；另外，也可结合道路交通网、房屋建筑、境界界址线等地物信息反映出社会经济等信息。本章主要讲述数字高程模型的构建和应用。

7.1 数字高程模型的概念及数据获取

7.1.1 数字高程模型的概念

数字地面模型(Digital Terrain Model，DTM)最初是美国麻省理工学院 Miller 教授为了高速公路的自动设计于 1958 年提出来的。此后，它被用于各种线路(铁路、公路、输电线路)的设计及各种工程的面积、体积、坡度的计算，任意两点间可视性判断及绘制任意断面图；在测绘中，被用于绘制等高线、坡度坡向图、立体透视图，制作正射影像图与地表形变监测等方面；在遥感中，可作为分类的辅助数据。它是地理信息系统的基础数据，可用于土地利用现状的分析、合理规划及洪水险情预报等；在军事上可用于导航及导弹制导；在工业上可利用数字表面模型(Digital Surface Model，DSM)或数字物体模型(Digital Object Model，DOM)绘制出表面结构复杂的物体的形状。

1. 数字高程模型的定义

数字地面模型 DTM 是地形表面形态等多种信息的一个数字表示。严格地说，DTM 是定义在某一区域 D 上的 m 维向量有限序列：

$$\{V_i,\ i = 1,\ 2,\ \cdots,\ n\}$$

其向量 $V_i = (V_{i1},\ V_{i2},\ \cdots,\ V_{in})$ 的分量为地形 X_i，Y_i，$Z_i((X_i,\ Y_i) \in D)$、资源、环境、土地利用、人口分布等多种信息的定量或定性描述。DTM 是一个地理信息数据库的基本内核，若只考虑 DTM 的地形分量，我们通常称之为数字高程模型(DEM)或(Digital Height Model，DHM)，其定义如下：

数字高程模型 DEM 是表示区域 D 上地形的三维向量有限序列$\{V_i = (X_i,\ Y_i,\ Z_i),\ i = 1,\ 2,\ \cdots,\ n\}$，其中，$(X_i,\ Y_i) \in D$ 是平面坐标，Z_i 是$(X_i,\ Y_i)$对应的高程。当该序列中各向量的平面点位是规则格网排列时，则其平面坐标$(X_i,\ Y_i)$可省略，此时 DEM 就简

化为一维向量序列 $\{Z_i,\ i=1,\ 2,\ \cdots,\ n\}$，这也是 DEM 或 DHM 名称的缘由。在实际应用中，许多人习惯将 DEM 称为 DTM，实质上它们是不完全相同的。

DEM 是全球空间数据基础设施的重要内容之一，近年来，随着遥感技术、卫星导航技术和地理信息系统技术的发展，全球 DEM 资源的建设已经成为一个国家综合国力和科技发展水平的标志，在国防建设、经济建设、生态环境、防灾救灾等方面发挥了重要的作用，同时在地学研究的各个领域也应用广泛。

美国于 2000 年发射了搭载相干雷达地形测绘使命（Shuttle Radar Topography Mission，SRTM）系统的奋进号航天飞机进行全球地面数据采集工作，覆盖陆地表面 80% 以上，制成了分辨率分别为 1s（约 30m）和 3s（约 90m）的全球 DEM 模型，SRTM-DEM 数据是目前使用最广泛的全球 DEM 数据。2009 年 6 月 30 日，基于美国航天局（NASA）发射的新一代对地观测卫星 Terra 的观测数据结果生成的全球地形地貌数据公开发布，这组数据是由日本经济产业省（METI）和美国航天局共同合作得出的，称为 ASTER GDEM。该数据覆盖范围在 83°N 至 83°S 之间，不包括水域区域，其空间分辨率和垂直精度分别为 30m、20m。德国宇航中心（DLR）和法国空客防务与空间公司（ADS）于 2010 年至 2014 年期间基于 TanDEM-X 与 TerraSAR-X 雷达卫星组成的双站 InSAR 观测模式，对包括两极在内的全球所有陆地进行了完整覆盖，并联合发布了 World DEM DTM 系列产品，其垂直精度达 4m，全球分辨率为 12m。日本于 2015 年 5 月也免费提供了 AW3D30（ALOS World 3D-30m）高精度全球数字地表模型数据，水平分辨率为 1s（约 30m），高程精度 5m，是目前最精确的全球 DEM 数据，并还在不断更新中。此外，ICESat 卫星由 NASA 于 2003 年发射，是地球观测系统计划（Earth Observing System，EOS）的一部分，美国戈达德宇航中心负责研制了该卫星上搭载的主要科学载荷——GLAS 激光测高系统，它被用来监测大陆高、冰盖的厚度、植被厚度、云层外形等，是第一个对全球范围进行连续观测的星载激光测距系统。

为了应对我国全球地理信息资源匮乏的现状，我国发射了资源三号卫星、高分七号卫星，开展了全球地理信息资源建设工程。资源三号卫星作为立体影像拍摄卫星，是中国首颗民用高精度的测绘卫星，它配备了空间分辨率为 3.5m（前后视）和 2.1m（正视）的三线阵立体测量相机，其图像清晰，信噪比高，能够有效反映不同地物的细节特征，只需要很短的时间就可以获得目标地区大量的立体像对影像数据。使用资源三号立体影像得出的 DEM 数据，为中国的灾害监测以及国土资源调查等提供了数据基础。

2. 数字高程模型的表达形式

DEM 有多种表示形式，主要包括规则矩形格网与不规则三角网等。为了减少数据的存储量及便于使用管理，可利用一系列在 X，Y 轴方向上都是等间隔排列的地形点的高程 Z 表示地形，形成一个矩形格网 DEM。其任意一个点 P_{ij} 的平面坐标可根据该点在 DEM 中的行列号 j，i 及存放在该文件头部的基本信息推算出来。这些基本信息应包括 DEM 起始点（一般为左下角）坐标 X_0，Y_0，DEM 格网在 X 轴方向与 Y 轴方向的间隔 DX、DY 及 DEM 的行列数 NY、NX 等。点 P_{ij} 的平面坐标 $(X_i,\ Y_i)$（图 7-1-1）为

$$X_i = X_0 + i * DX \quad (i = 0,\ 1,\ \cdots,\ NX - 1)$$
$$Y_i = Y_0 + j * DY \quad (j = 0,\ 1,\ \cdots,\ NY - 1) \tag{7-1-1}$$

由于矩形格网 DEM 存储量小(还可进行压缩存储),非常便于使用且容易管理,因而是目前运用最广泛的一种形式。但其缺点是有时不能准确表示地形的结构与细部,因此基于 DEM 描绘的等高线不能准确地表示地貌。为克服此缺点,可采用附加地形特征数据,如地形特征点、山脊线、山谷线、断裂线等,从而构成完整的 DEM。

若将按地形特征采集的点按一定规则连接成覆盖整个区域且互不重叠的许多三角形,构成一个不规则三角网(Triangulated Irreguar Network,TIN)表示 DEM,通常称为三角网 DEM 或 TIN。

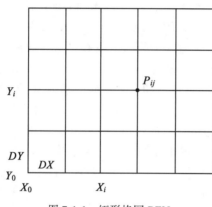

图 7-1-1　矩形格网 DEM

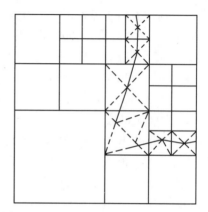

图 7-1-2　矩形格网三角同混合形式 DEM

TIN 能较好地顾及地貌特征点、线,表示复杂地形表面,比矩形格网精确。其缺点是数据量较大,数据结构较复杂,因而使用与管理也较复杂。近年来,许多学者对 TIN 的快速构成、压缩存储及应用做了不少研究,取得了一些成果,为克服 TIN 的缺点、发扬其优点做了许多有益的工作。为了充分利用上述两种形式 DEM 的优点,德国 Ebner 教授等提出了 Grid-TIN 混合形式的 DEM(图 7-1-2),即一般地区使用矩形网数据结构(还可以根据地形采用不同密度的格网),沿地形特征则附加三角网数据结构。

7.1.2　DEM 数据点的采集方法

为了建立 DEM,必须量测一些点的三维坐标,这就是 DEM 数据采集或 DEM 数据获取,被量测三维坐标的这些点称为数据点或参考点,常用的获取方法有以下 4 种。

1. 地面测量

利用自动记录的测距经纬仪(常称为电子速测经纬仪或全站经纬仪)在野外实测。这种速测经纬仪或者全站仪一般都有微处理器,可以自动记录与显示有关数据,还能进行多种测站上的计算工作。其记录的数据可以通过串行通信等方式,输入计算机进行处理。

2. 现有地图数字化

这是利用数字化仪对已有地图上的信息(如等高线、地形线等)进行数字化的方法。

常用的数字化仪有手扶跟踪数字化仪与扫描数字化仪。手扶跟踪等高线或其他地形地物符号，按等时间间隔或等距离间隔的数据流模式记录平面坐标，高程则需由人工输入。其优点是所获取的向量形式的数据在计算机中比较容易处理；缺点是速度慢、人工劳动强度大。利用平台式扫描仪或滚筒式扫描仪或 CCD 阵列对地图扫描，获取的是栅格数据。其优点是速度快又便于自动化，但获取的数据量很大且处理复杂，将栅格数据转换成矢量数据还有许多问题需要研究，要实现完全自动化还需要做很多工作。

3. 空间传感器

利用 GNSS(主要包括美国的 GPS，俄罗斯的 GLONASS，欧盟的伽利略和中国的北斗等全球导航卫星系统)、雷达、激光雷达以及激光测高仪等进行数据采集。最常用的是全球定位系统(Global Positioning System，GPS)，在成像平台上放置一个 GPS 接收器，即可确定平台位置。

激光雷达(Light Laser Detection and Ranging，LiDAR)是一种主动式对地观测系统，其时间、空间分辨率高，探测范围广，不受日照限制，能全天时观测，具有一定的植被穿透能力，通过多次回波技术和滤波操作，能快速获取高精度的真实地面三维信息。目前流行的是 GPS/IMU 组合导航技术和 LiDAR 激光雷达扫描技术结合，机载激光雷达是一种集激光、全球定位和惯性导航系统于一身的对地观测系统，可以实行无地面控制点的高精度对地直接定位。

合成孔径雷达(Synthetic Aperture Radar，SAR)具有全天候、全天时的优点，雷达干涉测量(Interferometric Synthetic Aperture Radar，InSAR)技术可以直接获取 DEM，例如前面提到的美国的 SRTM-DEM。但是 SAR 的植被"穿透"能力差，不适用于植被茂密地区和地形起伏大的山区；InSAR 技术往往受到时空去相干、大气扰动、几何畸变等因素的影响。

卫星测高技术是 20 世纪 70 年代发展起来的通过卫星搭载的测高仪获取地面高程的主动观测技术，按发射波长的不同，又分为雷达测高和激光测高。两者最大的差异在于地面足印点的大小不同，一般来说，雷达测高的地面足印点的直径一般为千米级，而激光测高由于激光的发散角小、方向性好，足印点直径为米级。所以，雷达测高更适用于地形起伏较缓的海洋等水体高程测量，而激光测高则以陆地高程测量为主。在地球测高卫星中，雷达测高占绝大部分，如欧洲航天局 ERS 系列，美国 T/P 系列等卫星，仅有美国 ICESat 系列和中国资源一号卫星 02 星为激光测高卫星。美国的 GLAS 激光测高系统，由 ICESat 卫星搭载被用来监测大陆高、冰盖的厚度、植被厚度等。

4. 数字摄影测量方法

数字摄影测量是空间数据采集最有效的手段之一，它具有效率高、劳动强度低等优点。通过计算机进行影像匹配识别同名像点获得其像点坐标，再利用摄影测量基本原理中前方交会得到地面点坐标，可以生成密度非常高的地面点云。

深度学习在图像处理方面表现出优异的性能，人们开始探讨它在数字高程模型中的应用，目前大致集中在两个方面：

其一，利用激光点云生产高精度 DEM。方法之一，通过处理机载激光扫描数据，提取每个点与周围点之间的相对高差并将其转换为表示点特征的图像，用于神经网络的训练，最终实现地物点与地面点的分离，并在不存在地面控制点的情况下对所产生的 DEM 进行质量评估。方法之二，利用卷积神经网络对点云数据进行三次递进式滤波，识别植被区域（草地、作物），使 DEM 的高度误差相对于原始数据的高程误差可减少 60%～70%，显著提高 DEM 精度。方法之三，通过处理激光扫描数据，创建 DSM 与 DEM 样本，利用卷积神经网络，自动生成高精度 DEM。

其二，利用正射影像和 DSM 生产高精度 DEM。基本原理是利用像素级的卷积神经网络进行植被语义分割，然后处理植被区域高程，最终获取高精度 DEM。

7.1.3 DEM 数据预处理

DEM 数据预处理是 DEM 内插之前的准备工作，它是整个数据处理的一部分，一般包括数据格式的转换、坐标系统的变换、数据的编辑、栅格数据的矢量化转换及数据分块等内容。下面主要介绍数据分块的方法。

由于数据采集方式不同，数据的排列顺序也不同，例如等高线数据是按各条等高线采集的先后顺序排列的。但是在内插 DEM 时，待定点常常只与其周围的数据点有关，为了能在大量的数据点中迅速地查找到所需要的数据点，必须将其进行分块。在某些程序中（如 Stuttgart 大学的 SCOP 程序），需将数据点划分成计算单元，每个计算单元之间有一定的重叠度（如图 7-1-3 所示），以保证单元之间的连续性。分块的方法是先将整个区域分成等间隔的格网（通常比 DEM 格网大），然后将数据点按格网分成不同的类，可采用交换法或链指针法。

1. 交换法

将数据点按分块格网的顺序进行交换，使属于同一分块格网的数据点连续地存放在一片连续的存储区域中，同时建立一个索引文件，记录每一块（分块格网）数据的第一点在数据文件中的序号（记录号）。由后一块数据第一点的序号减该块数据第一点的序号，即该块数据点的个数，据此可迅速检索出属于该块的所有数据点。该方法不需要增加存储量，但数据交换需要花费较多的计算机处理时间。

2. 链指针法

对于每一数据点，增加一存储单元（链指针），存放属于同一个分块格网中下一个点在数据文件中的序号（前向或后向指针），对该分块格网的最后一个点存放一个结束标志，同时建立一索引文件，记录每块（分块格网）数据的第一点在数据文件中的序号。检索时由索引文件可检索该块的第一个数据点，再由第一点的链指针可检索该块的下一点，直至检索出该块的所有数据点。也可设置双向链指针，即对每一数据点增加两个存储单元，分别存放属于同一块的前一点与后一点的序号，可实现双向检索。该方法不需要进行数据交换，且对所有的数据点进行一次顺序处理即可完成全部分块，因而需要较少的计算机处理时间，但要增加存储量。

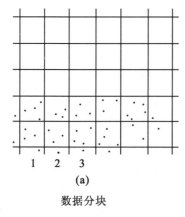
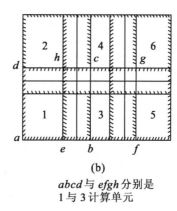

abcd 与 efgh 分别是
1 与 3 计算单元

图 7-1-3 数据分块与计算单元

7.2 数字高程模型的内插方法

DEM 内插就是根据参考点上的高程求出其他待定点上的高程，在数学上属于插值问题。由于所采集的原始数据排列一般是不规则的，为了获取规则格网的 DEM，内插是必不可少的重要步骤。任意一种内插方法都是基于原始函数的连续光滑性，或者说邻近的数据点之间存在很大的相关性，这才有可能由邻近的数据点内插出待定点的数据。对于一般的地面，连续光滑条件是满足的，但大范围内的地形是很复杂的，因此，整个地形不可能像通常的数字插值那样用一个多项式来拟合。因为用低次多项式拟合，其精度必然很差；而高次多项式又可能产生解的不稳定性。因此，在 DEM 内插中一般不采用整体函数内插（即用一个整体函数拟合整个区域），而采用局部函数内插，即是把整个区域分成若干分块，对各分块使用不同的函数进行拟合，并且要考虑相邻分块函数间的连续性。对于不光滑甚至不连续（存在断裂线）的地表，即使是在一个计算单元中，也要进一步分块处理，并且不能使用光滑甚至连续条件。此外，还有一种逐点内插法被广泛地使用，它是以每一待定点为中心，定义一个局部函数去拟合周围的数据点。逐点内插法十分灵活，一般情况下精度较高，计算方法简单又不需很大的计算机内存，但计算速度可能比其他方法慢，主要方法有移动曲面拟合法、加权平均法和最小二乘配置法。

7.2.1 移动曲面拟合法

（1）对 DEM 每一个格网点，从数据点中检索出对应该 DEM 格网点的几个分块格网中的数据点，并将坐标原点移至该 DEM 格网点 $P(X_P, Y_P)$：

$$
\begin{aligned}
\overline{X}_i &= X_i - X_P \\
\overline{Y}_i &= Y_i - Y_P
\end{aligned}
\tag{7-2-1}
$$

（2）为了选取邻近的数据点，以待定点 P 为圆心，以 R 为半径作圆（如图 7-2-1 所示），凡落在圆内的数据点即被选用。所选择的点数根据所采用的局部拟合函数来确定，

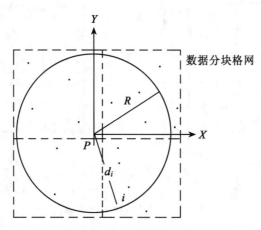

图 7-2-1　选取 P 为圆心 R 为半径的圆内数据点参加内插计算

在二次曲面内插时，要求选用的数据点个数 $n>6$。当数据点 $P(X，Y)$ 到待定点 $P(X_P，Y_P)$ 的距离时，该点即被选用。若选择的点数不够时，则应增大 R 的数值，直至数据点的个数 n 满足要求。

$$d_i = \sqrt{\overline{X}_i^2 + \overline{Y}_i^2} < R \tag{7-2-2}$$

（3）列出误差方程式。若选择二次曲面作为拟合曲面：

$$Z = Ax^2 + Bxy + Cy^2 + Dx + Ey + F \tag{7-2-3}$$

则数据点 P_i 对应的误差方程式为

$$v_i = \overline{X}_i^2 A + \overline{X}_i \overline{Y}_i B + \overline{Y}_i^2 C + \overline{X}_i D + \overline{Y}_i E + F - Z_i \tag{7-2-4}$$

由 n 个数据点列出的误差方程为

$$V = MX - Z \tag{7-2-5}$$

其中，

$$V = \begin{pmatrix} v_1 \\ v_2 \\ \vdots \\ v_n \end{pmatrix} \qquad Z = \begin{pmatrix} z_1 \\ z_2 \\ \vdots \\ z_n \end{pmatrix}$$

$$M = \begin{pmatrix} \overline{X}_1^2 & \overline{X}_1\overline{Y}_1 & \overline{Y}_1^2 & \overline{X}_1 & \overline{Y}_1 & 1 \\ \overline{X}_2^2 & \overline{X}_2\overline{Y}_2 & \overline{Y}_2^2 & \overline{X}_2 & \overline{Y}_2 & 1 \\ \vdots & \vdots & \vdots & \vdots & \vdots & 1 \\ \overline{X}_n^2 & \overline{X}_n\overline{Y}_n & \overline{Y}_n^2 & \overline{X}_n & \overline{Y}_n & 1 \end{pmatrix} \qquad X = \begin{pmatrix} A \\ B \\ C \\ \vdots \\ F \end{pmatrix}$$

（4）计算每一数据点的权。这里的权 P_i 并不代表数据点 P_i 的观测精度，而是反映了该点与待定点相关的程度。因此，对于权 P_i 确定的原则应与该数据点与待定点的距离 d_i 有关，d_i 越小，它对待定点的影响应越大，则权应越大；反之，当 d_i 越大，权应越小。

常采用的权有如下几种形式：

$$p_i = \frac{1}{d_i^2}; \quad p_i = \left(\frac{R - d_i}{d_i}\right)^2; \quad p_i = e^{-\frac{d_i^2}{k^2}}$$

式中，R 是选点半径；d_i 为待定点到数据点的距离；k 是一个供选择的常数；e 是自然对数的底。这三种权的形式都可符合上述选择权的原则，但是它们与距离的关系有所不同。具体选用何种权的形式，需根据地形进行试验选取。

（5）法化求解。根据平差理论，二次曲面系数的解为

$$X = (M^\mathrm{T}PM)^{-1}M^\mathrm{T}PZ \tag{7-2-6}$$

由于 $\bar{X}_P = 0$，$\bar{Y}_P = 0$，所以系数 F 就是待定点的内插高程值 Z_P。

利用二次曲面移动拟合法内插 DEM 时，对点的选择除了满足 $n>6$ 外，还应保证各个象限都有数据点，而且当地形起伏较大时，半径 R 不能取得很大。当数据点较稀或分布不均匀时，利用二次曲面移动拟合可能产生很大的误差，这是因为解的稳定性取决于法方程的状态，而法方程的状态与点位分布有关，此时可考虑采用平面移动拟合或其他方法。

Hannover 大学的 TASH 程序使用的是二次曲面移动拟合内插法，而 Vienna 工业大学的 SORA 程序则采用了多个邻近点的加权平均水平面移动拟合法内插：

$$Z_P = \frac{\sum_{i=1}^{n} p_i Z_i}{\sum_{i=1}^{n} p_i} \tag{7-2-7}$$

式中，n 为邻近数据点数；p_i 为第 i 个数据点的权；Z_i 为第 i 个数据点的高程。

7.2.2 多面函数法

多面函数法内插（或称多面函数最小二乘推估法）是美国 Hardy 教授于 1977 年提出的，它是从几何观点出发，解决根据数据点形成一个平差的数学曲面问题。其理论根据是："任何一个圆滑的数学表面总是可以用一系列有规则的数学表面的总和，以任意的精度进行逼近。"也就是一个数学表面上某点(X, Y)处高程 Z 的表达式为

$$\begin{aligned}
Z = f(X, Y) &= \sum_{j=1}^{n} a_j q(X, Y, X_j, Y_j) \\
&= a_1 q(X, Y, X_1, Y_1) + a_2 q(X, Y, X_2, Y_2) + \cdots + a_n q(X, Y, X_n, Y_n)
\end{aligned}$$

$$\tag{7-2-8}$$

其中，$q(X, Y, X_j, Y_j)$ 称为核函数（Kernel）。

核函数可以任意选用，为了简便，可以假定各核函数是对称的圆锥面。

$$q(X, Y, X_j, Y_j) = \left[(X - X_j)^2 + (Y - Y_j)^2\right]^{\frac{1}{2}} \tag{7-2-9}$$

就是较适用的一种，或者可再加入一常数项 δ，成为

$$q(X, Y, X_j, Y_j) = \left[(X - X_j)^2 + (Y - Y_j)^2 + \delta\right]^{\frac{1}{2}} \tag{7-2-10}$$

这是一个双曲面，它在数据点处能保证坡度的连续性。

若有 $m \geq n$ 个数据点，可任选其中 n 个为核函数的中心点 $P_j(X_j, Y_j)$，令

$$q_{ij} = q(X_i,\ Y_i,\ X_j,\ Y_j) \tag{7-2-11}$$

则各数据点应满足

$$Z_i = \sum_{j=1}^{n} a_j q_{ij} \quad (i = 1,\ 2,\ \cdots,\ m) \tag{7-2-12}$$

由此可列出误差方程:

$$\begin{pmatrix} v_1 \\ v_2 \\ \vdots \\ v_m \end{pmatrix} = \begin{pmatrix} q_{11} & q_{12} & \cdots & q_{1n} \\ q_{21} & q_{22} & \cdots & q_{21} \\ \vdots & \vdots & & \vdots \\ q_{m1} & q_{m2} & \cdots & q_{mn} \end{pmatrix} \begin{pmatrix} a_1 \\ a_2 \\ \vdots \\ a_n \end{pmatrix} - \begin{pmatrix} z_1 \\ z_2 \\ \vdots \\ z_m \end{pmatrix}$$

或

$$V = Qa - Z \tag{7-2-13}$$

法化求解得

$$a = (Q^{\mathrm{T}}Q)^{-1} Q^{\mathrm{T}} Z \tag{7-2-14}$$

任意一点 $P_k(X_k,\ Y_k)$ 上的高程 $Z_k(k>n)$ 为

$$Z_k = Q_k^{\mathrm{T}} \cdot a = Q_k^{\mathrm{T}}(Q^{\mathrm{T}}Q)^{-1} Q^{\mathrm{T}} Z \tag{7-2-15}$$

其中,

$$Q_k^{\mathrm{T}} = (q_{k1} \quad q_{k2} \quad \cdots \quad q_{kn})$$
$$q_{kj} = q(X_k,\ Y_k,\ X_j,\ Y_j)$$

若将全部数据点取为核函数的中心, 即 $m=n$, 则

$$a = Q^{-1} Z$$
$$Z_k = Q_k^{\mathrm{T}} Q^{-1} Z \tag{7-2-16}$$

展开得

$$Z_k = (q_{k1} \quad q_{k2} \quad \cdots \quad q_{kn}) \begin{pmatrix} q_{11} & q_{12} & \cdots & q_{1n} \\ q_{21} & q_{22} & \cdots & q_{21} \\ \vdots & \vdots & & \vdots \\ q_{m1} & q_{m2} & \cdots & q_{mn} \end{pmatrix}^{-1} \begin{pmatrix} z_1 \\ z_2 \\ \vdots \\ z_n \end{pmatrix} \tag{7-2-17}$$

除了上述 Hardy 选用的核函数外, 还可选用其他的核函数。

7.2.3　有限元法

为了解算一个函数, 有时需要把它分成许多适当大小的"单元", 在每一单元中用一个简单的函数, 如多项式来近似地代表它。对于曲面, 也可以用大量的有限面积单元来趋近它, 这就是有限元法。有限元法最初主要用于弹性力学及结构力学, 现在广泛用于各种领域, 也用于摄影测量内插, 如 DEM 内插。德国 Munich 工业大学研制的 DEM 软件包 HIFI(Height Interpolation by Finite Elements) 就是利用有限元内插法建立 DEM。

1. 一次样条有限元 DEM 内插

如图 7-2-2 所示, 点 $A(x,\ y)$ 的函数值 $\Phi(x,\ y)$ 可由其所在格网四个顶点的函数值 $C_{i,\ j}$, $C_{i+1,\ j}$, $C_{i,\ j+1}$, $C_{i+1,\ j+1}$ 按一次样条函数表示为

$$\Phi(x,\ y)=(1-\Delta x)(1-\Delta y)C_{i,\ j}+\Delta x(1-\Delta y)C_{i+1,\ j}+(1-\Delta x)\Delta yC_{i,\ j+1}+\Delta x\Delta yC_{i+1,\ j+1}$$

$$(7\text{-}2\text{-}18)$$

式中，Δx，Δy 是以格网边长为单位时点 A 相对于点 P_{ij} 的坐标增量。

使用公式(7-2-18)可以根据一些已知高程的数据点建立 DEM。若 A 点是已知高程的数据点，则可用其高程 Z_A。作为观测值，以格网高程 $Z_{i,j}$···作为待定的未知数，由式(7-2-18)列出误差方程：

$$v_A=(1-\Delta X)(1-\Delta Y)Z_{i,\ j}+\Delta X(1-\Delta Y)Z_{i+1,\ j}+(1-\Delta X)\Delta YZ_{i,\ j+1}+\Delta X\Delta YZ_{i+1,\ j+1}-Z_A$$

$$(7\text{-}2\text{-}19)$$

式中，ΔX，ΔY 是经格网边长规格化的坐标增量。

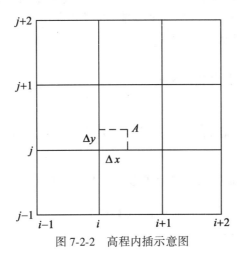

图 7-2-2 高程内插示意图

即

$$\Delta X=\frac{X_A-X_i}{d}\qquad(0\leqslant\Delta X<1)$$

$$\Delta Y=\frac{Y_A-Y_i}{d}\qquad(0\leqslant\Delta Y<1)$$

$$d=X_{i+1}-X_i=Y_{i+1}-Y_i$$

这是 HIFI 程序的一类观测值误差方程式。为了保证地面的圆滑，可利用 X 轴和 Y 轴方向上的二次差分条件，构成第二类虚拟观测值误差方程式：

$$v_X(i,\ j)=Z_{i-1,\ j}-2Z_{i,\ j}+Z_{i+1,\ j}-0$$
$$v_Y(i,\ j)=Z_{i,\ j-1}-2Z_{i,\ j}+Z_{i,\ j+1}-0$$

$$(7\text{-}2\text{-}20)$$

其曲率的观测值为零可看作一种虚拟观测值，可给予适当的权。最简单的是认为所有虚拟观测值是不相关且等权为 1。

2. 断裂线的处理

地形特征线是表示地形的重要结构线，其中断裂线反映了地形中不连续的地方，因而在内插中必须做相应的处理。HIFI 内插过程中考虑计算单元中的断裂线的基本要点如下：

（1）为了突出断裂线所显示的特征，可在原始采集的数据点的基础上做线性内插，加密断裂线点，特别是断裂线与 DEM 格网线交点的平面坐标与高程，它对以后等高线的搜索与绘制十分重要。

（2）将计算单元按断裂线划分成子区，并确定每个子区由哪几条断裂线与边界线组成（预处理）。

（3）分子区内插的原则是：不属于该子区的数据点不参加该子区的平差计算。根据这个要求，首先要确定数据点是否属于该子区。方法之一是所谓"跌落法"，即过数据点 P 作一半垂线（跌落线），判断该跌落线与该子区边界线是否相交以及相交的次数，若相交次数为奇次，则该点 P 落在该子区内。方法之二是符号判断法，即将点 P 的坐标(X, Y)代入边界的直线方程，在子区中的数据点具有相同的符号。

（4）分子区进行内插计算。

7.3　DEM 的精度及存储管理

7.3.1　估计 DEM 的精度的方法

1. 由地形功率谱与内插方法的传递函数估计 DEM 精度

设 DEM 任一长度为 L 的断面对应的真实高程为 $Z(X)$，内插获得的 DEM 高程为 $\bar{Z}(X)$，它们的傅里叶展开分别为

$$Z(x) = \sum_{k=0}^{\infty} C_k \cos\left(\frac{2\pi kX}{L} - \varphi_k\right) \tag{7-3-1}$$

$$\bar{Z}(x) = \sum_{k=0}^{\infty} \bar{C}_k \cos\left(\frac{2\pi kX}{L} - \bar{\varphi}_k\right) \tag{7-3-2}$$

式中，C_k，φ_k 为 $Z(X)$ 对应于周期为 $\frac{2\pi k}{L}$ 信号分量的振幅与相位；$\bar{C}_k$，$\bar{\varphi}_k$ 为 $\bar{Z}(X)$ 对应于周期为 $\frac{2\pi k}{L}$ 信号分量的振幅与相位。

$\bar{Z}(X)$ 相对于 $Z(X)$ 的均方误差为（其中假设常数分量为零）

$$\begin{aligned}\sigma_z^2 &= \frac{1}{L}\int_0^L \left[(Z(X) - \bar{Z}(X))\right]^2 dX \\ &= \frac{1}{L}\int_0^L \left\{\left[\sum_{k=0}^{\infty} C_k \cos\left(\frac{2\pi kX}{L} - \varphi_k\right) - \sum_{k=0}^{\infty} \bar{C}_k \cos\left(\frac{2\pi kX}{L} - \bar{\varphi}_k\right)\right]\right\}^2 dX\end{aligned} \tag{7-3-3}$$

当满足采样定理且 L 充分大时，相位可忽略不计，则

$$\sigma_z^2 \approx \frac{1}{L} \int_0^L \left[\sum_{k=0}^{\infty} (C_k - \overline{C}_k) \cos \frac{2\pi kX}{L} \right]^2 \mathrm{d}X \approx \frac{1}{L} \int_0^L \left[\sum_{k=0}^{m} (C_k - \overline{C}_k) \cos \frac{2\pi kX}{L} \right]^2 \mathrm{d}X$$

$$(7\text{-}3\text{-}4)$$

其中，$\dfrac{L}{m}$ 为截止频率(即当 $k>m$ 时，$C_k=0$)。由于

$$\int_0^L \cos \frac{2\pi k_1}{L} X \cos \frac{2\pi k_2}{L} X \mathrm{d}X = 0 \qquad (7\text{-}3\text{-}5)$$

$$\int_0^L \left(\cos \frac{2\pi k_1}{L} X \right)^2 \mathrm{d}X = \frac{L}{2} \qquad (7\text{-}3\text{-}6)$$

因此

$$\sigma_z^2 \approx \frac{1}{2} \sum_{k=0}^{m} (C_k - \overline{C}_k)^2 \mathrm{d}X = \frac{1}{2} \sum_{k=0}^{m} \left(1 - \frac{\overline{C}_k}{C_k}\right)^2 C_k^2 = \frac{1}{2} \sum_{k=0}^{m} [1 - H(u_k)]^2 C_k^2 \quad (7\text{-}3\text{-}7)$$

式中，$H(u_k) = \dfrac{\overline{C}_k}{C_k} \left(u_k = f_k \cdot \Delta X < \dfrac{1}{2}, k = 1, 2, \cdots, m; \Delta X$ 为采样间隔；$f_x = \dfrac{L}{K}$ 为频率$\right)$ 是所应用内插方法的传递函数；C_k^2 则是剖面 L 的地形功率谱。

对于二维情况，可由 X 剖面中误差 σ_{ZX} 与 Y 剖面中误差 σ_{ZY} 得

$$\sigma_Z^2 = \sigma_{ZX}^2 + \sigma_{ZY}^2 \qquad (7\text{-}3\text{-}8)$$

在实际应用中，由于剖面高程 Z 中包含量测误差 σ_m^2，它一方面对功率谱的计算产生影响；另一方面，作为 DEM 内插的原始数据，本身是带有误差的。根据 Temnfli(1978)的研究，在 XZ 坐标系中，用线性内插法内插 DEM 的精度为

$$\sigma_{DEM}^2 = \sigma_Z^2 + \frac{2}{3}\sigma_m^2 \qquad (7\text{-}3\text{-}9)$$

而用抛物双曲面进行双线性曲面内插 DEM 的精度为

$$\sigma_{DEM}^2 = \sigma_Z^2 + \left(\frac{2}{3}\right)^2 \sigma_m^2 \qquad (7\text{-}3\text{-}10)$$

实验表明，DEM 的精度主要取决于采样间隔和地形的复杂程度，对不同的内插方法，只要应用合理，所得 DEM 的精度相差并不大。

2. 利用检查点的 DEM 精度评定

在 DEM 内插时，预留一部分数据点不参加 DEM 内插，作为检查点，其高程为 $Z_k(k= 1, 2, \cdots, n)$。在建立 DEM 之后，由 DEM 内插出这些点的高程为 $\overline{Z}_k$，则 DEM 的精度为

$$\sigma_{DEM}^2 = \frac{1}{n} \sum_{k=1}^{n} (\overline{Z}_k - Z_k)^2 \qquad (7\text{-}3\text{-}11)$$

7.3.2 DEM 的存储管理

经内插得到的 DEM 数据(或直接采集的格网 DEM 数据)需以一定结构与格式存储起

来，以利于各种应用。其方式可以是以图幅为单位的文件存储或建立地形数据库。当 DEM 的数据量较大时，必须考虑其数据的压缩存储问题。而 DEM 数据可能有各种来源，随着时间变化，局部地形必然会发生变化，因而也应考虑 DEM 的拼接、更新的管理工作。

1. DEM 数据文件的存储

将 DEM 数据以图幅为单位建立文件存储在磁带、磁盘或光盘上，通常其文件头（或零号记录）存放有关的基础信息，包括起点平面坐标、格网间隔、区域范围、图幅编号，原始资料有关信息，数据采集仪器、手段与方式，DEM 建立方法、日期与更新日期，精度指标以及数据记录格式等。

文件头之后就是 DEM 数据的主体——各格网点的高程。每个小范围的 DEM，其数据量大，可直接存储，每一记录为一点高程或一行高程数据，这对使用与管理都十分方便。对于较大范围的 DEM，其数据量较大，则必须考虑数据的压缩存储，此时其数据结构与格式随所采用的数据压缩方法各不相同。

除了格网点高程数据，文件中还应存储该地区的地形特征线、点的数据，它们可以以向量方式存储，其优点是存储量小，缺点是有些情况下不便使用。也可以栅格方式存储，即存储所有的特征线与格网边的交点坐标，这种方式需要较大的存储空间，但使用较方便。

2. 地形数据库

世界上已有一些国家建立了全国范围的地形数据库。美国国防制图局已把全美国的 1∶250000 比例尺地图进行了数字化，并提交给美国地质测量管理局，供用户使用。加拿大、澳大利亚、英国等国家也都相继进行了类似的工作。

小范围的地形数据库应纳入高斯-克吕格坐标系，这样能方便应用。但是大范围的地形数据库是纳入高斯-克吕格坐标系，还是纳入地理坐标系，还需要研究。地理坐标系最重要优点是在高斯-克吕格投影的重叠区域内消除了点的二义性；但其最主要的缺点是与库存数据的对话更加困难。因此，从便于使用的角度考虑，以高斯-克吕格坐标系为基础的数字高程数据库可能具有更多的优点。

大范围的 DEM 数据库数据量大，因而较好的方法是将整个范围划分成若干地区，每一地区建立一个子库，然后将这些地区合并成一个高一层次的大区域构成整个范围的数据库。每子库还可进一步划分直至以图幅为单位（具体设计可参考有关数据库文献），以便为后继应用提供一个好的接口。

地形数据库除了存储高程数据外，也应该存储原始资料、数据采集、DEM 数据处理与提供给用户的有关信息。

3. DEM 数据的压缩

数据压缩的方法很多，在 DEM 数据压缩中常用的方法有整型量存储、差分映射及压缩编码等。

1）整型量存储

将高程数据减去一常数 Z_0，该常数可以是一定区域范围的平均高程，也可以是该区域第一点高程。按精度要求扩大 10 倍或 100 倍，小数部分四舍五入后保留整数部分：

$$Z_i = \text{Int}\left[\,(Z_i - Z_0)\cdot 10^m + 0.5\right]$$

其中，m 为原始数据小数点后的精确位数。

将变换后的整型数用计算机的两个字节(byte)存储，这样可节省一半的存储空间。

2）差分映射

数据序列 Z_0，Z_1，$\cdots$，Z_n 的差分映射定义为

$$
\begin{pmatrix} \Delta Z_0 \\ \Delta Z_1 \\ \Delta Z_2 \\ \vdots \\ \Delta Z_n \end{pmatrix}
=
\begin{pmatrix}
1 & 0 & 0 & \cdots & 0 \\
-1 & 1 & 0 & \cdots & 0 \\
0 & -1 & 1 & \cdots & 0 \\
\vdots & \vdots & \vdots & & \vdots \\
0 & \cdots & \cdots & -1 & 1
\end{pmatrix}
\begin{pmatrix} Z_0 \\ Z_1 \\ Z_2 \\ \vdots \\ Z_n \end{pmatrix}
\tag{7-3-12}
$$

或 $\qquad\qquad \Delta Z_0 = Z_0$；$\Delta Z_i = Z_i - Z_{i-1}$ $\quad(i = 1，2，\cdots，n)$ $\qquad$ (7-3-13)

利用差分映射得到的是相邻数据间的增量，因而其数据范围较小，可以利用一个字节存储一个数据，从而使数据压缩至原有存储量的近 1/4。差分映射方案很多，较好的有差分游程法(或称增量游程法)与小模块差分法(或称小模块增量法)。

（1）差分游程法。

将存储单位按图 7-3-1 所示顺序排列，将数据按前述方法化为整型数后进行差分映射，一个字节所能表示的数据值范围为 $-128 \sim 127$，故当差分的绝对值大于 127 时，将该数据之前的数据作为一个游程，而从该项数据开始一新的游程。每一游程记录该游程的第一点高程(一般可用实型数(四个字节)或整型数(两个字节)存储)及其后各点的差分。

$\vdots$	$\vdots$	$\vdots$	$\vdots$	$\vdots$
$2n+1$	$2n+2$	$\cdots$	$3n-1$	$3n$
$2n$	$2n-1$	$\cdots$	$n+2$	$n+1$
1	2	$\cdots$	$n-1$	n

图 7-3-1　DEM 差分游程存储顺序

这种方法有很高的压缩率，其存储空间接近实型数存储的 1/4。但其缺点是当游程较长时，数据的恢复需要较多的运算时间，因而其使用与管理不如小模块差分法方便。

（2）小模块差分法。

将 DEM 分成较大的格网——小模块，每一模块包含 5×5 个或 10×10 个 DEM 格网，将数据点按图 7-3-2 或图 7-3-3 的顺序排列，进行差分映射。为了保证每一数据能存入一个字节，在原始差分上乘以一个适当的系数，该系数由该小模块内最大高程增量(即差分)确定为

$$\gamma = \frac{127}{\Delta Z_{max}}$$

当该小模块内的最大高程增量 ΔZ_{max} 较小时，它能将高程增量的数值放大存储，以减小取整误差。例如，当 $\gamma = 10$ 时，则数值放大 10 倍，存储精度达分米级。每一小模块使用不同的系数，附加在起点高程之后与每点差分之前。该系数使存储精度与地形相联系，平坦地区存储精度较高，山区精度较低，因此对于地形起伏较大的地区，存储精度可能达不到要求。为了避免这种情况，仍然可用前述方法先将数据化为整型数，再进行差分映射后，以每一字节存储一个数据点对应的差分。但此时高程增量值有可能超过 127，遇此情况，需要做特殊处理。例如，给以特殊标志，然后在文件的尾部以两个字节存储之。

17	18	19	20	21
16	5	6	7	22
15	4	1	8	23
14	3	2	9	24
13	12	11	10	25

图 7-3-2　螺旋型小模块存储

21	22	23	24	25
20	19	18	17	16
11	12	13	14	15
10	9	8	7	6
1	2	3	4	5

图 7-3-3　往返型小模块存储

该方法的优点是每一记录的长度是固定的，因而每一记录与各个小模块的联系是确定不变的。对该区域的任意一点，根据其平面坐标，就可以很容易计算其所在的小模块编号，根据这编号可从文件中直接取出该小模块的数据，且只需恢复该小模块的各点数据，因此该方法使用起来较方便。该方法的压缩率也是比较高的，通常可达到用实型数存储的 1/3 至近 1/4。

（3）压缩编码。

当按一定精度要求将高程数据化为整型量或将高程增量化为整型数后，还可根据各数出现的概率设计一定的编码，用位数（bit）最短的码表示出现概率最大的数，出现概率较小数用位数较长的码表示，则每一数据所占的平均位数比原来的固定位数（16 或 8）小，从而达到数据压缩的目的。

数据的平均最小位数可用信息论中熵的定义计算。若数据中有 n 个不同的数字 d_1，d_2，$\cdots$，d_n（如 $-128 \sim 127$），第 k 个数字 d_k 出现的概率（或频率）为 p_k，则熵为

$$H(d_1 \quad d_2 \quad \cdots \quad d_n) = -\sum_{k=1}^{n} p_k \log_2 p_k \tag{7-3-14}$$

即平均最小位数。若 H 小于数据原存储位数（16 或 8），则这些数据可以通过适当的编码加以压缩。

4. DEM 的管理

若 DEM 以图幅为单位存储，每一存储单位可能由多个模型拼接而成，因而要建立一

套管理软件，以完成 DEM 按图幅为单位的存储、接边及更新工作。对每一图幅可建立一管理数据文件，记录每一 DEM 格网或小模块的数据录入状况，管理软件根据该文件以图形方式显示在计算机屏幕上，使操作人员可清楚、直观地观察到该图幅 DEM 数据录入的情况。当任何一块数据被录入时，应与已录入的数据进行接边处理。最简单的办法是取其平均值，也可按距离进行加权平均。录入的数据在该图幅 DEM 所处的位置也要登记在管理数据文件中。

对 DEM 数据的更新应十分谨慎。对于用户，DEM 数据应是只能读取的，而不能写入，只有 DEM 维护管理人员才有权写入。管理软件应能识别管理人员输入的密码，只有当密码正确时，才允许 DEM 数据的更新。若 DEM 数据已输入了数据库，则该数据库管理系统应当有一些有效措施来保护数据库的数据，防止数据库的数据受到干扰和破坏，保证数据是正确、有效的；当由于某种原因使数据库受到破坏时，应当尽快把数据库恢复到原有的正确状态，并要维护数据库使其正常运行，包括按权限进行检索、插入、删除、修改等。

7.4 三角网数字高程模型

对于非规则离散分布的特征点数据，可以建立各种非规则网的数字高程模型，如三角网、四边形网或其他多边形网，但其中最简单的还是三角网。不规则三角网(TIN)数字高程模型能很好地顾及地貌特征点、线，因而近年来得到了较快的发展。

7.4.1 不规则三角网的构建方法

不规则三角网的处理得从 Voronoi 图开始。Voronoi 图的定义：区域 D 上有 n 个离散点 $P_i(X_i, Y_i)(i=1, 2, \cdots, n)$，若将 D 用一组直线段分成 n 个互相邻接的多边形，满足：

(1)每个多边形内含且仅含一个离散点；

(2) D 中任意一点 $P'(X', Y')$ 若位于 P_i 所在的多边形内，则满足：

$$\sqrt{(X' - X_i)^2 + (Y' - Y_i)^2} < \sqrt{(X' - X_j)^2 + (Y' - Y_j)^2} \quad (j \neq i)$$

(3)若 P' 在与所在的两多边形的公共边上，则

$$\sqrt{(X' - X_i)^2 + (Y' - Y_i)^2} = \sqrt{(X' - X_j)^2 + (Y' - Y_j)^2} \quad (j \neq i)$$

这些多边形称为泰森多边形。1934 年 Delaunay 提出 Voronoi 图的对称图，即 Delaunay (狄洛尼)三角网(用直线段连接两个相邻多边形内的离散点而生成的三角网)。Delaunay 三角网的特性有：①不存在四点共圆；②每个三角形对应于一个 Voronoi 图顶点；③每个三角形边对应于一个 Voronoi 图边；④每个节点对应于一个 Voronoi 图区域；⑤Delaunay图的边界是一个凸壳，三角网中所构三角形的最小角是最大的，狄洛尼三角网在均匀分布点的情况下，可避免产生狭长和过小锐角三角形。

不规则三角网中三角形的形成法则就是 TIN 的三角剖分准则，这些准则决定着三角形的几何形状和所构不规则三角网的质量。目前，在计算机、图形学和地理信息系统等领域常用的三角剖分准则有六种：空外接圆准则、最大最小角准则、最短距离和准则、张角最大准则、面积比准则和对角线准则。在空外接圆准则、最大最小角准则下进行的三角剖分

就是 Delaunay 三角剖分，简称 DT。根据实现过程的不同，把 DT 分成三类：三角网生长算法、逐点插入算法和分割合并算法。

1. 三角网生长算法

三角网生长算法的基本思路选取一个点作为起始点，从这个点开始进行构网直至所构三角网覆盖整个数据区域。根据生长过程的不同，可以将三角网生长算法划分为收缩生长算法和扩张生长算法。收缩生长算法是由外而内，先进行数据域的边界（凸壳）的构建，构建完成后，由此为基准，逐渐向内收缩直到形成整个三角网。扩张生长算法的生成过程正好与收缩算法的过程相反，它由内而外，从内部的一个三角形开始逐渐向外层进行扩展，直至形成的三角网覆盖整个区域。还有一类递归生长算法：首先选取数据集中的任意一点，以此点为中心查找与它相距最近的点，查询之后将得到的点与该点相连，将连接线作为初始基线；应用 Delaunay 法则在初始基线的右边搜索第三个点，与另外两点相连得到 Delaunay 初始三角形，将初始三角形的另外两条边作为新的基线，搜索第三点并构建 Delaunay 三角形；重复上述步骤直至数据域中的所有点参与构网。由上述步骤可以看出，第三点的搜索是关键，大部分的时间花费在点的搜索上，为了减少搜索时间，许多学者提出了多种不同的方法，如将数据分块并排列，以外接圆的方式限定其搜索范围。另外一种是凸闭包收缩法，该算法的基本思路是首先找到包含数据区域的最小凸多边形，并从该多边形开始从外向里逐层形成三角形格网。凸闭包是数据集标准 Delaunay 三角网的一部分，计算凸闭包是该算法的核心。

2. 逐点插入算法

逐点插入算法思路是：①定义包含所有数据点的最小外界矩形范围，并以此作为最简单的凸闭包；②按一定规则将数据区域的矩形范围进行格网划分（如限定每个格网单元的数据点数）；③剖分数据区域的凸闭包形成两个超三角形，所有数据点都一定在这两个三角形范围内；④对所有数据点进行循环，做如下工作（设当前处理的数据点为 P），对包含 P 的三角形进行搜索，得到搜索结果三角形 T，将 P 与 T 的三个顶点相连，结果得到三个三角形，由内而外对整个三角网进行优化，重复上述步骤直至所有的点都处理完毕，这时会存在包含一个或多个超三角形顶点的三角形，将存在此种情况的三角形删除；⑤处理外围三角形。

3. 分割合并算法

分割合并算法的基本思路是先将数据点划分成多个子集，每个子集是易于进行三角化的，分别对每个子集进行三角剖分，三角剖分过程中运用 LOP（Local Optimization Procedure）算法，保证得到的每个三角网都是 Delaunay 三角网。完成每个子集的三角剖分后，合并得到子集的 Delaunay 三角网，从而得到最终的三角网。LOP 算法准则为：新三角形与周围的三角形构成共用同一条对角线的四边形，逐个对四边形中的两个三角形进行空外接圆检测，如果满足空外接圆准则，则略过；如果不满足，则用另一对角线替换现有对角线，在交换对角线后，又会产生相应的新四边形，继续进行空外接圆检测，直到全部满足空外接准则为止。

4. 三维三角网的构建

三维 Mesh 的构建问题在计算机视觉领域称为表面重建（Surface Reconstruction）问题，其目的是将三维离散点云重建为表面，一般使用三维三角格网作为物体表面的表达方式。大多数的表面重建方法大致可分为两大类：隐式曲面方法和基于 Delaunay 方法。隐式曲面方法中比较知名且常用的方法是泊松表面重建（Poisson Surface Reconstruction）方法。这类方法对于数据中的噪声、异常点或非均匀的采样间隔比较敏感，因此一般适用于数据质量较好的激光扫描点云。而对于影像匹配获取的点云，由于受影像质量、影像几何定位精度、匹配算法的正确率及精度等因素的影响，其质量一般不如激光扫面点云，且往往存在噪点，甚至异常点，使用隐式曲面方法进行表面重建，往往不能得到令人满意的结果。

为此，Labatut 等（2009）提出基于可视性的 Delaunay 表面重建方法来构建三维三角格网。该算法首先对三维离散点云进行 Delaunay 三角网剖分构建空间 Delaunay 四面体，然后根据三维离散点云的对应的像点观测的视线方向计算 Delaunay 四面体的可视性，最后利用图割的方法将 Delaunay 四面体划分为外部体和内部体，内部体和外部体相交的中间表面即 Mesh 结果。因此，该算法将 Mesh 表面重建问题转化为空间四面体的二值化标号问题（Binary Labeling Problem），利用最小割原理将空间四面体标号为外部体和内部体两部分，相邻的外部体和内部体相交的有向三角面片的集合即是待重建的表面模型。

7.4.2 三角网数字高程模型的存储

三角网数字高程模型 TIN 的数据存储方式与矩形格网 DTM 存储方式大不相同，它不仅要存储每个网点的高程，还要存储其平面坐标、网点连接的拓扑关系、三角形及邻接三角形等信息。常用的 TIN 存储结构有以下三种形式：直接表示网点邻接关系，直接表示三角形及邻接关系，混合表示网点及三角形邻接关系。以下结合图 7-4-1 所示的 TIN 加以说明。

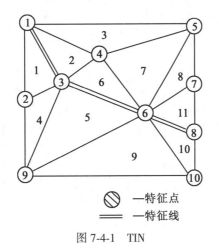

图 7-4-1 TIN

1. 直接表示网点邻接关系的结构

如图 7-4-2(a)所示，这种数据结构由网点坐标与高程值表及网点邻接的指针链构成。网点邻接的指针链是用每点所有邻接点的编号按顺时针(或逆时针)方向顺序存储构成。这种数据结构的最大特点是存储量小，编辑方便。但是三角形及邻接关系都需要实时再生成，且计算量较大，不便于 TIN 的快速检索与显示。

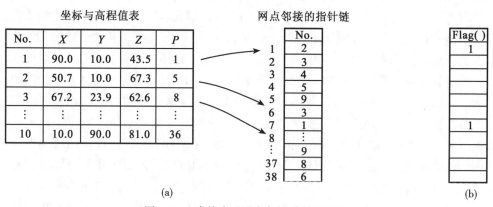

图 7-4-2　直接表示网点邻接关系的结构

2. 直接表示三角形及邻接关系的结构

如图 7-4-3 所示，这种数据结构由网点坐标与高程、三角形及邻接三角形等三个数表构成，每个三角形都作为数据记录直接存储，并用指向三个网点的编号定义之。三角形中三边相邻接的三角形也作为数据记录直接存储，并用指向相应三角形的编号来表示。这种数据结构最早是由 Gold、McCullagh 及 Tarvyelas 等提出并使用，其最大特点是检索网点拓扑关系效率高，便于等高线快速插绘、TIN 快速显示与局部结构分析。其不足之处是需要的存储量较大，且编辑也不方便。

坐标与高程值表

No.	X	Y	Z
1	90.0	10.0	43.5
2	50.7	10.0	67.2
3	67.2	23.9	62.6
⋮	⋮	⋮	⋮
10	10.0	90.0	81.9

三角形表

No.	P_1	P_2	P_3
1	1	2	3
2	1	3	4
3	4	5	1
⋮	⋮	⋮	⋮
11	6	7	8

邻接三角形表

No.	△1	△2	△3
1	2	4	
2	1	3	6
3	2	7	
⋮	⋮	⋮	⋮
11	8	10	

图 7-4-3　直接表示三角形及邻接关系的结构

3. 混合表示网点及三角形邻接关系的结构

根据以上两种结构的特点与不足，有学者提出了一种混合表示网点及三角形邻接关系的结构。它是在直接表示网点邻接关系的结构的基础上，再增加一个三角形的数表，其存储量与直接表示三角形及邻接关系的结构相当，但编辑与快速检索都较方便（图 7-4-4）。

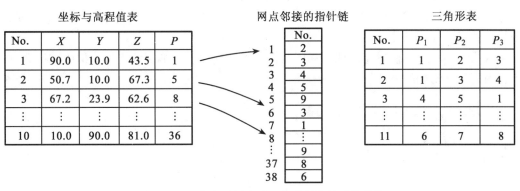

图 7-4-4　混合表示网点及三角形邻接关系的结构

4. TIN 的压缩存储

为了既能节省大量存储空间，又能保持检索 TIN 中拓扑关系的高效率；可将 TIN 转化为规则三角网存储方式，从而实现 TIN 的压缩存储。

7.5　数字高程模型的应用

数字高程模型的应用是很广泛的。在测绘中可用于绘制等高线、坡度、坡向图、立体透视图，制作正射影像图、立体景观图、立体匹配片、立体地形模型及地图的修测。在各种工程中可用于体积、面积的计算，各种剖面图的绘制及线路的设计。军事上可用于导航（包括导弹与飞机的导航）、通信、作战任务的计划等。在遥感中可作为分类的辅助数据。在环境与规划中可用于土地利用现状的分析、各种规划及洪水险情预报等。本章重点介绍数字高程模型在测绘中的应用。

7.5.1　基于矩形格网的 DEM 多项式内插

DEM 最基础的应用（也是各种应用的基础）是求 DEM 范围内任意一点 $P(X, Y)$ 的高程。由于此时已知该点所在的 DTM 格网各个角点的高程，因此可利用这些格网点高程拟合一定的曲面，然后计算该点的高程。所拟合的曲面一般应满足连续乃至光滑的条件。

1. 双线性多项式（双曲抛物面）内插

根据最邻近的 4 个数据点，可确定一个双线性多项式

$$Z = \sum_{j=0}^{1} \sum_{i=0}^{1} a_{ij} X^i Y^j = a_{00} + a_{10} X + a_{01} Y + a_{11} XY \tag{7-5-1}$$

或用矩阵形式表示为

$$Z = (1 \quad X) \begin{pmatrix} a_{00} & a_{01} \\ a_{10} & a_{11} \end{pmatrix} \begin{pmatrix} 1 \\ Y \end{pmatrix} \tag{7-5-2}$$

利用 4 个已知数据点求出 4 个系数，然后根据待定点的坐标 (X, Y) 与求出的系数内插出该点的高程。双线性多项式的特点是：当坐标 X(或 Y) 为常数时，高程 Z 与坐标 Y(或 X) 呈线性关系，故称其为"双线性"。

双线性多项式内插只能保证相邻区域接边处的连续，不能保证光滑。但因其计算量较小，因而是最常用的方法。

2. 双三次多项式(三次曲面)内插

三次曲面方程为

$$\begin{aligned}
Z = \sum_{j=0}^{3} \sum_{i=0}^{3} a_{ij} X^i Y^j = {} & a_{00} + a_{10} X + a_{20} X^2 + a_{30} X^3 + \\
& a_{01} Y + a_{11} XY + a_{21} X^2 Y + a_{31} X^3 Y + \\
& a_{02} Y^2 + a_{12} XY^2 + a_{22} X^2 Y^2 + a_{32} X^3 Y^2 + \\
& a_{03} Y^3 + a_{13} XY^3 + a_{23} X^2 Y^3 + a_{33} X^3 Y^3
\end{aligned} \tag{7-5-3}$$

由于待定系数共有 16 个，因而除了 P 所在格网四顶点高程外，还需要已知其点处的一阶偏导数与二阶混合导数，其值可按下式计算：

$$(Z_x)_{ij} = \frac{\partial Z_{ij}}{\partial x} = \frac{1}{2}(Z_{i+1, j} - Z_{i-1, j}) \tag{7-5-4}$$

$$(Z_y)_{ij} = \frac{\partial Z_{ij}}{\partial y} = \frac{1}{2}(Z_{i, j+1} - Z_{i, j-1}) \tag{7-5-5}$$

$$(Z_{xy})_{ij} = \frac{1}{4}(Z_{i+1, j+1} + Z_{i-1, j-1} - Z_{i-1, j+1} - Z_{i+1, j-1}) \tag{7-5-6}$$

三次多项式内插虽然属于局部函数内插，即在每一个方格网内拟合一个三次曲面，但由于考虑了一阶偏导数与二阶混合导数，因而它能保证相邻曲面之间的连续与光滑。

7.5.2　三角网中的内插

在建立 TIN 后，可以由 TIN 求解该区域内任意一点的高程。TIN 的内插与矩形格网 Grid 的内插有不同的特点，其用于内插的点的检索比 Grid 的检索要复杂。一般情况下仅用线性内插，即三角形三点确定的斜平面作为地表面，因而仅能保证地面连续而不能保证光滑。

1. 格网点的检索

给定一点的平面坐标 $P(X, Y)$，要基于 TIN 内插该点的高程 Z，首先要确定点 P 落在 TIN 的哪个三角形中。较好的方法是保存 TIN 建立之前数据分块的检索文件，根据(X，Y)计算出 P 落在哪一数据块中，将该数据块中的点取出逐一计算这些点 $P_i(X_i，Y_i)(i=1，2，\cdots，n)$ 与 P 的距离之平方：

$$d_i^2 = (X - X_i)^2 + (Y - Y_i)^2 \tag{7-5-7}$$

取距离最小的点，设为 Q_1。若没有数据分块的检索手段，则依次计算与各格网点距离的平方，取其最小者，工作量就很大，内插速度也很慢。

当取出与 P 点最近的格网点后，要确定 P 所在的三角形。依次取出 Q_1 为顶点的三角形，判断 P 是否位于该三角形内。例如，可利用 P 是否与该三角形每一顶点均在该顶点所对边的同旁加以判断。若 P 不在以 Q_1 为顶点的任意一个三角形中，则取离 P 次最近的格网点，重复上述处理，直至取出 P 所在的三角形，即检索到用于内插 P 点高程的三个格网点。

2. 高程内插

若 $P(X，Y)$ 所在的三角形为 $\Delta Q_1 Q_2 Q_3$，三顶点坐标为($X_1，Y_1，Z_1$)，($X_2，Y_2，Z_2$)与($X_3，Y_3，Z_3$)，则由 Q_1，Q_2 与 Q_3 确定的平面方程为

$$\begin{vmatrix} X & Y & Z & 1 \\ X_1 & Y_1 & Z_1 & 1 \\ X_2 & Y_2 & Z_2 & 1 \\ X_3 & Y_3 & Z_3 & 1 \end{vmatrix} = 0 \tag{7-5-8}$$

则 P 点高程为

$$Z = Z_1 - \frac{(X - X_1)(Y_{21}Z_{31} - Y_{31}Z_{21}) + (Y - Y_1)(Z_{21}X_{31} - Z_{31}X_{21})}{X_{21}X_{31} - X_{31}X_{21}} \tag{7-5-9}$$

7.5.3　等高线的绘制

1. 基于矩形格网 DEM 自动绘制等高线

根据矩形格网 DEM 自动绘制等高线，主要包括以下两个步骤：①利用 DEM 的矩形格网点的高程内插出格网边上的等高线点，并将这些等高线点按顺序排列(即等高线的跟踪)；②利用这些顺序排列的等高线点的平面坐标 X，Y 进行插补，即进一步加密等高线点并绘制成光滑的曲线。

1)等高线跟踪

在数字地面模型格网边上内插并排列等高线点的方法很多，但总的来说可以分为两种方式：一是对每条等高线边内插边排序；另一种方式是对同一高程的等高线先内插出所有等高线点，再逐一排列每条等高线的点。以下主要介绍前一种方法的具体步骤：

(1)确定等高线高程。

为了在整个绘图范围中绘制出全部等高线，首先要根据 DEM 中的最低点高程 Z_{min} 与最高点高程 Z_{max}，计算最低等高线高程 z_{min} 与最高等高线高程 z_{max}：

$$z_{\min} = \text{Int}\left(\frac{Z_{\min}}{\Delta Z} + 1\right) \cdot \Delta Z$$

$$z_{\max} = \text{Int}\left(\frac{Z_{\max}}{\Delta Z}\right) \cdot \Delta Z \tag{7-5-10}$$

则各等高线高程为

$$z_k = z_{\min} + k \cdot \Delta Z \quad (k = 0,\ 1,\ \cdots,\ l = (z_{\max} - z_{\min})/\Delta Z) \tag{7-5-11}$$

（2）计算状态矩阵。

为了记录等高线通过 DEM 格网的情况，可设置两个状态矩阵 $H^{(K)}$ 与 $V^{(K)}$ 序列：

$$H^{(K)} = \begin{pmatrix} h_{00}^{(k)} & h_{01}^{(k)} & \cdots & h_{0n}^{(k)} \\ h_{10}^{(k)} & h_{11}^{(k)} & \cdots & h_{1n}^{(k)} \\ \vdots & \vdots & & \vdots \\ h_{m0}^{(k)} & h_{m1}^{(k)} & \cdots & h_{mn}^{(k)} \end{pmatrix}^{\mathrm{T}} \tag{7-5-12}$$

$$V^{(K)} = \begin{pmatrix} v_{00}^{(k)} & v_{01}^{(k)} & \cdots & v_{0n}^{(k)} \\ v_{10}^{(k)} & v_{11}^{(k)} & \cdots & v_{1n}^{(k)} \\ \vdots & \vdots & & \vdots \\ v_{m0}^{(k)} & v_{m1}^{(k)} & \cdots & v_{mn}^{(k)} \end{pmatrix}^{\mathrm{T}} \tag{7-5-13}$$

它们分别表示等高线穿过 DEM 格网水平边与竖直边的状态；

$$h_{i,j}^{(k)} = \begin{cases} 1, & (Z_{i,j} - z_k)(Z_{i+1,j} - z_k) < 0 \\ 0, & (Z_{i,j} - z_k)(Z_{i+1,j} - z_k) > 0 \end{cases} \tag{7-5-14}$$

$$v_{i,j}^{(k)} = \begin{cases} 1, & (Z_{i,j} - z_k)(Z_{i,j+1} - z_k) < 0 \\ 0, & (Z_{i,j} - z_k)(Z_{i,j+1} - z_k) > 0 \end{cases} \tag{7-5-15}$$

式中，"1"代表格网竖直边或水平边有高程为 z_k 的等高线通过，即等高线高程介于一 DEM 格网竖直边或水平边两端点高程之间。"0"代表格网竖直边或水平边没有高程为 z_k 的等高线通过，即等高线高程不介于一 DEM 格网竖直边或水平边两端点高程之间。为了避免上述判别式为零的情况，可将所有等于等高线高程的格网点上的高程加（或减）上一个微小的数。

（3）等高线的起点和终点的处理。

与边界相交的等高线为开曲线，而不与边界相交的等高线为闭曲线。通常首先跟踪开曲线，即沿 DTM 的四边搜索。所有

$$h_{i,0}^{(k)} = 1;\ h_{i,m}^{(k)} = 1;\ v_{0,j}^{(k)} = 1;\ v_{n,j}^{(k)} = 1 \quad (i = 0,\ 1,\ \cdots,\ n-1;\ j = 0,\ 1,\ \cdots,\ m-1)$$

的元素均对应着一条开曲线的一个起点（或终点）。在搜索到一个开曲线的起点后，要将其相应的状态矩阵元素置零。处理完开曲线后，再处理闭曲线。此时可按先列（行）后行（列）的顺序搜索 DEM 内部格网的水平边（或竖直边），所遇到的第一个等高线通过的边即闭曲线的起点边。闭曲线起点也是其终点，因而其对应的矩阵元素仍保留原值 1，以保证能够搜索到闭曲线的终点。

（4）内插等高线点。

等高线点的坐标一般采用线性内插。格网(i, j)水平边上等高线点坐标(X_p, Y_p)为

$$X_p = X_i + \frac{z_k - Z_{i, j}}{Z_{i+1, j} - Z_{i, j}} \cdot \Delta X$$

$$Y_p = Y_j \tag{7-5-16}$$

式中，$X_i = X_0 + i \cdot \Delta X$；$Y_i = Y_0 + i \cdot \Delta Y$；$(X_0, Y_0)$为 DEM 起点坐标；$\Delta X$，$\Delta Y$为 DEM X轴方向与Y轴方向的格网间隔。格网(i, j)竖直边上等高线点的坐标(X_q, Y_q)为

$$X_q = X_i$$

$$Y_q = Y_j + \frac{z_k - Z_{i, j}}{Z_{i, j+1} - Z_{i, j}} \cdot \Delta Y \tag{7-5-17}$$

(5)搜索下一个等高线点。

在找到等高线起点后，即可顺序跟踪搜索等高线点。为此可将每一 DEM 格网边进行编号为 1，2，3，4(如图 7-5-1 所示)，则等高线的进入边号 IN 有 4 种可能。

设进入边号为 1，即 IN=1，按固定的方向(顺时针或逆时针)搜索等高线穿过此格网的离去边号 OUT；如按逆时针方向搜索，则首先判断 2 号边，其次 3 号边，最后 4 号边，即

当$v_{i+1, j} = 1$时，OUT=2，并令$v_{i+1, j} = 0$，下一格网为$(i+1, j)$，IN=4；

否则当$h_{i, j+1} = 1$时，OUT=3，并令$h_{i, j+1} = 0$，下一格网为$(i, j+1)$，IN=1；

否则当$v_{i, j} = 1$时，OUT=4，并令$v_{i, j} = 0$，下一格网为$(i-1, j)$，IN=2。

同理可分析处理进入边号 IN=2，3，4 的情况。将每一搜索到的等高线点对应的状态矩阵元素置零是必要的，它表明该等高线点已被处理过。当状态矩阵$H^{(K)}$与$V^{(K)}$变为零矩阵时，高程为z_k的等高线就全部被搜索出来了。

以上是格网中仅有高程为z_k的一条等高线通过时的情况。若格网中有高程为z_k的两条等高线通过，即该格网中 4 条格网边都有等高线穿过，这种特殊情况可按上述统一的逆时针方向(或顺时针方向)搜索下一等高线点，也可以借助于格网中心点高程Z_c:

$$Z_c = \frac{1}{4}(Z_{i, j} + Z_{i+1, j} + Z_{i, j+1} + Z_{i+1, j+1}) \tag{7-5-18}$$

进行判断离去边。仍考虑该格网进入边号 IN=1 的情况，此时离去边号又可能是 OUT=2 或 OUT=4，而不可能为 3 号边，即 OUT$\neq$3。

当$(Z_{i, j} - z_k)(Z_c - z_k) < 0$时，离去边号 OUT=4；

当$(Z_{i+1, j} - z_k)(Z_c - z_k) < 0$时，OUT=2。

此外，地形特征线是表示地貌形态、特征的重要结构线。若在等高线绘制过程中不考虑地形特征线，就不能正确地表示地貌形态；降低精度，就不能完整地表达山脊、山谷的走向及地貌的细部。因此，必须在 DEM 数据采集、建立及应用的整个过程中考虑地形特征线。

在搜索等高线时，为了考虑地形特征线必须注意以下几点：

第一点：若在某一条格网边上有地形特征线(如山脊线)穿过。如图 7-5-2 所示，必须采用特征线与格网线之交点(如图中 a，b，c)与相应的格网点(如图中 L，M，N)内插等

高线点，而不能直接用格网点内插等高线。例如，由 $aN\rightarrow$ 线性内插点 1，$bM\rightarrow$ 线性内插点 2，$bL\rightarrow$ 线性内插点 4。

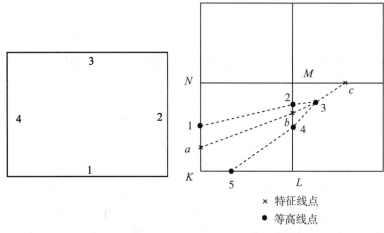

图 7-5-1　格网边编号　　　　图 7-5-2　考虑地形特征线的等高线搜索

　　第二点：此时就可能在同一条格网边上出现两个等高线点，例如，图 7-5-2 中格网边 *ML* 上就出现了等高线点 2 和 4。这样就仅以一个逻辑值（"真"或"假"）来简单地判断该格网线上是否存在等高线，因为特征线已将该格网线分成两个线段。为此，针对一个计算机字不能简单地赋予一个逻辑值，而应将一个计算机字分成相应的"字段"使用，最简单的"字段"是"位"（即 bit）。例如，当特征线将格网线分成两段时，则在计算机中取 2bit，分别以高位的"1"或"0"表示格网线的上段（或水平格网线之左段）有、无等高线通过，低位表示下段（或右段）有、无等高线通过。

　　第三点：在跟踪搜索等高线时，当等高线穿过山脊线（或山谷线），还必须在山脊线（山谷线）上补插等高线点，例如图 7-5-2 中，由特征点 *b*，*c* 内插等高线点 3。由图 7-5-2 所示的例子可以看出，当考虑了特征线时，内插出等高线点 1，2，3，4，5，从而保证了山脊线的走向，正确地表示了地貌。否则，不考虑特征线时，只能内插得到两个等高线点 1，5，因此难以保证地形特征与精度。当等高线遇到断裂线或边界时，则等高线必须"断"在断裂线或边界线上。

　　特征线穿过一个 DEM 格网边共有 6 种情况（如图 7-5-3 所示），它将一个格网分成 2 个多边形（三角形、四边形或五边形），下一个等高线点的搜索应在由进入边（或进入的半边）与特征线及原格网边（或半边）组成的多边形内进行。当等高线穿过特征线时，则应继续在该格网的另外一部分（也是一多边形）搜索离去边，此时该格网含有该等高线的三个点，两个是与格网边的交点，一个是与特征线的交点。对于断裂线，则不存在离去边，等高线就终止在断裂线上，对闭曲线应从其起点向另一方向搜索。

　　(6)搜索等高线终点。

　　对于开曲线，当一个点是 DEM 边界上的点时，该点即为此等高线的终点。对于闭曲线，当一个点也是该等高线第一点时，该点即为其终点。由于在搜索闭曲线起点时，保留

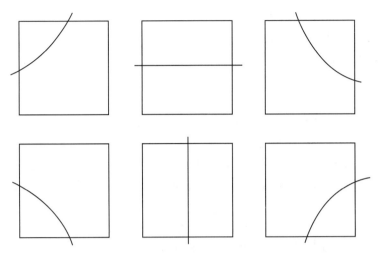

图 7-5-3　特征线穿过格网的 6 种情况

其对应的状态矩阵元素为1，这就保证了能够搜索到闭曲线的终点。

2）等高线光滑（曲线内插）

由上述步骤获得的是一系列离散的等高线点，即等高线与 DEM 格网边及特征线的交点。显然，若将这些离散点依次相连，只能获得一条不光滑的由一系列折线组成的"等高线"。为了获得一条光滑的等高线，在这些离散的等高线点之间还必须插补（加密）。插补的方法有很多，一般来说对于插补的方法有以下的要求：

（1）曲线应通过已知的等高线点（常称为节点）；

（2）曲线在节点处光滑，即其一阶导数（或二阶导数）是连续的；

（3）相邻两个节点间的曲线没有多余的摆动；

（4）同一等高线自身不能相交。

目前，一些常用的插补方法都能严格满足上述的条件（1）和（2），对后两个条件则不能完全保证，特别是当节点分布不均匀或较稀疏时，问题更突出。"张力样条"函数的插补方法，主要是针对解决曲线的多余摆动而提出来的。但是，由于数字高程模型的格网较密，离散等高线点分布比较均匀，而且比较密集，因此，一般来说利用分段三次多项式插补方法也能满足后两个条件。

经过上述的等高线跟踪与光滑处理，即可将等高线图经数控绘图仪绘出或显示在计算机屏幕上。

2. 基于三角网的等高线绘制

基于 TIN 绘制等高线直接利用原始观测数据，避免了 DEM 内插的精度损失，因而等高线精度较高；对高程注记点附近较短的封闭等高线也能绘制；绘制的等高线分布在采样区域而并不要求采样区域有规则四边形边界。而同一高程的等高线最多一次穿过一个三角形，因而程序设计也较简单。但是，由于 TIN 的存储结构不同，因而等高线的跟踪也有所不同。

1)基于三角形搜索的等高线绘制

对于记录了三角形表的 TIN，按记录的三角形顺序搜索。其基本过程如下：

(1)对给定的等高线高程 z，与所有网点高程 Z_i，（$i = 1，2，\cdots，n$）进行比较，若 $Z_i = z$，则将 Z_i 加上(或减)一个微小正数 $\varepsilon > 0$(如 $\varepsilon = 10^{-4}$)，以使程序设计简单而又不影响等高线的精度。

(2)设立三角形标志数组，其初始值为零，每一元素与一个三角形对应，凡处理过的三角形将标志置为 1，以后不再处理，直至等高线高程改变。

(3)按顺序判断每一个三角形的三边中的两条边是否有等高线穿过。若三角形一边的两端点为 $P_1(X_1，Y_1，Z_1)$，$P_2(X_2，Y_2，Z_2)$，则

$$(Z_1 - z)(Z_2 - z) \begin{cases} < 0，该边有等高线点 \\ > 0，该边无等高线点 \end{cases} \qquad (7\text{-}5\text{-}19)$$

直至搜索到等高线与网边的第一个交点，称该点为搜索起点，也是当前三角形的等高线进入边。线性内插该点的平面坐标$(X，Y)$：

$$\begin{aligned} X &= X_1 + \frac{X_2 - X_1}{Z_2 - Z_1}(z - Z_1) \\ Y &= Y_1 + \frac{Y_2 - Y_1}{Z_2 - Z_1}(z - Z_1) \end{aligned} \qquad (7\text{-}5\text{-}20)$$

(4)搜索该等高线在该三角形的离去边，也是相邻三角形的进入边，并内插其平面坐标。搜索与内插方法与上面的搜索起点相同，不同的是仅对该三角形的另两边做处理。

(5)进入相邻三角形，重复第(4)步，直至离去边没有相邻三角形(此时等高线为开曲线)或相邻三角形即搜索起点所在的三角形(此时等高线为闭曲线)时为止。

(6)对于开曲线，将已搜索到的等高线点顺序倒过来，并回到搜索起点向另一方向搜索，直至到达边界(即离去边没有相邻三角形)。

(7)当一条等高线全部跟踪完后，将其光滑输出，方法与前面所述矩形格网等高线的绘制相同。然后继续三角形的搜索，直至全部三角形处理完，再改变等高线高程，重复以上过程，直到完成全部等高线的绘制为止。

以上方法对部分边的判断可能会有重复，若要避免重复，可将下述基于网点邻接关系的按格网点顺序进行搜索的方法联合使用，即将其中每格网边只搜索一次的处理结合应用。

2)基于格网点搜索的等高线绘制

对于仅记录了网点邻接关系的 TIN，只能按参考点的顺序，逐条格网边进行搜索。

(1)由于网点邻接关系中对每条格网边描述了两次，为了避免重复搜索，建立一个与邻接关系对应的标志数组，初值为零。每当一个边被处理后，与该边对应的标志数组两个单元均置 1。则以后检测两个单元中的任意一个，均知道该边已处理过而不再重复处理。设标志数组为 Flag( )，当 P_1P_2 处理完后，令 Flag(1) = Flag(7) = 1。

(2)按格网点的顺序进行搜索。

(3)对每一格网点，按所记录的与该点形成格网边的另一端点的顺序搜索，直至搜索

到第一个有等高线穿过的边的端点 Q_1，并内插该等高线点坐标。

(4)搜索以 Q_1 为端点的该格网边的相邻边，若有等高线通过，内插该点平面坐标。若相邻边没有等高线通过，则由该格网边另一端点的序号，从格网点表中取出其邻接关系指针，即存放其相邻网点号(在邻接关系表中)的地址。然后从邻接关系表中取出以其为一端点的格网边的另一端点号，逐一判断，以搜索到下一个等高线点，并内插其平面坐标。

(5)重复第(4)步，直至找不出下一个点。此时，最后一个点的平面坐标若与起始点坐标相同，则为闭曲线，这条等高线搜索完毕。否则该等高线为开曲线，将已搜索到的等高线点的顺序倒过来，从原来搜索到的第一点继续向相反的方向搜索，即从 Q_1 点的另一相邻边继续(4)、(5)两步，直至终点。

(6)将等高线光滑输出。

(7)转第(3)步，直到该点为端点的所有格网边处理完。

(8)转第(2)步直到 TIN 的每一点处理完。然后改变等高线的高程值，重复以上过程，将全部等高线绘出。

7.5.4 立体透视图

从数字高程模型绘制透视立体图是 DEM 的一个极其重要的应用。透视立体图能更好地反映地形的立体形态，非常直观。与采用等高线表示地形形态相比有其自身独特的优点，更接近人们的直观视觉。特别是随着计算机图形处理工作的增强以及屏幕显示系统的发展，使立体图形的制作具有更大的灵活性，人们可以根据不同的需要，对同一个地形形态做各种不同的立体显示。例如局部放大，改变 Z 的放大倍率以夸大立体形态；改变观点的位置以便从不同的角度进行观察，甚至可以使立体图形转动与漫游，使人们更好地研究地形的空间形态。

从一个空间三维的立体的数字高程模型到一个平面的二维透视图，其本质就是一个透视变换。我们可以将"视点"看作"摄影中心"，因此可以直接应用共线方程从物点坐标 (X, Y, Z) 计算"像点"坐标 (x, y)，这对于摄影测量工作者来说是一个十分简单的问题。透视图中的另一个问题是"消隐"的问题，即处理前景挡后景的问题。

从三维立体数字地面模型至二维平面透视图的变换方法有很多，利用摄影原理的方法是较简单的一种，基本分为以下几步进行：

(1)选择适当的参考面高程 Z_0 与高程 Z 的放大倍数 m，这对夸大地形的立体形态是十分必要的，令 $Z_{ij} = m \cdot (Z_{ij} - Z_0)$。

(2)选择适当的视点位置 X_S, Y_S, Z_S；视线方位 t(视线方向)，φ(视线的俯视角度)。如图 7-5-4 所示，S 为视点，$SO(y$ 轴)是中心视线(相当于摄影机主光轴)，为了在视点 S 与视线方向 SO 上获得透视图，先要将物方坐标系旋转至"像方"空间坐标系 $S-x_1y_1z_1$：

$$\begin{pmatrix} x_1 \\ y_1 \\ z_1 \end{pmatrix} = \begin{pmatrix} 1 & 0 & 0 \\ 0 & \cos\varphi & -\sin\varphi \\ 0 & \sin\varphi & \cos\varphi \end{pmatrix} \begin{pmatrix} \cos t & \sin t & 0 \\ -\sin t & \cos t & 0 \\ 0 & 0 & 1 \end{pmatrix} \begin{pmatrix} X - X_S \\ Y - Y_S \\ Z - Z_S \end{pmatrix} \tag{7-5-21}$$

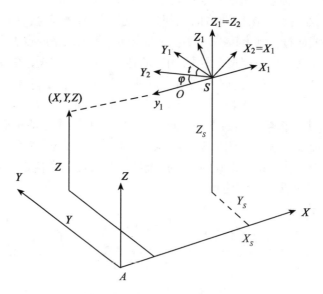

图 7-5-4　视点位置与视线方位

或

$$\begin{cases} x_1 = a_1(X - X_S) + b_1(Y - Y_S) + c_1(Z - Z_S) \\ y_1 = a_2(X - X_S) + b_2(Y - Y_S) + c_2(Z - Z_S) \\ z_1 = a_3(X - X_S) + b_3(Y - Y_S) + c_3(Z - Z_S) \end{cases} \quad (7\text{-}5\text{-}22)$$

式中,

$$\begin{cases} a_1 = \cos t \\ a_2 = -\cos\varphi\sin t \\ a_3 = \sin\varphi\sin t \\ b_1 = \sin t \\ b_2 = \cos\varphi\cos t \\ b_3 = \sin\varphi\cos t \\ c_1 = 0 \\ c_2 = -\sin\varphi \\ c_3 = \cos\varphi \end{cases} \quad (7\text{-}5\text{-}23)$$

在通过平移旋转将物方坐标 X, Y, Z 换算到像方空间坐标 x_1, y_1, z_1 以后, 要通过"缩放"投影到透视平面(相当于像面)上, 即怎样设置透视平面到观点 S 的距离——像面主距 f, 比较合理的方法是通过被观察的物方数字高程模型的范围 X_{max}, Y_{max}, X_{min}, Y_{min} 以及像面的大小(设像面宽度为 W, 高度为 H), 自动确定像面主距 f, 其算法如下:

计算 DEM 四个角点的视线投射角 α, β:

$$\begin{cases} \tan\alpha_i = \dfrac{x_{1i}}{y_{1i}} \\ \tan\beta_i = \dfrac{z_{1i}}{y_{1i}} \end{cases} \quad (i = 1,\ 2,\ 3,\ 4) \tag{7-5-24}$$

α, β 之几何意义见图 7-5-5, x_{1i}, y_{1i}, z_{1i} 是由 DEM 四个角点坐标所求得的四个角点的像方空间坐标。从中选取即 α_{max}, β_{max}, α_{min}, β_{min}:

$$\begin{cases} \alpha_{max} = \max\{\alpha_1,\ \alpha_2,\ \alpha_3,\ \alpha_4\} \\ \alpha_{min} = \min\{\alpha_1,\ \alpha_2,\ \alpha_3,\ \alpha_4\} \\ \beta_{max} = \max\{\beta_1,\ \beta_2,\ \beta_3,\ \beta_4\} \\ \beta_{min} = \min\{\beta_1,\ \beta_2,\ \beta_3,\ \beta\} \end{cases} \tag{7-5-25}$$

从而再由像面的大小求主距 f:

$$\begin{cases} f_\alpha = \dfrac{W}{\tan\alpha_{max} - \tan\alpha_{min}} \\ f_\beta = \dfrac{H}{\tan\beta_{max} - \tan\beta_{min}} \\ f = \min\{f_\alpha,\ f_\beta\} \end{cases} \tag{7-5-26}$$

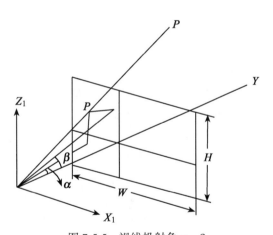

图 7-5-5　视线投射角 α, β

（3）根据选定的或计算所获得的参数 X_S, Y_S, Z_S, a_1, a_2, $\cdots$, c_2, c_3 以及主距 f 计算物方至像方之透视变换, 得 DEM 各节点的"像点"坐标 x, y:

$$\begin{aligned} x &= f \cdot \frac{a_1(X - X_S) + b_1(Y - Y_S) + c_1(Z - Z_S)}{a_2(X - X_S) + b_2(Y - Y_S) + c_2(Z - Z_S)} \\ y &= f \cdot \frac{a_3(X - X_S) + b_3(Y - Y_S) + c_3(Z - Z_S)}{a_2(X - X_S) + b_2(Y - Y_S) + c_2(Z - Z_S)} \end{aligned} \tag{7-5-27}$$

（4）隐藏线的处理。在绘制立体图形时, 如果前面的透视剖面线上各点的 Z 坐标大于（或部分大于）后面某一条透视剖面线上各点的 Z 坐标, 则后面那条透视剖面线就会被隐藏或部分被隐藏。这样的隐藏线就应在透视图上消去，这就是绘制立体透视图的"消隐"处理，如图 7-5-6 所示。

欲根本上解决这一问题是比较困难的，主要是计算量太大，一般经常使用的一种近似方法被称为"峰值法"或"高度缓冲器算法"，名称虽各不相同，但其基本思想是相同的。

其基本思想是将"像面"的宽度划分成 m 个单位宽度 x_0，例如对于一个 1024×768 像素的图形显示终端，则可以将整个幅面在 X 轴方向分成 1024 个单位，即单位宽度为像素。又如在图解绘图时，可令单位宽度 $x_0 = 0.1\text{mm}$（或 0.2mm），则令

$$m = \frac{x_{\max} - x_{\min}}{x_0} \tag{7-5-28}$$

将绘图范围划分为 m 列，定义一个包含 m 个元素的缓冲区 $z_{\text{buf}}[m]$，使 z_{buf} 的每一元素对应一列。

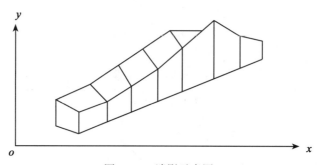

图 7-5-6　消影示意图

在绘图的开始将缓冲区 y_{buf} 全部赋值 $y_{\min}$（或零），即

$$z_{\text{buf}}(i) = y_{\min} = f \cdot \tan\beta_{\min} \quad (i = 12\cdots m)$$

以后在绘制每一线段时，首先计算该线段上所有"点"的像坐标。设线段的两个端点的像坐标为 $p_i(x_i, y_i)$ 与 $p_{i+1}(x_{i+1}, y_{i+1})$，则该线段上端点对应的绘图区列号即缓冲区 z_{buf} 的对应单元号为

$$k_i = \text{Int}\left[\frac{x_i - x_{\min}}{x_0} + 0.5\right]$$

$$k_{i+1} = \text{Int}\left[\frac{x_{i+1} - x_{\min}}{x_0} + 0.5\right] \tag{7-5-29}$$

它们的 y 坐标由线性内插计算为

$$z(k) = y_i + \frac{y_{i+1} - y_i}{x_{i+1} - x_i}(k - k_i) \tag{7-5-30}$$

$$(k = k_i + 1, \ k_i + 2, \ \cdots, \ k_{i+1} - 1)$$

当绘每一"点"时，就将该"点"的 y 坐标 $z(k)$ 与缓冲区中的相应单元存放的坐标进行比较，当

$$z(k) \leqslant z_{\text{buf}}(k)$$

时，该"点"被前面已绘过的点所遮挡，是隐藏点，则不予绘出。否则，当

$$z(k) > z_{\text{buf}}(k)$$

时，该"点"是可视点，这时应将该"点"绘出，并将新的该绘图列的最大高度值赋予相应缓冲区单元：

$$z_{\text{buf}}(k) = z(k) \qquad (7\text{-}5\text{-}31)$$

在整个绘图过程中，缓冲区各单元始终保存相应绘图列的最大高度值。

7.5.5 DEM 的其他应用

1. 坡度、坡向的计算

1) 平面与地平面之夹角

如图 7-5-7 所示，一斜平面与水平面之夹角为 θ，且其在 X 轴方向与 Y 轴方向之夹角为 θ_x 与 θ_y，显然

$$\begin{cases} \tan\theta_X = \dfrac{\dfrac{Z_{10} + Z_{11}}{2} - \dfrac{Z_{00} + Z_{01}}{2}}{\Delta X} \\[4mm] \tan\theta_Y = \dfrac{\dfrac{Z_{01} + Z_{11}}{2} - \dfrac{Z_{00} + Z_{10}}{2}}{\Delta Y} \end{cases} \qquad (7\text{-}5\text{-}32)$$

又因为

$$\tan\theta_X = \frac{PO}{RO} = \frac{PO}{QO} \cdot \frac{QO}{RO} = \tan\theta\sin\alpha_1$$

$$\tan\theta_Y = \frac{PO}{SO} = \frac{PO}{QO} \cdot \frac{QO}{SO} = \tan\theta\sin\alpha_2 = \tan\theta\cos\alpha_1$$

所以

$$\tan^2\theta_X + \tan^2\theta_Y = (\tan\theta\sin\alpha_1)^2 + (\tan\theta\cos\alpha_1)^2 = \tan^2\theta \qquad (7\text{-}5\text{-}33)$$

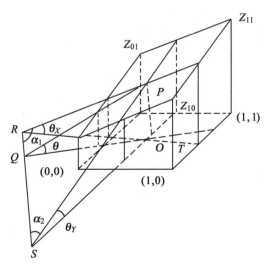

图 7-5-7　坡度角

2) 坡向

QO 与 X 轴之夹角 T 为坡向角

$$\tan T = \tan\alpha_2 = \frac{RO}{SO} = \frac{\dfrac{PO}{SO}}{\dfrac{PO}{RO}} = \frac{\tan\theta_Y}{\tan\theta_X} \qquad (7\text{-}5\text{-}34)$$

3) 由 4 个格网点拟合一平面之坡度

设平面方程为

$$Z = AX + BY + C \qquad (7\text{-}5\text{-}35)$$

以 (0，0) 点为原点，可列误差方程：

$$V = \begin{pmatrix} 0 & 0 & 1 \\ \Delta X & 0 & 1 \\ 0 & \Delta Y & 1 \\ \Delta X & \Delta Y & 1 \end{pmatrix} \begin{pmatrix} A \\ B \\ C \end{pmatrix} - \begin{pmatrix} Z_{00} \\ Z_{10} \\ Z_{01} \\ Z_{11} \end{pmatrix} \qquad (7\text{-}5\text{-}36)$$

法方程为

$$\begin{pmatrix} 2\Delta X^2 & \Delta X\Delta Y & 2\Delta X \\ \Delta X\Delta Y & 2\Delta Y^2 & 2\Delta Y \\ 2\Delta X & 2\Delta Y & 4 \end{pmatrix} \begin{pmatrix} A \\ B \\ C \end{pmatrix} = \begin{pmatrix} 0 & \Delta X & 0 & \Delta X \\ 0 & 0 & \Delta Y & \Delta Y \\ 1 & 1 & 1 & 1 \end{pmatrix} \begin{pmatrix} Z_{00} \\ Z_{10} \\ Z_{01} \\ Z_{11} \end{pmatrix} \qquad (7\text{-}5\text{-}37)$$

解为

$$\begin{cases} A = \dfrac{Z_{10} - Z_{00} + Z_{11} - Z_{01}}{2\Delta X} = \tan\theta_X \\[3mm] B = \dfrac{Z_{01} - Z_{00} + Z_{11} - Z_{10}}{2\Delta Y} = \tan\theta_Y \\[3mm] C = \dfrac{3Z_{00} + Z_{10} + Z_{01} - Z_{11}}{4} \end{cases} \qquad (7\text{-}5\text{-}38)$$

因为平面的法矢量为 $n = (A \quad B \quad -1)^{\mathrm{T}}$，所以坡度角 α 的余弦为 Z 轴方向单位矢量 $(0，0，1)^{\mathrm{T}}$ 与 n 之数积：

$$\cos\alpha = \frac{A \cdot 0 + B \cdot 0 + (-1) \cdot 1}{\sqrt{A^2 + B^2 + (-1)^2}\sqrt{0^2 + 0^2 + 1^2}} \qquad (7\text{-}5\text{-}39)$$

所以

$$\tan^2\alpha = \frac{1}{\cos^2\alpha} - 1 = A^2 + B^2 = \tan^2\theta_X + \tan^2\theta_Y \qquad (7\text{-}5\text{-}40)$$

坡向角之正切为

$$\tan T = \frac{B}{A} = \frac{\tan\theta_Y}{\tan\theta_X} \qquad (7\text{-}5\text{-}41)$$

所得公式与斜平面情况的公式相同。

2. 面积、体积的计算

1) 剖面积

根据工程设计的线路，可计算其与 DEM 各格网边交点 $P_i(X_i, Y_i, Z_i)$，则线路剖面积为

$$S = \sum_{i=1}^{n-1} \frac{Z_i + Z_{i+1}}{2} \cdot D_{i,\,i+1} \tag{7-5-42}$$

其中，n 为交点数，$D_{i,i+1}$ 为 P_i 与 P_{i+1} 之距离：

$$D_{i,\,i+1} = \sqrt{(X_{i+1} - X_i)^2 + (Y_{i+1} - Y_i)^2} \tag{7-5-43}$$

同理，可计算任意横断面及其面积。

2) 体积

DEM 体积由四棱柱(无特征的格网)与三棱柱体积进行累加得到，四棱柱体上表面用双曲抛物面拟合，三棱柱体上表面用斜平面拟合，下表面均为水平面或参考平面，计算公式分别为

$$V_3 = \frac{Z_1 + Z_2 + Z_3}{3} \cdot S_3$$
$$V_4 = \frac{Z_1 + Z_2 + Z_3 + Z_4}{4} \cdot S_4 \tag{7-5-44}$$

式中，S_3 与 S_4 分别是三棱柱与四棱柱的底面积。

根据新老 DEM 可计算工程中的挖方、填方及土壤流失量。

3) 表面积

对于含有特征的格网，将其分解成三角形，对于无特征的格网，可由 4 个角点的高程取平均即中心点高程，然后将格网分成 4 个三角形。由每一个三角形的三个角点坐标 (x_i, y_i, z_i) 计算出通过该三个顶点的斜面内三角形的面积，最后累加就得到了实地的表面积。

3. 单像修测

由于地图修测的主要内容是地物的增减，因而利用已有的 DEM 可进行单幅影像的修测，这样可节省资金与工时。其步骤如下：

(1) 进行单幅影像空间后方交会，确定影像的方位元素；

(2) 量测像点坐标 (x, y)；

(3) 取一高程近似值 Z_0；

(4) 将 (x, y) 与 Z_0 代入共线方程，计算出地面平面坐标近似值 (X_1, Y_1)；

(5) 由 (X_1, Y_1) 及 DEM 内插出高程 Z_1；

(6) 重复 (4)、(5) 两步骤，直至 $(X_{i+1}, Y_{i+1}, Z_{i+1})$ 与 (X_i, Y_i, Z_i) 之差小于给定的限差。

用单幅影像与 DEM 进行修测是一个迭代求解过程，当地面坡度与物点的投影方向与竖直方向夹角之和大于等于 90°时，迭代将不会收敛。此时可在每两次迭代后，求出其高

程平均值作为新的 Z_0，或在三次迭代后由下式计算近似正确高程：

$$Z = \frac{Z_1 Z_3 - Z_2^2}{Z_1 + Z_3 - 2Z_2} \tag{7-5-45}$$

式中，Z_1，Z_2，Z_3 为三次迭代的高程值。此公式是在假定地面为斜平面的基础上推导出来的。

◎ **习题与思考题**

1. 简述数字地面模型的发展过程。

2. 什么是 DTM，DEM 与 DHM？DEM 有哪几种主要的形式？其优缺点各是什么？

3. 已知矩形格网 DEM 起点坐标$(X_0，Y_0)$与格网间隔 ΔX，ΔY，求点 $P(X，Y)$所在格网的行、列号 NR 与 NC。

4. 叙述数字摄影测量的 DEM 数据采集各种方式的特点。

5. 编制二次曲面拟合法由 n 个点内插一待定点高程的程序。

6. 简述多面函数法内插 DEM 的原理。

7. 简述一次样条有限元 DEM 内插的计算过程与公式。

8. DEM 内插中如何考虑断裂线？

9. 试比较各种 DEM 内插方法的优缺点。

10. 影响 DEM 精度的主要因素是什么？怎样估计 DEM 的精度？

11. 矩形格网 DEM 数据文件应存储哪些内容？试设计一个 DEM 数据文件结构。

12. DEM 数据压缩有哪些方法？简述各种方法的原理。

13. 叙述基于规则矩形格网等高线绘制的主要过程，并绘出程序框图。

14. 叙述从 DEM 绘制透视图的主要过程，并绘出程序框图。

15. DEM 透视图隐藏线的处理原理是什么？

16. 怎样计算矩形格网 DEM 中一个格网表面的坡度与坡向？

17. 给出基于 DEM 单像修测的算法。

18. 构建不规则三角网的方法有哪几种？请列举三种具体算法。

19. 对含有地貌特征点、线的采样数据如何建立 TIN？

20. 叙述 TIN 的三种存储数据结构，并说明它们各自的优缺点。

21. 绘出 TIN 中内插任意点高程的程序框图并编制相应程序。

22. 绘出基于三角形搜索的等高线绘制程序框图并编制相应程序。

23. 绘出基于格网点搜索的等高线绘制程序框图并编制相应程序。

24. 在考虑地形特征线的情况下，如何利用格网点搜索跟踪等高线？请编制相应的程序。

第8章　数字微分纠正

用线划图表示实际的地物地貌通常并不十分直观，而航空影像或卫星影像才能最真实、最客观地反映地表面的一切景物，具有十分丰富的信息。然而，航空影像或卫星影像通常并不是与地表面保持相似的、简单的缩小，而是中心投影或其他投影构像。因此，这样的影像存在由于影像倾斜和地形起伏等引起的变形。如果能将它们改化（或纠正）为既有正确平面位置又保持原有丰富信息的数字正射影像图（Digital Orthophoto Map，DOM），则对于地球科学研究和人类的利用是十分有价值的。本章主要介绍框幅式中心投影影像与线性阵列扫描影像的数字微分纠正方法、真正射影像的概念及其制作、正射影像匀光及镶嵌方法、立体正射影像对和影像景观图的制作原理。

8.1　框幅式中心投影影像的数字微分纠正

根据有关的参数与数字地面模型，利用相应的构像方程式，或按一定的数学模型用控制点解算，从原始非正射投影的数字影像获取正射影像，这过程是将影像化为很多微小的区域逐一进行纠正，且使用的是数字方式处理，故叫作数字微分纠正或数字纠正。从被纠正的最小单元来区分微分纠正的类别，基本上可分为三类：点元素纠正、线元素纠正和面元素纠正。数字影像则是由像元素排列而成的矩阵，其处理的最基本的单元是像素。因此，对数字影像进行数字微分纠正，在原理上最适合点元素微分纠正。但能否真正做到点元素微分纠正，它取决于能否真实地测定每个像元的物方坐标 X，Y，Z。实际上，大部分像元的物方坐标一般采用线性内插获得，此时数字纠正实际上还是线元素纠正或面元素纠正。

8.1.1　数字微分纠正的基本原理

数字微分纠正与光学微分纠正一样，其基本任务是实现两个二维图像之间的几何变换。因此与光学微分纠正的基本原理一样，在数字微分纠正过程中，必须首先确定原始图像与纠正后图像之间的几何关系。设任意像元在原始图像和纠正后图像中的坐标分别为 $(x，y)$ 和 $(X，Y)$。它们之间存在映射关系：

$$x = f_x(X，Y)；\quad y = f_y(X，Y) \tag{8-1-1}$$

$$X = \varphi_x(x，y)；\quad Y = \varphi_y(x，y) \tag{8-1-2}$$

公式（8-1-1）是由纠正后的像点坐标 $(X，Y)$ 出发反求其在原始图像上的像点坐标 $(x，y)$，这种方法称为反解法（或称为间接解法）。而公式（8-1-2）则反之，它是由原始图像上像点坐标 $(x，y)$ 求解纠正后图像上相应点坐标 $(X，Y)$，这种方法称为正解法（或称直接解法)。

在数字微分纠正中，大多是从纠正后的像点坐标出发，通过求解其在原始影像上对应的像元素位置，然后进行灰度的内插与赋值运算得到纠正结果，反解法的基本原理与步骤可用图 8-1-1 示例说明。用图 8-1-2 进一步说明其空间投影转化的关系，依次在正射影像上选取某个像素，然后按照式(8-1-1)反算到原始影像上，通过对灰度的内插，将内插的灰度结果赋给对应的正射像素。如此反复计算，直至正射影像上的所有像素都得到灰度赋值，微分纠正即告结束。

下面介绍框幅式遥感影像反解法和正解法数字微分纠正的基本原理，当采用共线方程为纠正的变换函数时，数字微分纠正须在已知影像的内外方位元素和数字高程模型(DEM)情况下进行。

8.1.2　反解法(间接法)数字微分纠正

1. 计算地面点坐标

设正射影像上任意一点(像素中心) P 的坐标为 (X', Y') ，由正射影像左下角图廓点地面坐标 (X_0, Y_0) 与正射影像比例尺分母 M 计算 P 点所对应的地面坐标 (X, Y) ，其处理公式为式(8-1-3)，处理流程如图 8-1-1 所示。

$$\begin{cases} X = X_0 + M \cdot X' \\ Y = Y_0 + M \cdot Y' \end{cases} \tag{8-1-3}$$

2. 计算像点坐标

应用反解公式(8-1-1)计算原始图像上相应像点坐标 $p(x, y)$ ，在航空摄影情况下，反解公式为共线方程:

$$\begin{cases} x - x_0 = -f\dfrac{a_1(X - X_S) + b_1(Y - Y_S) + c_1(Z - Z_S)}{a_3(X - X_S) + b_3(Y - Y_S) + c_3(Z - Z_S)} \\ y - y_0 = -f\dfrac{a_2(X - X_S) + b_2(Y - Y_S) + c_2(Z - Z_S)}{a_3(X - X_S) + b_3(Y - Y_S) + c_3(Z - Z_S)} \end{cases} \tag{8-1-4}$$

式中，Z 是 P 点的高程，可由 DEM 内插求得。

3. 灰度内插

由于所求得的像点坐标不一定正好落在像元素中心，为此必须进行灰度内插，一般可采用双线性内插方法，求得像点 p 的灰度值 $g(x, y)$ 。

4. 灰度赋值

最后将像点 p 的灰度值赋给纠正后像元素 P ，即

$$G(X, Y) = g(x, y) \tag{8-1-5}$$

依次对每个纠正像素进行上述运算，即能获得纠正的数字图像，这就是反解算法的原

理和基本步骤。因此，从原理上讲，数字纠正属于点元素纠正。

反解法的基本原理与步骤可用图 8-1-1 和图 8-1-2 示例说明。

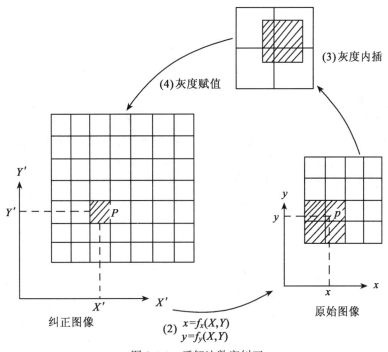

图 8-1-1 反解法数字纠正

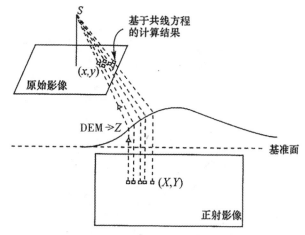

图 8-1-2 反解法空间投影关系示意图

8.1.3 正解法(直接法)数字微分纠正

正解法数字微分纠正的原理如图 8-1-3 所示，它是从原始影像出发，将原始影像上逐个像元素用正解公式(8-1-6)求得纠正后的像点坐标。这一方案存在很大的缺点，即在纠正后的影像上，所得的像点是非规则排列的，有的像元素内可能出现"空白"（无像点），而有的像元素可能出现重复（多个像点），因此很难实现灰度内插并获得规则排列的数字影像。

另外，在航空摄影测量情况下，其正算公式为

$$X = Z \cdot \frac{a_1 x + a_2 y - a_3 f}{c_1 x + c_2 y - c_3 f}$$

$$Y = Z \cdot \frac{b_1 x + b_2 y - b_3 f}{c_1 x + c_2 y - c_3 f}$$

(8-1-6)

利用上述正算公式，还必须先知道 Z，但 Z 又是待定量 X，Y 的函数，为此，要由 x，y 求得 X，Y，必须先假定一近似值 Z_0，求得 (X_1, Y_1) 后，再由 DEM 内插得该点 (X_1, Y_1) 处的高程 Z_1；然后由正算公式求得 (X_2, Y_2)；如此反复迭代，如图 8-1-3 和图 8-1-4 所示。因此，由正解公式(8-1-6)计算 X，Y，实际是由一个二维图像 (x, y) 变换到三维空间 (X, Y, Z) 的过程，它必须是个迭代求解过程。

由于正解法的上述缺点，数字纠正一般采用反解法。

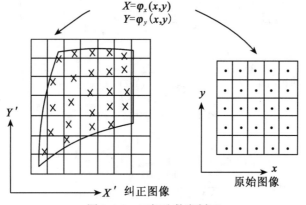

图 8-1-3　正解法数字纠正

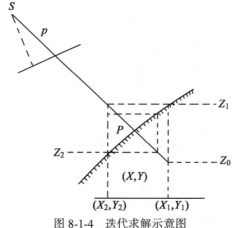

图 8-1-4　迭代求解示意图

8.1.4 数字纠正实际解法及分析

从原理上讲，数字纠正是点元素纠正，但在实际的软件系统中，几乎没有采用反解公式(8-1-4)求解像点坐标的，而均以"面元素"作为"纠正单元"，一般以正方形作为纠正单元。即用反算公式计算该纠正单元 4 个"角点"的像点坐标$(x_1，y_1)$，$(x_2，y_2)$，$(x_3，y_3)$和$(x_4，y_4)$，而纠正单元内的坐标$(x_{ij}，y_{ij})$则用双线性内插求得。这时 x，y 是分别进行内插求解的，其原理如图 8-1-5 所示。内插后得到任意一个像元$(i，j)$所对应的影像坐标 x，y 为

$$x(i，j) = \frac{1}{n^2}\left[(n-i)(n-j)x_1 + i(n-j)x_2 + (n-i)jx_4 + ijx_3\right]$$

$$y(i，j) = \frac{1}{n^2}\left[(n-i)(n-j)y_1 + i(n-j)y_2 + (n-i)jy_4 + ijy_3\right]$$

$(8\text{-}1\text{-}7)$

由此求得像点坐标后，再由灰度双线性内插，求得其灰度。

由以上分析可以看出：在数字微分纠正的实际软件系统中，是按"面元素"作纠正单元的，而在纠正单元中无论沿 x 轴方向还是 y 轴方向均由线性内插求解。

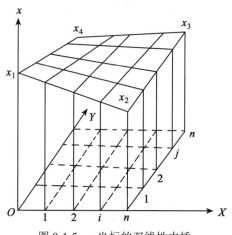

图 8-1-5 x 坐标的双线性内插

8.2 线性阵列扫描影像的数字纠正

线性阵列传感器利用安置在光学系统成像焦面上的 CCD 阵列采集地面辐射信息，每次扫描得到垂直于航线的一条线状影像，随着传感器平台的向前移动，以推扫方式获取沿轨道的连续影像条带，如图 8-2-1 所示。扫描行之间的外方位元素各自不同，随时间不断变化。由若干条线阵扫描影像可以构成像幅，因此，线性阵列扫描影像是多中心投影影像，每条扫描线影像有一个投影中心，每条扫描线影像有自己的外方位元素。

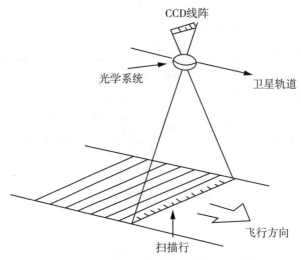

图 8-2-1　线性阵列传感器成像原理示意图

例如对 SPOT 卫星影像，由 12000 条扫描线组成一景影像。可将 SPOT 影像坐标的原点设在每景的中央，即第 6000 条扫描线的第 6000 个像元上。第 6000 条扫描线可作为影像坐标系的 x 轴，这个扫描线上第 6000 个像元的连线就是 y 轴，如图 8-2-2 所示。

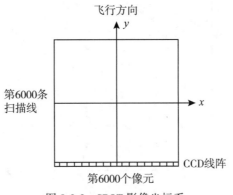

图 8-2-2　SPOT 影像坐标系

线性阵列扫描影像数字微分纠正的主要处理过程包括：①根据图像的成像方式确定影像坐标和地面坐标之间的数学模型；②根据所采用的数学模型确定纠正公式；③根据地面控制点和对应像点坐标进行平差计算变换参数，评定精度；④对原始影像进行几何变换计算，像素亮度值重采样。

8.2.1　基于共线方程的数字微分纠正

以共线条件方程为基础的物理传感器模型描述了真实的物理成像关系，在理论上是严密的，因此，共线方程也被称为严格成像模型。该类模型的建立涉及传感器物理构造、成像方式及各种成像参数，每个定向参数都有严格的物理意义，并且彼此独立，可以产生很高的定向精度。

由于每条扫描线影像有一个投影中心，该某扫描线影像的 y 值应为零，在时刻 t 的构像方程式为

$$\begin{pmatrix} x \\ 0 \\ -f \end{pmatrix} = \frac{1}{\lambda} \begin{pmatrix} a_1(t) & b_1(t) & c_1(t) \\ a_2(t) & b_2(t) & c_2(t) \\ a_3(t) & b_3(t) & c_3(t) \end{pmatrix} \begin{pmatrix} X - X_S(t) \\ Y - Y_S(t) \\ Z - Z_S(t) \end{pmatrix} \tag{8-2-1}$$

式中，(t) 表明各参数是随时间而变化的。

1. 反解法(间接法)

反解法是从纠正后的像点坐标 (X, Y) 出发，反求其在原始影像上的像点坐标 (x, y)。由于线阵扫描影像多中心投影影像，每一扫描行影像的外方位元素是随时间变化的。因此，需首先确定成像时刻或扫描行，然后求出各元素对应的外方位元素，才能求出该相应像点的 x。

1) 确定成像时刻或扫描行

该步骤的实质是为求解出像平面 y 坐标。

由式(8-2-1)的第二行可得

$$0 = \frac{1}{\lambda} [Xa_2(t) + Yb_2(t) + Zc_2(t) - (X_S(t)a_2(t) + Y_S(t)b_2(t) + Z_S(t)c_2(t))]$$

或 $$Xa_2(t) + Yb_2(t) + Zc_2(t) = A(t) \tag{8-2-2}$$

其中， $$A(t) = X_S(t)a_2(t) + Y_S(t)b_2(t) + Z_S(t)c_2(t)$$

对式(8-2-2)中各因子以 t 为变量，按泰勒级数展开为

$$\begin{cases} a_2(t) = a_2^{(0)} + a_2^{(1)}t + a_2^{(2)}t^2 + \cdots \\ b_2(t) = b_2^{(0)} + b_2^{(1)}t + b_2^{(2)}t^2 + \cdots \\ c_2(t) = c_2^{(0)} + c_2^{(1)}t + c_2^{(2)}t^2 + \cdots \\ A(t) = A^{(0)} + A^{(1)}t + A^{(2)}t^2 + \cdots \end{cases} \tag{8-2-3}$$

代入式(8-2-2)得

$$[Xa_2^{(0)} + Yb_2^{(0)} + Zc_2^{(0)} - A^{(0)}] + [Xa_2^{(1)} + Yb_2^{(1)} + Zc_2^{(1)} - A^{(1)}]t +$$
$$[Xa_2^{(2)} + Yb_2^{(2)} + Zc_2^{(2)} - A^{(2)}]t^2 + \cdots = 0$$

取至二次项得

$$t = -\frac{[(Xa_2^{(0)} + Yb_2^{(0)} + Zc_2^{(0)} - A^{(0)}) + (Xa_2^{(2)} + Yb_2^{(2)} + Zc_2^{(2)} - A^{(2)})t^2]}{Xa_2^{(1)} + Yb_2^{(1)} + Zc_2^{(1)} - A^{(1)}} \tag{8-2-4}$$

上式右端含有 t^2 项，所以对 t 必须进行迭代计算。t 值实际上表达了像点 p 在时刻 t 的 y 坐标：

$$y = (l_p - l_0)\delta = \frac{t}{\mu}\delta \tag{8-2-5}$$

式中，l_p，l_0 分别代表在点 p 及原点 o 处的扫描线行数；δ 为 CCD 一个探测像元的宽度(在 SPOT 影像中为 13μm)；μ 为扫描线的时间间隔(在 SPOT 影像中为 1.5ms)。

2）求像点坐标 x

以下再求像点 p 的 x 坐标。由式(8-2-1)的第一、三行：

$$x = \frac{1}{\lambda}\big[\,(X - X_S(t))a_1(t) + (Y - Y_S(t))b_1(t) + (Z - Z_S(t))c_1(t)\,\big]$$

$$-f = \frac{1}{\lambda}\big[\,(X - X_S(t))a_3(t) + (Y - Y_S(t))b_3(t) + (Z - Z_S(t))c_3(t)\,\big]$$

或写成

$$x = -f \cdot \frac{(X - X_S(t))a_1(t) + (Y - Y_S(t))b_1(t) + (Z - Z_S(t))c_1(t)}{(X - X_S(t))a_3(t) + (Y - Y_S(t))b_3(t) + (Z - Z_S(t))c_3(t)} \tag{8-2-6}$$

同理对 $a_1(t)$，$b_1(t)$，…也可用多项式表达为

$$\begin{cases} a_1(t) = a_1^{(0)} + a_1^{(1)}t + a_1^{(2)}t^2 + \cdots \\ b_1(t) = b_1^{(0)} + b_1^{(1)}t + b_1^{(2)}t^2 + \cdots \\ c_1(t) = c_1^{(0)} + c_1^{(1)}t + c_1^{(2)}t^2 + \cdots \\ a_3(t) = a_3^{(0)} + a_3^{(1)}t + a_3^{(2)}t^2 + \cdots \\ b_3(t) = b_3^{(0)} + b_3^{(1)}t + b_3^{(2)}t^2 + \cdots \\ c_3(t) = c_3^{(0)} + c_3^{(1)}t + c_3^{(2)}t^2 + \cdots \end{cases} \tag{8-2-7}$$

式(8-2-6)与常规航摄共线方程式相似，与式(8-2-4)一起表示卫星飞行瞬间成像的影像坐标与地面坐标的关系。在影像纠正中首先要求出各元素对应的 $a_1(t)$，$a_2(t)$，…，$c_3(t)$，$X_S(t)$，$Y_S(t)$，$Z_S(t)$，然后才能求出该相应像点的 y 及 t，或 y 及 x。

通常可认为各参数是 t 的线性函数：

$$\begin{cases} \varphi(t) = \varphi(0) + \Delta\varphi \cdot t \\ \omega(t) = \omega(0) + \Delta\omega \cdot t \\ \kappa(t) = \kappa(0) + \Delta\kappa \cdot t \\ X_S(t) = X_S(0) + \Delta X_S \cdot t \\ Y_S(t) = Y_S(0) + \Delta Y_S \cdot t \\ Z_S(t) = Z_S(0) + \Delta Z_S \cdot t \end{cases} \tag{8-2-8}$$

式中，$\varphi(0)$，$\omega(0)$，$\kappa(0)$，$X_S(0)$，$Y_S(0)$，$Z_S(0)$ 为影像中心行外方位元素；$\Delta\varphi$，$\Delta\omega$，$\Delta\kappa$，ΔX_S，ΔY_S，ΔZ_S 为变化率参数。

3）计算过程

从以上分析可知，线阵扫描影像反解法的关键在于确定像点的成像时刻或像点所在的影像扫描行。从原理上说，线阵扫描影像的反解法数字微分纠正可以逐点进行，但由于像点的成像时刻(或扫描行)的确定需要进行迭代计算，逐点计算将非常耗时。

从实际应用角度出发，可以采用如下计算过程：

(1)利用 DEM(栅格或 TIN)，按照一定间距对 DEM 进行重采样，加密出规则格网的 DEM；

(2)针对加密出的每个 DEM 格网，利用共线条件方程反求出其四个格网点对应的像点坐标；

（3）逐像素进行正射纠正。

具体做法是：针对正射影像上的像点 P，首先根据其平面坐标判断位于加密 DEM 的哪个格网中；之后利用步骤（2）计算出该 DEM 四个格网点的像坐标进行双线性内插，得到像点 P 在原始影像上的坐标 p；最后将 p 的灰度赋值给正射影像像点 P。其中，点 p 的灰度需要在原始影像上通过灰度内插得到。

2. 正解法（直接法）

正解法是从原始像点坐标 (x, y) 出发求解纠正后的像点坐标 (X, Y)。

由式（8-2-1）可得

$$X = X_S(t) + \frac{a_1(t)x - a_3(t)f}{c_1(t)x - c_3(t)f}(Z - Z_S(t))$$
$$Y = Y_S(t) + \frac{b_1(t)x - b_3(t)f}{c_1(t)x - c_3(t)f}(Z - Z_S(t))$$

（8-2-9）

式中，$a_1(t)$，$a_2(t)$，$\cdots$，$c_3(t)$，$X_S(t)$，$Y_S(t)$，$Z_S(t)$ 为像点 (x, y) 对应的外方位元素，可由其行号 l_i 计算：

$$\begin{cases} \varphi_i = \varphi_0 + (l_i - l_0)\Delta\varphi \\ \omega_i = \omega_0 + (l_i - l_0)\Delta\omega \\ \kappa_i = \kappa_0 + (l_i - l_0)\Delta\kappa \\ X_{Si} = X_{S0} + (l_i - l_0)\Delta X_S \\ Y_{Si} = Y_{S0} + (l_i - l_0)\Delta Y_S \\ Z_{Si} = Z_{S0} + (l_i - l_0)\Delta Z_S \end{cases}$$

（8-2-10）

式中，φ_0，ω_0，κ_0，X_{S0}，Y_{S0}，Z_{S0} 为影像中心行的外方位元素；l_0 为中心行号；$\Delta\varphi$，$\Delta\omega$，$\Delta\kappa$，ΔX_S，ΔY_S，ΔZ_S 为变化率参数。

当给定高程初始值 Z_0 后，代入式（8-2-9）计算出地面平面坐标近似值 (X_1, Y_1)，再用 DEM 与 (X_1, Y_1) 内插出其对应的高程 Z_1。重复上述过程，直至收敛到 (x, y) 对应的地面点 $(X, Y, Z,)$，其过程与框幅式中心投影影像的正解法过程相同。当地面坡度较大而不收敛时，可按单片修测中的方法处理。

3. 直接法与间接法相结合的纠正方法

对于线性阵列传感器影像的纠正，由于利用间接法也需要迭代求解，而直接法本来就需要迭代求解，因而可以将两种方法结合起来。首先在影像上确定一个规则格网，其所有格网点的行、列坐标显然是已知的，其间隔按像元的地面分辨率化算后与数字高程模型 DEM 的间隔一致，用直接法解算它们的地面坐标。这些点在地面上是一个非规则网点，由它们内插出地面规则格网点所对应的影像坐标，再按间接法进行纠正。

1）影像规则格网点对应的地面坐标的解算

利用式（8-2-9）与式（8-2-10）直接法进行计算，得到地面一非规则格网，它们的地面坐标与对应的影像坐标均为已知。

2）地面规则格网点对应的像点坐标的内插

如图 8-2-3 所示，规则格网上 P_{11} 位于 P'_{11}，P'_{12}，P'_{21}，P'_{22} 四点所组成的非规则格网内，由该四点的地面坐标$(X'_{11}$，$Y'_{11})$，$(X'_{12}$，$Y'_{12})$，$(X'_{21}$，$Y'_{21})$，$(X'_{22}$，$Y'_{22})$ 及其影像坐标$(x'_{11}$，$y'_{11})$，$(x'_{12}$，$y'_{12})$，$(x'_{21}$，$y'_{21})$，$(x'_{22}$，$y'_{22})$拟合两平面：

$$\begin{cases} x' = a_0 + a_1 X' + a_2 Y' \\ y' = b_0 + b_1 X' + b_2 Y' \end{cases} \tag{8-2-11}$$

然后由 P_{11}点的地面坐标$(X_{11}$，$Y_{11})$用式（8-2-11）计算其相应的影像坐标$(x_{11}$，$y_{11})$。

按同样的方法可计算得到所有规则格网点$(X_{ij}$，$Y_{ij})$所对应的影像坐标$(x_{ij}$，$y_{ij})$。

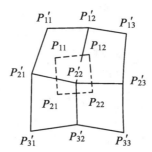

图 8-2-3　由不规则格网内插规则格网

3）各地面元对应像素坐标的计算

在地面规则格网点的影像坐标已知后，由这些点的坐标经两次双线性内插即可计算得到每一地面元所对应的影像坐标，再经过灰度重采样与赋值，即可完成纠正处理。其过程与前面介绍的框幅式中心投影影像反解法的纠正过程完全相同，这样就不再需要进行迭代计算。

8.2.2　利用有理函数模型的数字微分纠正方法

出于各种特别原因，一些高分辨率卫星并未公开传感器的轨道参数，如 IKONOS 等卫星，无法利用严格成像几何模型进行处理，但是这些卫星提供了一种通用传感器模型。在通用传感器模型中，目标空间和影像空间的转换关系通过一般数学函数来描述，并且这些函数的建立不需要传感器成像的物理模型信息。这些函数可以采用多种不同的形式，其中，有理函数模型（RFM）是目前应用最多、精度较高的通用传感器模型。例如，IKONOS 影像、QuickBird 影像、WorldView 影像等均应用三次有理多项式，提供三次有理多项式系数（Rational Polynomial Coefficient，RPC），RPC 文件名称有时被命名为 RPB 或 PVL，其本质是一样的。

1. 基于 RPC/RPB 的有理函数模型

RFM 将地面点 $P($ Latitude，Longitude，Height$)$与影像上的点 $p($ line，sample$)$关联起来，正则化地面坐标$(P_n$，L_n，$H_n)$与影像坐标$(r_n$，$c_n)$见式（8-2-12）与式（8-2-13）。影像

坐标的每个多项式是(P, L, H) 3 阶多项式,系数有 20 项。用 RPC 参数可计算出影像坐标(line, sample):

$$P = \frac{\text{Latitude} - \text{LAT\_OFF}}{\text{LAT\_SCALE}}, \quad L = \frac{\text{Longitude} - \text{LONG\_OFF}}{\text{LONG\_SCALE}}, \quad H = \frac{\text{Height} - \text{HEIGHT\_OFF}}{\text{HEIGHT\_SCALE}}$$

(8-2-12)

正则化的影像坐标(x, y)为

$$x = \frac{\sum_{i=1}^{20} a_i \cdot \rho_i(P, L, H)}{\sum_{i=1}^{20} b_i \cdot \rho_i(P, L, H)}, \quad y = \frac{\sum_{i=1}^{20} c_i \cdot \rho_i(P, L, H)}{\sum_{i=1}^{20} d_i \cdot \rho_i(P, L, H)}$$

(8-2-13)

可求得影像坐标(line, sample)为

$$\text{line} = y \cdot \text{LINE\_SCALE} + \text{LINE\_OFF}$$
$$\text{sample} = x \cdot \text{SAMP\_SCALE} + \text{SAMP\_OFF}$$

(8-2-14)

其中, LAT_OFF, LAT_SCALE, LONG_OFF, $\cdots$, a_i, b_i, c_i, d_i 的值记录在 RPC 文件中。

当使用地面控制点参与定向时,可以对每一幅影像定义一个仿射变换:

$$c = e_0 + e_1 \cdot \text{sample} + e_2 \cdot \text{line}$$
$$r = f_0 + f_1 \cdot \text{sample} + f_2 \cdot \text{line}$$

(8-2-15)

其中, (c, r)是点在影像上的量测坐标。基于 RPC 参数的区域网平差就是通过已知的少数控制点的地面坐标及其在影像上的量测坐标,计算每一幅影像的仿射变换参数以及所有连接点的地面坐标。

对于区域网中的控制点,可以根据方程(8-2-12)~式(8-2-15)列出误差方程:

$$v_x = -\sum b_i \cdot \rho_i \cdot \left(\frac{\partial x}{\partial e_0} \cdot \Delta e_0 + \frac{\partial x}{\partial e_1} \cdot \Delta e_1 + \frac{\partial x}{\partial e_2} \cdot \Delta e_2 + \frac{\partial x}{\partial f_0} \cdot \Delta f_0 + \frac{\partial x}{\partial f_1} \cdot \Delta f_1 + \frac{\partial x}{\partial f_2} \cdot \Delta f_2 \right) + F_{x0}$$

$$v_y = -\sum d_i \cdot \rho_i \cdot \left(\frac{\partial y}{\partial e_0} \cdot \Delta e_0 + \frac{\partial y}{\partial e_1} \cdot \Delta e_1 + \frac{\partial y}{\partial e_2} \cdot \Delta e_2 + \frac{\partial y}{\partial f_0} \cdot \Delta f_0 + \frac{\partial y}{\partial f_1} \cdot \Delta f_1 + \frac{\partial y}{\partial f_2} \cdot \Delta f_2 \right) + F_{y0}$$

(8-2-16)

对于区域网中的连接点,首先根据 RPC 参数以及该点在多幅影像上的量测坐标计算出地面坐标的初值,然后列出误差方程:

$$v_x = -\sum b_i \cdot \rho_i \cdot \left(\frac{\partial x}{\partial e_0} \cdot \Delta e_0 + \frac{\partial x}{\partial e_1} \cdot \Delta e_1 + \frac{\partial x}{\partial e_2} \cdot \Delta e_2 + \frac{\partial x}{\partial f_0} \cdot \Delta f_0 + \frac{\partial x}{\partial f_1} \cdot \Delta f_1 + \frac{\partial x}{\partial f_2} \cdot \Delta f_2 \right) +$$

$$\sum (a_i - x \cdot b_i) \cdot \left(\frac{\partial \rho_i}{\partial P} \right) \cdot \Delta P + \sum (a_i - x \cdot b_i) \cdot \left(\frac{\partial \rho_i}{\partial L} \right) \cdot \Delta L +$$

$$\sum (a_i - x \cdot b_i) \cdot \left(\frac{\partial \rho_i}{\partial H} \right) \cdot \Delta H + F_{x0}$$

$$v_y = -\sum d_i \cdot \rho_i \cdot \left(\frac{\partial y}{\partial e_0} \cdot \Delta e_0 + \frac{\partial y}{\partial e_1} \cdot \Delta e_1 + \frac{\partial y}{\partial e_2} \cdot \Delta e_2 + \frac{\partial y}{\partial f_0} \cdot \Delta f_0 + \frac{\partial y}{\partial f_1} \cdot \Delta f_1 + \frac{\partial y}{\partial f_2} \cdot \Delta f_2 \right) +$$

$$\sum (c_i - y \cdot d_i) \cdot \left(\frac{\partial \rho_i}{\partial P}\right) \cdot \Delta P + \sum (c_i - y \cdot d_i) \cdot \left(\frac{\partial \rho_i}{\partial L}\right) \cdot \Delta L +$$

$$\sum (c_i - y \cdot d_i) \cdot \left(\frac{\partial \rho_i}{\partial H}\right) \cdot \Delta H + F_{y0} \tag{8-2-17}$$

法化并迭代求解, 可得到每一幅影像的影像坐标的仿射变换参数以及所有连接点的地面坐标。

2. 基于有理函数模型的遥感影像纠正流程

基于有理函数模型的遥感影像纠正的反解法步骤如下:

(1)按照式(8-1-3)计算地面点坐标(X, Y), 由 DEM 内插求得该点的高程 Z, 并将其转换为经纬度坐标(P, L, H)。

(2)按照式(8-2-12)对地面点坐标正则化。

(3)按照式(8-2-13)、式(8-2-14)计算正则化像点坐标。

(4)按照式(8-2-15)、式(8-2-16)和式(8-2-17), 根据控制点估计影像的 6 个仿射变换参数, 尽量消除系统残留误差, 然后计算像点的像素坐标。

(5)灰度内插求得像点 p 的灰度值 $g(x, y)$。

(6)将像点 p 的灰度值 $g(x, y)$赋给纠正后的像元素。

依次对每个纠正元素完成上述运算, 即能获得纠正的数字图像。实际纠正过程中一般以"面元素"作为纠正单元, 对于在纠正单元内的像素, 是沿着 x 轴和 y 轴方向进行线性内插求解。

8.3　真正射影像的概念及其制作原理

正射影像应同时具有地图的几何精度和影像的视觉特征, 特别是对高分辨率、大比例尺的数字正射影像图(DOM), 它可作为背景控制信息去评价其他地图空间数据的精度、现势性和完整性, 是地球空间数据框架的一个基础数据层。

随着高分辨率遥感影像的大量出现, 将建筑物等视为地表的一部分, 采用 DEM 进行纠正的结果就是在正射影像上建筑物等偏离了其正直投影的位置。DOM 作为一个视觉影像地图产品, 影像上由于投影差引起的遮蔽现象不仅影响了正射影像作为地图产品的基本功能发挥, 而且还影响了影像的视觉解译能力。为了最大限度地发挥正射影像产品的地图功能, 关于真正射影像(True Digital Orthophoto Map, TDOM)的制作引起了国内外的关注。

传统的正射纠正过程中采用 DEM 进行纠正, 是采用了一种不完备的地表模型, 会产生由于透视成像和地形起伏导致的正射影像的变形。但是, 简单地利用 DSM 代替 DEM 进行正射纠正, 在建筑物等遮挡的区域会存在重复映射现象, 使得纠正结果更难以判读, 也不能取得理想的真正射效果(图 8-3-1)。

图 8-3-1 传统正射影像(左)与真正射影像(右)

8.3.1 遮蔽的概念

遮挡问题是真正射纠正过程中的关键问题。在城市的遥感影像上,遮挡现象十分普遍且多样,不仅包括建筑物遮挡地面,还包括建筑物遮挡建筑物等情况。航空遥感影像上的遮蔽主要有两种情况,一种是绝对遮蔽,比如高大的树木将低矮的建筑物遮挡了,使得被遮挡的建筑物在影像上不可见。另一种是相对遮挡,见图 8-3-2 所示,地面上有些区域在一张像片上可见,而在另一张影像上不可见。对于相对遮蔽情况而言,影像上的丢失信息是可以通过相邻影像进行补偿的,而绝对遮蔽则做不到这一点。

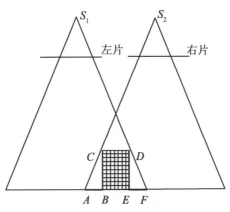

图 8-3-2 相对遮蔽示意图

航空遥感影像上遮蔽的产生与投影方式有关。对于地物的正射投影,由于它是垂直平行投影成像,是不会产生遮蔽现象的(树冠等的遮挡除外),如图 8-3-3(a)所示。而传统的航空遥感影像,它是根据中心投影的原理摄影成像的,对地面上有一定高度的目标物

体，其遮蔽是不可避免的。对于中心投影所产生的遮蔽现象，其实质就是投影差，如图
8-3-3(b)所示。

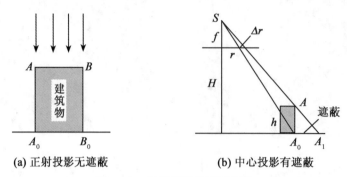

(a) 正射投影无遮蔽　　　　　**(b) 中心投影有遮蔽**

图 8-3-3　遮蔽情况分析示意图

线阵扫描影像在制作正射影像方面得到越来越多的重视，这是由于在线阵扫描传感器
的垂直下视影像中，地面上具有一定高度的目标只会在垂直于飞行方向产生投影差(遮
蔽)，而在沿飞行方向则无投影差(遮蔽)。

8.3.2　真正射影像的制作

真正射影像就是以 DSM 为基础来进行数字微分纠正。对于空旷地区，其 DSM 和 DEM
是一致的，纠正后的影像上不会有投影差。实际上，需要制作真正射影像的情况往往是那
些地表上有人工建筑或有树木等覆盖的地区，其 DSM 和 DEM 的差别就体现在人工建筑或
树木等的高度上。因此需要采集该地区的所有高出地表面的目标物体高度信息，或直接得
到该地区的 DSM，以供制作真正射影像。

真正射影像纠正是一个复杂过程，至少应包括以下三个步骤：

(1)利用 DSM 进行正射纠正，改正由地形起伏和建筑物造成的投影差；

(2)检测并标识被建筑物遮挡的区域；

(3)合并相邻的正射影像，对被遮挡区域进行填充。

真正射影像制作的一般过程可用如图 8-3-4 所示的流程图来表示。

对流程图说明如下：在具有多度重叠的影像中选择一张影像作为主纠正影像，而其他
影像则作为从属影像用来补偿主影像上被遮挡部分的信息，前提是主影像上被遮挡处在从
属影像上可见，否则，被遮挡处信息只能利用相邻区域的纹理进行填充补偿。补偿过程中
必须考虑所填充区域与其周边在亮度、色彩和纹理方面的协调性。

对于建筑物为主要目标物的真正射影像制作，还可以采用以下两种解决方法。

1. 建筑物稀少地区

如果影像中绝大部分为开放地带，仅有少量建筑物并且相互之间不存在遮挡现象，此
时可采用简单的检测方法，分别利用数字建筑物模型(Digital Building Model，DBM)和
DEM 进行正射纠正，得到仅包含屋顶而没有任何地形信息的真正射影像。在此重采样过

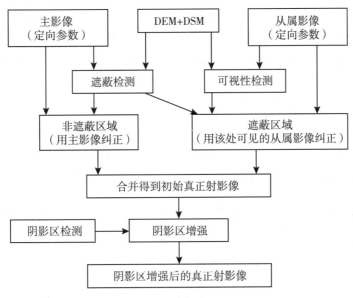

图 8-3-4　真正射影像制作流程图

程中可同时在原始影像上标示出建筑物覆盖的区域。其后，利用 DEM 对标示后的原始影像进行正射纠正，可得到只包含地形信息的传统正射影像，其中被建筑物遮挡区域用一个缺省值填充。最后，将两个正射影像融合即可得到最终的真正射影像，其中的空白区域可利用相邻影像的处理结果进行填充。

2. 建筑物密集区

如果影像位于密集的居民区、城区或影像中存在复杂的相互遮挡的建筑群落，此时可采用类似于上述建筑物稀少地区的方法，只是需要在 DBM 之中进行严格的可视性分析，其他处理方式与建筑物稀少地区的方法相同。

利用 DSM 或 DBM 经过遮挡区（和阴影区）检测和补偿后生产的真正射影像，比传统正射影像更精确，理论上可完全解决传统正射影像存在的问题，但对生产工艺、成本、航空摄影等多方面都提出了更高的要求。为了获取真正射影像，要求目标区被 100% 覆盖，这对于居民区和城区意味着要增加航空摄影的航向重叠度与旁向重叠度。真正射纠正中最繁琐、最耗时的阶段在于提取 DSM 或 DBM。当前深度学习在机器人、计算机视觉中具有无限前景，ImageNet、CoCo 等大型开源数据集促进深度学习方法突飞猛进。为促进建筑物智能提取的研究，国内学者也纷纷建立航空/航天多源建筑物数据集，为进一步利用深度学习实现遥感影像建筑物智能化提取奠定了很好的基础。

8.4　正射影像的匀光及镶嵌

一般来说，从遥感影像获取到大范围镶嵌产品的生成主要包括几何纠正、色彩一致性处理以及影像镶嵌三个主要环节。几何纠正的精度高低,将影响镶嵌影像是否存在拼接错位现象。色彩一致性处理则是消除拼接影像间的色彩差异,它的质量好坏将影响镶嵌影像是否存在色彩斑块现象。影像镶嵌技术的关键则是拼接线的选择过程,选择拼接线的目的是避开镶嵌边界横跨完整地物等情况,以提高镶嵌影像的几何质量。就目前制作正射影像的技术水平而言,正射影像的几何精度相对容易控制,它主要取决于制作正射影像所需的原始数据的精度,如控制点的精度、外方位元素的精度、数字高程模型的精度等,同时也与数字影像灰度内插的方法有关。正射影像作为视觉影像产品,对其影像辐射质量的控制非常重要,同时也是一个难点。

8.4.1 正射影像的匀光处理

不同传感器的拍摄距离以及所处大气环境的变化较大,导致影像的辐射误差源存在较大差异。对于高分辨率遥感卫星而言,在数百千米高的太空进行拍摄,影像各像素的太阳和传感器的角度几乎固定,且经过严格的 CCD 辐射校正后,影像内部颜色往往均匀一致。但是如此厚的大气层对影像整体辐射的影响较为严重,从而导致影像的辐射质量较低,且不同程度地偏离自然颜色。而航空摄影传感器的拍摄距离相对较低,一般从上百米到两千米不等,所受大气环境影响相对较低,因此影像的整体颜色通常极为自然。但是内部各像素的传感器入射角度的变化较大,且随着传感器姿态改变,入射角度的变化更明显,因此影像内部辐射呈现不均匀分布。而无人机平台拍摄距离更短,面临的辐射误差问题也比航拍更严重。卫星影像和航摄影像的辐射误差问题所有不同(如图 8-4-1(a)、(b)所示),导致在辐射校正模型等方面有所区别。

(a)卫星影像   (b)航摄影像

图 8-4-1 原始影像几何处理后的 DOM 的色彩不一致性

根据原理的不同，色彩一致性处理方法大体可以分为绝对辐射校正和相对辐射校正两种类型。绝对辐射校正旨在利用大气校正模型、辐射定标系数以及其他一些相关的大气校正参数将影像由灰度值转变为地表反射率，消除成像时由太阳入射角、大气以及光照条件等带来的影响。相对辐射校正不同于绝对辐射校正，无须考虑影像的成像过程，因此不需要复杂的成像模型消除外界因素对成像带来的影响，它的目标是将待处理影像的辐射信息调整至与参考影像相一致，使影像之间具有可比性，广泛应用于影像镶嵌、变化检测等方面。根据处理方式的不同，相对辐射校正中的色彩均衡处理方法可以分为直接映射法、路径传播法以及全局优化法三种类型，本节主要介绍直接映射法和全局优化法。

1. 直接映射法

直接映射法通过指定参考色彩信息，将其他待处理影像的色彩信息直接调整至与参考影像相一致。直接映射方法简单快捷，但是没有考虑待处理影像自身的地物内容，容易导致结果出现色彩偏差，Wallis 变换色彩均衡方法及直方图匹配法是该类方法的典型代表。下面主要介绍 Wallis 变换色彩均衡方法。

Wallis 滤波器是一种比较特殊的滤波器，其目的是将局部影像的灰度均值和方差映射到给定的灰度均值和方差值。它实际上是一种局部影像变换，使得在影像不同位置处的灰度方差和灰度均值具有近似相等的数值，即影像反差小的区域的反差增大，影像反差大的区域的反差减小，以达到影像中灰度的微小信息得到增强的目的。Wallis 滤波器可以表示为

$$f(x, y) = [g(x, y) - m_g] \frac{cs_f}{cs_g + (1-c)s_f} + bm_f + (1-b)m_g \tag{8-4-1}$$

式中，$g(x, y)$ 为原影像的灰度值；$f(x, y)$ 为 Wallis 变换后结果影像的灰度值；m_g 为原影像的局部灰度均值；s_g 为原影像的局部灰度标准偏差；m_f 为结果影像局部灰度均值的目标值；s_f 为结果影像的局部灰度标准偏差的目标值；$c \in [0, 1]$ 为影像方差的扩展常数；$b \in [0, 1]$ 为影像的亮度系数，当 $b \to 1$ 时影像均值被强制到 m_f，当 $b \to 0$ 时影像的均值被强制到 m_g。或者 Wallis 滤波器也可以表示为

$$f(x, y) = g(x, y)r_1 + r_0 \tag{8-4-2}$$

式中，$r_1 = \frac{cs_f}{cs_g + (1-c)s_f}$，$r_0 = bm_f + (1-b-r_1)m_g$，参数 r_1，r_0 分别为乘性系数和加性系数，即 Wallis 滤波器是一种线性变换。

典型的 Wallis 滤波器中，$c=1$，$b=1$，此时 Wallis 滤波公式变为

$$f(x, y) = [g(x, y) - m_g] \cdot \left(\frac{s_f}{s_g}\right) + m_f \tag{8-4-3}$$

此时，$r_1 = \frac{s_f}{s_g}$，$r_0 = m_f - r_1 m_g$。

一幅影像的均值反映了它的色调与亮度，标准偏差则反映了它的灰度动态变化范围，并在一定程度上反映了它的反差。一方面，考虑到相邻地物的相关性，理想情况下获取的多幅影像在色彩空间上应该是连续的，应该具有近似一致的色调、亮度与反差，近似一致的灰度动态变化范围，因而也应该具有近似一致的均值与标准偏差。因此，要实现多幅影像间的色彩平衡，就应该使不同影像具有近似一致的均值与标准偏差，这是一个必要条件。另一方面，由于在真实场景中地物的色彩信息在色彩空间上是连续的，因此在整个场景中，尽管不同影像范围内地物的色彩信息仍然存在差异、变化，但一般来说，这些差异、变化都是局部的，其整体信息的变化是很小的。而影像的整体信息可以通过整幅影像的均值、方差等统计参数反映出来，所以可以对不同影像以标准参数为准进行标准化的处理，从而获取影像间的整体映射关系，这是一个充分条件。因此，可以采用基于 Wallis 滤波器方法进行多幅影像间的匀光处理。具体过程就是首先确定标准参数 (m_f, s_f)，再将各影像基于标准参数 (m_f, s_f) 进行 Wallis 变换，实现多幅影像间的匀光。

2. 全局优化法

与直接映射法类似，路径传播法同样需要指定参考信息，将其他待处理影像的色彩信息调整至与参考色彩信息相一致。在路径传播法中，参考色彩信息通过邻接影像的重叠区域进行传递，由于待处理影像一般是空间二维分布，因此确定色彩校正处理的传播路径是该类方法的关键。路径传播色彩一致性处理方法在色彩信息的传递过程中容易引发色彩误差的传播与累积，且不同传播路径的两张邻接影像的处理结果仍可能存在色彩差异。全局优化方法与路径传播法类似，也是利用邻接影像间重叠区域的色彩信息构建影像间色彩差异模型，但在模型解算时并不是两两进行解算，而是将所有影像重叠区域的校正模型统一进行解算，取得全局统计意义上的最优解。武汉大学孙明伟博士(2009)提出基于最小二乘区域网平差全局优化方法，该方法利用影像间的邻接关系构建色彩校正模型，整体解算色彩校正参数，得到统计意义上的全局最优解。Cresson 等(2015)提出二次优化色彩一致性处理方法，该方法将匀色问题转化为全局二次优化问题，并以校正前后影像整体的均值和及方差和不变为约束条件，在 CIELAB 色彩空间进行三波段影像进行色彩调整。全局优化色彩一致性处理方法将未知模型校正参数整体进行求解，避免路径传播法中所产生的色彩误差与传播的问题，但已有的全局优化方法处理流程也有待改善，处理效果也有待提高。下面主要介绍最小二乘区域网匀色方法的原理。

最小二乘区域网匀色处理的基本思想是：统计单幅正射影像和与它相邻的影像的公共重叠区域的色调信息(灰度均值与灰度方差)，根据匀色后正射影像的重叠区域应该具有相同(或相近)的色调的基本要求，利用最小二乘平差方法，整个测区整体解算每幅影像的色调调整参数，使影像之间的色调差异取得整体意义上的最小二乘值。基于 Wallis 滤波器的匀色处理能够对原始影像与单幅正射影像进行色调调整，而最小二乘区域网匀色处理只对单幅正射影像进行色调调整，为区别两者匀色处理含义的差异，最小二乘区域网匀色处理过程可以称为影像的色调均衡处理。具体步骤如下：

第一步：假设影像的色调调整参数为比例参数 k 与平移参数 b，即匀色前的色调统计值为 x，则匀色后的色调统计值应该为 $kx + b$。

假设单幅正射影像的位置关系如图 8-4-2 所示，每幅影像都与它的邻域影像有重叠区域，每幅影像的色调调整参数为 k_{ij} 与 b_{ij}。匀光后的理想情况为重叠区域有相同的统计特性，则可列方程组：

$$a * k_{00} + b_{00} - b * k_{01} - b_{01} = 0$$
$$c * k_{01} + b_{01} - d * k_{02} - b_{02} = 0 \qquad (8\text{-}4\text{-}4)$$
$$e * k_{02} + b_{02} - f * k_{03} - b_{03} = 0$$
$$\cdots\cdots$$

式中，a、b 分别为第 00 号单幅正射影像与第 01 号单幅正射影像在公共重叠区域的色调统计值，c、d、e、f 等具有相同的含义。

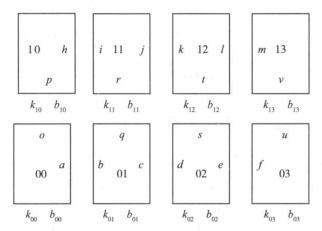

图 8-4-2 单幅正射影像的几何位置关系示例

第二步：解式(8-4-4)所示的方程，即可求得色调调整参数 k_{ij}，b_{ij}。实际上，进行色调调整参数的解算时，也需要将测区中一些色调较好的影像设为色调控制影像，这些影像的色调应该具有较小的调整幅度，或者不进行色调调整。如果某张影像为色调控制影像，则可假定该张影像的色调调整参数为 $k = 1$，$b = 0$，通常可选测区四角附近色调较好的影像作为色调控制影像。

第三步：解得每幅影像的色调调整参数后，利用 $kx + b$ 计算出每张影像的色调标准值，然后可利用 Wallis 滤波算子将每张影像的色调调整至标准值。

8.4.2 影像镶嵌

影像镶嵌技术的关键则是拼接线的选择过程，其核心就是避开镶嵌边界横跨完整地物等情况，以提高镶嵌影像的几何质量。下面主要介绍两种影像镶嵌方法。

Davis(2011)采用 Dijkstra 最短路径搜索算法进行最优缝线搜索。将配准图像的重叠区域相减得到差值图像，两幅图像的差异反映了图像之间的相似性测度，沿着差值图像中低亮度值路径进行图像拼接以保证拼接区域的差异较小。Davis 方法避免了由于物体运动、镜头畸变或定向误差等原因产生拼图不一致的问题。也有学者将动态规划法用于最优缝线检测中，搜索连接起始点到目标点的最优路径，镶嵌线检测比较有效。然而直接采用动态规划算法进行缝线检测将造成"距离效果"，即随着镶嵌线长度增加，动态规划算法的计算量急剧增加。最短路径方法检测镶嵌线的缺陷是，由于盲目搜索实质上是一种穷举搜索策略，会产生路径组合爆炸的问题，因此搜索效率极其低下，耗费过多的计算空间和时间。

利用蚁群算法进行正射影像镶嵌线自动选择的方法。首先在完成航空（航天）影像空中三角测量与数字高程模型（DEM）处理的基础上，将每幅影像纠正为正射影像，每两幅相邻的正射影像即为具有一定重叠度的待镶嵌正射影像对。根据大地坐标将待镶嵌正射影像对的重叠区域进行灰度差值运算，得到重叠区域的差值图像。房屋、树木等高出地面的地物在待镶嵌正射影像对的重叠区域存在投影差，在差值图像上会以较亮的灰度表现出来。将差值图像上的较亮区域视为障碍区域，利用蚁群算法在重叠区域选择避开障碍区域的最优路径，则该路径即为避开房屋等地物的镶嵌线。该算法能有效地确保正射镶嵌成果上地物的完整与美观，能够实现正射影像自动镶嵌。

8.5　立体正射影像对和影像景观图的制作

正射影像既有正确的平面位置，又保持着丰富的影像信息，这是它的优点。但是，它的缺点是不包含第三维信息。将等高线套合到正射影像上，也只能部分地克服这个缺点，它不可能取代人们在立体观察中获得的直观立体感。立体观察尤其便于对影像内容进行判读和解译，为此目的，人们可以为正射影像制作出一幅所谓的立体匹配片。正射影像和相应的立体匹配片共同称为立体正射影像对。还有一种方式就是制作景观图，它比地图要形象、逼真，能够很好地表现地面的真实情况，它在工程设计、农林、水利、环境规划以及旅游等方面都有很好的应用。下面分别介绍立体正射影像对和景观图的制作方法。

8.5.1　立体正射影像对的制作方法

立体正射影像的基本原理可概略地示于图 8-5-1 中。其基础是数字高程模型（DEM）。在 8.1 节中已指出，为了获得正射影像，必须将 DEM 格网点的 X、Y、Z 坐标用中心投影共线方程变换到影像上，这就是图 8-5-1(a) 中绘出的情况。如果要获得立体效应，就需要引入一个具有人工视差的匹配片。该人工视差的大小应能反映实地的地形起伏情况。最简单的方法是利用投射角为 α 的平行光线法，如图 8-5-1(b) 中所示。此时，人造左右视差将直接反映实地高差的变化，这可以用图 8-5-2 作进一步说明。

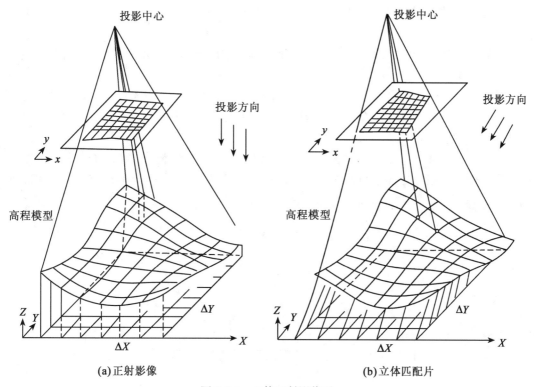

投影中心

投影方向

y
x

高程模型

Z Y
ΔY
ΔX
X

(a)正射影像

投影中心

投影方向

y
x

高程模型

Z Y
ΔY
ΔX
X

(b)立体匹配片

图 8-5-1 立体正射影像对

以图 8-5-2 中地表面上 P 点为例，它相对于投影面的高差为 ΔZ，该点的正射投影为 P_0，该点的斜平行投影为 P_1。正射投影得到正射影像，斜平行投影得到立体匹配片。立体观测得到左右视差 $\Delta P = P_1 P_0$，显然有

$$\Delta P = \Delta Z \tan\alpha = k \cdot \Delta Z \tag{8-5-1}$$

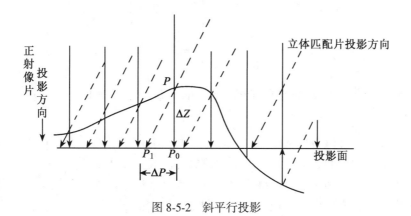

正射像片投影方向

立体匹配片投影方向

P

ΔZ

P_1 P_0

$\leftarrow\!\Delta P\!\rightarrow$

投影面

图 8-5-2 斜平行投影

由于斜平行投影方向平行于 XZ 面，所以正射影像和立体匹配片的同名点坐标仅有左右视差，没有上下视差，这就满足了立体观测的先决条件，从而构成了理想的立体正射影

像对。在这样的像对上进行立体量测，既可以保证点的正确平面位置，又可方便地求解出点的高程。

从以上叙述可知，如果想要从同一数字高程模型出发制作立体正射影像对，必须包括以下三个步骤。

第一步：按 XY 平面上一定间隔的方形格网，将它正射投影到数字高程模型上，获得 X_i，Y_i，Z_i 坐标，再由共线方程求出对应像点在左片上的坐标 x_i，y_i，用此影像断面数据可制作正射影像。

第二步：由 XY 平面上同样的方格网，沿斜平行投影方向将格网点平行投影到数字高程模型表面，该投影方向平行于 XZ 面。如果按照式(8-5-1)投影，则该投影线与 DEM 表面交点坐标 $\overline{X}_i$，$\overline{Y}_i$，$\overline{Z}_i$ 可由下式求出(图 8-5-3)：

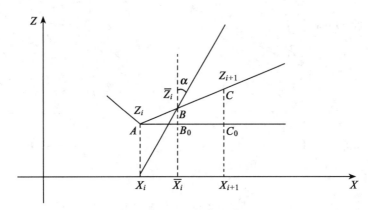

图 8-5-3　斜平行投影坐标内插

$$\overline{Y}_i = Y_i$$

$$\overline{X}_i = \frac{(X_{i+1} - X_i)(X_i + kZ_i) - X_i k(Z_{i+1} - Z_i)}{X_{i+1} - k(Z_{i+1} - Z_i) - X_i}$$

$$\overline{Z}_i = \frac{Z_i + (Z_{i+1} - Z_i)(\overline{X}_i - X_i)}{X_{i+1} - X_i}$$

$$(8\text{-}5\text{-}2)$$

式中，$k = \tan\alpha$，为了获得良好的立体感，k 值取 $0.5 \sim 0.6$，地面十分平坦时，k 值可取到 0.8。

第三步：将斜平行投影后的地表点坐标 $\overline{X}_i$，$\overline{Y}_i$，$\overline{Z}_i$ 按中心投影方程式变换到右方影像上去，得到一套影像断面数据 $\overline{x}_i$，$\overline{y}_i$，由此数据可制成立体匹配片。

必须指出：第一，为了进行共线方程解算，需已知影像内外方位元素。它们可由区域网平差结果中获得，亦可由已知地面控制点用空间后方交会解算。第二，分别用左、右片制作正射影像和立体匹配片有利于立体量测。与原始航空影像相比，立体正射影像具有许多明显的优点，比如：①便于定向和量测，定向仅需要将正射影像与立体匹配片在 X 轴方向上保持一致，量测中不会产生上下视差，所测出的左右视差用简单计算方法即可获得高差和高程；②量测用的设备简单，整个量测方法可由非摄影测量专业人员很快掌握。

至于立体正射影像的应用，只要已具备 DEM 高程数据库，可以在摄影后立即方便地制出立体正射影像。用它来修测地形图上的地物和量测具有一定高度物体的高度等是十分有效的。试验表明，用正射影像修测地图比用原始航片方便，而用立体正射影像要比单眼观测正射影像多辨认出 50%的细部。此外，立体正射影像对在资源调查、土地利用面积估算、交通线路的初步规划、建立地籍图、制作具有更丰富地貌形态的等高线图等方面都能发挥一定的作用。

8.5.2 影像景观图的制作方法

景观图比地图形象、逼真，能够很好地表现地面的真实情况，它在工程设计、农林、水利、环境规划以及旅游等方面都有很好的应用。若集合 A 表示某区域 D 上各点三维坐标向量的集合

$$A = \{(X, Y, Z) \mid (X, Y, Z) \in D\} \qquad (8\text{-}5\text{-}3)$$

集合 B 为二维影像各像素坐标与其灰度的集合

$$B = \{(x, y, g) \mid (x, y) \in d\} \qquad (8\text{-}5\text{-}4)$$

其中，d 为与 D 对应的影像区域，则景观图制作实际上就是一个由 A 到 B 的映射，(X, Y, Z)与(x, y)及观察点 S(视点)满足共线条件，其原理与航空摄影完全相同，不同的是航空摄影一般接近于正直摄影，而景观图则是特大倾角"摄影"(将地面点投射到二维影像上)；式(8-5-4)中的 g 为像点(x, y)对应的灰度值，也可以是根据地形及虚拟光源模拟出来的值。

1. 模拟灰度景观图

三维形体或景物图的真实性在很大程度上取决于对明暗效应的模拟。在 DEM 透视图经过隐藏线、面的消隐处理之后，再用明暗度公式计算和显示可见面的亮度(或颜色)，其真实感可进一步得到提高。明暗度公式并不是精确地去模拟实际表面的光效应，它只是近似地模拟，但要尽可能地避免由于近似而造成观察者对形体表示上的混淆。在明暗模拟中有两个基本要素，即地表面性质和落在表面上的光照性质。反射是地表面的主要性质，它决定了有多少入射光被表面反射。表面的另一个性质是透明度，但在处理对象为地面时，一般不考虑透明度，也就是透明度为零。

1)明暗效应的数学表示

形体表面的明暗程度通常是随着光照方向的变化而变化的，当然也包括镜面反射效应。Lambert 定律阐述了这个问题，定律指出落在表面上的光能是随着光线入射角的余弦而变化的。在图 8-5-4 中 P 是形体表面上一点，光源发射的一条射线 L 和 P 处的法向量 N_P 之间的夹角是 α。假设光源到达这里的能量 I_{PS} 在所有方向上被均匀反射，即为漫射反射，则有

$$E_{PS} = (R_P \cdot \cos\alpha) \cdot I_{PS} \qquad (8\text{-}5\text{-}5)$$

式中，E_{PS} 表示来自点光源的能量；R_P 是反射系数。

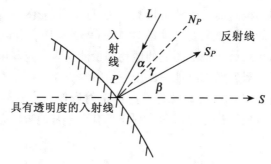

图 8-5-4 点 P 的明暗度是由反射光线确定的，N_P 是点 P 处的法向量

这个关系式表明一个表面的亮度是随着光源和表面的倾斜度的增加而减少，如果入射角 α 超过 $90°$，则对光源而言，该表面即为隐藏面，因而必须置 E_{PS} 为零。

明暗度公式所需要的角度完全可由平面法矢量来确定。由每一 DEM 格网可确定一平面：

$$Z = AX + BY + C \tag{8-5-6}$$

则平面的法矢量为

$$n = (A \quad B \quad -1)^T \tag{8-5-7}$$

对于矩形格网，也可以将每个格网的角点与中心点连接形成 4 个三角形，分别求出 4 个平面的法矢量。

设指向光源的规格化矢量为 $L=(a, b, c)$：

$$a^2 + b^2 + c^2 = 1$$

N 为将 n 规格化

$$N = \frac{n}{|n|}$$

则角度 α 满足

$$\cos\alpha = L \cdot N = \frac{1}{\sqrt{A^2 + B^2}}(aA + bB - C) \tag{8-5-8}$$

2）明暗度的均匀化

为了简化消除隐藏面的工作，对光滑表面通常用平面立体来近似，而明暗度的计算可以恢复它的光滑原形。对于观察者来说，一般平面立体明暗度图具有摄动效应，借助这种效应可以模拟明暗效应中的灰度和透明度，而用调匀的明暗效应同样可恢复景物的真实性。Gouraud 用线性插值来实现明暗度的调匀，如图 8-5-5 所示，它要求计算每一个面所有顶点的法矢量，再用每个顶点的法矢量去计算每个点的明暗度，通过顶点明暗度的插值可得到平面内部各处的明暗度。如图 8-5-5 所示，若要计算一条扫描线上的明暗度，这条扫描线和平面相交于 L 和 R，在 L 处的明暗度是 A、B 处明暗度的线性插值；R 处的明暗度是 D、C 处明暗度的线性插值，而扫描线上 P 点的明暗度又是 L 和 R 处的线性插值。这些简单的线性插值可以作为扫描线隐藏面消去算法的一部分。至于顶点的法向量既可从一个平面模型中直接计算，也可通过计算围绕该顶点几个平面法向量的平均值来得到。这种处理方法的好处是不用构造平面模型,如图 8-5-6(a)所示,$P=(A+B+C+D)/4$。但有时在经过平面的边界时,为了表示形体的折缝或锋利的边,调匀的明暗度会失效。在这种情况下一个顶点要计算两个法向量,如图 8-5-6(b)所示。其中一个向量是 A、B 两个向量的平均值,用来插值平面 A、B 的明暗度,这样 A—B 和 C—D 的边界都成了均匀明暗度,而 A—D,B—C 的边界却具有不连续的明暗度。

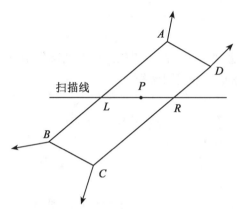

图 8-5-5　一个多边形的明暗度用其顶点 A、B、C、D 的明暗度来表示

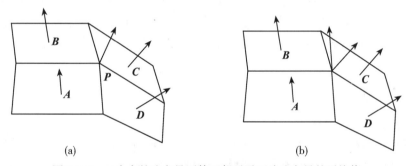

(a)　　　　　　　　　　　　　　(b)

图 8-5-6　一个点的法向量可等于邻近平面片法向量的平均值

对于矩形格网 DEM,可简单地利用 4 个格网中心点进行双线性内插求每一地面元所对应模拟景观图上相应像素的明暗度;或内插每一地面元的法矢量,再计算其对应像素的明暗度。

地面元大小的确定原则是:①每一地面元映射到景观图之后,各像元素之间没有缝隙;②地面元尽可能地大,以避免不必要的计算。

2. 真实景观图

真实景观图(Landscape)的制作原理和模拟景观图相似,即在 DEM 透视图的基础上,对每一像素赋予一灰度值(或彩色),但此时的灰度值(或彩色)并不是由模拟计算得到的明暗度,而是取自对实地所摄影像的真实灰度值。

1)由 DEM 与原始影像制作景观图流程

(1)将每一 DEM 格网划分为 $m×n$ 个地面元，原则依然是使景观图上像素之间无缝隙并尽可能地大；

(2)依次计算各地面元在景观图上的像素行列号(I_l, J_l)；

(3)进行消隐处理；

(4)由地面元计算其对应的原始影像像素行列号(I_p, J_p)；

(5)利用重采样内插方法计算(I_p, J_p)的灰度 $g_p(I_p, J_p)$；

(6)将原始影像灰度 g_p 赋予景观图像素(I_l, J_l)：

$$g_l(I_l, J_l) = g_p(I_p, J_p)$$

以上过程实际上是将透视图的绘制与正射影像图的制作结合起来进行的过程。

2)由 DEM 与正射影像制作景观图流程

如果已经有了正射影像图，则不需利用原始影像，而可以直接利用正射影像制作景观图，这样可以大大地节省计算工作量。其处理过程的前(1)、(2)、(3)步与利用原始影像时完全相同，所不同的步骤为：

(4)由地面元计算其对应的正射影像像素行列号，此时是简单的平移与缩放，而不需利用共线方程来计算；

(5)将正射影像相应像素的灰度值 g_0 取出赋予景观图像素(I_l, J_l)：

$$g_i(I_l, J_l) = g_0$$

在景观图的基础上，根据一定的工程设计，利用几何造型等技术，可以展现工程完成后的景观，以利于对该工程的设计作出评价或修改。进一步地，通过对景观图的平移、旋转、缩放等功能，可获得多幅接近连续变化的景观图，这就是动画的制作过程。

◎ 习题与思考题

1. 数字微分纠正的基本含义是什么？

2. 试述框幅式航空影像正、反解法数字纠正的原理及其优缺点。

3. 绘出航空影像反解法数字纠正的程序框图并编制相应程序。

4. 什么是面元素纠正、线元素纠正与点元素纠正？数字微分纠正属于哪一种纠正？

5. 为什么线性阵列扫描影像的微分纠正需要迭代计算？简述直接法与间接法相结合纠正方案的原理与优点。

6. 请绘出利用有理函数模型纠正的程序框图，并编制相应的计算机程序。

7. 什么叫立体正射影像对？有哪种方法可制作立体匹配影像？

8. 什么叫真正射影像？如何制作真正射影像？

9. 大范围正射影像制作主要包括哪几个方面的内容？

10. 影像匀光的目的是什么？正射影像如何进行匀光？

11. 遥感影像相对辐射纠正有哪些方法？试编制一种相对辐射纠正的方法的程序。

12. 影像镶嵌的过程需要注意哪些因素的影响？画出你所知道的方法的程序框图。

13. 怎样制作真实景观图？绘出其程序框图并编制相应程序。

14. 怎样制作模拟彩色景观图？怎样制作景观动画？

第9章　无人机摄影测量

　　无人机摄影测量作为传统航空摄影测量的有益补充，已成为获取空间数据的重要手段之一。与传统航空摄影测量相比，无人机摄影测量具有机动灵活、高效快速、作业成本低等突出优势，以及像幅小、畸变大、像片数多、影像关系复杂等处理难点。本章将针对无人机影像特点详细讨论无人机摄影测量新技术，包括无人机获取数据的特点；无航带情况下通过检索获取影像关系及连接点提取方法；使用计算机视觉成像模型和最优化理论介绍无人机光束法平差求解方法，等等，涉及理论证明较多，特别是关于李代数部分只给出重要步骤及结论，读者可根据实际情况补充或取舍。

9.1　无人机摄影测量概念及特点

9.1.1　无人机摄影测量概述

　　无人机全称无人驾驶飞行器(Unmanned Aerial Vehicle，UAV)，是利用无线电遥控或自备程序控制操纵的不载人飞行器。无人机摄影测量是通过无人机对目标区域进行航空摄影，利用成像几何原理对影像进行处理，制作出目标区域的正射影像图、数字地形图以及三维模型的一门技术。

　　无人机摄影测量在基础地理信息测绘、地理国情监测、地理信息应急监测方面起到了无可替代的作用，超越了传统航空摄影测量的作业范围。通过无人机摄影测量可获取目标区域超精细的影像，地面分辨率可到毫米级。此外，无人机还可以对目标区域进行全方位拍摄，获取目标的全景影像。这种超高分辨率、全方位的影像为对目标区域进行精准测量提供了重要基础，结合摄影测量处理新技术，可自动生成目标区域精细三维地理信息模型。

　　传统航空摄影测量技术通常跳过摄影过程，直接从影像处理开始。但无人机摄影测量必须考虑影像获取，因为后续处理与影像获取强相关，甚至需要从成果需求出发，对数据获取方式进行规划和设计。

1. 无人机航空摄影基础

　　无人机航空摄影就是用无人机获取目标区域的影像，最核心的设备是无人机和相机。无人机主要由飞行器和遥控器组成，一些飞行器具备自动返航、视觉定位、悬停等功能，根据结构不同主要分为固定翼飞行器、旋翼飞行器和垂直起降飞行器，如图9-1-1所示。

固定翼飞行器　　　　　　　旋翼飞行器　　　　　　垂直起降飞行器

图 9-1-1　飞行器类型

固定翼飞行器与载人飞机一样，主要由机身、发动机、机翼、尾翼和起落架五部分组成。

（1）机身：将固定翼飞行器的各部分联结成整体的主干部分，机身内可以装载必要的控制机件、设备和燃料等。

（2）发动机：是固定翼飞行器产生飞行动力的装置。固定翼飞行器常用的动装置有活塞式发动机、喷气式发动机、电动机等。

（3）机翼：是固定翼飞行器在飞行时产生升力的装置，并能保持固定翼飞行器飞行时横侧稳定。

（4）尾翼：包括水平尾翼和垂直尾翼两部分。水平尾翼可保持固定翼飞行器飞行时的俯仰稳定，垂直尾翼保持固定翼飞行器飞行时的方向稳定。水平尾翼上的升降舵能控制固定翼飞行器的升降，垂直尾翼上的方向舵可控制固定翼飞行器的飞行方向。

（5）起落架：供固定翼飞行器起飞、着陆和停放的装置。起落架包括前部一个支点，后面左右两个支点的，叫前三点式；前部左右两支点，后面一个支点的，称为后三点式。

旋翼飞行器一般由机身、螺旋桨、电机、飞控器和电池等部分组成。

（1）机身：将旋翼飞行器的各部分联结成整体的主干部分，机身内可以装载必要的控制机件、设备和电池等。

（2）螺旋桨：给飞行器提供升力，同时要抵消螺旋桨的自旋，必须有正反桨，也就是螺旋桨总数必定是偶数，其中一半桨顺时针旋转，另一半桨逆时针旋转，通常同向旋转的螺旋桨按对角线安装。

（3）电机：给螺旋桨提供旋转动力，电机每分钟的转速定义为 k_v 值。电机需要与螺旋桨匹配，螺旋桨越大，需要较大的转动力在较小转速情况下就可以提供足够大升力，所以桨越大，匹配电机的 k_v 值越小。

（4）飞控器：控制飞行器的飞行姿态，由 3 个陀螺仪、3 轴加速度传感器和电调组成。与固定翼飞行器不同，旋翼飞行器通过飞控器实现飞行平衡。飞控器实时获取 6 个传感器信号，并根据稳定条件，实时计算各电机需要的动力，通过电调将控制信号转变为电流控制电机转速，实现稳定飞行。

（5）电池：给飞行器提供能源，电池型号一般是 mAh，表示电池容量，例如 1000mAh 电池，如以 1000mA 放电可持续 1 小时，如以 500mA 放电则可持续 2 小时。电池型号中的 s 代表内部锂电池节数，锂电池 1 节标准电压为 3.7V，那么 2s 就是代表里面有 2 个 3.7V

电池。电池型号中的 c 代表电池放电能力，这是普通锂电池和动力锂电池最重要区别，如 1000mAh，5c 电池代表，电池可以 5×1000mA 的电流强度放电。

垂直起降固定翼飞行器结合了固定翼飞行器长航时和抗风性强以及旋翼飞行器能垂直升降、不需要跑道的优点。在起飞时，通过螺旋桨给飞行器提供升力，升空后再由机翼和尾翼给飞行器提供飞行动力。

无人机摄影所用相机与传统航空摄影不同，传统航空摄影使用专业相机，不仅昂贵，而且也比较重，不适合安置在无人机上。无人机上使用的相机通常为民用单反数码相机，如 Canon-5D、Sony-SX3、Panasonic-GH4 等。部分无人机厂商在无人机上预设相机，例如大疆系列无人机就预设了轻小型相机。为了增加航拍画面的稳定性，相机通过云台安装在无人机上。云台是航拍系统中很重要的部件，云台一般会内置两组电机，分别负责云台的上下摆动和左右摇动，维持相机旋转轴不变，确保拍摄的影像清晰度不受飞机震动影响。图 9-1-2 和图 9-1-3 是大疆精灵 Phantom 3 无人机摄影测量系统的硬件组成。

无人机执行航空摄影时要尽量稳定飞行，为用遥控器控制飞行器稳定飞行，操作者还需了解无人机飞行基本常识。无人机飞行严格遵守牛顿第一运动定律，若要保持平稳飞行，必须保证所有外力合力为零。当飞机在保持匀速直线飞行时，所受合力为零，当飞机匀速降落时，升力与重力的合力仍是零，升力并未减少，否则飞机会越降越快。为了方便分析，这里将动力分为 X、Y、Z 三个轴力和绕 X、Y、Z 三个轴旋转的弯矩力。轴力不平衡会在合力方向产生加速度，弯矩力不平衡会产生转动。飞行中飞机受力可分为升力、重力、阻力、推力，如图 9-1-4 所示。升力由机翼提供，推力由引擎提供，重力由地心引力产生，阻力由空气产生，可以把力分解为两个方向的力，称 x 及 y 方向(还有一个 z 方向，只影响转弯，这里先不分析)。飞机匀速直线飞行时，x 方向阻力与推力大小相同、方向相反，故 x 方向合力为零；因飞机速度不变，y 方向升力与重力大小相同方向相反，故 y 方向合力亦为零，飞机不升降，所以会保持匀速直线飞行。

弯矩力不平衡则会产生旋转加速度，对飞机来说，X 轴弯矩不平衡，飞机会侧滚；Y 轴弯矩不平衡，飞机会俯仰；Z 轴弯矩不平衡，飞机会偏航，如图 9-1-5 所示。

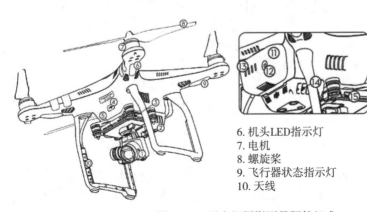

1. 一体式相机云台
2. 视觉定位系统
3. 相机Micro-SD卡槽
4. Micro USB 接口
5. 相机状态指示灯

6. 机头LED指示灯
7. 电机
8. 螺旋桨
9. 飞行器状态指示灯
10. 天线

11. 智能飞行电池
12. 电池开关
13. 电池电量指示灯
14. 对频按键
15. 相机数据接口

图 9-1-2 无人机摄影测量硬件组成

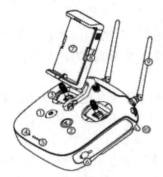

1. 电源开关　　　　　6. 充电接口　　　　11. 云台俯仰控制拨轮　16. 回放照片按钮
2. 智能返航按键　　　7. 移动设备支架　　12. 相机设置转盘　　　17. 切换屏幕显示地图还是照片
3. 摇杆　　　　　　　8. 手机卡扣　　　　13. 录影按键　　　　　18. 遥控器连接平板(或手机)的标准USB插口
4. 遥控器状态指示灯　9. 天线　　　　　　14. 飞行模式切换开关　19. 遥控器连接平板(或手机)的Mirco USB插口
5. 电池电量指示灯　　10. 握手柄　　　　　15. 拍照按钮

图 9-1-3　无人机遥控器主要部件

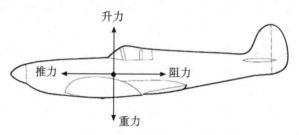

图 9-1-4　飞机受力示意图

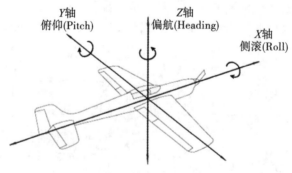

图 9-1-5　飞机运动角定义

　　了解以上知识对控制无人机非常重要，用遥控器控制无人机时一定要考虑合外力，例如直线飞行时不用按加速键，匀速上升和下降也不用按上升和下降键。特别是在通过编写飞控指令控制无人机时，一定要记得及时清除指令，否则无人机会一直处于该指令控制状态。

2. 无人机摄影测量作业流程

无人机摄影测量作业流程与传统摄影测量类似，通常包含航摄准备、航线规划、飞行与数据检查、数据内业处理四部分。

1）航摄准备

无人机在航空摄影前，应该根据具体的作业任务提前做好规划，实地踏勘，撰写航摄计划。航摄计划主要包括：测区概况，测区范围，选用的无人机、相机，摄影比例尺和航高，拍摄日期及无人机起降的具体位置等。为了确保无人机低空飞行安全，提高空域资源利用率，在进行航拍前，负责人员需按照相关规定向航空管理部门申请测区空域飞行许可。如果没有获得批准，需要重新拟订飞行计划，做好充分的准备，再次向空域管理部门提出申请。

2）航线规划

在进行无人机摄影测量时，航线规划是一项十分重要的前置工作。可以让无人机按照既定的路线进行飞行，完成设定的影像获取。目前，有很多航线规划软件，且提供按规则图形（如矩形、平行四边形等）进行航线规划功能，如图 9-1-6 所示就是由软件自动生成的航线。

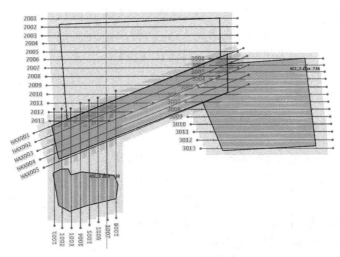

图 9-1-6　航空摄影的航线

航线规划的内容包括出发地点、途经地点、目的地点的位置关系信息以及飞行高度、飞行速度等。航线规划一般分为飞行前规划和飞行中优化。飞行前规划主要按既定任务，结合环境限制与飞行约束条件，从整体上制定最优路径。飞行中优化，则指在飞行过程中遇到突发状况，如地形、气象变化、未知限飞因素等，局部动态地调整飞行路径或改变作业任务。航线规划中需特别注意环境限制和飞行器限制，环境限制主要包括禁飞区、障碍物、险恶地形、大风雨雪气象情况等，而飞行器限制主要包括飞行器转弯半径、安全飞行高度、最小直航段等。

3）飞行与数据检查

无人机在空中飞行作业时，受飞行环境、天气情况影响，会出现飞行航线偏移，导致影像未能按理想情况获取，影响数据生产。为此，飞行任务结束后，需要用机载 GPS（或 POS）信息及影像数据对飞行质量进行核查，确认获取的影像是否满足相应规范要求。飞行质量检查内容通常包含航向重叠度、旁向重叠度、像片倾角和旋角、航带弯曲度和航高差等。此外，影像是否清晰、色调是否一致、层次是否鲜明、反差是否合理、是否存在重影阴影也是检查的内容。

4）数据内业生产

内业生产主要依靠摄影测量软件来开展，基本处理步骤包括：数据分析整理、建立工程、设定相机-影像-控制点、影像定向（通常为模型定向或空中三角测量）、DEM 生产、正射影像生产、DLG 生产等。其中，相机-影像-控制点是开展摄影测量生产必需的三要素，缺任何一个都不行。需要指出的是随着科技发展，这三要素的内容和形式也一直在发展变化，例如，现在很多处理软件自带常用相机库或者支持从影像中读相机信息，而控制点也可以由 POS 或 GPS 代替，只有影像数据不可或缺。

9.1.2　倾斜摄影与贴近摄影

航空摄影可以快速获取地形三维信息，但随着社会科学技术的发展，人们对三维信息的需求更加精细化。特别在城市地区，现代测绘都希望获取建筑物的三维信息，显然传统航空摄影测量无法实现这一需求。随着无人机在摄影测量中大量应用，无人机摄影测量显示出前所未有的前景。无人机不仅可以像传统摄影测量一样垂直对地摄影，还可以充分利用自身灵活性或通过云台、轻小型多镜头等辅助设备开展新型摄影测量，其中最具代表性的就是倾斜摄影和贴近摄影。

1. 倾斜摄影

倾斜摄影是一种使用多镜头（通常用五镜头，包括一个垂直镜头，四个倾斜镜头）组合进行摄影，同时获取目标区域的下视影像和倾斜侧视影像的技术。倾斜摄影测量系统采用倾斜摄影，配合摄影测量处理新理论和技术，生产目标区域的三维模型。倾斜摄影测量以大范围、高精度、高清晰的方式全面感知复杂场景，通过高效的数据采集设备及专业的数据处理流程生成的数据成果可直观反映地物的外观、位置、高度等属性，在满足真实效果的同时还具备测绘级精度。倾斜摄影测量成果现已成为城市空间数据框架的重要内容。

倾斜摄影最早在 20 世纪初出现，1904 年 Scgeunflug 率先发明了一个 8 镜头的倾斜相机摄影系统用于军事侦察，如图 9-1-7 所示。

20 世纪 30 年代，美国制造了一台 Fairchild T-3A 5 倾斜相机系统，创新性地采用了一个垂直和四个倾斜的相机结构，称为马耳他十字（Maltese Cross）结构，如图 9-1-8 所示。

到 20 世纪 40 年代，一种三镜头倾斜摄影系统被用于测量南极洲，这是倾斜相机首次用于测量相关的工作；20 世纪 80 年代，倾斜相片被用于军事侦察以及考古研究。然而，由于倾斜相片的尺度不一致，相关处理技术没有发展起来，在当时的摄影测量领域中很少使用。20 世纪 90 年代，计算机视觉在影像匹配方面取得突破性进展，提出了诸如 SIFT

图 9-1-7 第一台倾斜摄影系统

图 9-1-8 Fairchild T-3A 5 倾斜相机系统

算子这样的旋转、缩放无关匹配算法，在平差处理方面，随着计算机处理能力的提升，大规模优化方程求解已经进入实用阶段，为倾斜影像的处理奠定了基础。1993 年，Pictomety 沿用 Fairchild T-3A 的马耳他十字结构，制造了自己的倾斜数码相机系统，获得了一项基于该系统的倾斜相片美国专利，并于 1998 年开始批量生产此系统。2005 年，Blom Group 公司与 Pictometry 签署了一份关于欧洲领土的独家授权协议，开始了一项庞大的工程。此工程计划获取西欧所有人口数量超过 50000 的城市的具有几何定位信息的倾斜相片。这些相片涵盖 80% 的西欧人口，共 1000 多个城市，总的覆盖面积达到了 100000km^2。通过此项工程得到的数据库提供了覆盖全欧洲的标准化影像产品，并计划两年更新一次。2010 年以后，随着无人机平台的行业爆发，倾斜摄影测量进入了一个新的增长期，除传统航摄厂商如 Leica、Trimble 等，国内外涌现出大量企业，纷纷推出了各自的倾斜摄影测量系统。目前最典型的倾斜摄影测量系统仍然采用马耳他十字结构，由 1 个下视相机、4 个倾斜相机组成，相机结构和获取影像如图 9-1-9 所示。

相对于传统航空摄影获取的垂直影像，倾斜摄影获取的影像称为倾斜影像，具有大倾斜角、变化的比例尺、遮挡严重、不同侧面成像等特点。倾斜角指相机主光轴与世界坐标系 Z 轴之间的夹角，传统航空摄影的倾斜角小于 5°，倾斜摄影的倾斜角通常为 5°~30°，倾斜角大于 30° 时，一般称为大倾角摄影。正是由于倾斜角的存在，倾斜影像内比例尺有较大变化，影像在地面的投影形状为梯形，影像前景的像素对应的地面 GSD 比后景像素对应的 GSD 要小，即前景的分辨率比后景高，倾斜角与比例尺变化如图 9-1-10 所示。

图 9-1-9　典型 5 相机倾斜摄影系统及获取的影像

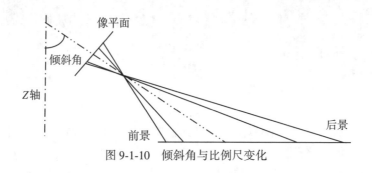

图 9-1-10　倾斜角与比例尺变化

从应用角度来看，倾斜摄影具有真实、高效和性价比高的特色。使用倾斜影像恢复的城市模型与传统地图相比，的确更真实、直观，这种城市模型表达的信息易于让普通大众接受。在效率方面，多镜头同时成像，大幅提高了数据获取效率。在后续处理方面，得益于摄影测量新技术，倾斜摄影具有高度自动化的处理方法，人工工作量非常少。除人力资源优势外，采用无人机摄影的成本也比传统使用大飞机的航空摄影低很多。总之，倾斜摄影在国内外已广泛用于城市级的三维信息获取，生产数据已经成为新型测绘重要成果之一。采用倾斜摄影生产的三维模型如图 9-1-11 所示。

2. 贴近摄影

倾斜摄影能较好地重建建筑物的整体结构，但一些细部结构(如窗户、空调外挂机)很难得到重建。在地质灾害方面，高陡斜坡地形复杂，对于地质裂缝、三维形变等地质灾害预警所需的精细信息获取，常规摄影和倾斜摄影都表现得束手无策。根据摄影测量基本原理可知，要想获得目标区域的精准三维信息，必须以最合理的角度获取最合理的影像才有望解决，为此武汉大学张祖勋院士提出了贴近摄影测量技术。

贴近摄影测量(Nap-of-the-Object Photogrammetry)是利用旋翼无人机对非常规地面(如

图 9-1-11　倾斜摄影生产的三维模型

滑坡、大坝、高边坡等)或者人工物体表面(如建筑物立面、高大古建筑、地标建筑等)进行亚厘米甚至毫米级别分辨率影像的自动化高效采集,并通过高精度空中三角测量处理,以实现这些目标对象精细化重建的一种摄影测量方法。

贴近摄影测量具有以下特点:

(1)目标导向飞行:摄影路线沿着被摄物体的表面,可避免统一飞行高度带来的影像分辨率变化的问题。

(2)贴面拍摄:根据目标表面形状,调整无人机角度或相机拍摄角度,因此也要求数据获取平台具备较高的灵活性。

(3)近距离摄影:可获取目标表面超高分辨率影像(亚厘米甚至毫米级别)。

(4)从粗到细作业:先对目标进行常规或倾斜摄影,获取目标粗粒度三维信息,然后自动规划摄像位置和摄影角度,控制无人机进行精细影像获取。

贴近摄影的重点不在于"近",而是"摄影方向",它的本质是面向"对象"的摄影测量(Object-Oriented Photogrammetry),即根据初始形状信息将复杂目标分割为若干个面元(任意坡度、坡向的空间平面或曲面),将每个面元作为一个处理对象,进行近距离垂直目标表面的摄影测量,以最佳摄影角度,最优化地获取物体的超高分辨率影像。贴近摄影与其他方式摄影的主要差异如图 9-1-12 所示。

贴近摄影测量的核心思想是"从无到有""由粗到细"的精准摄影测量,对某些特殊目标还需要辅以"人机协同"。贴近摄影测量核心思想如图 9-1-13 所示。

贴近摄影测量在实际应用中的工作流程主要包含两方面:①"从无到有"的策略,当拍摄目标不存在初始场景信息时,需要先通过常规飞行或人工控制无人机拍摄目标场景少量的数据,并重建目标的粗略场景信息。②"由粗到细"的思想,当拍摄目标有老的场景数据时,需要先将老数据的坐标转到 WGS-84 参考椭球下,并以此作为拍摄目标的初始场景数据;然后,根据初始场景信息,对拍摄目标进行贴近航迹规划;最后,让无人机根据规划的航迹飞行,自动、高效地获取覆盖物体表面的高分辨率、高质量的影像,同时输出影像位置姿态参数，为目标精细化三维重建提供基础。采用贴近摄影测量生成的航迹与精细三维模型如图 9-1-14 所示。

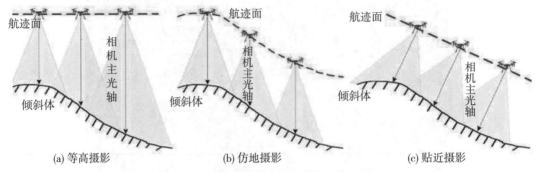

(a) 等高摄影　　　　　　(b) 仿地摄影　　　　　　(c) 贴近摄影

图 9-1-12　贴近摄影与其他摄影方式的差异

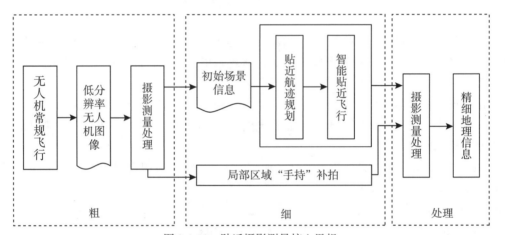

图 9-1-13　贴近摄影测量核心思想

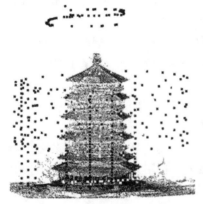

图 9-1-14　贴近摄影测量航迹与精细三维模型

此外，针对地质灾害调查的实际需求，贴近摄影测量还提出了广义正射影像，它以各个地形单元的拟合平面或曲面为投影面生成正射影像，可表达复杂目标的几何结构信息，全面还原高陡斜坡的精细结构，为地质灾害调查提供有效的地理信息支撑。

9.1.3 无人机摄影测量的特点

无人机摄影测量作为传统航空摄影测量的有益补充，已成为获取空间数据的重要手段。针对当代中国城镇发展需要最新、最全的地形地貌信息，无人机摄影测量有广阔的市场需求和应用前景。为充分理解无人机摄影测量的优势与不足，下面进行详细讨论。

1. 无人机摄影测量的优势

1）安全性好

利用无人机航空摄影不需要工作人员在飞机上操作，而保障了工作人员的生命安全。无人机起降不需要专门场地，在不同地形可以正常运作，大幅提高了使用效率。无人机可完全按预定路线进行摄影，充分发挥航线设计的作用，大幅提高了数据获取效率。无人机可与地面控制中心实时交互信息、传输数据，大幅提高了数据准确性和完整性。

2）成本低

无人机通常采用轻质碳纤维复合材料制造，维修、保养简单便捷，造价远低于传统航拍大飞机。无人机驾驶员获取上岗执照的技术门槛低，人力成本大幅下降。飞行不需要特定场地，更不需要停放机场。无人机比较轻小，燃料消耗少，飞行成本大幅下降。总之，利用无人机航空摄影，总费用低，性价比高。

3）机动灵活

无人机体型小，升空快，转弯半径小，甚至可悬停，可完全按规划路线自动飞行，不仅能进行高强度航拍，还可以提升航拍的准确性与精准度；当拍摄目标被遮挡时，无人机还可灵活绕过。

4）分辨率高、视角全

无人机拍摄距离近，获取影像的分辨率大幅提高，像元分辨率可达到毫米级。无人机可以从不同方向、不同角度进行全方位数据获取，这是前所未有的航空影像获取方式，大大扩宽了摄影测量的应用范围。

2. 无人机摄影测量的不足

1）飞行不平稳

无人机比较轻小，容易受空中气流影响，飞行不平稳，拍摄的影像存在较大旋转角度，当风力较大时，无法作业。

2）影像质量较差

相对通航大飞机，无人机可靠性较差，不适合搭载专业航空相机，通常使用比较经济的民用相机，相机存在较大畸变。也没有畸变补偿装置，成像质量较差，相同地面分解率情况下，成图精度比传统航空摄影测量低。

3）依赖通信信号

无人机必须依赖 GPS 定位飞行，同时也需要实时与地面控制器进行通信，因此非常依赖通信系统，如果通信信号不好会引发飞行安全事故。

3. 无人机影像特点

1）影像间存在较大角度

无人机由于自身质量较小、惯性小，受气流影响大，俯仰角、侧滚角和旋偏角变化快、幅度大，导致获取的影像间存在较大角度。

2）影像无规则航带

一方面，无人机受气流影响大，飞行不平稳，即使设计了规则航带，获取的影像也很难形成规则航带。具体表现包括：航带内的旋转角、俯仰角、侧滚角较大；航向重叠度和旁向重叠度变化幅度大；影像重叠区域不均匀。如图 9-1-15 所示。

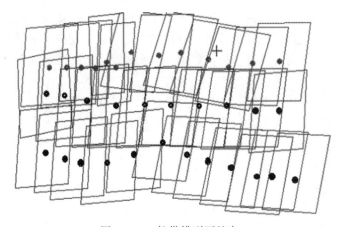

图 9-1-15　航带排列不整齐

另一方面，无人机可灵活飞行，可以按最理想的角度和位置对目标进行摄影，影像关系非常复杂，如图 9-1-16 所示。

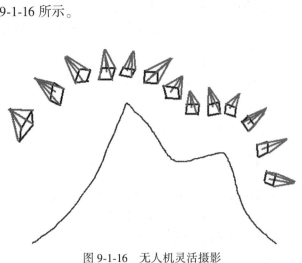

图 9-1-16　无人机灵活摄影

3）影像存在较大畸变

无人机使用较经济的民用相机，通常没有畸变补偿装置，相机存在较大畸变，影像边缘的畸变可在 200 像素以上，如图 9-1-17 所示。

图 9-1-17　无人机影像的畸变

4）相同面积影像数量多

无人机使用的相机，像幅小，在地面范围相同的测区，无人机拍摄影像数目要比传统航空摄影多很多。例如，某测区中，传统航空摄影测量包含 300 张左右影像，使用无人机摄影，测区影像超过 3000 张。

5）有 GPS/POS 信息

无人机飞行必须使用 GPS 进行导航，因此无人机获取的影像必定存在成像 GPS 信息。影像 GPS 信息不仅可以用于确定影像关系，还可以作为影像线元素初值，甚至可以推断影像角元素初值。此外，无人机为了保持稳定飞行，还装备有 IMU 设备，提供飞机姿态信息，如果知道相机安装角度，可将 IMU 信息与 GPS 信息组合形成 POS 信息。总之，GPS/POS 信息为无人机摄影测量处理提供了非常重要的信息，为内业处理提供了很大的便利。

9.1.4　无人机摄影测量难点

随着无人机的兴起，技术门槛不断降低，以及软硬件功能不断完善，越来越多的航测项目都引入了无人机。无人机影像相比传统航测影像，不再严格满足航空摄影测量的基本要求，在后处理中存在诸多难点需要攻克。

1. 影像匹配困难

由于无人机姿态不稳定，决定了相邻影像间很可能存在较大的旋转量、偏移量和缩放量，导致用传统灰度匹配算法无法获得稳定结果，具体体现在以下四个方面：

（1）相邻影像间存在较大旋转角，用矩形相关窗口，按行列遍历无法寻找同名点；

（2）影像间的重叠度变化大，无法预设匹配搜索范围；

（3）航高、侧滚角和俯仰角的剧烈变化导致影像间比例尺差异大，灰度相关不可靠；

（4）相对航高小，地物投影差大，相邻同名点视差无联系，匹配困难。

2. 建立区域网困难

无人机影像无规则航带，影像关系复杂，区域网只能采用增长式建网。建网策略比传统航空摄影测量复杂，建网速度比传统航空摄影测量慢，形成的法方程系数矩阵不是带状稀疏矩阵；存储和求解需要使用更多内存，处理过程更复杂。

3. 平差方程巨大

无人机相机像幅小，相同地面范围影像数多，直接导致区域网未知数剧增，法方程变为巨型方程组，给平差带来巨大挑战。

4. 平差收敛困难

无人机相机焦距、畸变等参数未知，加大了成像方程复杂度。此外，影像匹配困难，导致错点比例增大。影像数量多，法方程未知数巨大。这些情况导致平差法方程不稳定，收敛速度慢，甚至不收敛。

5. 立体观测困难

无人机影像重叠度大，相邻影像基线短，交会角小，影响测图的高程精度。如果仍然按传统的用相邻影像构成立体像，高程精度很难得到保证。此外，影像间存在较大的俯仰角、侧滚角、旋偏角，以及较大航高差异，导致按传统方式采集的核线影像存在较大变形，影响立体观测。因此，需要研究更好的立体显示模式去适应无人机影像。

9.2　无人机影像连接点提取

通过解析空中三角测量的学习，我们知道摄影测量处理中，影像间的关系、影像相对定向等均是通过影像上的连接点来实现的。在经典摄影测量中，连接点的获取方法通常包括人工转刺和影像自动匹配两类。然而，针对无人机影像，由于像幅较小，对于相同面积测区，无人机影像将包含更多张数。此外，无人机飞行比较自由，影像间关系复杂，很难用简单的航带内和航带间进行关系判断。因此，无人机影像已经不适合人工转刺点，必须采用自动匹配转点。

影像自动匹配转点的基本流程是在基准影像上提取明显特征点，然后通过匹配算法将特征点匹配到所有相邻影像上，将多张影像连接起来。这种将相邻影像连接起来的点又称为连接点，影像自动匹配转点也称为连接点自动提取。

影像连接点自动提取需要先知道影像的相互关系，在传统摄影测量中，影像相邻关系使用连接点进行判别。对于任意一组影像，判定影像之间是否具有重叠区域，最简单、最直接的方法是进行两两匹配，即穷举匹配。具体算法为：先任意取一张影像为基准影像，然后与剩下的影像逐个进行匹配；之后取下一张影像与剩下的影像逐个进行匹配，直到所有影像都匹配完成。这个算法的运算量非常大，对于 N 张影像，则最少要进行 $N^2/2$ 次影像匹配。例如，当取 $N = 1000$ 时，每次匹配需要 0.5s，则完成一次全排列匹配判定需要 $1000 \times 1000/2 \times 0.5$s，即约 3 天时间，显然这个方法完全没有实用性，必须寻找其他的影像聚类方法。其实，判定影像之间是否具有重叠区域，可以转换为寻找相似影像问题，这是基于内容的影像检索问题，属于影像处理的经典问题。

9.2.1 影像检索

基于内容的影像检索基本过程为：首先，用特征向量来描述影像的视觉特征，这些特征可以是颜色特征、纹理特征、形状特征、结构特征，或是这几种特征的组合；然后，寻找一种方法比较两张影像特征的相似度；最后，设计一种高效的数据组织形式，快速地开展检索。显然，采用不同特征、不同相似性度量方法和不同检索策略得到的检索结果和所用的时间有很大差异，直接影响检索的效率和准确率。

1. 影像特征

影像特征即区别影像要素的总称，是影像固有属性，通常包括颜色、纹理、形状和结构等。

1）颜色特征

颜色是人类辨别物体的基本方法，是区别于不同物体最直观且最明显的视觉特征。和其他的视觉特征相比，颜色特征具有很好的稳定性。它对影像本身的尺寸、方向和视角等依赖性小，对影像的放缩、旋转或者平移均不敏感。较常用的颜色特征有颜色矩、颜色直方图和颜色聚合向量等。

颜色矩（Color Moments）是一种影像颜色的表示方法，由 Stick 和 Orengo（1970）提出。颜色矩将影像颜色分布用矩来表示，通过计算矩将影像中各种颜色的分布情况统计出来。在颜色分布中，主要信息集中在低阶矩，因此一般采用一阶矩、二阶矩和三阶矩就足够表达影像的颜色分布，它们的数学表达分布为

$$u_i = \frac{1}{n} \sum_{j=1}^{n} p_{ij} \tag{9-2-1}$$

$$\sigma_i = \left(\frac{1}{n} \sum_{j=1}^{n} (p_{ij} - u_i)^2 \right)^{\frac{1}{2}} \tag{9-2-2}$$

$$s_i = \left(\frac{1}{n} \sum_{j=1}^{n} (p_{ij} - u_i)^3 \right)^{\frac{1}{3}} \tag{9-2-3}$$

式中，p_{ij} 表示第 i 个影像中第 j 个颜色分量；n 是影像总数。

颜色矩不需对特征进行空间量化，较适用于无法自主分割的影像，不适合对某一具体目标进行描述，更直观的理解就是颜色矩可以反映影像颜色是否类似。

颜色直方图（Color Histogram）描述了不同颜色在整幅影像中所占的比例，在影像描述过程中不必考虑每种颜色所处的空间位置，颜色直方图特别适于描述那些难以进行自动分

割的影像。颜色直方图的计算方法通过统计影像颜色落在每个区间上的像素点数量来得到一幅影像的颜色分布，可以用一维的离散函数来表示影像的颜色直方图：

$$H(k) = \frac{nk}{N} \quad (k = 0, 1, \cdots, L - 1) \tag{9-2-4}$$

式中，k 表示特征值；nk 表示特征值为 k 的像素点的个数；N 表示影像中像素点的总数。

颜色直方图描述了影像的色调，例如春天的影像色调偏绿，而秋天的影像偏黄，通过直方图可以明显地反映这一特点，也可以通过直方图匹配让两幅影像的色调接近。

颜色聚合向量（Color Coherence Vector）是一种改进的颜色直方图算法，其基本思想是将属于直方图的每个小区间的像素划分为两部分。将该小区间内像素所占据的连续区域面积大于给定阈值的这些像素称为聚合像素，小于给定阈值的像素称为非聚合像素。颜色聚合向量通常用<(a_1, b_1), (a_2, b_2), $\cdots$, (a_N, b_N)>表示，其中，a 表示颜色直方图中第 i 个区域内的聚合像素总量，b 表示对应的非聚合像素总量，这样就实现了表达颜色分布的空间信息，可以弥补颜色直方图和颜色矩无法表达影像色彩的空间位置分布的问题。

2）纹理特征

纹理特征是影像反映物体表面的一种特有属性，反映了不同对象的区别。纹理特征与人类视觉效果相关联，尚未有统一的定义标准，常用纹理特征主要有：灰度共生矩阵（Gray Level Co-occurrence Matrix，GLCM）、微结构描述符、Gabor 变换、局部二值模（Local Binary Patterns，LBP）、Censu 变换和 Tamura 纹理等。

灰度共生矩阵（GLCM）是 R. Haralick 等（1973）提出的一种统计方法，其本质是以数学统计为理论基础对纹理特征进行表示，核心思想是通过计算像素之间的空间位置得到共生矩阵，然后从中提取表示整幅影像的纹理特征信息，主要包括能量（Energy）、熵（Entropy）、对比度（Contrast）和均匀性（Homogeneity）。假设矩阵大小为 $k \times k$，i 和 j 分别表示该矩阵的行元素和列元素，$P(i, j)$ 表示矩阵的元素值，则上述四个参数的计算公式分别为

$$\text{Energy} = \sum_i \sum_j P(i, j)^2 \tag{9-2-5}$$

$$\text{Entropy} = \sum_i \sum_j P(i, j) \log P(i, j) \tag{9-2-6}$$

$$\text{Contrast} = \sum_i \sum_j (i, j)^2 P(i, j) \tag{9-2-7}$$

$$\text{Homogeneity} = \sum_i \sum_j \frac{P(i, j)}{1 + |i, j|} \tag{9-2-8}$$

从公式中可以看出，能量（Energy）代表影像纹理变化的稳定情况，值越小，纹理越不稳定；熵（Entropy）代表影像纹理的非均匀分布情况，熵越小，影像的纹理分布程度越简洁；对比度（Contrast）代表影像纹理深度和清晰情况，对比度越小，对应的效果则越模糊；均匀性（Homogeneity）代表 GLCM 中元素在各方向上的近似度。

Gabor 变换由 D. Gabor 于 20 世纪 40 年代提出，通过模拟人类视觉系统提取边缘特征的一种线性滤波器，能反映影像在局部范围内方向和频率的强度变化。算法克服了傅里叶变换只能反映整体信号的局限，对光照变换不敏感，可抵抗噪声。采用了多通道滤波技术

的 Gabor 变换可从不同粗细粒程度上反映影像的纹理特征，但在进行非正交变换时，所提取的不同特征分量之间常会出现一些无用信息，算法特征维度较高，计算量大，提取纹理效率较低。

局部二值模(LBP)由芬兰学家 T. Ojala 等于 1994 年提出，其本质是对每个像素与周围像素关系的反映，其计算公式为

$$\text{LBP}_{(P, R)} = \sum_{i=1}^{P-1} s(x_i - x_c) \cdot 2^i \quad (i = 0, 1, \cdots, P-1) \tag{9-2-9}$$

$$s(u) = \begin{cases} 1, & u \geqslant 0 \\ 0, & u < 0 \end{cases} \tag{9-2-10}$$

式中，P，R 分别代表邻域像素点的个数和邻域半径，其计算过程为从左上角开始，沿顺时针方向依次与中心像素进行比较，如果大于等于中心像素的取值为 1，否则为 0，最终得到一个二进制数，即为特征编码。

与局部二值模非常相似的一个算法是 Census 变换，其基本思想是：在影像区域定义一个矩形窗口，选取中心像素作为参考像素，将矩形窗口中每个像素的灰度值与参考像素的灰度值进行比较，灰度值小于或等于参考值的像素标记为 0，大于参考值的像素标记为 1，最后再将它们按位连接，得到变换后的结果，变换后的结果是由 0 和 1 组成的二进制码流。Census 变换的计算公式为

$$T(p) = \underset{q \in N_p}{\oplus} \xi(I(p), I(q)) \tag{9-2-11}$$

$$\xi(I(p), I(q)) = \begin{cases} 0, & I(q) < I(p) \\ 1, & I(q) \geqslant I(p) \end{cases} \tag{9-2-12}$$

式中，p 是窗口中心像素；N_p 表示中心像素 p 的邻域；q 是窗口中心像素以外的其他像素 N_p 中的元素；$T(p)$ 表示 p 的 Census 变换结果；$I(*)$ 表示像素点 $*$ 处的灰度值；$\oplus$ 符号在这里表示比特连接。Census 变换对影像整体明暗变化不敏感，是较好的特征匹配方法之一。

Tamura 纹理由日本学者 Tamura 等(1978)以心理学为研究基础，根据人类对纹理的不同视觉感知差异，提出的一种具有更直观视觉效果的纹理特征，该特征包含与心理学角度相对应的粗糙度(Coarseness)、方向度(Directionality)、对比度(Contrast)、规整度(Regularity)、线性度(Line Likeness)和粗略度(Roughness)六种属性，由于算法与心理学有关，尚未形成确定的计算方法。

3) 形状特征

形状特征能够直观区分物体的底层特征，表征能力好的形状特征需具有唯一性、抽象性和尺度不变性等特点，较为典型形状特征有傅里叶形状描述符、小波轮廓描述符、Zernike 正交矩等。傅里叶形状描述符将二维影像转化为一维影像，具体求解过程为：先将影像从空间域或时域转换到离散域，并在一个新的直角坐标系上重新对采样后的影像进行描绘，然后做傅里叶变换处理。从边界点信息可求得质心距离、复坐标函数和曲率函数三种参数。小波轮廓描述符通过对影像进行小波变换，然后用轮廓描述提取系数得到变换结果，具有唯一性和可比较性。Zernike 正交矩利用正交函数提取形状特征，不仅冗余性相对小、抗噪声能力强，且具有旋转不变性。

4）结构特征

影像的结构特征也称局部特征，用于描述影像的细节信息，常见的结构特征有 SIFT 特征、SURF 特征、ORB 特征等。SIFT 特征由 Low 于 1999 年提出，是当前比较流行且非常稳定的一种局部特征，其包含 128 维特征向量，不受尺度、光照、旋转等变化的影响。SURF 算法对 SIFT 算法做了进一步优化，采用 Hessian 矩阵确定特征点的位置，通过引入积分图，大幅提升处理效率。对于特征点描述，SURF 算法采用 Haar 小波响应算法，最终得到一个 64 维的特征描述子，较 SIFT 算法降低了一半的维度，计算更为简单，计算量也有所降低。ORB 算法采用 FAST（Features from Accelerated Segment Test）算法来检测关键点，采用 BRIEF（Binary Robust Independent Elementary Features）算法计算特征描述符并获得旋转不变性。相比于 SIFT 算法和 SURF 算法，ORB 算法运算量更小，多用于实时运算或移动端计算，但由于其只采用 FAST 算法进行关键点检测，特征表达能力较弱。

2. 相似度度量

影像间相似度的度量是基于内容影像检索的关键环节，在影像检索中有举足轻重的地位，决定着检索的精度和速度。从一幅影像中提取的颜色、纹理或形状等影像特征通常用一组特征向量来表示，如何判断两个影像相似，主要通过比较其特征向量是否相似来实现。特征向量相似度通常是通过计算向量距离来判定的，下面介绍几种常见的向量距离计算方法。

1）欧氏距离

欧氏距离是最常见的度量向量差异方法之一，适用条件是两个向量有相同维数。欧氏距离有两种计算方法，分别为

$$D_1 = \sum_{i=0}^{n} |A_i - B_i| \tag{9-2-13}$$

$$D_2 = \sum_{i=0}^{n} (A_i - B_i)^2 \tag{9-2-14}$$

在一维空间中，欧氏距离就是两个数值之差的绝对值；在二维和三维空间中，欧氏距离就是我们最熟悉的两点间平面距离和空间距离；多维空间的欧氏距离，也被称为闵氏距离（Minkowski Distance）。

2）汉明距离

汉明距离由美国科学家 Richard Wesley Hamming 在 1950 年提出，因此得名 Hamming Distance。在信息论中，两个等长字符串之间的汉明距离是两个字符串对应位置的不同字符个数，换句话说，它就是将一个字符串变换成另外一个字符串所需要替换的字符个数。例如：1011101 与 1001001 之间的汉明距离是 2，而 2143896 与 2233796 之间的汉明距离是 3。汉明距离在密码学中有极其重要的地位，在二值数据序列比较运算中，汉明距离又称差异和，也就是两个二进制数在所有位上的差异总和，当代 CPU 提供了专用指令 popcnt 执行这个运算。

3）编辑距离

编辑距离（Minimum Edit Distance，MED），由俄罗斯科学家 Vladimir Levenshtein 在

1965 年提出，因此得名 Levenshtein Distance。在信息论、语言学和计算机科学领域，编辑距离用来度量两个字符串的相似程度。通俗地讲，编辑距离是指在两个字符串 S1、S2 之间，由字符串 S1 最少经过多少次单字符编辑转换为字符串 S2，编辑距离是度量序列数据相似度的基本算法。在自然语言处理，例如拼写检查中，可以根据一个拼错的字和其他正确字的编辑距离，来判断哪一个是比较可能的字。在文献查重中也常使用编辑距离判别两段文字的相似度。在基因序列分析中，DNA 也可以视为用 A、C、G 和 T 组成的字符串，因此编辑距离也常用于判断 DNA 的相似度。

4）直方图相交

直方图相交是一种度量直方图距离的方法，具体指两个直方图在每个小区间中共有的像素数量。假设 I 和 Q 是含有 n 个小区间的两个颜色直方图，则它们之间的距离函数为

$$\sum_{j=0}^{n} \min(I_j, \ Q_j) \tag{9-2-15}$$

5）马氏距离

马氏距离由印度统计学家 P. C. Manhalanobis（1936）提出，用于衡量两个多维向量的相似度。如果两个特征向量的各分量之间具有不同的权重和相关性，则其马氏距离计算公式为

$$D = (A - B)^{\mathrm{T}} C^{-1} (A - B) \tag{9-2-16}$$

式中，C 代表特征向量的协方差矩阵。

马氏距离的优点：一是两点之间的马氏距离与原始数据的测量单位无关；二是原始数据和均值之差计算出的两点之间的马氏距离相同；三是马氏距离不受变量之间的相关性影响。

3. 检索策略

检索策略决定了检索效率，最简单的策略就是暴力遍历，从数据集的第一个元素开始，遍历整个数据集寻找目标。这个方法效率较低，只适用于小数据集。为提高效率，在低维空间中，可以通过树形索引提高效率，经典算法有 KD-树、R-树、X-树等，而在高维空间中主要通过哈希函数解决，典型算法有位置哈希（Hash）LSH、数据 DSH 等。

1）树形索引检索

树形索引在检索中应用非常广泛，在日常生活中也很常见，如图书管理、计算机文件目录的组织、字典信息的组织等都采用了树形索引。树形索引的基本步骤是先对数据进行分析，将数据进行分类、分级，建立树形结构。查找数据时，直接从根节点出发，遍历树节点，找到数据。对比线性查找，树形索引的效率提高得非常明显，已经成为检索的基本算法。下面将以 KD-树为例，介绍树形索引的建立和使用过程。

KD-树（K-Dimensional 树）是一种组织 K 维空间信息的树形数据结构，其目的是提高数据检索效率，KD-树的使用包含建立 KD-树和遍历检索两步。

建立 KD-树的过程为：KD-树是二叉树，每个节点包含 K 维信息，KD-树的非叶子节点用一个超平面把空间分割成两半，节点左边的子树代表在超平面左边的信息，节点右边的子树代表在超平面右边信息，如此递归分解下去直到所有数据元素都被分到叶子上。特

别注意的是，每建一次子树，需要换一个超平面，循环用多维数据的每一维分割数据。简单地理解，就是先选择某一维为基准如 X 轴，然后将待分类数据按本维即 X 轴的某个值为界分为两部分，分别放在左子树和右子树；之后对左、右子树分别再次开展分割，但此时的分割基准必须用另外一维如 Y 轴，一直分下去，直到数据元素都被分到叶子上。以一个 2×2 的三维数据为例子，其建立 KD-树的过程如图 9-2-1 所示。

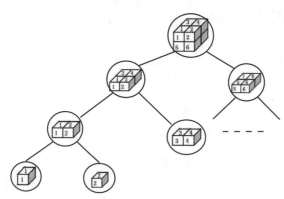

图 9-2-1　KD-树的建立过程

遍历检索 KD-树的过程如图 9-2-2 所示。从根节点开始，递归往下找，往左还是往右的决定方法与建树判断一样，直到叶子（如图 9-2-2 中的箭头 1）。将叶子点当作"当前最佳点"，然后回溯经历的父节点（如图 9-2-2 中的箭头 2）。如果父节点比当前点的距离近，则以最近距离为半径作圆与父节点超平面求交，如果未相交继续回溯到上一级父节点，如果相交则进入另一个分支继续递归往下找，直到叶子（如图 9-2-2 中的箭头 3），并更新为"当前最佳点"。然后再次回溯经历的父节点，注意这次不能再次走上次走过的路径，直到回溯到根节点，检索结束，"当前最佳点"即为目标点。

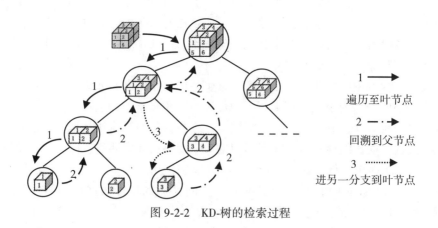

图 9-2-2　KD-树的检索过程

2）哈希函数检索

与树形索引类似，哈希函数检索也是非常通用的一种快速查找方式。哈希函数检索基本处理原理是将查询的目标信息通过哈希函数转为目标信息地址，然后直接得到目标信息。例如，通过影像的行列序号找到影像灰度值就属于哈希函数检索，其哈希函数是根据行列号计算灰度地址；再如，日常生活中的找火车座位、飞机座位、电影院位置等都属于哈希函数检索，就连快递员按地址送快递其实也属于哈希函数检索。

哈希检索的具体过程如下：①首先需要设计哈希函数，函数的输入是信息的多维表达，函数的输出是信息具体对应位置；特别注意的是哈希函数要尽量做到一对一的映射，如果出现多对一或一对多，必须采用额外措施保证稳定输出。②设计好函数后，将数据集的元素按哈希函数计算其位置，并将数据放到其位置中，形成按哈希函数组织的数据集。③数据组织好后，检索过程就仅需要通过哈希函数得到目标位置获取数据。如果哈希函数比较高效，则检索就高效，如按行列号取像素就相当高效。

在连接点显示处理中，也会用到哈希检索，实现通过连接点 ID 找连接点与影像的关系。例如，可以定义连接点 ID 为 8 位数字，如 01010001，此点 ID 的含义为：前两位数字代表航带序号，接着两位数字是航带中的影像序号，最后 4 位是影像上的点序号。此时设计的哈希函数就是输入点号，输出航带序号、航带影像序号和影像上点序号，当需要查询某个连接点信息时，使用连接点 ID 就可以获取航带序号、航带影像序号和影像上点序号，只要在测区工程中将对应影像调出来，读入其连接点，直接定位到连接点，并显示在计算机屏幕上。

4. 视觉词汇树检索

树形检索的基本思想来源于查字典。例如，想在字典中查找"影像"的"像"字，我们绝不会从字典第一页往后翻直到找到"像"字，而是首先通过偏旁部首，找到"单人旁"在哪一页，然后在"单人旁"下十二笔画的列表中找"像"字对应的页码，最后翻到此页码即可查到字典中的"像"字。受这种分类检索思想启发，肯塔基大学可视化和虚拟环境中心的学者 David Nister 等在 2006 年的计算机视觉与模式识别国际会议（CVPR 2006）上提出了"词汇树"概念。之后，麻省理工学院（MIT）计算机科学与人工智能实验室（Computer Science and Artificial Intelligence Laboratory）的学者 John J. Lee 等（2009）进行了卓有成效的研究和探索，并提出了基于视觉词袋（Bags of Visual Words，BOVW）的影像检索数据结构，使得词汇树检索成为大规模影像分类检索的主流算法。

与常用影像检索不同，视觉词汇树影像检索算法不是针对待处理数据集本身进行检索，而是先用大量影像样本建立视觉词汇树，然后将建好的词汇树作用于待处理数据集，实现待处理数据集的快速检索。其中，大量影像样本要足够多样，包含待处理数据集的特征，否则实现不了检索。因此，使用大量样本建立视觉词汇树是视觉词汇树影像检索算法的基础。

视觉词汇树检索算法常包含三个步骤，分别为特征提取、构建词汇树、遍历查询。

1）影像特征提取

先对影像进行自动分割，将影像分为很多有意义的区域，对每个区域分别提取特征，通常采用 SIFT 特征、SURF 特征和 ORB 特征等。

2)构建词汇树

对所有特征,利用 K-means 聚类算法构建词汇树。K-means 算法是 1967 年由 MacQueen 提出的一种聚类算法,其中 K 表示聚类中心的数量,means 表示均值,即每个聚类中心由该类别数据的均值表示。具体处理步骤为:①随机选择 k 个数据 $m_i(i=1,2,\cdots,k)$ 作为聚类中心;②分别计算每个特征和这 k 个聚类中心的距离,并把特征归类到距离最近的聚类中,形成第 1 层树;③对本层数据的 k 个聚类中心重复①、②两步操作,直到词汇树结构深度达到预先设定的值 t 或不可再分解。不可再分解指:聚类中心的特征数量小于预先设定的值。每个聚类中心就是视觉词袋(BOVW)。

为进一步加强视觉词袋的可靠度,可以通过 TF-IDF(Term Frequency-Inverse Document Frequency)给每个视觉词袋加权。TF-IDF 是一种信息检索常用加权法,用来评估词语对于一份文档的重要程度。如果某个关键词在一篇文章中出现的频率高,说明该词语能够表征文章的内容,若该关键词在其他文章中很少出现,则认为此词语具有很好的类别区分度,对分类有很大的贡献。TF 和 IDF 的定义为

$$\mathrm{TF}_{i,\,j} = \frac{n_{i,\,j}}{\sum\limits_k n_{k,\,j}} \tag{9-2-17}$$

$$\mathrm{IDF}_i = \log \frac{|D|}{|\{d:\ t_i \in d\}|} \tag{9-2-18}$$

式中,$|D|$ 是文档中文件总数;$n_{i,j}$ 是单词 t_i 在文件 d_j 中出现的次数;$|\{d:\ t_i \in d\}|$ 是包含单词 t_i 的文件数。

在整个文本数据库中,单词 t_i 在文档中的权重 W_{ij} 定义为

$$W_{ij} = \mathrm{TF}_i * \mathrm{IDF}_i \tag{9-2-19}$$

同理,对应于视觉词汇树,其 IDF 定义为

$$\mathrm{IDF} = \ln \frac{N}{N_i} \tag{9-2-20}$$

式中,N 是样本影像总数;N_i 是影像中至少有一个包含节点 i 对应的视觉词袋的影像数。因此每个视觉词袋的权重为

$$w_i = m_i \cdot \ln \frac{N}{N_i} \quad (1 \leqslant i \leqslant t) \tag{9-2-21}$$

最终任何一幅影像都可以转为其视觉词袋权向量,即$(W_1,\ W_2,\ \cdots,\ W_t)$。

3)遍历查询

对任意影像,首先按视觉词汇树特征定义对其提取特征;然后将特征量化到词汇树中,也就是遍历词汇树,查找最近的聚类中心,直至达到词汇树的叶子节点,将经历的节点串起来就得到影像描述向量 $d=(d_1,\ d_2,\ \cdots,\ d_t)$。

视觉词汇树检索算法的处理原理如图 9-2-3 所示。

图 9-2-3 的左侧是所有特征的分割过程,先将所有特征随机分为四部分,分别统计它们的均值(mean)计入 4 个节点 1、2、3、4,形成 K-means 树的第一级。然后再次对每一部分随机分割为四小部分,统计均值计入下一级,如 5、6、7、8,直至特征少于阈值或树层数达到目标。遍历过程与建树一致,使用目标影像特征,在第一级中找最近的 mean

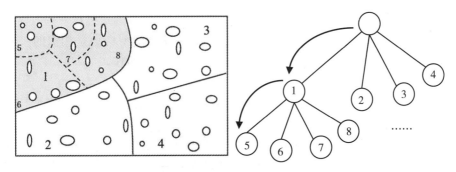

图 9-2-3 视觉词汇树检索原理

节点，然后继续在第二级中也找最近的 mean 点，一直到叶子节点，得到的路径$(d_1, d_2, \cdots, d_n)$就是目标影像的描述向量。

要获取两张影像的相似度，先提取各自的影像特征，然后通过视觉词汇树获取两张影像各自的描述向量 d_1，d_2，最后计算它们的距离就可以判定它们的相似度。距离计算公式为

$$s(q, d) = \left\| \frac{q}{\|q\|} - \frac{d}{\|d\|} \right\| \tag{9-2-22}$$

在范数为 2 的定义下，可简化为

$$s(q, d) = \|q - d\|_2^2 = 2 - 2 \sum_{i \,|\, q_i \neq 0,\, d_i \neq 0} q_i d_i \tag{9-2-23}$$

也即描述向量对应维度上同时为非零元素累积求和。

5. 感知哈希检索

感知哈希的概念源自成熟的密码学哈希技术（Crypto Graphic Hash），原意是将影像、音频等数据映射为固定长度的二进制数据，实现对数据压缩、加密以及验证完整性。受密码学哈希的启发，人们提出了"影像感知哈希"（Image Perceptual Hashing）概念和算法，从影像数据中提取代表其感知内容并进行编码，使影像数据量大幅减少，提高数据存储、验证、检索效率。影像感知哈希又称为影像鲁棒哈希（Image Robust Hashing）或影像指纹（Image Finger Printing），这几个名称是通过不同视角对同一技术进行描述。感知哈希算法由生成函数和匹配函数构成，但匹配函数依赖于生成函数，因此生成函数是决定因素。感知哈希的生成函数实现影像稳定特征提取并将其编码为感知摘要，生成函数需要具有如下性质：

1）压缩性

压缩性指通过哈希函数的映射，将原始影像表示为有限长度的哈希码。哈希码的尺寸应远远小于对应影像的尺寸。

2）单向性

单向性是指如果只有二进制哈希码，难以反演出影像信息。

3）鲁棒性

鲁棒性是指对比两幅视觉上相似的图片，或者将一幅图片通过进行一些内容不变操作（如剪切、旋转、压缩等）后和原始影像相比，二者的感知摘要应该是相似的。为了满足鲁棒性的要求，感知哈希算法提取的特征必须支持内容不变操作。

4）抗碰撞性

抗碰撞性也称为区分性，即两幅不相似的影像生成的二进制指纹相差很大，这个特点使感知哈希能够把两幅不相似的照片区分开来。

影像感知哈希算法非常多，如基于 DCT 变换的感知哈希、基于局部二值模（LBP）的感知哈希和基于 SIFT 特征的感知哈希等。无论哪个算法，其基本过程非常类似，差异主要是用何种方法进行编码。下面以 DCT 变换为例进行介绍。

基于 DCT 变换的感知哈希检索算法处理过程如下：

（1）缩小影像。将影像缩小到 8×8 的尺寸，共 64 像素，不需要保持纵横比，简单变成 8×8 的正方形，这样可以摒弃不同尺寸、比例带来的差异。

（2）简化色彩。将 8×8 的影像转为 64 级灰度。

（3）计算 DCT。DCT 变换的全称是离散余弦变换（Discrete Cosine Transform），核心是将空域信号转换到频域，具有良好的去相关性。DCT 变换后系数能量主要集中在左上角，其余大部分系数接近零，因此可以直接取左上角 8×8 的数据作为 DCT 系数的近似，大幅压缩系数。

（4）计算 DCT 系数均值并编码。先计算 8×8 的 DCT 系数的均值，然后将所有值与均值比较，大于等于均值记为 1，否则记为 0，形成 64 位的二进制数据位，这就是影像的哈希码。

（5）计算两幅影像哈希码的汉明距离，作为相似度。

9.2.2　连接点自动提取

影像连接点自动提取就是在所有相邻影像上提取同名点形成连接点。传统摄影测量连接点自动提取流程是：首先，在第一个航带第一张影像的标准点位附近提取特征点；然后，将提取的特征点匹配到本航带的第二张影像上，形成连接点；之后，分析第二张影像标准点位附近是否有连接点，如果没有，则提取新的特征点；最后，将本张影像所有特征点（包括刚刚匹配来的点和自己本身提取的点）匹配到下一张影像，依此类推，直到匹配完整个航带。所有航带匹配完后，根据航带关系，将第一航带的连接点往下一个航带匹配，直到匹配完所有航带，形成整个测区连接点。

传统摄影测量连接点自动提取流程，无论是处理效率还是处理方法都比较理想，但是对无人机影像数据却不可行，主要原因是无人机影像关系非常复杂，无法形成规则的航带关系。针对无人机影像特点，需要设计新的处理策略。无人机影像无法形成规则的航带关系，但可以解算影像间拓扑信息（也即影像间邻接关系），有了拓扑信息就可以每张影像为中心，与邻近影像开展匹配，获取连接点，最后将连接点合并到一起就可以形成整个测区连接点。

1. 影像邻接关系

无人机影像通常没有规则的航带关系，因此需要解算影像间拓扑信息。为简单、方便地描述影像间拓扑信息，可以采用影像关系表来描述。影像关系表是二维数据结构，如图9-2-4所示。

\	0	1	2	3	4	5	6
0							
1	1						
2	1	1					
3	1	1	1				
4			1	1			
5		1		1	1		
6			1	1	1	1	

图 9-2-4　影像关系表

关系表的行号和列号分别代表影像序号，如果两张影像有关系(有公共区域)，则对应格子填为1，否则填0。关系表显然是沿中心对称的，因此只需要下三角或上三角就可以表示完整关系，这个关系表也被称为影像邻接矩阵。

对于无任何先验条件的影像集，影像邻接矩阵最基本的算法是两两判定，即全排列组合进行处理。前面讲过，判断此时为 $N^2/2$ 次，因此需要一种非常快速的判定方法，采用基于视觉词汇树检索算法或影像感知哈希检索算法就可实现。

如果无人机影像有 GPS/POS 信息，还可以根据 GPS/POS 信息对影像关系进行初步判断，大幅提高影像关系的判定处理速度。

2. 影像匹配和粗差剔除

影像匹配方法包括基于区域灰度相关的匹配(Area-Based Matching)、基于纹理特征的匹配(Feature-Based Matching)及基于语义的匹配(Semantices-Based Matching)。基于语义的匹配算法通常比较复杂，计算非常耗时，目前还没有稳定实用的算法。基于区域灰度相关的匹配的基本做法是在基准影像上提取特征点，以特征点为中心取一个窗口形成模板，然后用模板影像在备选影像上的一定范围内逐像素遍历，通过相关系数最大准则寻找最相似位置。显然灰度相关匹配无法对抗影像旋转、缩放等对相关系数的影响。基于纹理特征的匹配通过在影像上提取几何特征，进行特征描述将几何特征参数化，最后通过分析特征参数实现影像匹配。由于参数化的几何特征可以对抗旋转、尺度等影响，特征匹配是一种鲁棒匹配。无人机影像间通常存在旋转、缩放和光照条件的变化，因此特征匹配是不二的选择。无人机影像匹配最常用的算法有 SIFT 匹配、SURF 匹配和 ORB 匹配等，这些算法已经在前文进行了详细介绍，这里不再讨论。

任何影像匹配算法都不可能做到百分之百正确，但影像匹配获得的连接点对区域网平差有至关重要的作用。连接点中错误点较多时将导致区域网平差失败，无法进行后续处理，因此，需要对影像匹配结果进行可靠性判断，剔除匹配错误的点。目前最流行的挑错算法是随机抽样一致性(Random Sample Consensus，RANSAC)算法。

RANSAC 算法由 Fischler 和 Bolles 在 1981 年提出，其核心是通过试探方式从一组包含离群的观测数据中估算数学模型参数。RANSAC 是一个非确定性算法，在一定概率下它会获得合理结果，随着试探次数增加，产生合理结果概率也会增加。相对最小二乘拟合算法，RANSAC 显得更加鲁棒。举个简单例子，对于一组包含误差的观测数据集，若数据集内正确观测数量比例超过 80%，此时用最小二乘拟合，结果很容易收敛。但如果数据集内正确观测数量比例只有 20%，此时用最小二乘拟合不可能获得合理结果。然而，如果用 RANSAC 算法估算，只要试探次数够多，也能得到合理结果。RANSAC 算法有一个基本假设：在观测数据集中符合合理模型的样本是有规律的，而错误样本服从随机分布。RANSAC 算法的基本过程如下：

(1)在观测数据集中随机选择一些元素设定为内群(Inliers)；

(2)拟合内群数学模型参数；

(3)把未选到的数据元素放入建立的模型中，计算是否为内群，并记录内群的元素个数；

(4)重复以上步骤并多做几次，找出内群元素个数最多的一次所对应的模型作为结果。

下面以拟合直线为例来说明 RANSAC 算法处理过程，处理过程如图 9-2-5 所示。

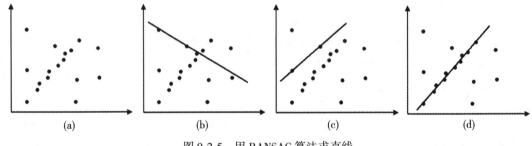

图 9-2-5　用 RANSAC 算法求直线

图 9-2-5(a)是观测数据集，由于直线只需要两点就可以确定参数，因此可在观测数据集中随机选择两个点，如图 9-2-5(b)所示。然后检查除选中的两点以外的其他点是否经过直线，并记录经过的点数，之后不断重复这个过程，如图 9-2-5(c)所示。如此试探下去，那么总有一次会出现如图 9-2-5(d)所示的结果，即很多点出现在试探直线上，这就是 RANSAC 算法获得的直线方程。

针对双像匹配问题，采用 RANSAC 剔除匹配错误点的过程如下：

(1)随机选取 5 对匹配点(其中任意 3 对点都不共线)；

(2)用选择的 5 对点计算相对定向模型参数；

(3)计算其余匹配点在相对定向模型中的误差，误差小于阈值为内群，记录内点数目；

（4）重复上述（1）、（2）、（3）步，选取包含内点最多的点集为正确匹配点。

图 9-2-6 所示为在相对定向过程中，采用 RANSAC 算法进行匹配点剔粗差后的结果，同名点由最初的 298 个减少到 251 个，保留点几乎没有错点，有效地剔除了误匹配。

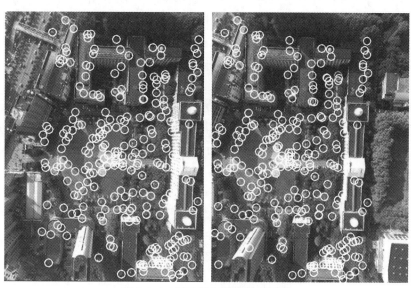

图 9-2-6　相对定向剔除错误匹配

3. 连接点提取并行化

在影像邻接关系的引导下可开展测区连接点提取。具体处理是先按顺序将每张影像作为基准影像，提取其特征点，然后根据邻接矩阵，将特征点匹配到所有邻接影像，最后合并所有连接点即可。仔细分析这个过程，会发现所有影像都执行了同样逻辑的处理，而且各个处理之间并没有相关性，这种互不依赖的处理可以同时进行，大幅提高处理效率。这种同时处理的模式称为并行处理（Parallel Processing），是计算机中同时执行多个处理的一种计算方法。并行处理的目的是提高处理效率，节省处理时间。其核心是将各计算部分分配到不同处理进程（或线程）中，同时执行，然后合并结果。理论上，分解为 n 个部分的并行处理算法，执行速度可能会提高 n 倍。然而，并不是所有处理都可以采用并行模式，下面简单介绍并行处理知识。

并行计算是高性能计算（High Performance Computing，HPC）的一种实现方式。高性能计算通常指采用多处理器组织起来的一种计算系统与环境。长期以来，计算机处理能力的提高主要以提高单个处理器计算速度为主，然而由于工艺和能耗的限制，处理器主频不可能无限提高。为了突破这一障碍，处理器制造商开始采取一项新的战略，将多个处理器内核安装到一个芯片上，即多核（Multi Core）技术，为充分利用多核，必须设计并行处理算法。其实，从计算机诞生开始就一直有并行处理。并行处理分为时间并行和空间并行，时间并行就是流水线技术，将每个指令分成多步，各步间叠加操作，当前指令完成前，后一指令做好准备，缩小整体执行周期。空间并行是指由多个处理单元执行计算，在指令层面，空间并行分为单指令多数据流（SIMD）和多指令多数据流（MIMD）。SIMD 的特点是多个数据一起算，如 MMX、VXD 指令就属于这类。MIMD 使用多个控制器来异步控制多个处理器，高性能服务器与超级计算机大多属于 MIMD。在数据处理层面，空间并行包括数据并行和任务并行，数据并行是指将一个大的数据分解为多个小的数据，分散到多个处理单元执行；而任务并行是将大的任务分解为小的任务，分散到多个处理单元执行。无论数据并行还是任务并行，最后一步一定是将子任务执行结果合并到一起。现在已经有很多成熟的并行处理计算模型，如 Hadoop 力推的 MapReduce、武汉大学 DPGrid 系统采用的WGCS 等。

无论用哪种并行处理，其核心是任务分解、子任务执行和结果合并三步，且子任务间不能有依赖关系。显然，以影像邻接关系为指导的连接点提取满足并行执行条件，可以采用并行处理技术提高处理效率，实现连接点快速提取。连接点提取并行化算法如图 9-2-7所示。

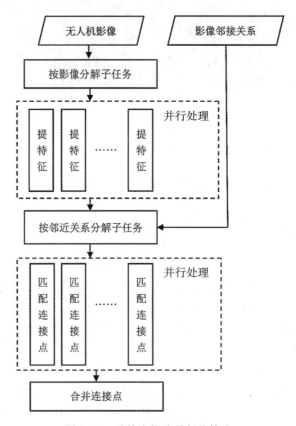

图 9-2-7　连接点提取并行化算法

算法中有两个位置采用了并行处理，分别是特征点提取和连接点匹配。采用并行处理的连接点提取算法处理将会充分利用计算机的多核性能，如果再将算法放置于网络中，则还可以利用网络中的多个计算机并行处理，处理效率的提高幅度是非常可观的。

9.3 无人机影像区域网

摄影测量的本质是从二维影像恢复三维空间信息，并尽量减少野外测量(如测量控制点)工作，其中二维影像成像位置和姿态的求解(也即定向)是开展测量生产的前提。为有效开展影像定向，摄影测量学者提出了空中三角测量方法，通过连接点将影像相互连接到一起形成自由网模型，之后添加少量控制点进行平差解算，实现所有影像的定向。

使用连接点建立自由网模型是个优化求解过程，此时不仅所有影像的位置和姿态是未知的，而且连接点物方坐标也是未知，优化求解的实质是给所有影像寻找一组合理参数，使得影像上的各个同名像点能交会到物方点，如图 9-3-1 所示。

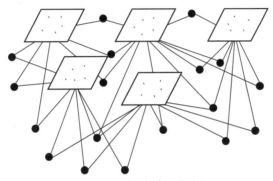

图 9-3-1 连接点建立自由网

摄影测量中将这个不断迭代和优化的过程称为光束法平差(Bundle Adjustment)，从数据求解的角度看，这是一个最大似然估计(Maximize Likelihood Estimation，MLE)问题，通俗地讲就是"所有影像在什么样的状态下，最可能形成所看到的连接点及其对应地面坐标的关系"。传统摄影测量区域网平差算法主要包括航带法、独立模型法和光束法，无人机获取影像比较自由，传统算法不太适用，需要补充新的方法。

9.3.1 成像几何的扩展

采用面阵成像的无人机摄影测量，其成像几何完全符合透视成像模型，如果相机内方位参数比较固定，则可采用经典摄影测量的构像方程进行处理，这部分见本书第 2 章相关内容。但是，无人机摄影通常采用非量测相机，其内方位参数是未知的，为了适应这种未知内方位元素相机的处理，无人机摄影测量对经典摄影测量进行了部分扩展，主要体现在以下四个方面：①直接采用矩阵形式的构像方程；②直接将畸变参数代入构像方程求解；③引入计算机视觉提出的本质矩阵、基础矩阵和单应变化理论进行相对定向和挑除差；④使用基于矩阵形式的构像方程求解相机初始位姿。下面针对这几个扩展进行详细介绍。

1. 矩阵形式的构像模型

经典摄影测量的构像模型是由像点、投影中心、物方点组成的共线条件方程，其成像几何关系如图 9-3-2 所示。

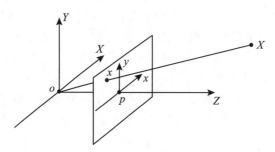

图 9-3-2　成像几何关系

解析公式为

$$\begin{cases} x - x_0 + \Delta x = -f \dfrac{a_1(X - X_S) + b_1(Y - Y_S) + c_1(Z - Z_S)}{a_3(X - X_S) + b_3(Y - Y_S) + c_3(Z - Z_S)} \\ y - y_0 + \Delta y = -f \dfrac{a_2(X - X_S) + b_2(Y - Y_S) + c_2(Z - Z_S)}{a_3(X - X_S) + b_3(Y - Y_S) + c_3(Z - Z_S)} \end{cases} \tag{9-3-1}$$

显然这是非线性模型，其数学处理比较复杂，为便于数学处理，我们从物理成像模型出发讨论其矩阵表示的几何模型。设空间点 P 经相机光心 O 投影至物理成像平面 $O\text{-}x'\text{-}y'$ 上，投影点为 p'。设空间点 P 的物方坐标为 $(X_w,\ Y_w,\ Z_w)^{\mathrm{T}}$，在相机坐标系中坐标为 $(X_c,\ Y_c,\ Z_c)^{\mathrm{T}}$，$p'$ 在相机坐标中的坐标为 $(X,\ Y,\ Z)^{\mathrm{T}}$，相机焦距为 f，如图 9-3-3 所示。

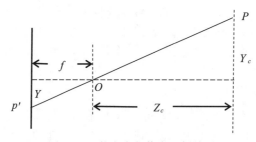

图 9-3-3　物方点与像点比例关系

则根据空间三角形相似关系可知，在相机坐标系中，影像坐标与物方点坐标存在关系：

$$\frac{Z_c}{f} = -\frac{X_c}{X} = -\frac{Y_c}{Y} \tag{9-3-2}$$

整理可得

$$X = -f\frac{X_c}{Z_c} \tag{9-3-3}$$

$$Y = -f\frac{Y_c}{Z_c} \tag{9-3-4}$$

设影像上 p 点的行列坐标 $(u, v)^{\mathrm{T}}$，相机中心在影像坐标系中位置为 C_x，C_y，则有

$$\begin{cases} u = f\dfrac{X_c}{Z_c} + C_x \\ v = f\dfrac{Y_c}{Z_c} + C_y \end{cases} \tag{9-3-5}$$

整理后的矩阵形式为

$$\begin{pmatrix} u \\ v \\ 1 \end{pmatrix} = \frac{1}{Z_c}\begin{pmatrix} f & 0 & C_x \\ 0 & f & C_y \\ 0 & 0 & 1 \end{pmatrix}\begin{pmatrix} X_c \\ Y_c \\ Z_c \end{pmatrix} \tag{9-3-6}$$

空间点 P 的物方坐标 $(X_w, Y_w, Z_w)^{\mathrm{T}}$ 与相机坐标 $(X_c, Y_c, Z_c)^{\mathrm{T}}$ 仅存在旋转和平移，根据空间几何关系，此变化可表示为

$$\begin{pmatrix} u \\ v \\ 1 \end{pmatrix} = \begin{pmatrix} f & 0 & C_x \\ 0 & f & C_y \\ 0 & 0 & 1 \end{pmatrix}\begin{pmatrix} R_1 & R_2 & R_3 & T_x \\ R_4 & R_5 & R_6 & T_y \\ R_7 & R_8 & R_9 & T_z \\ 0 & 0 & 0 & 1 \end{pmatrix}\begin{pmatrix} X_w \\ Y_w \\ Z_w \\ 1 \end{pmatrix} \tag{9-3-7}$$

将相机参数矩阵记为 K，旋转和平移记为 $[R \mid T]$，P 的物方坐标记为 X，像点坐标记为 x，则有

$$x = K[R \mid T]X \tag{9-3-8}$$

这就是矩阵形式的构像模型，也是计算机视觉的通用成像模型。其中 $[R \mid T]$ 通常用齐次坐标表示，也就是 4×4 的矩阵，最后一行是 $(0, 0, 0, 1)$。对应物方坐标的齐次坐标为 $(X, Y, Z, 1)^{\mathrm{T}}$。若将此矩阵形式的构像模型展开，则刚好可以得到传统摄影测量的构像方程。

与 4×4 矩阵容易混淆的另外一个影像方位参数是四元数（Quaternion），四元数全称单位四元数，是用空间向量表示旋转的一种方法。用欧拉角表示旋转时，若选择 $\pm90°$ 作为第二次旋转角，则第一次旋转和第三次旋转等价，整个旋转被限制在只能绕竖直轴旋转，丢失了一个维度，这个现象称为万向锁（Gimbal Lock）问题。四元数可以避开这个问题，其数学表达为

$$\begin{cases} q = w + xi + yj + zk \\ \|q\| = x^2 + y^2 + z^2 + w^2 = 1 \end{cases} \tag{9-3-9}$$

其中，(x, y, z, w) 就是四元数，它可以与旋转矩阵对等地相互转换。四元数转为旋转矩阵 R 的公式为

$$R(q) = \begin{pmatrix} 1 - 2y^2 - 2z^2 & 2xy - 2zw & 2xz + 2yw \\ 2xy + 2zw & 1 - 2x^2 - 2z^2 & 2yz - 2xw \\ 2xz - 2zw & 2yz + 2xw & 1 - 2x^2 - 2y^2 \end{pmatrix} \tag{9-3-10}$$

矩阵转换为四元素的公式为

$$w = \frac{\sqrt{(\operatorname{tr}(R)) + 1}}{2} \tag{9-3-11}$$

$$x = \frac{m_{32} - m_{23}}{4w} \tag{9-3-12}$$

$$y = \frac{m_{13} - m_{31}}{4w} \tag{9-3-13}$$

$$z = \frac{m_{21} - m_{12}}{4w} \tag{9-3-14}$$

式中，$m_{11} \sim m_{33}$ 为矩阵 R 元素；$\operatorname{tr}(R)$ 是矩阵的迹，计算公式为

$$\operatorname{tr}(R(q)) = m_{11} + m_{22} + m_{33} = 3 - 4(x^2 + y^2 + z^2) = 4(1 - (x^2 + y^2 + z^2)) - 1 = 4w^2 - 1 \tag{9-3-15}$$

传统摄影测量采用共线条件方程，是非线性模型，而矩阵形式模型是线性的，这样有利于用纯数学的方法进行解算。传统共线条件方程和矩阵形式模型之间的重要差异是对相机位姿的描述。传统摄影测量学采用线元素和角元素描述相机位姿，线元素是位置，角元素是姿态。线元素是 X、Y、Z 三个坐标值，角元素用欧拉角描述，也就是绕 X、Y、Z 三个坐标轴的 ω、φ、κ 三个旋转角度。矩阵形式模型采用一个 4×4 的矩阵描述相机位姿，只有数学意义，没有物理意义。那么，哪种方法比较好呢？

这其实没有绝对的好坏之分，只能说与摄影测量的发展有关。早期的摄影测量采用模拟作业方法，也就是用物理模型来模拟成像的过程，通过恢复模型，求解目标点位置。最初目标位置不是通过计算获得，而是用实物的机械动作来求解，因此所有影像的位姿必须是有物理意义，并且具有可操作性。毫无疑问，线元素和角元素是最佳选择。随着摄影测量进入解析时代，后续的研究者直接继承了模拟时代的相关技术，并在计算机中进行了改进和实现，逐渐发展为数字摄影测量。摄影测量作为工程学科，其最大意义在于工程应用，为了在工程应用中使用解析和数字摄影测量的理论与技术，相关部门制定了一系列生产规范，通过法规形式让生产得以高效、通畅的开展，为信息产业作出了不可磨灭的贡献。另一方面，随着计算机技术的突飞猛进，视觉感知技术被推到科技发展的风口浪尖。计算机视觉发展壮大，其研究群体是摄影测量的成百上千倍。计算机视觉通过影像解算目标位置，几何基础与摄影测量是一致的，但在处理过程中引入了大量计算机数值计算的理论和技术。这些数值计算理论和技术拓宽了几何解算的范畴，使影像解算目标位置的方法变得更加广义，甚至做到了任意成像都可解算。那么，是否可以认为计算机视觉的描述更好呢？其实不然。无论计算机视觉还是摄影测量，最终的目标还是要用于实际生产和生活，具体地讲，矩阵形式构像模型具有更大的鲁棒性，但在具体应用时还得解算到具有几何和物理意义的线元素和角元素。例如，在计算机中用交互方式展示或控制成像模型，此

时也不可能让操作人员输入矩阵，而只能用线元素和角元素对目标进行操作。再如在视觉系统中，需要控制机械手臂，也不可能直接给出矩阵指令，而只能给出移动、旋转指令，包括汽车自动驾驶、飞行器导航等等最终都需要线元素和角元素。

不仅在工程应用中不能直接用 $[R \mid T]$ 矩阵，数学解算过程中也需要额外考虑。其实用矩阵 $[R \mid T]$ 表示旋转平移有些不合理，旋转矩阵 R 包含 3×3 共 9 个数值进行描述，却只有三个自由度的变化，属于冗余表达。针对这个问题，数学家罗德里格斯进行了深入研究。传统摄影测量用欧拉角描述旋转，只包含三个变量，似乎满足三个自由度，其实不是。所谓三个自由度，必须是三个不相关的变量，而欧拉角的三个角度是相关的，无法表述三个自由度。于是罗德里格斯提出了包含三个自由度的旋转向量（Axis-Angle），也即罗德里格斯向量，通过旋转轴和旋转角一起定义旋转。将旋转向量对应的旋转矩阵称为罗德里格斯矩阵，也就是我们通常用的旋转矩阵 R，不过加个条件，罗德里格斯矩阵是正则化后的矩阵，其特征值为 1。针对旋转矩阵处理问题，挪威数学家 Sophus Lie 也开展了深入研究，提出李群和对应的李代数理论，彻底解决了旋转矩阵和旋转向量的求导问题，感兴趣的读者可进一步查阅相关书籍。

2. 相机畸变模型的扩展

为了获得好的成像效果，相机前方加装透镜。透镜的加入对成像光线传播产生新的影响：第一，透镜自身的形状对光线传播的影响；第二，在机械组装过程中，透镜和成像平面不可能完全平行，使得光线穿过透镜投影到成像面时的位置发生变化。由透镜形状引起的畸变称为径向畸变，而在相机的组装过程中由于不能使得透镜和成像面严格平行而引起的畸变，称为切向畸变，与传统摄影测量理论一致，影像的畸变模型公式为

$$
\begin{cases}
x_{\text{corrected}} = x(1 + k_1 r^2 + k_2 r^4 + k_3 r^6) + 2p_1 xy + p_2(r^2 + 2x^2) \\
y_{\text{corrected}} = y(1 + k_1 r^2 + k_2 r^4 + k_3 r^6) + p_1(r^2 + 2y^2) + 2p_2 xy
\end{cases}
\tag{9-3-16}
$$

然而，对畸变模型的应用，无人机摄影测量与传统摄影测量存在微小差异。传统摄影测量采用的方法是先对整张影像进行去畸变处理，得到无畸变的影像，然后开展摄影测量处理。也就是传统摄影测量定义的是有畸变到无畸变的模型，获得任何像点位置坐标后先用畸变模型算出无畸变的像点坐标（通常是毫米为单位），然后开展摄影测量处理。这个方法的优点是摄影测量处理过程不考虑畸变，算法简单、高效。不足之处是必须先对相机进行严格的检校来获取其畸变参数，相机使用过程中不引入新畸变。如果相机未经过严格检校，处理过程中需要复杂的迭代处理，开展自检校平差，非常容易进入迭代不收敛的陷阱中。

无人机开展摄影测量生产时，其搭载的相机通常不是专业相机，相机易受环境影响而发生变化，不适合采用传统摄影测量的畸变改正方法。为此，无人机摄影测量定义的是无畸变到有畸变的模型，获得任何像点位置坐标后不需要做任何处理，直接代入处理方程即可。这个方法的优点是相机畸变将作为方程未知数参与所有解算，解算结果中包含相机检校参数；不足是方程更加复杂，求解方程过程中需要格外仔细。

无论是采用传统摄影测量的有畸变到无畸变模型，还是无人机的无畸变到有畸变模型，它们的本质是相同的，都是相机引起的畸变，畸变参数可以相互转换。但是，由于畸

变模型的输入与输出之间的映射公式为高阶多项式, 转换模型不可能是直接解, 只能通过间接求解。常用的方法是在影像上按一定间隔取格网点, 计算格网点畸变前后的坐标, 然后利用这些点拟合出畸变模型, 这种间接求解方法通常可将精度损失控制在像素的 1% 以内, 基本也算是无损转换。

3. 相对定向与核线约束

同一目标在两张不同位置的影像上成像, 可以不考虑影像绝对位置, 通过同名像点开展相对定向, 确定两张影像的相对位置和同名像点的模型坐标。经典摄影测量相对定向采用 5 个以上不共线的连接点, 通过迭代完成参数解算。具体解算方法有单独模型法和连续相对定向法, 这部分内容在本书第 2 章已详细介绍。

无论单独模型法还是连续相对定向法, 在解算过程中都是先给定初值, 然后通过对角元素求偏导计算迭代增量完成解算。由于三角函数是非单调函数, 如果初值与方程解之间差异比较大, 方程往往不收敛, 导致相对定向失败, 为此需要推导更一般化的相对定向方法。

双像成像几何关系如图 9-3-4 所示, 物方空间点 P 成像在 P_1 和 P_2 影像上, 在 P_1 影像中的投影点为 p_1, 在 P_2 影像中的投影点为 p_2。两幅影像相机中心为 O_1 和 O_2, 它们的连线即为基线(Baseline), 基线与物方空间点 P 组成核平面。

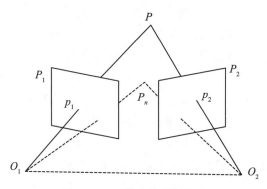

图 9-3-4　双像成像几何关系

显然点 P 与其在两张影像上的像点 p_1、p_2 共面, 设像点 p_1 坐标为 (u_1, v_1), 像点 p_2 坐标为 (u_2, v_2), 以 P_1 影像相机光心 O_1 为坐标原点的坐标系中, P 的坐标为 $(X, Y, Z)^T$, 影像 P_2 相对影像 P_1 存在旋转 R 和平移 T, 则有如下两个成像关系式:

$$(u_1, v_1, 1)^T = K(X, Y, Z)^T \tag{9-3-17}$$

$$(u_2, v_2, 1)^T = K(R(X, Y, Z)^T + T) \tag{9-3-18}$$

式中, f 是相机焦距; K 是相机内参数。

将式(9-3-17)中 (X, Y, Z), 代入式(9-3-18), 归一化, 并记 $x_1 = (u_1, v_1, 1)^T$, $x_2 = (u_2, v_2, 1)^T$ 可得

$$x_2 = Rx_1 + T \tag{9-3-19}$$

为消去后面的 T，可在等式两边同时乘一个满足 $\hat{T} \cdot T = 0$ 的向量 $\hat{T}$，得

$$\hat{T}x_2 = \hat{T}Rx_1 \tag{9-3-20}$$

再在等式两边同时左乘 x_2^{T}，得

$$x_2^{\mathrm{T}}\hat{T}x_2 = x_2^{\mathrm{T}}\hat{T}Rx_1 \tag{9-3-21}$$

等式左边 x_2^{T} 和 x_2 相互正交，内积为 0，令 $E = \hat{T}R$，则有

$$x_2^{\mathrm{T}}Ex_1 = 0 \tag{9-3-22}$$

即左影像坐标的转置乘一个矩阵 E 再乘右影像坐标，结果是 0，也就是左右影像之间存在一个矩阵，可以使左右影像坐标相乘后得到 0。这个矩阵 E 在计算机视觉领域中被称为本质矩阵（Essential Matrix），表述左右同名像点必须满足的条件。如果将相机参数 K 单独提取出来放到本质矩阵，并令 $F = K^{-\mathrm{T}}EK^{-1}$（或 $E = K^{-\mathrm{T}}FK$），则称 F 矩阵称为基础矩阵（Fundamental Matrix），基础矩阵与本质矩阵一样，描述左右同名像点必须满足的条件，但 F 使用影像坐标，即

$$(u_2,\ v_2,\ 1)^{\mathrm{T}}F(u_1,\ v_1,\ 1) = 0 \tag{9-3-23}$$

因为基础矩阵可以不考虑相机参数而直接用影像坐标进行运算，比使用本质矩阵更方便，因此在实际处理中更受欢迎。

其实基础矩阵与本质矩阵并不是新概念，在传统摄影测量中被称为核线约束体条件，只要将同名点共面方程展开可得到：

$$x'xf_{11} + x'yf_{12} + x'f_{13} + y'xf_{21} + y'yf_{22} + y'f_{23} + xf_{31} + yf_{32} + f_{33} = 0 \tag{9-3-24}$$

式中，$f_{11} \sim f_{33}$ 是 3×3 的矩阵系数，其实也就是基础矩阵的线性化表达，形式与基础矩阵一样，但其物理意义不一样。式（9-3-24）在传统摄影测量中一直被称为相对定向的直接线性解（RLT）。直接线性解可用于影像匹配的核线方向限定或匹配点共面条件判断，使用时将同名点放入线性化公式（9-3-24）即可求解。

为什么说物理意义不一样呢？因为基础矩阵与本质矩阵是旋转矩阵，是正定的，但直接线性解仅是 9 个系数，不一定满足旋转矩阵条件。要想解出基础矩阵（或本质矩阵）实现相对定向，那又该如何处理呢？

基础矩阵（或本质矩阵）是秩为 2、自由度为 7 的齐次矩阵（其理论依据和证明与传统摄影测量相对定向一致，这里不再讨论），因此，至少需要 7 个点才可以求解，多于 7 个点时则需要求最小二解。求解过程中，要充分利用 F 秩为 2 的条件，使用 SVD 来求解。有关 SVD 求解算法，请参考线性代数和数值计算相关书籍。

基础矩阵（或本质矩阵）描述的是右影像相对左影像的位置和姿态，对两张自由影像而言，可指定左影像的位置和姿态为 $P_{左} = [0 \mid 0]$，则右影像的位置和姿态为 $P_{右} = [R \mid T]$，此时，同名点的模型坐标可以使用前方交会算出。

在相对定向中，如果两张影像拍摄的是一个平面（比如墙、地面等），则相对定向还可以进一步特例化。此时两张影像之间存在平面投影关系，其投影矩阵称为单应矩阵（Homography），如图 9-3-5 所示。

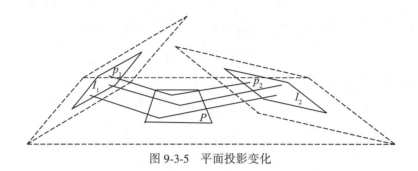

图 9-3-5　平面投影变化

单应矩阵是基础矩阵的特例。通过基础矩阵可以知道两张影像的相对位置，可以求解两张影像上同名点满足的几何关系，但是无法实现将一张影像变化为另一张影像。然而，如果两张影像间存在单应变化，则可以将一张影像直接变化为另一张影像，也就是可以实现视角变化。这一点在匹配、纠正以及平差的初值估算中非常重要，特别是倾斜摄影时，为了更好地匹配同名点，可以用单应变化对影像进行视角转换。

单应矩阵的求解与基础矩阵 F 类似，单应矩阵 H 是一个 3×3 的矩阵，但其自由度更少，仅需要 4 个同名点就可以求解，求解时同样需要 SVD 分解。

4. 空间点求相机参数

考虑 n 个物方点 P 和它们的在影像上的投影位置 p，如何求解相机的位姿 $[R\,|\,T]$ 呢？按传统摄影测量，这是空间后方交会，可直接按本书"单像空间后方交会"的内容求解。基本过程是先对未知数 X_S，Y_S，Z_S，φ，ω，κ 给初值，然后求导计算改正数，迭代求解。每次迭代时用未知数近似值与上次迭代计算的改正数之和作为新的近似值，再次计算求出新的改正数，这样反复处理直到改正数小于某一限值为止，求得 6 个外方位元素。

这个方法看起来没有任何问题，实际上却有些不足：首先 X_S，Y_S，Z_S，φ，ω，κ 的初值不能太差，而且角元素必须在某个区间，因为角度变化并不符合函数的单调性，例如，sin( ) 函数在 $\pi/2$ 的左边和右边并不是单调的，而 cos( ) 函数在 π 的左边和右边也不是单调的，实际表现就是 φ，ω，κ 不能收敛到任意角度。正是由于这个原因，需要改用矩阵形式的构像模型求解相机位姿 $[R\,|\,T]$。

已知物方点和对应像点求解相机的位姿 $[R\,|\,T]$，通常包括直接线性变换（Direct Linear Transformation，DLT）求解和光束法平差（Bundle Adjustment，BA）求解。光束法平差求解将在下一节讲述，本节先介绍直接线性变换 DLT。

根据矩阵构像模型，物方点 X、相机位姿内参数 K、相机位姿 $[R\,|\,T]$ 与物方点投影像点 x 之间满足方程(9-3-8)。式中，未知数 $[R\,|\,T]$ 为一个 3×4 的矩阵，包含了旋转与平移信息，共 6 个自由度。这是个标准 $Ax=b$ 的线性方程。6 个自由度至少需要 3 对同名点才可以求解，当 $n>3$ 时，方程数大于未知数，是一个超定方程，可以用最小二乘求解。

根据同名点物方坐标 (X,Y,Z) 和其像点坐标 (x,y) 代入 $Ax=b$ 的线性方程后，可以直接求得 $r_1\sim r_{12}$ 共 12 个未知数的值。此时还得将 12 个未知数转换为 $[R\,|\,T]$ 形式，也即包含一个旋转矩阵 R 和平移量 T。为让求解的旋转矩阵 R 满足正定条件，此时需要使用QR

分解，才能得到 $[R\mid T]$。有关QR分解请参考线性代数和数值计算相关书籍。

9.3.2 平差相关算法

空中三角测量和核心是通过连接点将所有影像相互连接到一起而形成自由网模型，之后添加少量控制点进行绝对定向，最终实现所有影像的定向。建立自由网模型的核心是求解所有影像的位置和姿态，但已知条件只有同名像点，因此，建立自由网的过程中既要求解影像的位置和姿态，也要求解连接点坐标。这个问题看起来是没有解的，因为影像的位置和姿态与连接点位置是相关的，连接点坐标由像点通过影像的位置和姿态前方交会得到，同时影像的位置和姿态又是通过连接点坐标和像点后方交会得到。然而，根据影像成像的实际物理模型，来自影像上同名位置的连接点可以将物方点与相机中心连接起来，具体表现为：任何一张影像的所有像点都会聚到相机中心，而且来自不同影像的同名像点与其相机中心的连线必定会聚到地面点，形成两个方向的光束会聚现象。只要采用合适的处理方法，应该可以找到合理的影像位置和姿态与连接点坐标，这种充分利用光束会聚现象的求解方法被称为光束法平差（Bundle Adjustment）。从数据求解的角度看，这是个最大似然估计（MLE）问题，通俗地讲就是"所有影像在什么样的状态下，最可能形成所看到的连接点及其对应物方坐标的关系？"

最大似然估计的求解比传统求解方程复杂。普通方程求解，可以根据目标函数和观测数据列出误差方程，例如求解直线方程 $y=kx+b$，可以根据观测$(x_1,\ y_1)$，$(x_2,\ y_2)$，…，$(x_n,\ y_n)$代入方程求解，如果观测数量多于方程未知数，可以采用最小二乘求解。仅知道连接点的自由网平差，无法直接列出目标方程。然而，连接点像坐标 x_j、影像位置和姿态 P，以及连接点物方坐标 X_j 满足成像方程：

$$x_j = PX_j \tag{9-3-25}$$

式中，$P=K[R\mid T]$；K 为内参数矩阵；R 为旋转矩阵；T 为平移量，如果有 n 张影像，则存在 n 个这样的关系，即有

$$x_{ij} = P_iX_{ij} \tag{9-3-26}$$

这个方程中，只有方程的左边 x_{ij} 是已知量，方程的右边 P_iX_{ij} 都是未知量，无法直接求解，下面讨论一些常用处理方法。

1. 平差的本质

平差的目标是使用所有影像连接点，求解影像的位置和姿态及连接点对应物方坐标，让它们满足构像方程。由于物方坐标由影像位置和姿态决定，求解只可能是不断迭代和优化的过程，其本质是求解最大似然估计（MLE）问题。那么，如何求最大似然估计呢？这需要从概率学角度来分析。

在非线性优化中，所有待估计的变量组成"状态变量"：

$$x = \{x_1,\ \cdots,\ x_n,\ y_1,\ \cdots,\ y_m\} \tag{9-3-27}$$

在已知输入数据 u 和观测数据 z 的条件下，x 的条件概率分布为

$$P(x\mid z,\ u) \tag{9-3-28}$$

式中，u 和 z 是对所有输入和观测数据的统称。为了估计状态变量的条件分布，利用贝叶

斯法则，有

$$P(x \mid z) = \frac{P(z \mid x) P(x)}{P(z)} \propto P(z \mid x) P(x) \tag{9-3-29}$$

贝叶斯法则左侧称为后验概率，右侧的 $P(z \mid x)$ 称为似然，$P(x)$ 称为先验。直接求后验分布很困难，但求一个状态的最优估计，使得在该状态下后验概率最大（Maximize a Posterior，MAP），则是可行的：

$$x_{\mathrm{MAP}}^{*} = \arg \max P(x \mid z) = \arg \max P(z \mid x) P(x) \tag{9-3-30}$$

也即求解最大后验概率，相当于最大化似然和先验的乘积，则 x 的最大似然估计为

$$x_{\mathrm{MLE}}^{*} = \arg \max P(z \mid x) \tag{9-3-31}$$

在噪声服从高斯分布 $v_k \sim N(0, Q_k)$ 的假设下，对于某次观测：

$$z_{k,j} = h(y_j, x_k) + v_{k,j} \tag{9-3-32}$$

观测数据的条件概率为

$$P(z_{j,k} \mid x_k, y_j) = N(h(y_j, x_k), Q_{k,j}) \tag{9-3-33}$$

为获得使它最大化的 x_k，y_j，可使用最小化负对数求高斯分布的最大似然。对一个任意高维高斯分布 $x \sim N(\mu, \Sigma)$，其概率密度函数形式为

$$P(x) = \frac{1}{\sqrt{(2\pi)^N \det(\Sigma)}} \exp\left(-\frac{1}{2}(x - u)^{\mathrm{T}} \Sigma^{-1}(x - u)\right) \tag{9-3-34}$$

取负对数，变为

$$-\ln(P(x)) = \frac{1}{2}\ln((2\pi)^N \det(\Sigma)) + \frac{1}{2}(x - u)^{\mathrm{T}} \Sigma^{-1}(x - u) \tag{9-3-35}$$

对原分布求最大化相当于对负对数求最小化。最小化上式的 x，第一项与 x 无关略去，于是，只要最小化右侧的二次型项，就可以得到对状态的最大似然估计，也即

$$x^{*} = \arg \min((z_{k,j} - h(x_k, y_j))^{\mathrm{T}} Q_{k,j}^{-1}(z_{k,j} - h(x_k, y_j))) \tag{9-3-36}$$

该式等价于最小化噪声项的平方。对于所有观测，若定义数据与估计值之间的误差：

$$e_{v,k} = x_k - f(x_{k-1}, u_k)$$
$$e_{y,j,k} = z_{k,j} - h(x_k, y_j) \tag{9-3-37}$$

则该误差的平方和为

$$J(x) = \sum_k e_{v,k}^{\mathrm{T}} R_k^{-1} e_{v,k} + \sum_k \sum_j e_{y,k,j}^{\mathrm{T}} Q_{k,j}^{-1} e_{y,k,j} \tag{9-3-38}$$

因此，最大似然估计就是求数据与估计值之间的误差最小值，更直观地讲，就是不断对状态的估计值进行微调，使得整体误差下降到可以接受。

针对使用连接点求解影像的位置和姿态及连接点物方坐标的问题，观测数据满足方程：

$$x_{ij} = P_i X_{ij} \tag{9-3-39}$$

其观测数据误差方程为：

$$v = x - PX \tag{9-3-40}$$

前面已经讨论过，最大似然估计是个迭代过程，每次迭代都是对未知数进行微小调整直到整体误差下降到可以接受。那么，微小调整又是如何定义的呢？函数的导数是函数在

某个位置的变化的度量，使用求导对函数进行调整显然是最理想的方法。对高次非线性函数求导，可以应用泰勒展开，得到变化量表达式，进而开展迭代。这里只要对 4×4 矩阵 P 求导即可，但是千万别忘记，这个 P 矩阵必须包含 $[R \mid T]$，且其中 R 矩阵必须是正定的。直接求导得到微小变化量代回 P 矩阵后，无法保证矩阵还是正定的，因此需要引入李群和李代数。

李群(Lie Group)由挪威数学家 Sophus Lie 创立的连续变换数学理论，与之对应的代数称为李代数(Lie Algebra)，其相关理论请参考《现代数学基础：李代数》，这里仅给出重要步骤和结论。

当给矩阵 P 乘一个微小变化矩阵 P'，它的李代数表示为 ξ，针对成像方程有

$$\begin{pmatrix} u_i \\ v_i \\ 1 \end{pmatrix} = K\exp(\xi^\wedge) \begin{pmatrix} X_i \\ Y_i \\ Z_i \\ 1 \end{pmatrix} \tag{9-3-41}$$

优化目标为

$$\xi^* = \arg\min_\xi \frac{1}{2} \sum_{i=1}^n \left\| u_i - \frac{1}{s_i} K\exp(\xi^\wedge)P_i \right\|_2^2 \tag{9-3-42}$$

其误差项是像点与物方点投影后的差异，即重投影误差(Reprojection Error)，重投影误差用 e 表示，重投影误差关于优化变量的导数采用李代数模型，通用表达为

$$e(x + \Delta x) \approx e(x) + J\Delta x \tag{9-3-43}$$

式中，J 是雅可比(Jacobian)矩阵，表示对向量求一阶偏导数，是优化的关键部分。由于像素坐标误差包含 2 维可变，相机位姿包含 6 维可变，J 必定是 2×6 的矩阵，下面推导 J 的形式。

将物方点在相机坐标系下的坐标记为 P'，把它前三维取出来：

$$P' = (\exp(\xi^\wedge)P)_{1:3} = \begin{pmatrix} X' \\ Y' \\ Z' \end{pmatrix} \tag{9-3-44}$$

那么，相机投影模型相对于 P' 有

$$\begin{pmatrix} u_e \\ v_e \\ 1 \end{pmatrix} = \begin{pmatrix} f & 0 & c_x \\ 0 & f & c_y \\ 0 & 0 & 1 \end{pmatrix} \begin{pmatrix} X' \\ Y' \\ Z' \end{pmatrix} \tag{9-3-45}$$

展开后得

$$\begin{cases} u_e = f\dfrac{X'}{Z'} + C_x \\ v_e = f\dfrac{Y'}{Z'} + C_y \end{cases} \tag{9-3-46}$$

对 $\xi^\wedge$ 左乘扰动量 $\delta\xi$，利用链式法则求 e 的导数，有

$$\frac{\partial e}{\partial \delta\xi} = \lim_{\delta\xi \to 0} \frac{e(\delta\xi \oplus \xi)}{\delta\xi} = \frac{\partial e}{\partial P'} \frac{\partial P'}{\partial \delta\xi} \tag{9-3-47}$$

式中，⊕指李代数上的左乘扰动，结果的第一项是误差关于投影点的导数，第二项是物方点关于李代数 ξ 的导数。

第一项的计算过程及结果为

$$\frac{\partial e}{\partial P'} = -\begin{pmatrix} \dfrac{\partial u}{\partial X'} & \dfrac{\partial u}{\partial Y'} & \dfrac{\partial u}{\partial Z'} \\[2mm] \dfrac{\partial v}{\partial X'} & \dfrac{\partial v}{\partial Y'} & \dfrac{\partial v}{\partial Z'} \end{pmatrix} = -\begin{pmatrix} \dfrac{f}{Z'} & 0 & -\dfrac{fX'}{Z'^2} \\[2mm] 0 & \dfrac{f}{Z'} & -\dfrac{fY'}{Z'^2} \end{pmatrix} \tag{9-3-48}$$

第二项的计算过程及结果为（详细推导请参考李代数相关文献）

$$\frac{\partial P'}{\partial \delta \xi} = \begin{pmatrix} I & -P'^{\wedge} \\ 0 & 0 \end{pmatrix} \tag{9-3-49}$$

取前 3 维得

$$\frac{\partial P'}{\partial \delta \xi} = \begin{pmatrix} I & -P'^{\wedge} \end{pmatrix} \tag{9-3-50}$$

将两项相乘，得到 2×6 的雅可比矩阵：

$$\frac{\partial e}{\partial \delta \xi} = \begin{pmatrix} \dfrac{f}{Z'} & 0 & -\dfrac{fX'}{Z'^2} & -\dfrac{fX'Y'}{Z'^2} & f+\dfrac{fX'^2}{Z'^2} & -\dfrac{fY'}{Z'} \\[3mm] 0 & \dfrac{f}{Z'} & -\dfrac{fY'}{Z'^2} & -f-\dfrac{fY'^2}{Z'^2} & \dfrac{fX'Y'}{Z'^2} & \dfrac{fX'}{Z'} \end{pmatrix} \tag{9-3-51}$$

这个雅可比矩阵的形式和内容与本书"单像空间后方交会"一节的"空间后方交会的基本方法"中矩阵 A 是一致的，"单像空间后方交会"中直接用 φ，ω，κ 及三角函数进行计算，而这里用更广义的向量数值计算导出。

除了相机位姿外，物方点的坐标也需要优化，此时，需求 e 关于物方点 P 的导数，仍利用链式法则，可得

$$\frac{\partial e}{\partial P} = \frac{\partial e}{\partial P'} \frac{\partial P'}{\partial P} \tag{9-3-52}$$

第一项误差关于投影点的导数，在前面已经推导，第二项按定义：

$$P' = \exp(\xi^{\wedge})P = RP + T \tag{9-3-53}$$

求导后只剩下 R，于是有

$$\frac{\partial e}{\partial P} = -\begin{pmatrix} \dfrac{f}{Z'} & 0 & -\dfrac{fX'}{Z'^2} \\[2mm] 0 & \dfrac{f}{Z'} & -\dfrac{fY'}{Z'^2} \end{pmatrix} R \tag{9-3-54}$$

至此，相机位姿优化和物方点优化的两个雅可比矩阵都得到了，可以采用不同迭代求解方程，即可获取最大似然估计。

2. 局部求导解法

对于函数 $f(x)$，其最小二乘数学表达为

$$\min_{x} \frac{1}{2} \|f(x)\|_2^2 \tag{9-3-55}$$

式中，自变量 $x \in R^n$；f 是任意函数，设它有 m 维则 $f(x) \in R^m$。如果 f 为简单数学函数，那么令目标函数导数为零，则求解 x 最优值就如求任何一个二元一次方程极值一样：

$$\frac{df}{dx} = 0 \tag{9-3-56}$$

解此方程，就得到导数为零处的极值。它们可能是极大、极小或鞍点值。但当 f 函数比较复杂，不方便直接求解，通常用迭代法，从初始值出发，不断地更新当前优化变量，使目标函数下降，直到增量非常小，无法再使函数下降，可认为此时算法收敛得到极值。这个过程中，无须寻找全局导函数为零的情况，只要找到迭代点的梯度方向即可，那么增量 Δx 如何确定？求解增量的最简单方式是将目标函数在 x 附近进行泰勒展开：

$$\|f(x + \Delta x)\|_2^2 \approx \|f(x)\|_2^2 + J(x)\Delta x + \frac{1}{2}\Delta x^{\mathrm{T}} H \Delta x \tag{9-3-57}$$

式中，J 是 $\|f(x)\|^2$ 关于 x 的导数，即雅可比矩阵；而 H 则是二阶导数，即海塞（Hessian）矩阵。可以选择保留泰勒展开的一阶或二阶项，对应的求解方法则为一阶梯度或二阶梯度法。

如果保留一阶梯度，那么增量方程为

$$\Delta x^* = -J^{\mathrm{T}}(x) \tag{9-3-58}$$

它的意义是只要沿着反向梯度方向前进即可。这里还可以在该方向上取一个步长 λ，让其下降加快，这个解法被称为最速下降法。

如果保留二阶梯度信息，那么增量方程为

$$\Delta x^* = \arg \min \|f(x)\|_2^2 + J(x)\Delta x + \frac{1}{2}\Delta x^{\mathrm{T}} H \Delta x \tag{9-3-59}$$

对右侧等式求其关于 Δx 的导数，并令它为零，就可以得到增量解：

$$H\Delta x = -J^{\mathrm{T}} \quad \Delta x = -H^{-1} J^{\mathrm{T}} \tag{9-3-60}$$

使用二阶梯度和海塞矩阵求解 Δx 的这种方法被称为牛顿法。

由此可以看到，一阶和二阶梯度法都十分直观，把函数在迭代点附近进行泰勒展开，求更新量最小化的解 Δx。由于泰勒展开之后函数变成了多项式，所以求解增量时只需解线性方程即可，避免了直接求导函数为零的问题。但是，这两种方法也存在它们自身的问题，最速下降法过于"贪心"，容易出现锯齿路线，增加迭代次数，而牛顿法则需要计算目标函数的海塞矩阵，方程规模较大时计算非常困难。

3. 信赖域解法

针对牛顿法求解最小二乘需计算海塞矩阵这个复杂问题，可采用高斯-牛顿（Gauss-Newton）法进行改进，改进思想是对 $f(x)$ 进行一阶泰勒展开：

$$f(x + \Delta x) \approx f(x) + J(x)\Delta x \tag{9-3-61}$$

这里雅可比矩阵 $J(x)$ 为 $f(x)$ 关于 x 的导数，是 $m \times n$ 的矩阵。为了寻找下降矢量 Δx，使 $\|f(x + \Delta x)\|^2$ 达到最小，求解方程：

$$\Delta x^* = \arg \min_{\Delta x} \frac{1}{2} \|f(x) + J(x)\Delta x\|^2 \tag{9-3-62}$$

展开目标函数平方项，得

$$\frac{1}{2} \|f(x) + J(x)\Delta x\|^2 = \frac{1}{2}(f(x) + J(x)\Delta x)^{\mathrm{T}}(f(x) + J(x)\Delta x)$$

$$= \frac{1}{2}(\|f(x)\|_2^2 + 2f(x)^{\mathrm{T}}J(x)\Delta x + \Delta x^{\mathrm{T}}J(x)^{\mathrm{T}}J(x)\Delta x)$$

$$\tag{9-3-63}$$

对 Δx 求导，并令导数为零，则有

$$2J(x)^{\mathrm{T}}f(x) + 2J(x)^{\mathrm{T}}J(x)\Delta x = 0 \tag{9-3-64}$$

整理后为

$$J(x)^{\mathrm{T}}J(x)\Delta x = -J(x)^{\mathrm{T}}f(x) \tag{9-3-65}$$

这是标准 $AX = b$ 方程，被称为增量方程，也称为高斯-牛顿方程或法化方程（Normal Equations）。对比牛顿法，高斯-牛顿法用 $J^{\mathrm{T}}J$ 作为牛顿法二阶 Hessian 矩阵的近似，省略了计算 Hessian 的过程。由于原先二阶 Hessian 矩阵是正定可逆的，而 $J^{\mathrm{T}}J$ 却不一定，这将使 Δx 不一定是最小解，可能导致方程无法收敛。那么是否可以给 Δx 添加一个信赖区域（Trust Region）以获得更好的近似呢？列文伯格-马夸尔特（Levenberg-Marquadt，L-M）就是这样一种解法，它比高斯-牛顿法更鲁棒，是目前比较受欢迎的方法之一。

为有效确定信赖区域范围，可根据近似模型与实际函数之间的差异来估算：如果差异小，就让范围变大；如果差异大，就缩小近似范围。其数学表达为

$$\rho = \frac{f(x + \Delta x) - f(x)}{J(x)\Delta x} \tag{9-3-66}$$

式中，分子为实际函数下降值，分母是近似模型下降值。ρ 最理想是接近 1，如果 ρ 太小需要缩小近似范围，ρ 太大则需要放大近似范围。列文伯格-马夸尔特求解最小二乘问题的过程如下：

（1）给定初始值 x_0，和初始信赖半径 u。

（2）求解

$$\min_{\Delta x_k} \frac{1}{2} \|f(x_k) + J(x_k)\Delta x_k\|^2, \ \mathrm{s.t.} \ \|D\Delta x_k\|^2 \leqslant \mu \tag{9-3-67}$$

式中，Levenberg 给 D 取单位阵 I，后来 Marqaurdt 提出将 D 取成非负对角阵，并取 $J^{\mathrm{T}}J$ 的对角元素平方根，使得在梯度小的维度上约束范围更大一些，具体计算公式为

$$\min_{\Delta x_k} \frac{1}{2} \|f(x_k) + J(x_k)\Delta x_k\|^2 + \frac{\lambda}{2} \|D\Delta x\|^2 \tag{9-3-68}$$

类似高斯-牛顿法，该问题可转换为 $(J^{\mathrm{T}}J + \lambda I)X = b$。

（3）计算 ρ。

（4）如果 $\rho > 3/4$，则 u 为 $2u$；如果 $\rho < 1/4$，则 u 为 $u/2$。

（5）令 $x_{k+1} = x_k + \Delta x_k$。

（6）重复（2）、（3）、（4）、（5）步，直到结果满意。

对比高斯-牛顿法，其实就是将法化方程 $J^T J$ 变为 $(J^T J + \lambda I)$，也就是对角线上添加了一个小值 λ：当 λ 较小时，$J^T J$ 占 A 中主要地位，列文伯格-马夸尔特接近于高斯-牛顿法；当 λ 较大时，λI 在 A 中占主要地位，列文伯格-马夸尔特接近于最速下降。即列文伯格-马夸尔特就是在一阶、二阶导数间交替优化，在一定程度上避免线性方程组系数矩阵的非奇异和病态问题，提供更稳定、更准确的增量 Δx。

4. 共轭梯度解法

共轭梯度（Conjugate Gradient，CG）法最初由 Hesteness 和 Stiefel 于 1952 年为求解线性方程组而提出，后来，人们把这种方法用于求解无约束最优化问题，使之成为一种重要的最优化问题求解方法。共轭梯度法在王之卓教授编写的《摄影测量原理》（2007）一书中被称为共轭斜量法。

共轭梯度法处理过程中不需要矩阵整体求逆，有较快的收敛速度和二次终止性，被广泛应用于解决实际问题。共轭梯度法的基本思想是把共轭性与最速下降法相结合，利用已知点处的梯度构造一组共轭方向，选择其中一个优化方向后，计算这个方向的最大步长，一次将这个方向的优化全部进行完，以后的优化更新过程中不需要朝这个方向更新。理论上对 N 维问题求最优，只要对 N 个方向都求出最优就可以，为了不影响之前优化方向上的更新量，需要每次优化方向与其他先优化方向共轭正交，这也正是共轭梯度算法的名称来源。这里需要先介绍共轭正交概念。

设 G 是对称正定矩阵，若存在两个非零向量 u 和 v 满足：

$$u^T G v = 0 \tag{9-3-69}$$

则称 u 和 v 为关于 G 共轭，当 $G=I$ 时，则上式变为

$$u^T v = 0 \tag{9-3-70}$$

即两个向量相互正交，可见共轭是正交的推广，正交是共轭的特例，更直接的理解是一个方向的共轭向量就是与这个方向正交的那个向量。共轭是一个对称关系，如果 u 与 v 共轭，则 v 与 u 共轭，显然共轭向量线性无关。正因为共轭正交向量线性无关，求解向量时可以逐个求解，共轭梯度法的核心步骤包括：

(1)计算梯度方向，并保证所有梯度共轭正交。

(2)计算当前的步长，保证此步长是本方向的最大步长。

之后每一步都更新未知数 x，直到残差小于给定的阈值。由于共轭梯度法证明较为复杂，需要引入其他知识，这里直接给出共轭梯度法的计算伪代码。

$$r_0 = b - A x_0$$
$$p_0 = r_0$$
$$k = 0$$
$$\text{while}$$
$$\alpha_k = \frac{r_k^T r_k}{p_k^T A p_k}$$
$$x_{k+1} = x_k + \alpha_k p_k$$
$$r_{k+1} = r_k - \alpha_k A p_k$$

$$\text{if} \quad r_{k+1} < \varepsilon : \text{break}$$

$$\beta_{k+1} = \frac{r_{k+1}^{\mathrm{T}} r_{k+1}}{r_k^{\mathrm{T}} r_k}$$

$$p_{k+1} = r_{k+1} + \beta_k p_k$$

$$k = k + 1$$

$$\text{return } x_{k+1}$$

算法中，p 代表梯度方向；a 代表步长；r 代表当前残差；ε 为最小残差；实际使用时，x_0 可以从 0 开始迭代。

仔细观察共轭梯度法伪代码可发现，此算法不需要矩阵求逆，也不需要大矩阵乘法运算，算法复杂度较低，的确非常适合计算机编程实现。

9.3.3　无人机空中三角测量

空中三角测量是摄影测量生产的重要步骤之一，它利用具有一定重叠的航摄像片，依据少量野外控制点，通过像片成像几何特性建立航线模型或区域网模型，获取影像外方位元素和连接点物方坐标。空中三角测量一般分模拟法和解析法，模拟法主要是通过仪器模拟成像过程，而解析法通过数学处理完成数值解算。模拟法已经被淘汰，现在使用的方法都是解析法，传统解析空中三角测量包括独立模型法、航带法、光束法等。无人机摄影测量不同于传统航空摄影测量，不再强调独立模型、航带等，因此，无人机空中三角测量也将引入全新的处理流程和处理方法，主要包括 GPS/POS 辅助空中三角测量和 SFM 空中三角测量。

1. GPS/POS 辅助空中三角测量

无人机飞行过程中必须进行实时定位，否则无法进行位置控制，也不能保证飞行安全。无人机的实时定位通常使用全球导航卫星系统(GNSS)和惯性测量单元(IMU)。GNSS 给无人机提供位置信息(包括经度、纬度和高程)，惯性测量单元给无人机提供姿态(包括飞行方向角、机体俯仰角和侧滚角)、位置和姿态，合称 POS 信息。无人机进行航空摄影作业时，如果已知相机在飞机上的安装信息，则 POS 信息通过一定的坐标换算后可得到影像的空间位置和姿态，即外方位元素。为了交流方便，有时将外方位元素称为影像的 POS，但严格意义上讲，POS 与外方位元素不是一个含义。通常情况下，相机在无人机的安装信息并没有准确测量，此时 POS 信息中的姿态无法使用，但是位置仍然可以使用。只有位置辅助的空中三角测量称为 GPS 辅助空三，相应的位置姿态都有，则称为 POS 辅助空三。

GPS/POS 辅助空中三角测量是无人机摄影测量的一大特色。GPS/POS 信息虽不能实现高精度直接定位，但作为辅助定位，可以给摄影测量处理提供极大方便。GPS/POS 信息不仅可以减少地面控制点数量，还可以为连接点自动提取提供了必要的拓扑信息，大幅改善连接点提取速度。GPS/POS 辅助空中三角测量的处理通常包括如下三步。

1)由 GPS/POS 信息解算影像外方位元素初值

GPS/POS 信息包含位置和姿态，位置信息由 GPS 仪器得到，姿态信息由 IMU 仪器得到。通常情况下，GPS 按一定频率记录飞机当时的位置，通过影像成像时间在 GPS 记录的位置中进行插值即可得到影像的线元素。为提高精度，插值过程中还需要进行滤波、拟合等处理。最常用的插值算法是拉格朗日插值，滤波算法是卡尔曼滤波。相对于线元素，角元素的处理更麻烦。IMU 记录的角度是 POS 设备本体在导航坐标系中的角度，导航坐标系与我们通常用的坐标系有较大差异。简单地讲，导航坐标系的 Z 轴指向地球质心，然后在飞机所在位置做椭球切面，在切面中指向地球北极方向定义为 X 轴正方向，在切面中按右手与 X 轴和 Z 轴形成正交的方向（即东方向）定义为 Y 轴正方向。从这个定义可以看出，这个坐标系原点和方向一直在动，任意时刻都是独立定义的。IMU 仪器记录的侧滚（Roll）、俯仰（Pitch）和偏航（Heading 或 Yaw）三个欧拉角是仪器与导航坐标系 X，Y，Z 三个方向的夹角，因此要将 POS 记录的三个角度转换为角元素，需要进行比较复杂的处理。

设 POS 记录的三个欧拉角分别为 (Θ, Φ, Ψ)，则将其转换为旋转矩阵需要进行如下处理：像空间坐标系（记为 i 系）→载荷本体坐标系（记为 c 系）→IMU 本体坐标系（记为 b 系）→导航坐标系（记为 n 系）→地心地固坐标系（记为 e 系）→物方坐标系（记为 t 系）。具体表达式为

$$R_i^t(\varphi, \omega, \kappa) = R_e^t R_n^e R_b^n(\Theta, \Phi, \Psi) R_c^b R_i^c \tag{9-3-71}$$

式中，R_i^j 表示将坐标值由坐标系 i 变换到坐标系 j 的正交变换矩阵。

2）用 GPS/POS 信息引导提取连接点

无人机影像通常没有航带信息，影像间拓扑关系可以通过影像检索算法获得，但是需要一定的处理时间，此时可以利用无人机的 GPS/POS 信息计算影像间拓扑关系。最简单的处理算法是直接用 GPS/POS 信息进行位置判断，但这样没有考虑摄影角度，会有较大误差。更好的办法是同时利用 POS 的角度和姿态，利用公式（9-3-71）计算出影像的外方位元素。如果无人机影像是对地面摄影，此时的算法比较简单，先用 POS 解算的外方位元素将影像 4 个角点投影到地面，计算影像的地面覆盖（Footprint）；然后进行影像相交测试，根据测试结果可直接判断影像是否具有重叠区域，从而建立影像邻接关系表。如果无人机影像不是对地面摄影，则需要将每张影像投影到成像距离处，形成空间平面，各空间平面的关系就是很好的影像拓扑关系。利用 GPS/POS 信息获取影像间拓扑关系无需影像内容，处理速度非常快，通常在数秒内就可以完成判断，与影像检索相比，处理效率的提高幅度很大。

POS 信息除应用于建立邻接关系表外，还可以参与影像匹配。利用 POS 解算的外方位元素对影像进行单应投影后，可消除影像的旋转、透视畸变和尺度畸变。例如在倾斜摄影中，利用 POS 信息将倾斜影像投影到地面平均高程面后，可以开展基于灰度相关的匹配；在 ORB 特征匹配中，BRIEF 描述子不具备旋转不变性，也缺乏对尺度变化的抵抗能力，此时将 POS 信息应用进来，则可大幅提高匹配成功率。

POS 信息除用于拓扑关系判断外，也可用于删除误匹配点。POS 信息绝对定位精度不是特别高，不能完成精确对地定位，但 POS 相对定位精度却非常高。因此可利用相邻影像的 POS 信息解算核线关系，从而进行错误匹配点的剔除。

总之，POS 信息对连接点自动提取有非常大的作用，可以大幅提高效率和匹配准

确性。

　　3）GPS/POS 辅助区域网平差

　　由 GPS/POS 解算获得的影像外方位元素，毫无疑问可以为区域网平差提供很好的初始值，大幅提高平差的效率和平差的稳定性。GPS/POS 辅助信息在区域网平差中有两种用法。

　　第一种用法直接将 GPS/POS 信息作为影像的外方位元素初值，然后使用连接点前方交会得到连接点物方坐标，之后开始使用迭代优化算法求解最优解。在优化过程中可以将 GPS/POS 数据当作观测值进行联合平差。在考虑 GPS/POS 存在漂移的情况下，GPS 点坐标 $(X_{gps}, Y_{gps}, Z_{gps})^T$ 与对应影像外方位元素 $(X_S, Y_S, Z_S)^T$ 之间存在以下关系：

$$\begin{pmatrix} X_{gps} \\ Y_{gps} \\ Z_{gps} \end{pmatrix} = \begin{pmatrix} X_S \\ Y_S \\ Z_S \end{pmatrix} + R_I R_\varepsilon \begin{pmatrix} u \\ v \\ w \end{pmatrix} + \begin{pmatrix} a_X \\ a_Y \\ a_Z \end{pmatrix} + (t - t_0) \begin{pmatrix} b_X \\ b_Y \\ b_Z \end{pmatrix} \tag{9-3-72}$$

式中，

　　$R_I = R(\varphi + a_\varphi + \Delta t\, b_\varphi, \ \omega + a_\omega + \Delta t\, b_\omega, \ \kappa + a_\kappa + \Delta t\, b_\kappa)$；

　　$R_\varepsilon = R(\varphi_\varepsilon, \omega_\varepsilon, \kappa_\varepsilon)$；

　　$a_X, a_Y, a_Z, b_X, b_Y, b_Z$ 是 6 个位置漂移误差参数；

　　$a_\varphi, a_\omega, a_\kappa, b_\varphi, b_\omega, b_\kappa$ 是 6 个姿态漂移误差参数；

　　u, v, w 是 GPS 对应的 3 个偏心分量，也称安置位置；

　　$\varphi_\varepsilon, \omega_\varepsilon, \kappa_\varepsilon$ 是 IMU 对应的 3 个偏心角，也称安置角；

　　t, t_0 是当前成像时间和初始记录时间。

　　由于式(9-3-72)中外方位元素就是区域网平差的未知数，GPS 信息是观察值，若其他参数已知就作为观察值，否则都作为未知数合并到区域网平差的像点大方程中。最后对整个误差方程进行优化求解，即可获取最终的影像外方位元素。关于 GPS/POS 辅助区域网平差，本书的"解析空中三角测量"一章已详细讲解，这里不再复述。

　　第二种用法先不考虑 GPS/POS 信息，用连接点完成自由网平差，得到所有影像的相对外方位元素和像点物方坐标后，在影像相对外方位元素与 GPS/POS 信息之间做空间相似变化，将相对外方位元素和像点物方坐标换算到 GPS/POS 坐标系下。最后再进行一次整体平差优化，即可获取最终的影像外方位元素。

　　以上两种方法各有优缺点，第一种方法适用于 POS 精度较好的情况，可以大幅加快处理速度。但如果 POS 精度不好，或者只有 GPS 情况下，第一次求得的初值就有很大误差，让方程进入极不稳定状态，反而会导致平差失败。第二种方法 GPS/POS 信息没有参与自由网，对前期的平差优化没有贡献，其优点是在 GPS/POS 精度不好的情况下仍然可以得到比较理想的结果，显示出更强的稳定性。无论用哪种方法，采用 GPS/POS 辅助区域网平差可减少地面控制点，实现稀少控制点，甚至无地面控制点的对地定位。

2. SFM 空中三角测量

　　运动恢复结构（Structure from Motion，SFM）是计算机视觉中用于多视影像三维重建的一种技术，它可以通过影像关系求解相机的位置和姿态并恢复三维场景。其核心思想是先通过特征匹配获取多视影像之间的同名点，然后以最小化特征点的重投影误差为目标，求解影像投影矩阵、相机内参数和特征点物方坐标。SFM 按平差方法主要分为两类，即增量式 SFM 和全局式 SFM，这两类平差与传统摄影测量平差的航带法和独立模型法非常类似。

增量式 SFM 先选择一个像对进行相对定向，然后逐个将最邻近并与前面模型有重叠区的一张影像添加进去，然后平差并更新物方点；直到所有影像添加完毕，即完成区域网，过程如图 9-3-6 所示。

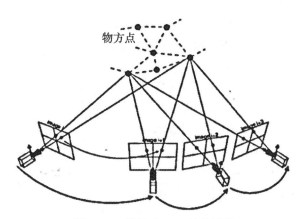

图 9-3-6　增量式 SFM 处理过程

这个过程和原理与传统航带法类似，但 SFM 为了消除误差累积，会不定期进行整体光束法平差，增量式 SFM 的处理流程如下：

（1）建立影像邻接关系表（用 GPS/POS 辅助或者影像检索方法）；

（2）在邻接关系表中选取连接关系比较多的一个像对作为第一个像对；

（3）对第一个像对开展特征匹配，获取连接点，通过本质矩阵分解计算像对的外方位元素和连接点的物方坐标，形成当前模型；

（4）选择与当前模型邻近的一张影像，与当前模型中的影像匹配连接点，用当前模型连接点三维坐标计算新增影像的外方位元素；

（5）利用前方交会求解新增连接点的物方坐标；

（6）如果连接点数量超过预先设定的阈值（如每增加 2000 点开展一次），则对现有模型执行整体区域网平差；

（7）重复（4）~（6）步，直至所有影像都处理完。

增量式 SFM 需要在处理过程中多次执行区域网平差来优化重建结果，效率较低。为此有学者提出采用全局 SFM，其基本原理是先两两建立体模型，然后将所有模型放到一起，通过模型间连接点求解立体模型间的关系，将所有模型解算到一个坐标系中，最后进行全局光束法平差，其过程如图 9-3-7 所示。

全局 SFM 过程和原理与传统摄影测量平差的独立模型法类似，其核心是将误差限制在立体模型内，消除误差累积，全局 SFM 的处理流程如下：

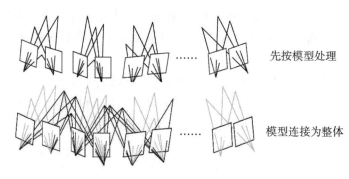

先按模型处理

模型连接为整体

图 9-3-7　全局 SFM 处理过程

（1）建立影像邻接关系表（用 GPS/POS 辅助或者影像检索方法）；

（2）使用邻接关系表提取所有连接点；

（3）按邻接关系表给每张影像建立不重复的立体模型；

（4）根据立体模型公共点建立模型间旋转和平移量，形成初始网络（与独立模型法区域网平差一样，只解旋转和平移）；

（5）对初始网络的像对进行滤波，分别按平移和旋转两次处理，剔除不满足最低要求的像对，这里使用滤波算法可让所有像对相对一致，避免偶然的错误影响整个网络；

（6）通过前方交会计算所有连接点的物方坐标；

（7）执行整体区域网平差。

其实增量式 SFM 与全局 SFM 没有明显界限，更多的时候是相互交织，形成 SFM 分块并行算法。具体过程为根据影像邻接关系表将测区分为多个块，在每个块内进行增量式 SFM，所有块都形成自由网后，在块之间做全局 SFM，最终得到整体平差结果。

在完成整体自由网后，如果存在地面控制点，需要人工将控制点在影像上进行测量。然后，前方交会得到控制点的自由网模型坐标，根据控制点地面坐标和自由网模型坐标求空间相似变换。之后，将所有连接点模型坐标和影像自由网外方位元素换算到地面坐标系中。最后，进行带控制点的整体区域网平差，完成有控制点的空中三角测量处理。进行带控制点平差处理时，可以给控制点添加观测权重，以提高控制点在平差中的作用，相关理论在"解析空中三角测量"一节中已详细讲解，这里不再复述。

◎ 习题与思考题

1. 无人机摄影测量会取代传统摄影测量吗？请说明你的理由。

2. 试述用无人机进行摄影测量时需要注意的问题及其解决方法。

3. 为什么要进行影像检索？其基本思想和过程是怎样的？

4. 请描述 KD-树检索过程。

5. 请描述影像词汇树检索过程。

6. 请描述 RANSAC 去除错误匹配点的过程。

7. 请推导矩阵形式的面阵相机成像模型。

8. 请比较矩阵形式成像模型与线元素、角元素描述的成像模型的差异。

9. 请比较空间后交的直接解法与平差解法的差异。

10. 光束法平差求解的本质是什么？

11. 当观测数多于方程未知数时，请推导超定方程 $Ax=b$ 方程的求解方法。

12. 什么是牛顿法？请推导牛顿法的求解过程。

13. 请描述 SFM 空中三角测量的详细过程。

第10章 数字摄影测量系统

10.1 概述

数字摄影测量系统的研制由来已久，早在 20 世纪 60 年代，第一台解析测图仪 AP-1 在欧洲问世不久，美国也研制了全数字化测图系统 DAMC。其后出现了多套数字摄影测量系统，但基本上都还只是属于体现数字摄影测量工作站（DPW）概念的试验系统。直到 1988 年在京都国际摄影测量与遥感协会第 16 届大会上展出了商用数字摄影测量工作站 DSP-1，尽管 DSP-1 是作为商品推出的，但实际上并没有成功地销售。到 1992 年 8 月在美国华盛顿第 17 届国际摄影测量与遥感大会上，出现多套较为成熟的产品展示，表明数字摄影测量工作站正在由试验阶段步入摄影测量的生产阶段。1996 年 7 月，在维也纳第 18 届国际摄影测量与遥感大会上，展出了十几套数字摄影测量工作站，数字摄影测量工作站正式进入实用阶段。

此后，数字摄影测量得到迅速的发展，数字摄影测量工作站得到了越来越广泛的应用，它的品种也越来越多。2001 年，德国 Hanover 大学摄影测量和工程测绘学院的 Heipke 教授为数字摄影测量工作站的现状作了一个很好的回顾与分析。他根据系统的功能、自动化的程度与价格，将国际市场上的 DPW 分为四类。第一类是自动化功能较强的多用途数字摄影测量工作站，如 Autometric、LH System、Z/I Imaging、Erdas、Inpho 与 Supresoft 等公司提供的产品即属于此类产品。第二类是较少自动化的数字摄影测量工作站，包括 DVP Geometrics、ISM、KLT Associates、R-Wel 及 3D Mapper、Espa Systems、Topol Software/ Atlas 与 Racures 等公司提供的产品。第三类是遥感系统，如 ER Mapper、Matra、Mircolmages、PCI Geometrics 与 Research Systems 等公司提供的产品，大部分没有立体观测能力，主要用于产生正射影像。第四类是用于自动矢量数据获取的专用系统，但还没有成功用于生产的系统。

数字摄影测量工作站的自动化功能可分为：①半自动（Semi-Automatic）模式，它是在人、机交互状态下进行工作；②自动（Automated）模式，它需要作业员事先定义、输入各种参数，以确保其完成操作的质量；③智能（Intelligent）模式，它可以完全独立于作业员的干预。大多数数字摄影测量工作站具有自动模式功能，自动工作模式所需要的质量控制参数的输入，取决于作业员的经验。因此，在运行数字摄影测量工作站的自动工作模式时，所需要输入参数的多少、作业员所需经验的多少，应该是衡量数字摄影测量工作站是否鲁棒（Robust）的一个重要指标。一个好的自动化系统应该具备的条件是：所需参数少，系统对参数不敏感。早期的数字摄影测量工作站实质上是一台用于处理数字影像的解析测图仪,基本上是人工操作。从发展的角度而言,这一类数字摄影测量工作站不能属于真正意义上的数字摄影测量的范畴。因为数字摄影测量与解析摄影测量之间的本质差别,不仅在于是否能处理数字影像,而最重要的是应该考察是否将数字摄影测量与计算机科学中的数字图像处理、模式识别、计算机视觉等密切地结合在一起,将摄影测量的基本操作不断地实现半自动化、自动化,这是数字摄影测量的本质所在。例如,影像的定向、空中三角测量、DEM 的采集、正射影像的生成,以及地物测绘的半自动化与自动化,使它们变得越来越容易操作。对于一个操作人员而言:这些基本操作似乎是一个"黑匣子",但并不一定需要摄影测量专业理论的培训,只有这样数字摄影测量才能获得前所未有的广泛应用。

随着计算机技术及其应用的发展,数字图像处理、模式识别、人工智能、专家系统以及计算机视觉等学科的不断发展,数字摄影测量的内涵已远远超过了传统摄影测量的范围,现已公认为是摄影测量的第三个发展阶段。数字摄影测量与模拟、解析摄影测量的最大区别在于它处理的原始信息不仅是像片,更主要的是数字影像(如 SPOT 影像)或数字化影像;它是以计算机视觉代替人眼的立体观测,因而它所使用的仪器最终将是通用计算机及其相应外部设备,特别是当代,工作站的发展为数字摄影测量的发展提供了广阔的前景;其产品是数字形式的,传统的产品只是该数字产品的模拟输出。

10.2　数字摄影测量系统的组成与功能

一个完整数字摄影测量系统通常包括专业硬件设备和摄影测量软件。专业硬件设备主要是高性能计算机、立体影像显示设备和三维坐标输入(或称拾取)设备等。摄影测量软件是按摄影测量基础理论研制的一类应用软件。使用数字影像、成像参数和地面控制点进行专业算法处理,最终生产数字高程模型产品(DEM),数字正射影像(DOM)、数字栅格地图(DRM)和数字线划图(DLG),也即 4D 产品以及其他数字专题产品。

10.2.1　数字摄影测量系统硬件组成

数字摄影测量系统的硬件由高性能计算机、立体影像显示设备、三维坐标输入(或称拾取)设备以及其他输入输出设备,典型摄影测量系统硬件如图 10-2-1 所示。

图 10-2-1　典型摄影测量工作站

1. 高性能计算机

数字摄影测量系统使用的计算机通常为个人计算机或者是图形工作站，为了更好地展示影像，通常配备较好的计算机图形卡，如果需要进行高性能处理还需 GPU 卡。

2. 立体显示与观测设备

立体显示是数字摄影测量的实现基础，在测绘领域具有十分重要的地位。根据人眼观察三维目标的基本原理，让左右眼分别观察具有一定视差的图像就会产生立体视觉。实现方法主要包括补色法、光分法和时分法等，对应的设备包括双色眼镜、主动立体显示系统、被动同步立体显示系统等。

双色眼镜是最常用的一种立体观测设备，实物如图 10-2-2 所示。这种模式下，在屏幕上显示的图像将先由显示程序进行颜色过滤。渲染给左眼的场景会被过滤掉红色光，渲染给右眼的场景将被过滤掉青色光(红色光的补色光，绿光加蓝光)。然后，观看者通过双色眼镜观察，这样左眼只能看见左眼的图像，右眼只能看见右眼的图像，大脑就会合成出真实立体场景。这是成本最低的方案，一般适合于观看灰度影像，对于真彩影像，由于丢失了部分颜色信息，可能会造成观测者不适。

图 10-2-2　双色眼镜

主动立体显示设备中最常见的是由闪闭式立体眼镜与对应信号发射器组成的系统，如图 10-2-3 所示。闪闭式立体又称为分时立体或画面交换立体，这个模式以一定速度轮换地传送左右眼图像，显示端上轮流显示左右两眼的图像，观看者需戴一副液晶眼镜，当左眼图像出现时，左眼的晶光体透光，右眼的晶光体不透光；相反，当右眼图像出现时，只有右眼的晶光体透光，左右两眼只能看见各自所需的图像。

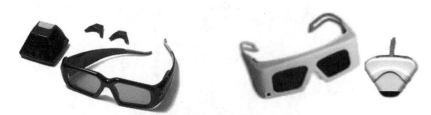

图 10-2-3　闪闭式眼镜及信号发射器

这种模式需要立体显卡的配合，立体显卡是具有双缓冲输出的显卡，如图 10-2-4 所示。立体显卡的驱动程序将交替渲染左右眼的图像，并按时间顺序输出左右两张图像。例如第一帧为左眼的图像，那么下一帧就为右眼的图像，再下一帧为左眼的图像，依次交替显示。然后观测者使用一副快门眼镜，快门眼镜通过有线或无线方式与显示器同步。当显示器上显示左眼图像时，眼镜打开左镜片快门，关闭右镜片快门。当显示器上显示右眼图像时，眼镜打开右镜片快门，关闭左镜片快门。对于看不见的某只眼的图像，大脑会根据视觉暂存效应而短暂保留刚显示的画面，只要在此范围内，戴上立体眼镜都能观看到立体场景。这种方法降低了图像一半亮度，并且要求显示器和眼镜快门的刷新速度都达到一定的频率，否则也会造成观看者不适。

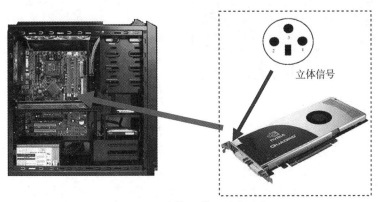

图 10-2-4   支持立体显示的显卡

更高级的主动立体显示设备还有偏振光屏幕与偏振光眼镜，如图 10-2-5 所示。偏振光屏幕与偏振光眼镜一起实现立体观测。偏振光屏幕安装在计算机屏幕前，其内部就是双层偏振光过滤膜，其工作频率与显卡输出的左右影像信号对应，将左右影像分为相互垂直的两份偏振光。同时，偏振光眼镜的两个镜片刚好与左右影像的偏振光对应，这样就可以实现左眼观测左影像，右眼观测右影像。偏振光屏幕和偏振光眼镜对计算机的要求与闪闭式立体眼镜完全一样，它们之间的最大差异是闪闭式立体眼镜将闪闭快门放在眼镜里，而偏振光屏幕是将闪闭快门放在显示器屏幕上，更通俗地讲就是将眼镜戴在屏幕上，这样作业人员不用佩戴厚重的眼镜。

图 10-2-5   振光屏幕与偏振光眼镜

3. 三维坐标输入设备

三维坐标输入设备通常包括手轮脚盘、三维鼠标等。手轮脚盘设备是数字摄影测量工作站用于立体测图的主要设备，实现调整和操作三维坐标。如图 10-2-6 所示，手轮代表摄影测量坐标系的 X、Y 轴，脚盘代表 Z 轴，脚踏开关包括 A、B 两个键进行确认或取消的功能操作，类似鼠标左右键。

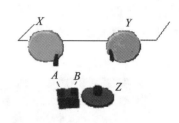

图 10-2-6　手轮脚轮

三维鼠标是除手轮脚盘外另一个重要选点设备，实现 6 个自由度的模拟交互，可从不同的角度和方位对三维物体进行观察、浏览、操纵。作为跟踪定位器，也可单独用于 CAD/CAM、Pro/E、UG 等系统，实物如图 10-2-7 所示。三维鼠标类似于摇杆加上若干按键的组合，厂家给硬件配合了驱动和开发包，在控制开发中，很容易通过程序将按键和球体的运动赋予三维场景或物体，实现三维场景的漫游和控制。

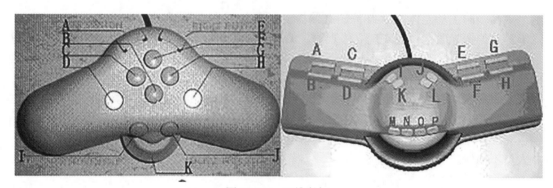

图 10-2-7　三维鼠标

4. 其他输入输出设备

其他输入设备包括影像数字化仪，也即扫描仪；输出设备包括矢量绘图仪、大幅面彩色打印机等。

10.2.2　数字摄影测量系统软件功能

1. 影像处理

影像处理是指通过传感器对目标信息进行信息获取、编码、压缩、复原、增强以及识别的技术总称。通常情况下采用栅格(即二维矩阵)形式对信息进行组织，按一定空间间隔对目标进行采样，并对每个位置获得的信息进行数字编码，形成按位置保存的数据。每个位置的数据形式非常多样，如用 0 和 1 表示，则形成二值图；如果用 256 个灰阶表示，则为灰度影像；如果采用 RGB 三个值表示，则为彩色影像；如果采用更多的分量值表示，则为多光谱影像。数字摄影测量处理的通常是灰度影像和彩色影像，基本处理方法主要包括以下 6 种。

1)影像压缩

影像压缩指通过信息编码技术将按位存放的原始数据流重新编码为更精简的数据流，大幅减少数据量，以便节省影像传输、存储，甚至处理时间。

2)影像增强

影像增强指为突出影像中感兴趣的部分而对数据采取的一些操作。例如，想使影像更亮，可以将像素值变大；想使影像对比度更强，可以将像素值相对拉开(与均值比大的更大，小的更小)；如想目标轮廓清晰、细节明显，可进行高通滤波；而想要降低噪声，则可以进行低通滤波；等等。

3)影像缩放与裁剪

影像缩放指用指定的行列数表示图像，可以直接按新影像在原影像的位置进行重采样实现缩放，也可以使用滤波器进行加权采样。影像裁剪指保留影像中感兴趣的位置、去除其他部分的操作。

4)特征提取

特征提取是对影像进行基于内容的纹理分析，提取符合感兴趣的信息，通常包括特征点提取、特征线提取及复杂区域提取。常见特征点有 Forstner 特征点、Moravec 特征点、SIFT 特征点、Harris 特征点、FAST 角点等。常见特征线包括直线、圆弧等。复杂区域有房屋、道路等。

5)内容识别

影像内容识别以影像主要特征为基础，通过对影像进行分析、分割、分类，并与样本库进行对比最终实现对影像内容的理解。传统内容识别方式主要以特定目标为基准进行处理，如数字识别、文字识别等。当代的内容识别主要以深度学习为基础，无论是效率还是效果都达到了较高水平，未来应该会更完善。

2. 模型定向

1)内定向

使用框标半自动或自动识别定位技术，测量出框标的位置，利用框标检校坐标与测量位置，计算扫描坐标系与像片坐标系间的变换参数。

2)相对定向

先提取影像中的特征点，利用二维相关寻找同名点，计算相对定向参数。对非量测相机的影像，可不需进行内定向而直接进行相对定向。相对定向的过程中，常采用金字塔影像数据结构与最小二乘影像匹配方法，有时还需要人工辅助量测。传统的摄影测量一般只在标准点位量测 6 对同名点，数摄影测量基于自动化与可靠性的考虑，通常要匹配数十至数百对同名点。

3) 绝对定向

绝对定向主要由人工在左(右)影像测量控制点位置，由影像匹配功能自动匹配其他影像的同名点，然后计算绝对定向参数。如果具有历史影像，还可利用影像匹配技术对新老影像进行匹配而实现全自动绝对定向。

3. 自动空中三角测量

自动空中三角测量包括内定向、自动选点、自动转点、模型连接、航带网构成、自由网构建、自由网平差、粗差剔除、控制点量测与区域网平差等过程。由于数字摄影测量利用影像匹配替代人工转刺等自动化处理，可极大地提高空中三角测量的效率。传统的空中三角测量一般只在标准点位选点，数字摄影测量的自动空中三角测量在选点时，不仅要选较多的连接点，以利于粗差剔除、提高可靠性，还要保证每一模型的周边有较多的点，以利于后续处理中相邻模型的 DEM 接边及矢量数据的接边。

4. 制作数字地面模型

数字地面模型是地形信息的统称，常用一系列地面点坐标及地表属性组成数据阵列，用来描述地形详细信息，通常采用规则格网或者不规则三角网(TIN)组织和存储数据。数字地面模型是数字摄影测量系统最基本和最重要的成果之一。数字摄影测量系统通常使用立体像对进行自动匹配，产生大量同名点，然后构建不规则三角网形成 TIN 格式的数字地面模型数据，如果需要规则格网数据，则还需对数据进行拟合与内插。基于数字地面模型，还可以自动跟踪等高线，形成地貌数据。

5. 制作数字正射影像

制作数字正射影像主要过程是利用数字高程模型结合影像数据和内外方位参数，按逐像元进行投影差改正，生成与实际地形分布一致的影像数据。如果有多张影像，需要进行色彩一致性处理、影像镶嵌等处理，对影像遮挡或异常的部分，还要用邻近的影像块或适当的纹理进行局部编辑与替代。

6. 生产数字线划图

数字线划图的生产在摄影测量中称为立体测图，属于计算机辅助测图。先利用计算机将立体像对通过立体显示设备展示出来，作业人员佩戴立体眼镜，通过三维坐标输入设备操作立体环境中的测标，将立体影像中的目标跟踪出来。为了生产规范地图，测图系统通常还需要支持测量结果符号化，交互式矢量编辑，计算机辅助处理，如自动闭合、自动直角化、邻近咬合等。

10.3 经典数字摄影测量工作站

10.3.1 第一台数字摄影测量工作站 DAMC

世界上第一台数字摄影测量工作站是 DAMC(Digital Automatic Map Compiler)，它首次用影像数字化方式实现了线划图测制及正射影像地图制作。DAMC 系统包括一台 IBM 7094 型数字计算机、透明像片的数字化扫描晒印器，连同一台 Wild 的 STK-l 型立体坐标量测仪。扫描器实现影像重叠面的扫描和模/数转换。数字化分辨率为在 x 和 y 轴方向每 1mm 中有 16 或 32 个点，影像灰度按 8、16 或 32 级记录。在扫描过程中立体坐标仪上的立体像对在 y 轴方向机械地以每秒 7mm 的速度移动。扫描的光源使用一台线扫描阴极射线管，其电子束在 x 轴方向以每秒 15mm 的速率偏转。在光电倍增管中产生的输出电压与由透明底片上扫描面范围内透射的光量成比例，亦即与影像的灰度成比例，电压信号按 8、16 或 32 级以二进制数字表示，并记录在磁带中。由于扫描器同时对两张像片进行数字化记录，因此两个灰度值装在一个字标之中。3 个二进制比特(bit)记录右像的灰度编码，另 3 个记录左像的灰度编码。数字计算机 IBM 7094 型的输入磁带是七孔道二进制的，其中 6 个孔道载有一对灰度值，而第七个则是差错检校孔。DAMC 的运算程序包含下列几个。

1. 后方交会定向程序

根据控制点坐标及其在立体坐标仪 STK-1 上的相应像点坐标值求得两张像片的外方位元素。同时求得的两张像片的天底点及其共轭点用以输入扫描过程，使两张像片能在立体坐标仪上定向而在平行于其飞行方向上进行扫描。

2. 纠正程序

纠正程序用以重新安排数字化了的摄影数据，以抵偿由于摄影倾角和比例尺所产生的位移。在内存保留一个输出区，能存储最多 100 条扫描线。经过纠正处理以后转写到一个输出带中，再进行下一部分输入数据的纠正。

3. 视差相关程序

视差相关用以确定两张像片中影像的共轭。对一张像片上影像的一个小面积与其另一张像片上重叠的若干小面积，求其最大协方差值或相关系数，以确定其影像间最佳的匹配。为了简化计算工作量，相关要先用低一些的影像分辨率引入，低分辨率可使一个给定的影像区内用少得多的数字表示。在求影像的匹配时，逐次提高影像分辨率，但使用缩小了的取样区。在最后阶段，在一个磁带上对每 6×6 点单元组记录其视差值。

4. 正射改正和等高线程序

为了产生晒印正射像片的数字化数据，对影像点位要进行改正以消除由于地形起伏所引起的位移。把左像片中以 6×6 点为单元移动到其相对于像底点的正射投影位置上，并根据在相关运算阶段求得的视差来计算其高程。每当高程跨过等高线时，则在单元组内放入一个等高线标志，而连接一系列 6×6 点单元组构成一根等高线。每一根等高线用一个独特的符号标志，以区别于其相邻的等高线。其单元组内的摄影碎部，则可用一个适当的符号代替。

DAMC 全数字化测图系统可以生产线划地形图及正射影像地图，其速度约为每小时一个像对。

10.3.2　摄影测量工作站 VirtuoZo

VirtuoZo(本意为艺术家)数字摄影测量工作站是根据 ISPRS 名誉会员、中国科学院资深院士、武汉大学王之卓教授于 1978 年提出的"Fully Digital Automatic Mapping System"方案进行研究，由武汉大学张祖勋院士主持研究开发的成果，属世界同类产品的知名品牌之一。最初的 VirtuoZo SGI 工作站版本于 1994 年 9 月在澳大利亚黄金海岸(Gold Coast)推出，被认为是有许多创新特点的数字摄影测量工作站(Stewart Walker & Gordon Petrie，1996)，1998 年由适普软件(Supresoft)推出其微机版本。VirtuoZo 系统基于 Windows 平台利用数字影像或数字化影像完成摄影测量作业，由计算机视觉(其核心是影像匹配与影像识别)代替人眼的立体量测与识别，不再需要传统的光机仪器。从原始资料、中间成果及最后产品等都是数字形式，克服了传统摄影测量只能生产单一线划图的缺点，可生产出多种数字产品，如数字高程模型、数字正射影像、数字线划图、三维透视景观图等，并提供各种工程设计所需的三维信息和各种信息系统数据库所需的空间信息。典型的 VirutoZo 工作站如图 10-3-1 所示。

图 10-3-1　武汉大学的 VirtuoZo 摄影测量系统

VirtuoZo 系统包括：基本数据管理模块 V_Basic、模型定向模块 V_ModOri、自动空中三角测量模块 V_AAT、DEM 自动提取模块 V_DEM、正射影像生产模块 V_Ortho、立体数字测图模块 V_Digitize、卫星影像定向模块 V_RSImage 以及诸多人工交互编辑的工具，如

DemEdit、TINEdit、OrthoEdit、OrthoMap 等。VirtuoZo 系统的各模块简介如下。

1. 基本数据管理模块(V_Basic)

基本数据管理模块 V_Basic，主要实现测区建立、设置相机参数、引入影像、设置控制点等功能，主要操作界面如图 10-3-2 所示。

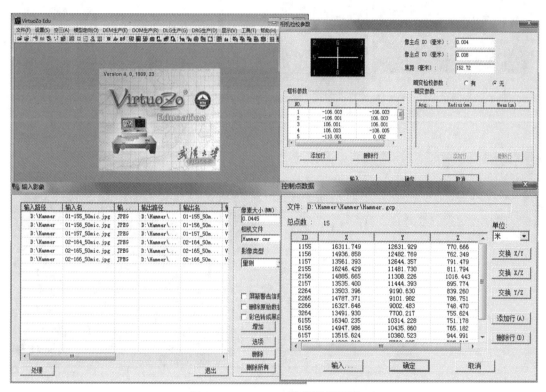

图 10-3-2 VirtuoZo 数据管理界面

2. 模型定向模块(V_ModOri)

模型定向主要包括通过全自动框标识别完成影像内定向，全自动影像匹配完成相对定向，计算机辅助半自动控制点量测完成绝对定向。模型定向模块处理界面如图 10-3-3 所示。

3. 自动空中三角测量模块(V_AAT)

空中三角测量主要通过影像匹配实现连接点自动提取，然后进行半自动控制点量测，最后开展光束法平差完成空中三角测量。自动空中三角测量模块处理界面如图 10-3-4 所示。

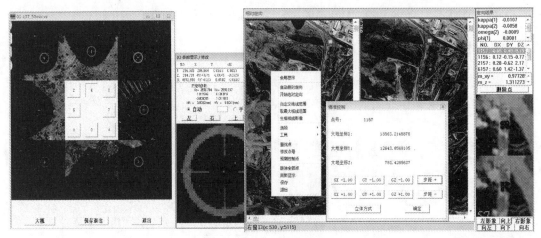

图 10-3-3　VirtuoZo 内定向、相对定向、绝对定向界面

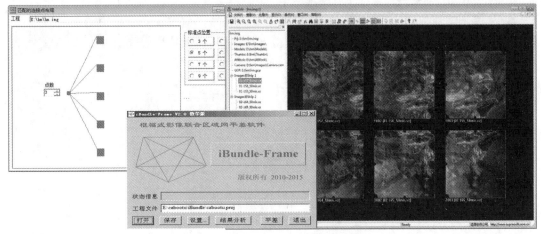

图 10-3-4　VirtuoZo 空中三角测量界面

4. DEM 自动提取模块(V_DEM)

DEM 自动提取主要通过核线影像密集匹配生产 DEM，同时也提供了 DEM 立体核查和多模型拼接功能。DEM 自动提取模块主要界面如图 10-3-5 所示。

5. 正射影像生产模块(V_Ortho)

正射影像生产主要包括单张正射影像采集、测区正射影像拼接、正射影像人工编辑与检查等功能。正射影像生产模块主要界面如图 10-3-6 所示。

6. 立体数字测图模块(V_Digitize)

立体测图是 VirtuoZo 最有特色的功能之一，通过通用立体显示设备，将立体像对展示出来，作业人员佩戴立体眼镜在计算机辅助下跟踪地物目标。立体数字测图模块自带符合测绘国家规范的符号库，在测量过程中实时显示测量结果，此外，还提供等高线插值、折线自动直角化、道路半自动提取等功能，是我国基础测绘成果的主力生产工具。立体数字测图模块及其生产成果如图 10-3-7 所示。

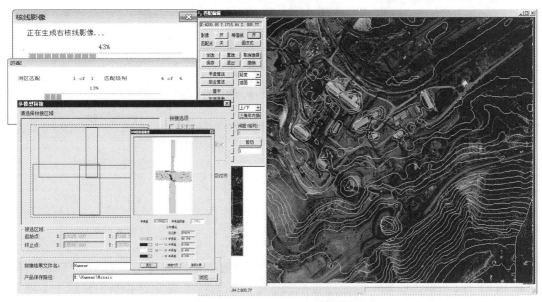

图 10-3-5　VirtuoZo DEM 自动提取界面

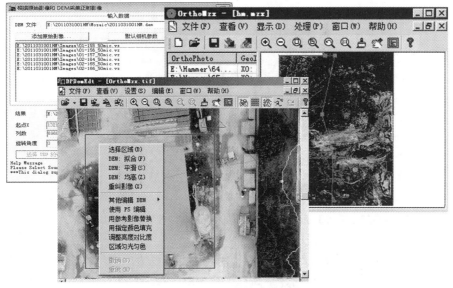

图 10-3-6　VirtuoZo 正射影像生产界面

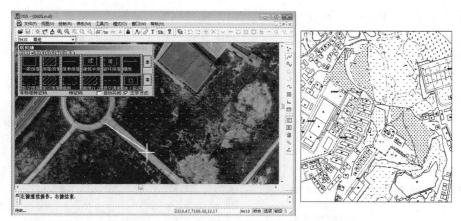

图 10-3-7　立体测图界面与生产的 DLG 成果图

10.3.3　其他经典摄影测量工作站

1. JX4

除 VirtuoZo 以外，在中国还有一套较为著名的数字摄影测量工作站——"解析四"，简称 JX4。JX4 由王之卓院士的另外一个学生中国测绘科学研究院的刘先林院士主持开发，系统如图 10-3-8 所示。

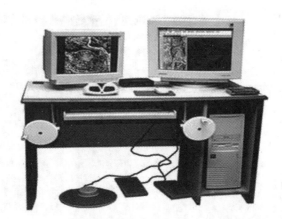

图 10-3-8　中国测绘科学研究院的 JX4 摄影测量系统

JX4 数字摄影测量工作站是结合生产单位作业经验开发的一套半自动化微机数字摄影测量工作站，可用于各种比例尺的数字高程模型 DEM、数字正射影像 DOM、数字线划图 DLG 的生产。JX4 支持将矢量（包括线形和符号）、DEM 和 TIN 映射到立体屏幕上，二维屏幕也可同时进行矢量、DEM、TIN 和 DOM 的叠加、显示和编辑。系统采用专业硬件实现影像漫游、图形漫游、测标漫游，同时也提供了实时立体编辑命令。JX4 的特点如下：

（1）双屏幕显示，图形和立体独立显示于两个不同的显示器上，使得视场增大，立体感强，影像清晰、稳定，便于进行立体判读。

（2）在接收遥感数据方面具有较强的兼容性，JX4-G 数字摄影测量工作站除了进行常规的航空影像处理外，还可接收诸如 IKONOS、SPOT-5、QuickBird、ADEOS、RADARSAT、尖三等卫星与雷达影像，可通过以上数据获取 DEM、DOM、DLG 成果。

（3）由 Tin 生成正射影像，可解决城市 1∶1000、1∶2000 比例尺正射影像中由于高层建筑和高架桥引起的投影差问题，使大比例尺正射影像完全重合，更加精确地描述诸如道路。

2. 摄影测量工作站 ImageStation SSK

ImageStation SSK（Stereo Soft Kit）是美国 Intergraph 公司推出的数字摄影测量工作站，它集成了解析测图仪、正射投影仪、遥感图像处理，与 GIS 地理信息系统以及 DTM 数字地形模型在工程 CAD 的应用结合在一起，形成具备航测内业所有工序处理能力的数字摄影测量工作站，系统界面如图 10-3-9 所示。Intergraph 一直是世界最大的摄影测量及制图软件提供商之一，提供完整的摄影测量解决方案。ImageStation 系列软件具有深厚的理论基础，不仅能处理传统的航摄数据和数字航摄相机的数据，也具备卫星数据处理能力，支持包括 IKONOS、SPOT、IRS、QuickBird、Landsat 等商业卫星的处理，还具备近景摄影测量功能，提供了涵盖摄影测量全领域的解决方案。

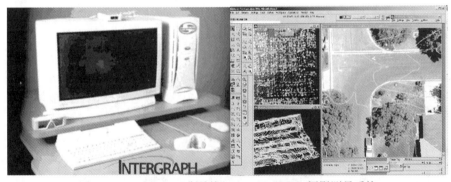

图 10-3-9　Intergraph 公司的 ImageStation SSK 摄影测量系统

ImageStation SSK 主要包含：项目管理模块 ImageStation Photogrammetric Manager（ISPM）、数字量测模块 ImageStation Digital Mensuration（ISDM）、立体显示模块 ImageStation Stereo Display（ISSD）、数据采集模块 ImageStation Feature Collection（ISFC）、DTM 采集模块 ImageStation DTM Collection（ISDC）、正射纠正模块 ImageStation Base Rectifier（ISBR）、遥感图像处理模块 I/RAS C、空中三角测量模块 ImageStation Automatic Triangulation（ISAT）、自动 DTM 提取模块 ImageStation Automatic Evaluation（ISAE）、正射影像处理模块 ImageStation Ortho Pro（ISOP）等。

3. 摄影测量工作站 InPho

摄影测量工作站 InPho 由世界著名测绘学家 Fritz Ackermann 教授于 20 世纪 80 年代在

德国斯图加特创立，在 2007 年加盟天宝导航有限公司（Trimble），软件系统如图 10-3-10 所示。历经多年生产实践和创新发展，InPho 已成为世界知名数字摄影测量及数字地表/地形建模的软件。InPho 支持各种扫描框幅式相机、数字 CCD 相机、自定义相机、推扫式相机以及卫星传感器获取的影像数据的处理。主要功能已覆盖摄影测量生产的各个流程，如定向处理（空中三角测量）、DEM、DOM 等的 4D 产品生产以及地理信息建库处理等。InPho 以模块化的产品体系使得它极为方便地整合到其他工作流程中，为全球各种用户提供便捷、高效、精确的软件解决方案及一流的技术支持，其代理经销商和合作伙伴遍布全球。

图 10-3-10　Trimble 公司的 InPho 摄影测量系统

InPho 摄影测量工作站包括应用核心模块 Applications Master，自动空中三角测量模块 MATCH-AT，区域网平差模块 inBLOCK，自动地形提取模块 MATCH-TDSM，正射纠正模块 OrthoMaster，正射影像镶嵌模块 OrthoVista，立体测图模块 Summit Evolution 以及地形建模模块 DTMaster。各模块既可以相互结合，也可以独立实现各自功能，还能够非常容易地整合到第三方工作流程中。

4. 摄影测量工作站 LPS

摄影测量工作站 LPS（Leica Photogrammetric Suite）由美国 Leica 公司研发，具有简单、易用的用户界面，强大、完备的数据处理功能，深受全球摄影测量用户喜爱，系统界面如图 10-3-11 所示。LPS 支持航天航空的各种传感器，如 Leica RC30、DMC、ADS 系列、SPOT-5、QuickBird 等。软件具有影像自动匹配、空中三角测量、自动提取地面模型、亚像素级定位等功能。LPS 采用模块化的软件设计，支持丰富多样的扩展模块，提供了多种方便实用的功能，可根据用户需求灵活配置。

LPS 摄影测量工作站包括：核心模块 LPS Core、立体观测模块 LPS Stereo、数字地面模型自动提取模块 LPS ATE、分布式数字地面模型自动提取模块 LPS eATE、数字地面模型编辑模块 LPS Terrain Editor（TE）、空中三角测量模块 LPS ORIMA、立体分析模块 Stereo Analyst for ERDAS IMAGINE/ArcGIS、正射影像处理模块 ImageEqualizer 和立体测图模块 LPS PRO600。

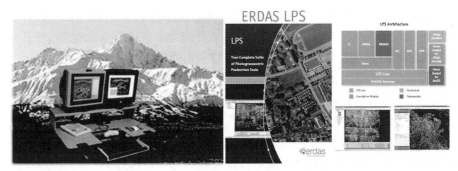

图 10-3-11　Leica 公司 LPS 摄影测量系统

10.4　当代数字摄影测量系统

　　早期的数字摄影测量软件，实质上是一套"人—作业员"与"机—计算机"共同完成作业的系统，一般称为摄影测量工作站，简称 DPW。无论是 DPW 的研究、开发者，还是 DPW 的使用者，都将 DPW 作为一台摄影测量"仪器"，用它来完成摄影测量所有的作业。如果将 DPW 作为一个"人机协同"系统（Man-machine Cooperative System）进行思考，必须进一步考虑摄影测量作业与 DPW 作业之间的差异以及人工操作与计算机工作方式之间的差异，从而将 DPW 按一个"系统"，而不是将它作为一台"仪器"来考虑其结构与发展。下面分七个方面进行讨论。

　　（1）传统摄影测量生产流程要求不完全适应于数字摄影测量。在数字摄影测量中工序的划分就不应该过分清晰，而应该更强调集成（Integration）。例如，传统的空中三角测量是为了获得连接点的坐标，为下一个工序提供绝对定向的控制点，为此一般要求在影像的三度重叠范围内选取三个加密点。受此影响，目前有的 DPW 系统的自动空中三角测量采用标准点位上按"点组"选点（Honkavaara，1996）。但是考虑到摄影测量后面的工序的需要，在模型的四周增加大量的连接点（如 Supresoft 的 AAT（Automatic Aerial Triangulation）系统），这对于 DEM 的生成，特别是 DEM 接边非常有利。

　　（2）传统的摄影测量生产规范不能全部适用于数字摄影测量。例如相对定向，有的要求定向点上最大的残余上下视差小于 $10\mu m$，这是根据在解析测图仪上，作业员量测标准点位上 6 个点进行相对定向所确定的最大上下视差残余误差的限制。但是在数字摄影测量中，若将计算机限于仅量测标准点位上 6 个点，这就难以实现 DPW 的自动化。一般地，DPW 采用在 6 个标准点位上按点组选点，或在整个像对内进行均匀分布选点（如 VirtuoZo），相对定向点多达 100~200 个点。显然上述的最大残余误差的要求，就不适合于 DPW。

　　（3）在主观智能方面，作业员总要比计算机强很多。因此在整个作业的过程中，DPW 是在作业员指挥下进行作业。例如打开某个测区或文件，进行某项操作，然后由计算机根据作业员的命令进行（自动化）工作。从这个意义上来说，整个 DPW 是一套交互系统。特别是在"识别"能力方面，"人"显得尤为聪明，如地物（建筑物、道路、森林等）的识别、控制点的识别、粗差的识别等，这些都需要由人来完成。因此目前的 DPW 在地物的测绘方面，基本上还是与解析测图仪一样：人工作业，或是在作业员指导下进行半自动方式作业。

(4)对处理对象的"记忆能力"，计算机要比作业员强很多。就整体而言，"人"的记忆能力比计算机强得多，但是对于局部问题而言，情况却恰恰相反。例如，计算机能够记忆"整个立体像对每个点以及它们可能匹配的同名点"，但是"作业员"就显得无能为力(如 VirtuoZo 就是利用这一特性，将作业员的单点量测(匹配)改为在整个像对上进行"最优匹配")。

(5)在"识别"同名点问题上，计算机要比作业员快很多。例如量测同名点的问题，在 DWP(或计算机立体视觉)中是一个"识别同名点"的问题，可以归化为影像匹配问题。作业员量测一个点大约需要 0.5s，而计算机匹配的速度可以到 100~1000 点/秒以上(其中可能包含不少粗差)。即前者的速度低，而正确率高；后者的速度快，而正确率低。

(6)计算机不会因疲劳而引入错误。计算机不需要休息，可以一天 24 小时工作。作业员会疲劳而出现错误，而且需要休息。两者相比，前者生产效率高、成本低，这也是数字摄影测量发展的根本目的之一。

(7)对于 DPW 系统的运行方式有两种：①"人"+"计算机"(交互)作业方式；②"计算机"(自动)作业方式。目前在 DPW 中没有认真细致地考虑两者的区分，常常混在一起，而不能充分发挥 DPW 的效率。

基于上述考虑，数字摄影测量系统(以下简称 DPS)的设计应注意以下几项。

(1)DPS 应该是由若干台计算机+相应的软件构成，通过网络连接到一起，构成完整的数字摄影测量系统。

(2)DPS 应该将自动化工作方式与交互作业方式分开，分给不同的计算机。前者可视为主机(Master Computer)，它可以是集群计算机或计算机群，可以 24 小时并行工作；后者是由多台从属计算机(Slave Computers)组成，它们一般与作业员上班时间同步，这样可以充分发挥 DPS 的整体效率。其中主机与从属机的硬件配置也不同，对主机的运算速度、内存、外存容量的要求高，它适用于存放整个测区的影像数据、中间成果以及最后需要上交的结果。从属机主要适用于基于模型、图幅的作业，像 DPW 的要求一样。整个 DPS 的结构如图 10-4-1 所示。

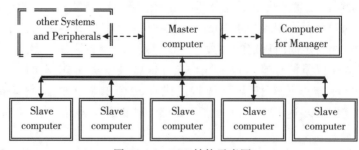

图 10-4-1　DPS 结构示意图

(3)DPS 不仅是一个完成摄影测量生产的系统，而且还应该具有生产管理功能。随着科学技术的发展，数字摄影测量系统的数据量越来越大，对于彩色影像，当使用 $14\mu m$ 分辨率进行扫描时，一张航空影像的原始数据就达 1GB 以上，加上中间数据、最终成果数据等，总数据可能达 2~4GB。如何有效地管理生产过程与数据，在数字摄影测量中已经显得越来越重要。

（4）DPS 与 DPW 不同，它不是按传统摄影测量的工序进行模块的划分。例如空中三角测量的选点，不应该选在树上，但是"森林识别"离不开数字表面模型 DSM 的提取，这说明空中三角测量、影像匹配、地物的识别是密切相关、无法严格分开的。

（5）DPS 的软件也应该按自动化与交互（或半自动）两种方式分开，到目前为止，还没有完全适用于所有地形的自动化处理模块，例如相对定向模块，在 99.9% 情况下可以实现自动化，但是在某些特殊情况下，仍需要人工干预。即使是我们公认的自动化程度较高的、在裸露地区的 DEM 生成，也少不了人工编辑。因此，原来 DPW 的每个模块都需要分为自动化与交互两部分，分别安装在主机与从属机上。功能与计算机之间的关系如表 10-4-1 所示（√表示自动运行部分；⇔表示交互运行部分；□表示无）。

表 10-4-1　　　　　　　　　　　　**功能与计算机之间的关系**

	Master	Slave
生产管理	✓	□
空中三角测量	✓	⇔
DEM(TIN & GRID)	✓	⇔
Vector data capture	✓	⇔
Map/model join	✓	□
Orthophoto & mosaic & Dogging	✓	□

下面介绍一些新研制的数字摄影测量处理系统，它们的系统设置与传统的全数字摄影测量系统有着较大区别。

10.4.1　数字摄影测量网格系统 DPGrid

数字摄影测量网格系统 DPGrid（Digital Photogrammetry Grid）是由中国工程院院士张祖勋提出并指导研制的具有完全自主知识产权、国际首创的新一代航空航天数字摄影测量处理平台。该系统打破了传统的摄影测量流程，集生产、质量检查、管理于一体，合理地安排人、机的工作，充分应用当前先进的数字影像匹配、高性能并行计算、海量存储与网络通信等技术，实现了航空航天遥感数据的自动化快速处理和空间信息的快速获取。其性能远远高于当前的数字摄影测量工作站，能够满足三维空间信息快速采集与更新的需要。

DPGrid 系统由自动空三与正射影像子系统和基于网络协助的立体测图子系统两大部分组成。自动空三与正射影像子系统是由高性能集群计算机系统与磁盘阵列组成硬件平台，以最新影像匹配理论与实践为基础的全自动数据并行处理系统。这一部分的主要功能包括：数据预处理、影像匹配、自动空三、数字地面模型以及正射影像生产等。基于网络协助的立体测图子系统 DPGrid. SLM（Seamless Mapping）由服务器+客户机组成。其中，服务器负责任务的调度、分配与监控；客户机也是摄影测量生产作业员进行"人机交互"生产线划图(DLG)的客户端，具有分布式、相互协调、基于区域生产的网络无缝测图功能。这两部分组成的 GPGrid 系统，不仅包括快速、自动化的正射影像生产系统，而且还包括等高线、地物等全要素的测绘，是一个"完整的、综合的解决方案(Integrated Solution)，属于新一代数字摄影测量系统。DPGrid 系统硬件和软件组成如图 10-4-2 所示。

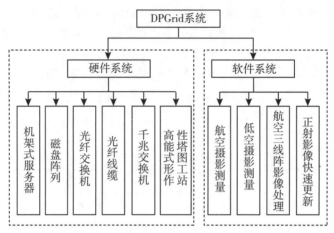

图 10-4-2　数字摄影测量网格 DPGrid 系统组成

DPGrid 系统的自动处理系统的硬件部分由管理节点、集群计算机(或计算机群)、磁盘阵列和高速局域网构成。其中，管理节点主要用于管理集群计算机(或计算机群)分配任务到处理设备，集群节点负责具体的运算，磁盘阵列负责数据存储，所有设备通过高速网络相连。DPGrid 系统的硬件结构与软件界面如图 10-4-3 所示。

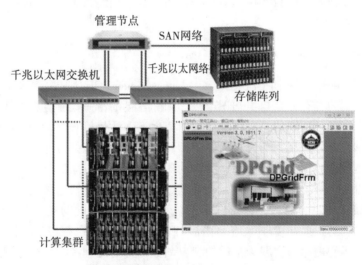

图 10-4-3　数字摄影测量网格 DPGrid 的硬件环境与软件界面

　　软件系统的工作流程是，主控(任务分配)程序根据摄影测量处理的内容，将整个处理任务分解并分发给各个计算节点，主控程序同时监控各任务的运行情况，各计算节点接受分配的任务完成具体的运算，所有数据放于高速磁盘阵列上，自动处理流程如图 10-4-4 所示。

　　DPGrid 系统具有以下特点：

　　(1)DPGrid 是完整的摄影测量系统，而以往的数字摄影测量工作站(DPW)仅仅是一个作业员作业的平台；

　　(2)应用高性能并行计算、海量存储与网络通信等技术，处理效率大幅提高；

　　(3)采用先进的影像匹配算法，在自动连接点提取、自动 DEM 生产、正射影像生产等方面仅需要作业人员核实成果，几乎不需要人工编辑；

　　(4)采用基于网络协作的测图系统，使得多人协同工作，避免了图幅接边等过程，简化生产流程，大幅提高作业效率。

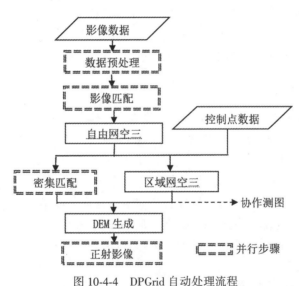

图 10-4-4　DPGrid 自动处理流程

　　数字摄影测量网格系统 DPGrid 的功能组成包括：任务规划与管理模块、自动空中三角测量模块、DEM 生产模块、正射影像生产模块和协作立体测图模块等。各模块简介如下。

1. 任务规划与管理模块

　　数字摄影测量网格系统 DPGrid 的任务规划与管理模块针对遥感影像处理提出了 C-RSIP 模型，通过多线程 CPU 守护、无阻塞广播应答解决计算资源调度问题，为适应具体的摄影测量算法，提出了三接口分布式并行处理模型，将专业处理算法与负载均衡进行了统一。任何专业处理算法只要提供了任务划分接口、任务执行接口和结果合并接口就可以放入 DPGrid 进行高性能并行处理，大幅提高处理效率。

2. 自动空中三角测量模块

数字摄影测量网格系统 DPGrid 的空中三角测量模块采用了两次扩展匹配 ETM 算法。采用已知点预测备选点，同时用匹配结果反向验证已知点的相互合作与制约，实现整体最可靠的连接点自动提取。ETM 算法在单机单核条件下匹配速度可达每秒 10000 点，正确率达 95% 以上。在区域网平差方面，DPGrid 创新性地提出多种特征联合定向及多级粗差剔除技术，实现了基于广义点摄影测量理论的中低空遥感影像高精度空中三角测量处理方法，其中将同名直线段及其约束条件引入相对定向及区域网平差是独创性研究成果，从根本上克服了传统技术容易造成航带弯曲变形等问题。通过 C-RSIP 并行处理模型在 8 核单节点计算机中，5 分钟内可完成 300 张佳能 5DMarkII 影像的全自动空中三角测量处理。

3. DEM 生产模块

DEM 自动化生产是数字摄影测量的优势所在。数字摄影测量网格系统 DPGrid 在张祖勋院士早期提出的跨接法匹配基础上发展出了 BRM 跨松弛匹配算法。BRM 算法充分考虑地形变化因素和影像相关系数，通过松弛迭代求匹配区域的整体最优解，实现了"又快又好"的密集匹配，在处理效果与 SGM 相当的情况下，处理效率提高 10 倍以上。

4. 正射影像生产模块

数字摄影测量网格系统 DPGrid 在正射影像生产模块，提出了基于 Voronoi 图的最优影像选择的新思想，结合影像高程同步模型(OESM)解决了传统正射影像镶嵌线自动化生成技术无法自动化避开房屋、树木等高出地面物体的难题。利用 OESM 可准确计算与影像同步变化的投影数字高程模型，从而计算正射影像上房屋、树木等地物的投影差，并结合数学形态学、计算几何、图论等技术，快速且高质量地自动生成避开影像上房屋等地物位置的正射影像镶嵌线；在色彩优化方面，提出了最小二乘辐射平差模型，实现了整体差异最小条件下，解算每幅影像的色彩改正参数，消除影像之间的色彩差异。

5. 协作立体测图模块

协作立体测图是数字摄影测量网格系统 DPGrid 比国内外各种摄影测量系统最具优势的地方。传统立体测图以图幅为单位进行生产，对图幅内覆盖的立体模型逐个载入计算机，开展地位要素跟踪。按图幅为单位进行作业，存在图幅接边问题，需要多个作业人员反复交流才能完成，此外在图幅内也需要进行多次立体模型切换。协作立体测图彻底革新了这种作业模式，提出了基于网络协作模式，所有作业数据都在网络中，作业人员无需物理上的图幅任务，仅需要确定任务范围，在网络中任意计算机节点都可以开展工作。所有人员在一个系统中作业，不存在接边问题，随着测量目标位置的变化，立体模型会自动载入。此外，协作立体测图将作业人员信息记录入测量结果，不仅可跟踪所有测量数据的来源，也方便进行工作量、成果质量等信息的评定。可以说，协作立体测图是当代信息化测绘的代表，是信息化的重要体现。

10.4.2　像素工厂

像素工厂(Pixel Factory)是法国 Inforterra 在多年技术积累的基础上开发的海量遥感数据的自动处理系统，Inforterra 与 SPOT IMAGE 同属 EADS ASTRIUM 集团。当时，高性能微机刚出现，采用 64 位多核 CPU 大幅提升了处理能力，操作系统升级到 64 位后，支持64 位编程的 C++也及时推出，为摄影测量工作站过渡到摄影测量系统提供了基础。在此背景下，像素工厂被设计用来进行海量存档卫星影像和航空相机数据的全自动处理工具。该系统具备优秀的航空、遥感影像高度自动化处理方法，在生产过程中很受欢迎，其多传感器处理技术和多级终端产品为数据生产提供了有效的支持，特别是生产真正射影像的能力和优秀的产品质量。

像素工厂由具有若干个强大计算能力的计算节点组成。自动化处理部分采用 Linux 操作系统，在输入数码影像、卫星影像，或者传统光学扫描影像后，经过少量人工干预，可自动化完成生产。输出产品有 DSM、DEM、正射影像和真正射影像等品。像素工厂具有四个用户界面：Main Windows、Administrator Console、Information Console 和 Activity Window，所有的功能模块均内嵌在这四个界面的菜单中。像素工厂的数据处理过程高度自动化，用户可对项目进度进行计划和安排，其工作流程如图 10-4-5 所示。

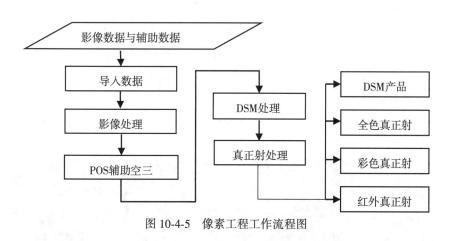

图 10-4-5　像素工程工作流程图

像素工厂的核心模块包括导入数据、影像预处理、POS 辅助空三、DSM 处理、真正射影像生产等。各模块简介如下。

1. 导入数据

像素工厂可以处理的数据源：卫星影像(SPOT-5，Aster，IKONOS，QuickBird，Landsat 等)、卫星雷达影像(ERS，Radarsat，SRTM 等)、数码航空影像(ADS40，UCD，DMC 等)、传统胶片扫描影像(RC30，RMK，LMK 等)。为生产真正射影像，对于面阵相机，像素工厂要求同一位置至少有 6 个同名像点。相对而言，150mm 焦距的框幅相机需超过 80%的航向重叠度、旁向重叠度，才能确保像素工厂生产出真正射影像。但线阵影像，如 ADS40，可连续获取 100%重叠的全色、RGB 和近红外的地毯式推扫影像，只需设置合适的旁向重叠度就可以。

2. 影像预处理

像素工厂的预处理主要开展色彩校正，包括大气校正、辐射校正等，目标是使所有影像色彩一致，便于生产真正射影像。

3. POS 辅助空三

像素工厂采用全自动模式生产，对所有数据都要求必须输入影像定位参数。卫星影像采用 RPC 模型，而航空影像则以惯性设备(IMU)和全球定位设备 GPS 描述影像参数，与影像外方位元素定义一致。

4. DSM 处理

像素工厂可以全自动完成 DSM 的生产。像素工厂使用空三成果，使用算法创建立体像对，并分配到多个可用的节点上进行并行计算。高精度 DSM 有利于真正射校正，可得到保证图像任意点几何精度的真正射影像。

5. 真正射处理

真正射影像是基于高精度 DSM 和高重叠率的遥感影像进行纠正而获得。在城市区域航片的较高重叠度，能保证对某一较高建筑多视角立体匹配，获取此建筑物的周围信息。像素工厂只需用较少的时间和人力，就能获得地面和地面上方每个点(排除了建筑物倾斜)的影像信息。真正射影像的效果是一种垂直视角的观测效果，避免了一般正射影像在同一区域向不同方向倾斜的弊端，地面正射影像与真正射影像的比较如图 10-4-6 所示。

真正射影像　　　　　　　　　　　　　传统正射影像

图 10-4-6　真正射影像与传统正射影像比较

像素工厂与传统摄影测量系统相比,有如下特色:

(1)主要优点。

像素工厂能生产真正射影像。为了生成真正射影像,需要影像具有较高的重叠度,确保地面无遮挡现象。

多种传感器兼容性好。像素工厂系统能够兼容当前市场上的主流传感器,可以处理 ADS40、UCD、DMC 等数码影像,也能处理 RC30 等传统胶片扫描影像。因为像素工厂能够通过参数的调整来适应不同的传感器类型,只要获取相机参数并将其输入系统,像素工厂系统就能够识别并处理该传感器的图像,即像素工厂系统是与传感器类型无关的遥感影像处理系统。

具有并行计算和海量存储能力。通过并行计算技术,像素工厂系统能够同时处理多个海量数据的项目,系统根据不同项目的优先级自动安排和分配系统资源,使系统资源最大限度地得到利用。系统自动将大型任务划分为多个子任务,把这些子任务交给各个计算节点去执行,节点越多,可以接收的子任务越多,整个任务需要的处理时间就越少。因此,像素工厂系统能够提高生产效率,大大缩短整个工程的工期,使效益达到最大化。同时,数据计算过程中会生成比初始数据更大量的中间数据和结果数据,只有拥有海量的在线存储能力,才能保证工程连续自动地运行。像素工厂系统使用磁盘阵列实现海量的在线存储技术,并周期性地对数据进行备份,尽可能地避免意外情况造成数据丢失,确保数据安全。

具有高度自动处理能力。传统软件生产 DEM 和 DOM 是以像对为单位一个一个地进行处理,而像素工厂是将整个测区的影像一次性导入处理,在整个生产流程中,系统完全能够且尽可能多地实现自动处理。从空三解算到最终产品,系统根据计划自动将整个任务划分成多个子任务交给计算节点进行处理,最后自动整合得到整个测区的影像产品,通过自动化处理,大大减少人工劳动,提高了工作效率。

具有开放式系统构架。由于像素工厂系统是基于标准 J2EE 应用服务开发的系统,使用 XML 实现不同节点之间的交流和对话,在 XML 中嵌入数据、任务以及工作流等,支持跨平台管理,兼容 Linux,Unix,True64 和 Windows。像素工厂系统有外部访问功能,支持 Internet 网络连接(通过 http 协议、RMI 等),并可以通过 Internet(例如 VPN)对系统进行远程操作。可以通过 XML/PHP 接口整合任何第三方软件,辅助系统完成不同的数据处理任务。

(2)主要缺点。

像素工厂的自动处理需要辅助条件。像素工厂处理航空影像需要提供 POS 数据,以及适量的地面控制点。如果航空影像不带有 POS 数据,只有地面控制点,则像素工厂需要使用其他软件进行空三解算,使用空三解算结果进行后续的处理任务,且目前仅支持北美的 Bingo、海拉瓦的 Orima 软件的空三结果,国内 VirtuoZo 和 JX4 需要再转换格式。

像素工厂只是影像处理软件,只能生产 DSM/DEM/DOM/TRUE ORTHO,以及等高线,不能进行测图生产,因此如果做 DLG 等矢量图,只能使用其他测图软件完成。

像素工厂系统庞大复杂,需要操作人员有较高的技术水平和一定的生产经验。

10.4.3　其他热门摄影测量系统

1. 无人机三维建模系统 ContextCapture

ContextCapture 是 Bentley 公司的用于数字影像进行三维精细建模软件。其前身是法国 Acute3D 公司开发的 Smart3DCapture 软件，2015 年被 Bentley 全资收购，并将软件产品更名为 ContextCapture。ContextCapture 的特点是能够基于数字影像全自动生成高分辨率三维模型。影像可来自数码相机、手机、无人机相机或航空摄影仪等各种设备。可建模对象从近景到中小型场，甚至是街道或整个城市。目前 ContextCapture 软件已在全球得到广泛应用。ContextCapture 软件生成的二维和三维 GIS 模型，可方便地导入各种 GIS 系统，如 ArcGIS、QGIS 等，也可以导出 dxf 格式的 CAD 模型、OBJ 格式模型、OSGB 模型以及 las 格式的点云模型数据，可用于城乡规划、地下市政管线相结合、施工模拟、数字展馆等方面。ContextCapture 的主要模块包括 Master(主控界面)、Engine(处理引擎)、Setting(参数设置)、Viewer(数据浏览)等，如图 10-4-7 所示。

图 10-4-7　ContextCapture 软件模块组成

Master：人机交互界面，相当于一个管理者，它创建任务、管理任务、监视任务的精度等。具体功能包括：导入数据集、定义处理过程设置、提交作业任务、监控作业任务进度、浏览处理结果。主控制台不执行处理任务，而是将任务分解成基本的作业并将其提交到作业队列，主控包含工程、区块、重建和重建等。

Engine：处理引擎，负责具体生产处理，对所指向的工作队列开展任务处理，独立于 Master 打开或者关闭，可分布于不同计算机上实现多机并行处理。

Setting：对系统产生进行设置的工具，如可以给 Engine 指向任务路径。

Viewer：三维场景模型的浏览展示工具。

ContextCapture 软件的主界面如图 10-4-8 所示。

ContextCapture 软件的特点：

(1)快速、简单、全自动。ContextCapture 软件无须人工干预，能从简单连续影像中生成最逼真的实景三维场景模型。无须依赖昂贵且低效率的激光点云扫描系统或 POS 定位系统，仅依靠简单连续的二维影像，就能还原出最真实的实景真三维模型。

(2)身临其境的实景真三维模型。ContextCapture 软件不同于传统技术仅依靠高程生成

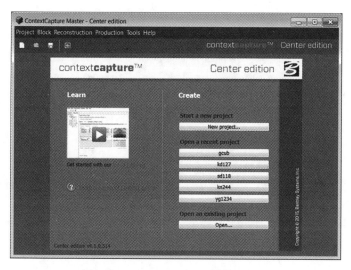

图 10-4-8　ContextCapture 软件主界面

的缺少侧面等结构的 2.5 维模型，ContextCapture 可运算生成基于真实影像的超高密度点云，并以此生成基于真实影像纹理的高分辨率实景真三维模型，对真实场景在原始影像分辨率下的全要素级别的还原达到了无限接近真实的机制。

（3）广泛的数据源兼容性。ContextCapture 软件能接受各种硬件采集的各种原始数据，包括大型固定翼飞机、载人直升机、大中小型无人机、街景车、手持数码相机，甚至手机，并直接把这些数据还原成连续真实的三维模型，无论大型海量城市级数据，还是考古级精细到毫米的模型，都能轻松还原出最接近真实的模型。

（4）优化的数据格式输出。ContextCapture 软件能够输出包括 obj、osg（osgb）、dae 等通用兼容格式，能够方便地导入各种主流 GIS 应用平台，而且它能生成超过 20 级金字塔级别的模型精度等级，能够流畅应对本地访问，或基于互联网的远程访问浏览。

2. 无人机摄影测量系统 Pix4DMapper

Pix4Dmapper 是瑞士 Pix4D 公司开发的无人机摄影测量系统，具有高度自动化处理能力。Pix4Dmapper 引入计算机视觉的相关算法，使用无人机影像开展影像定向、DSM 全自动提取、正射影像生产以及精细三维模型重建。为提供处理速度，Pix4DMapper 软件支持 GPU 加速和多机并行处理，使用比较简单的操作界面，仅需要指定原始数据和目标要求，系统便可以全自动运行。Pix4DMapper 软件主界面如图 10-4-9 所示。

Pix4Dmapper 数据处理软件作业流程如图 10-4-10 所示。

Pix4Dmapper 软件的特色：

（1）专业化、简单化。Pix4Dmapper 让摄影测量进入全新的时代，整个过程完全自动化，并且精度更高，真正使无人机变为新一代专业测量工具。只需要简单操作，不需专业知识，飞控手就能够处理和查看结果，并把结果发送给最终用户。

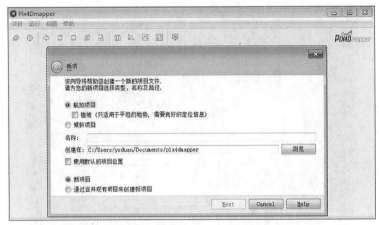

图 10-4-9　Pix4DMapper 软件主界面

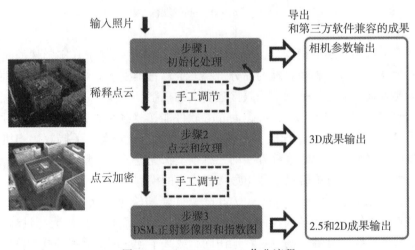

图 10-4-10　Pix4Dmapper 作业流程

（2）空三、精度报告。Pix4Dmapper 通过软件自动空三计算原始影像外方位元素。利用 PIX4UAV 的技术和区域网平差技术，自动校准影像。软件自动生成精度报告，可以快速、正确地评估结果的质量，提供了详细的、定量化的自动空三、区域网平差和地面控制点的精度。

（3）全自动、一键化。Pix4Dmapper 无需 IMU，只需影像的 GPS 位置信息，即可全自动一键操作，不需要人为交互处理无人机数据。原生 64 位软件，能大大提高处理速度。自动生成正射影像并自动镶嵌及匀色，将所有数据拼接为一个大影像。影像成果可用 GIS 和 RS 软件进行显示。

（4）云数据、多相机。Pix4Dmapper 利用自己独特的模型，可以同时处理多达 10000 张影像。可以处理多个不同相机拍摄的影像，可将多个数据合并成一个工程进行处理。

3. 无人机摄影测量系统 PhotoScan

PhotoScan 是俄罗斯 Agisoft 公司开发影像自动生成三维模型软件。PhotoScan 无须设置初始值，无需相机参数，采用计算机视觉的多视图三维重建技术，可对任意照片进行处理。PhotoScan 支持任意位置拍摄的照片，无论是航摄还是地面拍摄的影像都可以使用，整个工作流程全自动化进行，PhotoScan 可生成精细 DEM、真正射影像和三维模型。为提供处理速度，软件支持 GPU 加速和多机并行处理。PhotoScan 软件主界面如图 10-4-11 所示。

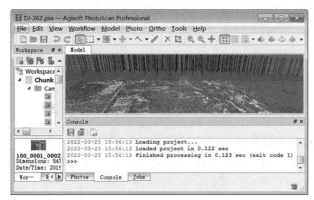

图 10-4-11 PhotoScan 软件主界面

PhotoScan 软件主要包括工程管理模块、空中三角测量模块、密集匹配模块、生产 Mesh 模块、生产 DEM 模块和生成正射影像模块。

（1）工程管理模块。PhotoScan 的工程管理主要实现添加影像、指定 POS/GPS 参数等功能。

（2）空中三角测量模块。PhotoScan 的空三处理被称为 Align Photo（对齐照片）。在处理过程中，PhotoScan 先进行重叠图像之间的匹配，然后估计每张像片的相机位置并构建稀疏点云模型。可设置的参数包括 GPS 精度、连接点相似度、特征点数目、连接点数目等。

（3）密集匹配模块。PhotoScan 通过多视密集匹配获取密集点云，可设置参数包括质量、深度滤波等。

（4）生产 Mesh 模块。PhotoScan 基于密集点云数据生成 Mesh 模型，可选择的操作有删除小面、关闭孔、填充小洞、抽稀 Mesh、生成纹理等。

（5）生产 DEM 模块。PhotoScan 可基于点云或 Mesh 生成 DEM，可设置参数有数据源点云或 DEM、DEM 间隔等。

（6）生成正射影像模块。PhotoScan 可生成任意坐标系的正射影像，可以指定任意投影面。

PhotoScan 软件的特色：

（1）自动化程度高。PhotoScan 在处理过程中可以不需要任何参数，仅用影像就可以生产三维模型。

（2）处理速度快。PhotoScan 采用了快速特征提取和检索算法，在连接点自动提取方面有着惊人的速度，数分钟内就可以完成上千张 DJI 无人机影像的空三处理。

（3）空三精度高。PhotoScan 具备较好的相机自检校功能，输出的空三成果按其定义和格式说明恢复的立体模型可用于立体测图。

除以上热门摄影测量系统外，近年来，国内外也开发了大量摄影测量软件。一些知名软件厂商也纷纷涉足摄影测量领域，例如，地理信息系统软件提供商 ESRI 在 ArcGIS 中推出的 OrthoMapper 模块就可以进行无人机摄影测量处理，其内核来自 DPGrid；再如，无人机厂商大疆公司也推出了"大疆智图"无人机处理软件。此外，在开源代码共享网站 GitHub 上也共享了很多摄影测量软件源代码，如 ColMap 软件、Bundler 软件、OpenDroneMap 软件等。

◎ **习题与思考题**

1. 数字摄影测量工作站的主要功能与产品是什么？
2. 数字摄影测量工作站的主要硬件组成是什么？画出其硬件框图。
3. 试述数字摄影测量软件各主要模块的功能并画出其组成图。
4. 简述 DAMC 的构成与软件模块。
5. VirtuoZo 系统的软件功能模块有哪些？试绘出其软件组成图。
6. 如何用数字影像测制一幅正射影像地图？按其作业流程简明介绍各部分的原理。
7. 摄影测量工作站与数字摄影测量系统有什么差异？
8. 数字摄影测量网格系统 DPGrid 的特点有哪些？
9. 像素工厂系统制作真正射影像的流程是什么？
10. 当代数字摄影测量系统的发展趋势有哪些？

参 考 文 献

Achanta R, Shaji A, Smith K, et al. SLIC superpixels[C]// EPFL Technical Report 149300, 2010.

Achanta R, Shaji A, Smith K, et al. SLIC superpixels compared to State-of-the-Art Superpixel Methods[J]. IEEE Transactions on Pattern Analysis & Machine Intelligence, 2012, 34(11): 2274-2282.

Ackermann F. High precision digital image correlation[C]//39th Photogrammetric Week. University of Stuttgart, 1983.

Ackermann F. The accuracy of digital height models[C]//37th Photogrammetric Week. University of Stuttgart, 1980.

Alahi A, Ortiz R, Vandergheynst P. FREAK: Fast retina keypoint[C]//2012 IEEE Conference on Computer Vision and Pattern Recognition. 2012: 510-517.

Arthur D W G. Interpolation of a function of many variables[J]. Photogrammetric Engineering, 1965(2): 26.

Baarda W. A testing procedure for use in geodetic networks[J]. Netherland Geodetic Commission, 1968, 2(5): 1.

Ballard D H, Brown C H. Computer vision[M]. Prentice-Hall, 1982: 123-311.

Brown D C. Close-range camera calibration[J]. Photogrammetric Engineering, 1971(37): 855-866.

Cai C, Gao Y, Pan L, et al. An analysis on combined GPS/COMPASS data quality and its effection single point positioning accuracy under different observing conditions[J]. Advances in Space Research, 2014, 54(5): 818-829.

Calonder M, Lepetit V, Strecha C, et al. BRIEF: Binary robust independent elementary features[C]//European Conference on Computer Vision, 2010: 778-792.

Cheng Y. Mean shift, mode seeking, and clustering[J]. IEEE Transactions on Pattern Analysis and Machine Intelligence, 1995, 17(8): 790-799.

Comaniciu D, Meer P. Mean shift: A robust approach toward feature space analysis[J]. IEEE Transactions on Pattern Analysis and Machine Intelligence, 2002, 24(5): 603-619.

Ebner H. High fidelity digital elevation models-elements of Land Information System[C]// XVISPRS, 1986.

Ebner H, Hofmann-Wellenhof B, Reiss P, et al. HIFI-A minicomputer program package for height in-terpolation by finite elements[J]. International Archives of Photogrammetry, 1980,

23: 134.

Ebner H, Tang L. High fidelity digital terrain models from digitized contours[C]//14th ICA-Congress, 1989.

Engel J, Schöps T, Cremers D. LSD-SLAM: Large-scale direct monocular SLAM[C]// Fleet D, Pajdla T, Schiele B, et al. Computer Vision - ECCV 2014. Lecture Notes in Computer Science, vol 8690. Springer, Cham.

Felzenszwalb P, Huttenlocher D. Efficient graph-based image segmentation [J]. International Journal of Computer Vision, 2004, 59(2): 167-181.

Forsmer W, Gulch E. A fast operator for detection and precise location of distinct points, Comers and Centres of Circular Features[C]//Intercommision Conference on Fast Processing of Photogrammetric Data, In-terlaken, Switzerland, 1987.

Forstner W. A feature based correspondence algorithm for image matching[C]//Int. Arch. of Photog. Rocaniemi, 1986.

Forstner W. On the geometric precision of digital correlation[M]. ISP Commision Ⅲ, Helsinki, 1982.

Friess P. Aerotriangulation with GPS-methods, experience, expection [C]//43rd Photogrammetric Week. Stuttgart University, 1991: 43-49.

Grüen A. Digital photogrammetric stations revisited: A short list of unmatched expectations [J]. Inter'l Archives of Photogrammetry and Remote Sensing, Part B2, Vienna, 1997, 20: 21-24.

Grüen A. Adaptive least squares correlation: A powerful image matching technique[J]. S. African J. of Photog., RS, and Cartography, 1985, 14(3): 175-187.

Grüen A. High precision image matching for digital terrain model generation[C]//ISPRS, comm. III, Finland, 1986.

Grüen A. The digital photogrammetric station at the ETH Zurich[C]//ISPRS Commission II Symposium, Baltimore, 1986.

Grüen A. Towards real-time photogrammetry[C]//41th Photogrammetric Week. University Stuttgart, 1987.

Hardy R L. Least squares prediction [J]. Photogranunetric Engineering and Remote Sensing, 1977(4).

Hartley R, Zisserman A. Multiple view geometry in computer vision [M]. 2nd ed. Cambridge University Press, 2004.

Heipke C. A review of the state-of-art for topographic application: Digital photogrammetric workstations[C]//GIM International, April 2001.

Helava U V. Digital comparator correlator system[C]//Photogrammetric Data, Interlaken, Switzerland, 1987.

Helava U V. Digital correlation in photogrammetric instruments[J]. International Archives of Photogrammetry, 1976.

Helava U V. On system concepts for digital automations[J]. Photogrammetric, 1988, 43: 57-71.

Hinsken L, Miller S, Tempelmann U, et al. Triangulation of LH Systems'ADS40 imagery using ORIMA GPS/IMU[C]//IAPRSSIS, 2001, 34(B3/A): 156-162.

Hirschmuller H. Stereo processing by semiglobal matching and mutual information[J]. IEEE Transactions on Pattern Analysis and Machine Intelligence, 2008, 30(2): 328-341.

Ir Chang San, Han A. Digital photogrammetry on the move[J]. GIM International, 1993, 7(8).

Jain R, Kasturi R, Schunckb G. Machine vision (english edition) [M]. Beijing: China Machine Press, 2003.

Jianqing Z. Development of digital photogrammetry in WTUSM[C]//GIM (Geodetical Info Magazine) GITC by The Netherlands, 1993.

Kolbl O, Boutaleb A K, Denis C. A concept for the automatic derivation of a digital terrain model on the Kern DSP-11[C]//Photogrametric Data, Interlaken, Switzerland, 1987.

Konecny G. Methods and possibilities for digital differential rectification [J]. Photogrammetric Engineering and Remote Sensing, 1976(6).

Konecny G, Pape D. Correlation techniques and devices[J]. Photo. Eng. and Rem. Sens. 1981, 47: 323-333.

Kowalski D C. A comparison of optical and electronic correlation techniques[J]. Optical Engineering, 1970: 080247.

Krizhevsky A, Sutskever I, Hinton G E. ImageNet classification with deep convolutional neural networks [C]// International Conference on Neural Information Processing Systems. Curran Associates Inc. , 2012: 1097-1105.

Kubik K. Digital elevation models review and outlook[C]//ISPRS B3, 1988.

Kupfer G. Zur Geometrie des Luftbildes, Dissertation [J]. Deutsche Geodätische Kommission DGK, Reihe C, 1971(170): 73.

Leberl F. Photogrammetric interpolation [J]. Photogrammetric Engineering and Remote Sensing, 1975(5).

Lecun Y, Bottou L. Gradient-based learning applied to document recognition [J]. Proceedings of the IEEE, 1998, 86(11): 2278-2324.

Leutenegger S, Chli M, Siegwart R Y. BRISK: Binary Robust invariant scalable keypoints [C]//2011 International Conference on Computer Vision, 2011: 2548-2555.

Lowe D. Distinctive image features from scale-invariant keypoints[J]. International Journal of Computer Vision, 2004, 60(2): 91-110.

Luhmann T, Altrogge G. Interest-Operator for image matching [C]//Analytical to Digital, 1988.

Makarovic B. Composite sampling for DTMS[J]. ITC-Journal, 1977(3).

Makarovic B. Selective sampling for digital terrain modelling [C]//ISPRS Congress,

Comm: V, 1984.

Masson d'Autume G. Le Traitment des Erreurs Systématiques dans L'Aérotriangulation[M]. ISP Com. Ⅲ, Ottawa, 1972.

Moravec H P. Towars automatic visual obstacle avoidance[C]//Int. Joint conf. of Artif. Intelligence, 1977.

Ohlander R, Price K, Reddy D R. Picture segmentation using a recursive region splitting method[J]. Computer Graphics and Image Processing, 1978, 8(3): 313-333.

Ostu N. A threshold selection method from gray-histogram [J]. IEEE Transactions on Systems, Man, and Cybernetics, 1979, 9(1): 62-66.

Rafael C C, Paul W. Digital image processing [M]. Addison-Wesley Publishing Company, 1977.

Ren X, Malik J. Learning a classification model for segmentation [C]//International Conference on Computer Vision, 2003: 10-17.

Rublee E, Rabaud V, Konolige K, et al. ORB: An efficient alternative to SIFT or SURF [C]//2011 International Conference on Computer Vision, 2011: 2564-2571.

Rupnik E, Nex F, Remondino F. Automatic orientation of large blocks of oblique images [C]//International Archives of the Photogrammetry, Remote Sensing and Spatial Information Sciences, Volume XL-1/W1. ISPRS Hannover Workshop 2013, 21-24 May 2013, Hannover, Germany.

Sahoo P K, Soltani S, Wong A. A survey of thresholding techniques[J]. Computer Vision Graphics and Image Processing, 1988, 41(2): 233-260.

Schut G H. Review of interpolation methods for DTMS [M]. ISP. Comm. Ⅲ, Helsinki, 1976.

Sharp J V, Christensen R L, Gilman W L, et al. Automatic Map Compilation (DAMC) [J]. Photogrammetric Engineering, 1965(2).

Shelhamer E, Long J, Darrell T. Fully convolutional networks for semantic segmentation [J]. IEEE Trans. Pattern Anal. Mach. Intell., 2017, 39(4): 640-651.

Shi J, Malik J. Normalized cuts and image segmentation[J]. IEEE Trans. Pattern Analysis and Machine Intelligence, 2000, 22(8): 888-905.

Shi Y, Ji S, Shi Z, et al. GPS-supported visual SLAM with a rigorous sensor model for a panoramic camera in outdoor environments[J]. Sensors, 2012, 13(1): 119-136.

Stewart Walker A, Gordon Petrie. Digital photogramatric workstations 1992-1996 [C]// International Archives of Photogrammetry and Remote Sensing 18th Congress Vienna, Austria, Volume 19, Part B2, Commission Ⅱ: 384-395.

Stricker A M A, Orengo M. Similarity of ColorImages[J]. SPIE -The International Society for Optical Engineering, 1970, 2420: 381-392.

Szeliski R. Computer vision: Algorithms and applications[M]. Springer, 2010.

Tabatabai A J, Mithchell O R. Edge loation to subpixel accuracy in digital imagery[C]//

IEEE Trans. PAMI, 1981.

Tempfli K. Makarovic B. Transfer function of interpolation methods[J]. ITC Journal, 1978
(1).

Tempfli K. Progressive sampling-fidelity and accuracy[C]//Analytical to Digital, 1986.

Tempfli K. Spectral analysis of terrain relief for the accuracy estimation of DTMS[C]//ISP
Congress, Comm. m, 1980.

Torlegard K, Ostman A, Lindgren R. A comparative test of photogrammetrically sampled
DEMS[J]. Archives of photog, and RS, 1984, 25, Part A 3b: 1065-1082.

Trinder J C. Precision of digital target locatoin[M]. PE & RS, 1989, 55.

Wang Zhizhuo. Principles of photogrammetry (with remote sensing)[M]. Wuhan: Press of
WTUSM and Publishing House of Surveying and Mapping, 1990.

Wong K W, Wei-Hsin H. Close-Range Mapping with a Solid State Camera, PE&RS,
1986, 52.

Zhang Jianqing, Zhang Zuxun, Wang Zhihong. High-precision location of straight lines and
comers on digital images[C]//Photog. RS and GIS, Wuhan, China, 1992.

Zhang L. Automatic Digital Surface Model (DSM) generation from linear array images [D].
Zurich: Institute of Geodesy and Photogrammetry, 2005.

Zhang Zuxun. On the generation of Paralax Grid by using off-line digital correlation[C]//
15th ISPRS Cong, 1984.

巴拉德 D H, 布朗 C M. 计算机视觉[M]. 王东尔, 徐心平, 赵经伦, 译. 北京: 科
学出版社, 1987.

贝达特 J S, 皮尔索 A G. 随机数据分析方法[M]. 凌福根, 译. 北京: 国防工业出版
社, 1976.

曹建农. 图像分割方法研究[M]. 西安: 西安地图出版社, 2006.

崔卫红. 基于图论的面向对象的高分辨率影像分割方法研究[D]. 武汉: 武汉大
学, 2010.

单杰. 光束法平差简史与概要[J]. 武汉大学学报(信息科学版), 2018, 43(12):
1797-1810.

段延松, 曹辉, 王玥. 航空摄影测量内业[M]. 武汉: 武汉大学出版社, 2018.

段延松. 无人机测绘生产[M]. 武汉: 武汉大学出版社, 2019.

弗里德曼 S J, 等. 摄影测量过程自动化[M]. 张祖勋, 译. 北京: 测绘出版
社, 1984.

高翔, 张涛. 视觉 SLAM 十四讲: 从理论到实践[M]. 2 版. 北京: 电子工业出版
社, 2019.

宫照. 几种常见数字航摄仪的分析与比较[J]. 测绘工程, 2010, 19(1): 46-49.

龚健雅, 许越, 胡翔云, 等. 遥感影像智能解译样本库现状与研究[J]. 测绘学报,
2021, 50(8): 1013-1022.

龚健雅, 张觅, 胡翔云, 等. 智能遥感深度学习框架与模型设计[J]. 测绘学报,

2022, 51(4)：475-487.

官云兰，程效军，周世健，等．基于单位四元数的空间后方交会解算[J]．测绘学报，2008, 37(1)：30-35.

何佳男．贴近摄影测量及其关键技术研究[D]．武汉：武汉大学，2019.

胡玉兰，郝博，王东明，等．智能信息融合与目标识别方法[M]．北京：机械工业出版社，2018.

黄浴，袁保宗．一种基于旋转矩阵单位四元数分解的运动估计算法[J]．电子科学学刊，1996, 18(4)：337-343.

季顺平．智能摄影测量学导论[M]．北京：科学出版社，2018.

江刚武，姜挺，龚辉．四元数摄影测量定位理论与方法[M]．北京：科学出版社，2017.

姜三．无人机倾斜影像高效 SfM 重建关键技术研究[D]．武汉：武汉大学，2018.

金为铣，杨先宏，邵鸿潮，等．摄影测量学[M]．武汉：武汉测绘科技大学出版社，1994.

景国彬．机载/星载超高分辨率 SAR 成像技术研究[D]．西安：西安电子科技大学，2018.

卡尔·克劳斯．摄影测量信息处理系统的理论和实践[M]．李德仁，张森林，译．北京：测绘出版社，1989.

孔祥元，郭际明，刘宗泉．大地测量学基础[M]．武汉：武汉大学出版社，2001.

李德仁，王树根，周月琴．摄影测量与遥感概论[M]．2 版．北京：测绘出版社，2008.

李德仁，袁修孝，张剑清，等．从影像到地球空间数据库框架——武汉测绘科技大学的全数字化摄影测量及其与 GPS 和 GIS 的集成之路，空间信息学及其应用——RS、GPS、GIS 及其集成[M]．武汉：武汉测绘科技大学出版社，1998.

李德仁，郑肇葆．解析摄影测量学[M]．北京：测绘出版社，1978.

李克正．李群与李代数基础[M]．北京：科学出版社，2021.

林宗坚．相关算法的矢量分析[J]．测绘学报，1985, 14(2)：111.

刘昆波．基于区域网平差的影像辐射归一化方法研究[D]．武汉：武汉大学，2021.

刘岳，梁启章．专题图制图自动化[M]．北京：测绘出版社，1981.

吕言．数字地面模型内插中多面法与配置法比较性研究[J]．测绘学报，1982, 11(3)：185.

马春丽，杨红艳．UCD 数码航摄仪的特点与应用[J]．地矿测绘，2012, 28(2)：43-44.

马颂德，张正友．计算机视觉：计算理论与算法基础[M]．北京：科学出版社，1998.

帕曾里斯 A．信号分析[M]．毛培法，译．北京：科学出版社，1981.

邵世维．影像相对定向与基础矩阵关系的分析[J]．南昌大学学报(工科版)，2014, 36(4)：404-408.

孙家广，许隆文．计算机图形学[M]．北京：清华大学出版社，1986.

孙明伟．正射影像全自动快速制作关键技术研究［D］．武汉：武汉大学，2009．

陶鹏杰．联合几何与辐射成像模型的三维表面重建与优化［D］．武汉：武汉大学，2016．

王兵刚．测量坐标转换模型研究与系统程序实现［D］．南昌：东华理工大学，2015．

王海涛，武吉军，冯聪军，等．徕卡 ADS40/ADS80 数字航空摄影测量系统［J］．测绘通报，2009，2009（10）：73-74．

王豪．三维重建中的影像检索方法研究［D］．武汉：中国测绘科学研究院，2018．

王豪，张力，艾海滨，等．三维重建中的大规模航空影像检索方法［J］．测绘科学，2019，44（2）：9．

王之卓．摄影测量原理［M］．北京：测绘出版社，1979．

王之卓．摄影测量原理续编［M］．北京：测绘出版社，1986．

吴健康．数字图像分析［M］．北京：人民邮电出版社，1989．

吴文静．SWDC 航空数码相机的影像拼接与处理技术研究［D］．焦作：河南理工大学，2008．

武汉大学测绘学院测量平差学科组．误差理论与测量平差基础［M］．武汉：武汉大学出版社，2003．

项仲贞，方子岩．摄影测量与遥感所用传感器类型及构像方程［J］．铁道勘察，2011（1）：21-24．

肖应华，甘信铮，陈秀引，等．利用数字纠正制作正射影像地形图的试验［J］．武汉测绘学院学报，1983（2）：57-70．

徐芳，邓非．数字摄影测量学基础［M］．武汉：武汉大学出版社，2017．

徐芳，梅文胜．旋转矩阵表达方法对相机检校的影响［J］．测绘地理信息，2014，39（2）：13-17，21．

杨文娟，王文明，王全玉，等．基于感知哈希和视觉词袋模型的图像检索方法［J］．图学学报，2019，40（3）：6．

余杰，吕品，郑昌文．Delaunay 三角网构建方法比较研究［J］．中国图象图形学报，2010，15（8）：1158-1167．

余磊．光学遥感卫星色彩一致性合成影像生成关键技术研究［D］．武汉：武汉大学，2017．

袁修孝．POS 辅助光束法区域网平差［J］．测绘学报，2008，37（3）：342-348．

袁修孝，蔡杨，史俊波，等．北斗辅助无人机航摄影像的空中三角测量［J］．武汉大学学报（信息科学版），2017，42（11）：1573-1579．

仉明，王冬．A3 数字航摄系统在航空摄影中的应用［J］．城市勘测，2017，2017（4）：97-101．

张剑清．航摄影像功率谱的估计与分析［J］．武汉测绘学院学报，1982（2）．

张剑清．基于特征的最小二乘匹配理论精度［J］．武汉测绘科技大学学报，1988，13（4）．

张剑清．计算量最小的数字影像分频道相关［J］．测绘学报，1983，12（4）．

张剑清，潘励，王树根．摄影测量学［M］．2版．武汉：武汉大学出版社，2009．

张永军，万一，史文中，等．多源卫星影像的摄影测量遥感智能处理技术框架与初步实践［J］．测绘学报，2021，50（8）：1068-1083．

张永军，张祖勋，龚健雅．天空地多源遥感数据的广义摄影测量学［J］．测绘学报，2021，50（1）：1-11．

张祖勋，林宗坚．摄影测量测图的全数字化道路［J］．武汉测绘学院学报，1985（3）：13-18．

张祖勋，闵宜仁．基于 Hough 变换的影像分割［J］．测绘学报，1992，21（3）：205-213．

张祖勋．数字相关及其精度评定［J］．测绘学报，1984（1）．

张祖勋．数字影像定位与核线排列［J］．武汉测绘学院学报，1983（1）：14-27．

张祖勋，陶鹏杰．谈大数据时代的"云控制"摄影测量［J］．测绘学报，2017，46（10）：1238-1248．

张祖勋．新的核线相关算法——跨接法［J］．武汉测绘科技大学学报，1988，13（4）：19-27．

张祖勋．影像灰度内插的研究［J］．测绘学报，1983（3）：178．

张祖勋，张剑清，江万寿，等．黄土高原数字高程模型的建立分析与应用（黄土高原遥感专题研究论文集）［M］．北京：北京大学出版社，1990．

张祖勋，张剑清．全数字自动化测图系统软件包［J］．测绘学报，1986，15（3）．

张祖勋，张剑清，数字摄影测量的发展、思考与对策［J］．测绘软科学研究，1999（2）：15-20．

张祖勋，张剑清．数字摄影测量学［M］．2版．武汉：武汉大学出版社，2012．

张祖勋，张剑清．数字摄影测量学的发展及应用［J］．测绘通报，1997（6）：30-40．

张祖勋，张剑清．数字摄影测量学［M］．武汉：武汉测绘科技大学出版社，1996．

张祖勋，张剑清，吴晓良．跨接法概念之扩展及整体影像匹配［J］．武汉测绘科技大学学报，1991，16（3）：1-11．

张祖勋，张剑清．相关系数匹配的理论精度［J］．测绘学报，1987，16（2）：112．

张祖勋，张剑清，张力．数字摄影测量的发展、机遇与挑战［J］．武汉测绘科技大学学报，2000，25（1）：7-11．

赵双明，李德仁．ADS40 机载数字传感器平差数学模型及其试验［J］．测绘学报，2006，35（4）：342-346．

赵忠明，高连如，陈东，等．卫星遥感及图像处理平台发展［J］．中国图象图形学报，2019，24（12）：2098-2110．

朱俊锋．利用倾斜影像进行三维数字城市重建的关键技术研究［D］．武汉：武汉大学，2014．

本书中参考和引用了国内外有关摄影测量厂家和公司的多种摄影测量仪器资料和图片，谨致谢意！